என்ன ஒளிந்திருக்கிறது அங்கே?

அறிந்த உலகமும், அறியாத விந்தைகளும்

Title: Enna Olinthirukkirathu Ange
Author's Name: Rajsiva
Copyright © Rajsiva
Published by Ezutthu Prachuram

All rights reserved. No part of this publication may be reproduced, stored in a retrieval system, or transmitted, in any form or by any means, electronic, mechanical, photocopying, recording, psychic, or otherwise, without the prior permission of the publishers.

Ezutthu Prachuram
(An imprint of Zero Degree Publishing)
No.75&76, I Floor, Kuppusamy Street,
Balaji Nagar, Padi,
Chennai - 600 050

Website: www.zerodegreepublishing.com
E Mail id: zerodegreepublishing@gmail.com
Phone : 89250 61999

Ezutthu Prachuram First Edition: December 2021
ISBN: 978-93-91748-05-0
TITLE NO EP: 295

Rs. 480/-

Cover Design & Layout: Vijayan, Creative Studio
Printed at Manipal Technologies, India.

என்ன ஒளிந்திருக்கிறது அங்கே?

அறிந்த உலகமும், அறியாத விந்தைகளும்

ராஜ்சிவா

எழுத்து
பிரசுரம்

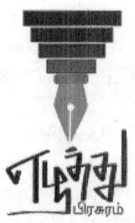

சமர்ப்பணம்

இன்று ஒரு அறிவியல் எழுத்தாளனாக என்னை
நான் கட்டியமைக்க அடித்தளமிட்ட,
ஹார்ட்லிக் கல்லூரிக்கு (Hartley College, Point Pedro).

முன்னுரை

‘என்ன ஒளிந்திருக்கிறது அங்கே?’ இந்தக் கேள்வியும், இதற்கான பதிலைக் கண்டடையும் தேடலுக்கு இட்டுச் செல்வதும்தான் இந்த நூலின் அடிப்படை. தாத்தன், பாட்டி சொன்ன பேய்க் கதைகளிலிருந்து, மர்மங்களைத் தேடும் ஆர்வம் நம்முள் நுழைந்து விடுகிறது. வினோதங்களை அறியும் ஆர்வம் தொற்றிக் கொள்கிறது. நாம் இருக்கும் காலங்களில் நடந்த சம்பவங்களுக்கான உண்மைக் காரணங்களே நமக்குத் தெரியாமல் மறைந்துவிடும் அல்லது மறைக்கப்பட்டுவிடும். நூற்றாண்டுகளாக அந்த உண்மை முடிச்சுகள் அவிழ்க்கப்படாமல் மர்மங்களாகவே தொடரும். அனுமானங்களும், குத்துமதிப்பான தீர்மானங்களும் மட்டுமே எஞ்சியிருக்கும். உண்மை எங்கோவொரு மூலையில் ஒளிந்துவிடும். அமெரிக்க அதிபர் கென்னடியின் கொலையைப் போல, நூறாண்டுகளாக விளக்கம் இல்லாமல் அவை தொடரும். அப்படியான மர்ம வினோதங்களை, வாரம் இரு தடவைகளென இருபத்தியைந்து வாரங்கள், ‘ஜூனியர் விகடன்’ இதழில், ‘என்ன ஒளிந்திருக்கிறது அங்கே?’ என்னும் தொடராக எழுதி வந்தேன். அத்தொடரே, ‘எழுத்துப் பிரசுரம்’ ஊடாக நூல் வடிவில் உங்கள் கையில் இப்போது இருக்கிறது.

அடிப்படையில் நான் ஒரு அறிவியல் எழுத்தாளன். நிறுவப்பட்ட உண்மைகளையும், உண்மைக்கு வெகு அருகில் இருக்கும் நிறுவப்பட வேண்டிய கோட்பாடுகளையும் சொல்வதே

அறிவியல். விந்தைகளும், விநோதங்களும், மர்மங்களும் மக்களுக்கு ஆர்வத்தை ஏற்படுத்தினாலும், அவை பெரும்பாலும் அறிவியலால் ஏற்க முடியாதவை. ஆனாலும் தெரிந்து கொள்ளும்போது வியப்பூட்டுபவை. மேலும் அவை பற்றி அறிய வேண்டுமென்ற ஆவலைத் தூண்டுபவை. “இப்படியும் நடந்திருக்கின்றன. அவற்றையும் தெரிந்துகொள்ளுங்கள்” என்று, நான் அறிந்துகொண்ட தகவல்களை உங்களிடம் பகிர்ந்திருக்கிறேன்.

இங்கு நான் கூறும் சம்பவங்கள் பெரும்பாலும் நடைபெற்றவைதான். அவற்றிற்கு அறிவியல் ரீதியாகவும், தர்க்க ரீதியாகவும் காரணங்கள் சொல்ல முடியவில்லை. ஆனாலும், அந்தச் சமபவங்களுக்கான அடிப்படை உண்மை எங்கோ ஒளிந்திருக்க வேண்டும். அதற்கான தேடலை நீங்கள் மேற்கொள்ள, இந்த நூல் உங்களைத் தயார் செய்யலாம். இப்படியெல்லாம் இருக்கின்றன என்பதைத் தெரிவிப்பது மட்டுமே எனது பொறுப்பு. அவை உண்மையா, இல்லையா என முடிவெடுப்பது உங்கள் பொறுப்பு. இவை பற்றிய எனக்கான முடிவுகளை நான் உங்களிடம் திணிக்கப் போவதில்லை. அதனால், இந்தப் புத்தகத்தில் ‘என்னதான் ஒளிந்திருக்கிறது’ என்பதை நீங்களே தேடிக் கண்டடையுங்கள். முடிந்தவரை வழி காட்டியிருக்கிறேன். பாதையில் நடக்க வேண்டியது நீங்கள்தான்.

ஆச்சரிய உலகம் உங்கள் முன் காத்திருக்கிறது. வாருங்கள்.

ராஜ்சிவா
ஜெர்மனி

பொருளடக்கம்

1. யார் அந்த இன்னொரு லிசா?..12
2. விண்வெளியில் பேய்களா?..20
3. கொல்லுமா இசை?..28
4. கனவைக் களவாடலாமா?..36
5. செவ்வாய்க் குழந்தையா பொரிஸ்கா?........................44
6. உலகைக் காக்க வந்தவர்களா இவர்கள்?....................50
7. பால்டிக் கடலடியில் பதுங்கியிருப்பது என்ன?............56
8. பால்டிக் கடலடியில் பறக்கும்தட்டா?........................62
9. எங்கே ஷெல்லி?..70
10. எங்கிருந்து வந்தாள் நெஃபெர்டிடி?........................78
11. எஸ்ஸீன்கள் வரலாற்றில் ஏன் விலக்கப்பட்டார்கள்?......88
12. நானா, நீயா யார் பெரியவன்?..96
13. விண்வெளி ராக்கெட்டா, பழிவாங்கும் ஆயுதமா?..........104
14. எங்குதான் இல்லை சுயநலம்?..113
15. பூமியில் ஒளிருமா இரண்டாம் சூரியன்?....................121
16. பிரபஞ்சத்தின் முதல்வன் நீயா?..128
17. என்ன சொல்கிறது வொய்னிச் பிரதி?........................136
18. ஒன்று இங்கே இன்னொன்று எங்கே?........................142
19. பேய்க்கு இதயம் உண்டா?..149

20. எவ்வாறு நகர்ந்தன கற்கள்?................................157
21. கண்டுபிடிப்போமா நிபிருவை?...........................165
22. என்ன சொல்கிறான் விண்வெளிவீரன்?............175
23. மோவாய்கள் நடந்தது நிஜமா?..........................184
24. கர்ப்பினிப் பெண்ணின் கல் தெரியுமா?..............193
25. தட்டைப் பூமியிலா வாழ்கிறோம்?......................201
26. தட்டைப் பூமியிலா வாழ்கிறோம்?......................209
27. எதைச் சொல்ல மறுத்தார் ஒபாமா?................217
28. ஐஃபோவா, ஈஃபோவா?......................................225
29. லௌரா சொல்வது உண்மையா?........................233
30. ஏன் மறைக்கிறார்கள்?......................................241
31. நேரம் என்பது மாயையா?..................................250
32. மரணமே மனிதனின் எல்லையா?......................257
33. உயிரெழுத்துகள் எங்கே பதியப்படுகின்றன?......264
34. இறப்பு இன்னுமொரு தொடக்கமா?..................271
35. தொலைவிலிருந்து வந்தது யார்?......................279
36. உணர்வுகளின் அதிர்வுதான் உயிரா?................288
37. உயிரா, உணர்வா இல்லை அதிர்வா?..............296
38. எது உயிர்?..304
39. டவ்ரெட் போகலாம் வாநீர்களா?......................312
40. காலமும் ஒரு பரிமாணமா?..............................319

41.	விடை சொல்லுமா வாவ்?	327
42.	அழைக்கிறதா புரொக்ஷிமா செண்டாரி?	335
43.	கணித்துச் சொல்லுமா அன்டிகிதேரா?	344
44.	வெறுமையா, முழுமையா?	354
45.	போட்டான்களுக்குக் காலம் உண்டா?	361
46.	டாக்கியான் துப்பாக்கியால் சுடட்டுமா?	368
47.	குவாண்டம் பின்னலை அவிழ்ப்போமா?	376
48.	ஐன்ஸ்டைன் தவறு செய்தாரா?	383
49.	கடவுளையும் உருவாக்குமா காலம்?	390
50.	நீர் பற்றி நீயறிவாயா?	397

அத்தியாயம் 1

யார் அந்த இன்னொரு லிசா?

அந்தத் திருடன் இரண்டு ஆண்டுகளுக்குப் பின்னரே பிடிபட்டான். பாரிஸ் நகரில் திருடியதை, இத்தாலியின் ஃபுளோரன்ஸ் நகரில் விற்பனை செய்ய முயன்றபோதே அவன் பிடிபட்டான். கிட்டத்தட்ட, நூறு ஆண்டுகளுக்கு முன்னர் நடந்த திருட்டுச் சம்பவம் அது. இப்போதுபோல கண்காணிப்புக் கேமெராக்களோ, அதிநவீனப் பாதுகாப்பு முறைகளோ இல்லாத காலம். ஆனாலும், அந்தக் காலத்திற்கேற்ப பலத்த பாதுகாப்புடன்தான் அந்தப் பொருள் வைக்கப்பட்டிருந்தது. அப்படியிருந்தும் மிகத்திறமையான முறையில் அதைத் திருடியிருந்தான். யார் அந்தத் திருடன்? அப்படி எந்தப் பொருளைத்தான் அவன் திருடினான்? சொல்கிறேன். யார் தெரிந்து கொள்ளாவிட்டாலும் வாசகர்களான நீங்கள் நிச்சயம் தெரிந்து கொள்ளவேண்டிய சம்பவம் அது.

1911ஆம் ஆண்டு ஆகஸ்ட் மாதம், பாரிஸ் நகரின் 'லூவ்ரே' (Louvre) அருங்காட்சியத்திலிருந்து மிகவும் பெறுமதி

வாய்ந்த ஓவியமொன்று களவாடப்பட்டது. வெறும் 77 செமீ உயரமும், 53 செமீ அகலமும் கொண்ட சிறிய ஓவியம்தான் என்றாலும், உலகின் விலையுயர்ந்த ஓவியங்களில் முன்னணியில் இருப்பது. எந்த ஓவியம் என்பதை இப்போது உங்களில் சிலர் புரிந்து கொண்டிருக்கலாம். ஆம்! 'லெயோனார்டோ டாவின்சி' என்னும் அற்புதக் கலைஞன் உருவாக்கிய, 'மொனா லிசா' ஓவியம்தான் திருடப்பட்டது. 1962ஆம் ஆண்டிலேயே, 100 மில்லியன் டாலர்களுக்குக் காப்புறுதி செய்யப்பட்டிருந்தது 'மொனா லிசா' ஓவியம். இன்றுள்ள பணமாற்றுப் பெறுமதிக்கு அதன் காப்புறுதித் தொகை மட்டுமே 850 மில்லியன் டாலர்களுக்கு அதிகமாகும். சரியாகக் கவனியுங்கள். அதன் விலை 850 மில்லியன் டாலர்கள் அல்ல. காப்புறுதித் தொகை. அந்த ஓவியம் பிரான்ஸ் அரசுக்குச் சொந்தமானதால், விற்பனைக்குரியதல்ல. அதனால், அதன் விலை மதிக்கப்பட முடியாதது. ஆனால், ஒருவேளை விற்பனைக்கு வரும்பட்சத்தில் ஒரு பில்லியன் டாலர்களுக்கு அதிகமாகவே விற்பனையாகும். அந்த அளவு பெறுமதி வாய்ந்த ஓவியத்தைத்தான், ஒரு சாதாரண மனிதன் களவாடியிருந்தான். லூவ்ரெ அருங்காட்சியகத்திற்குச் செப்பனிடும் பணிக்காக, 'வின்சென்ஷோ பெரூட்ஜா' *(Vincenzo Peruggia)* என்பவன் வந்திருந்தான். பணிக்காகத்தான் வந்தானென்றே அங்குள்ளவர்கள் நினைத்தார்கள். ஆனால் அவன், 'மொனா லிசா' ஓவியத்தைத் திருடவே வந்தான் என்பது பின்னர்தான் தெரிந்தது. ஒருநாள் மாலை, அருங்காட்சியகப் பணிகள்

முடிந்து அனைவரும் வெளியேறியபோது, வின்சென்ஷோ மட்டும் வெளியே செல்லாமல், டாய்லெட்டுக்குள் ஒளிந்து கொண்டான். அனைவரும் வெளியே சென்றதும், அருங்காட்சியகம் பூட்டப்பட்டுத் தேவையற்ற விளக்குகள் அணைக்கப்பட்டன. நள்ளிரவில் நிதானமாக வெளியே வந்து, சுவரில் மாட்டப்பட்டிருந்த ‘மொனா லிசா’ ஓவியத்தை அதன் சட்டகத்திலிருந்து பிரித்தெடுத்து, ஒரு துணியினால் சுற்றியெடுத்து மறுபடியும் டாய்லெட்டுக்குள் ஒளிந்துகொண்டான். எந்தவிதப் பதற்றமும் இல்லாமல் விடியும்வரை காத்திருந்தான். காலையில் வழமைபோலப் பார்வையாளர்கள் வருகை ஆரம்பித்ததும், மெல்ல வெளியேறினான். கூடவே, உலகின் விலைமதிப்பற்ற ஓவியமும் வெளியேறியது. இதில் மிகப்பெரிய ஆச்சரியம் என்னவென்றால், அன்று மாலைவரை ‘மொனா லிசா’

நள்ளிரவில் நிதானமாக வெளியே வந்து, சுவரில் மாட்டப்பட்டிருந்த ‘மொனா லிசா’ ஓவியத்தை அதன் சட்டகத்திலிருந்து பிரித்தெடுத்து, ஒரு துணியினால் சுற்றியெடுத்து மறுபடியும் டாய்லெட்டுக்குள் ஒளிந்துகொண்டான். எந்தவிதப் பதற்றமும் இல்லாமல் விடியும்வரை காத்திருந்தான்.

யார் அந்த இன்னொரு லிசா?

திருடப்பட்டாள் என்பதை யாரும் கவனிக்கவில்லை. அடுத்த நாள் பாரிஸே கலவரப்பட்டது. திருட்டுப்போன செய்தி, உலகெங்கும் கொரோனா வைரஸ்போல பரவியது. மொனா லிசாவைத் தெரியாதவர்களெல்லாம் அவள் பற்றியே பேசினார்கள். அடுத்த இரண்டு ஆண்டுகளுக்கு எந்தத் தடயமுமில்லாமல் மறைந்துபோனாள் லிசா.

மேலே தொடர்வதற்கு முன்னர், 'மொனா லிசா' பற்றிய சில தகவல்களை நீங்கள் தெரிந்துகொள்ள வேண்டும். பழைய இத்தாலி மொழிப் பயன்பாட்டில், 'மொனா' (Mona) என்றால் 'அம்மணி' (lady) என்று அர்த்தம். 'லிசா' என்னும் பெயருடைய உயர்தரக் குடும்பப் பெண், 'மொனா லிசா'. 1503ஆம் ஆண்டில். 'பிரான்செஸ்கோ டெல் ஜொகொண்டோ' (Francesco del Geocondo) என்னும் பட்டு வியாபாரியொருவர், லெயோனார்டோ டா வின்சியைச் சந்தித்தார். கர்ப்பமாக இருந்த தன் மனைவி லிசாவை, ஓவியமாக வரைந்து தரும்படி அவரிடம் கேட்டுக் கொண்டார். சாதாரணமாக, அரச குடும்பத்தவர்களுடனும், கிருஸ்தவ மத உயர்பீடங்களுடனும் மட்டுமே தொடர்புடையவராக இருந்த லெயோனார்டோ,

என்ன ஒளிந்திருக்கிறது அங்கே?

அந்த வியாபாரியின் மனைவி லிசாவின் ஓவியத்தை வரைந்து கொடுப்பதற்குச் சம்மதித்தார். அதன்படி, வரைந்தும் முடித்தார். அப்போது லிசாவுக்கு வயது 24. லெயோனார்டோவின் நண்பரும், அவரின் பல செயல்களுக்கு சாட்சியுமாயிருந்த ஒருவரின் மகனான 'ஜோர்ஜியோ வசாரி' என்பவர் இவை அனைத்தையும் ஆவணப்படுத்தியுள்ளார். எனவே, 'மொனா லிசா' ஓவியத்துக்குச் சொந்தமான பெண்மணி, 'லிசா டெல் ஜெகொண்டோ' (Lisa del geocondo) என்பவர்தான் என்று உறுதியாகிறது. அந்த லிசாதான் இன்று லூவ்ரெ அருங்காட்சியகத்தில் குண்டு துளைக்க முடியாத கண்ணாடிகளுக்குப் பின்னால், கள்ளச் சிரிப்புச் சிரித்துக் கொண்டிருக்கிறாள். களவுபோன லிசா, எப்படித் திருப்பிக் கிடைத்தாள்? சொல்கிறேன். ஆனால், நான் உங்களுடன் பகிர்ந்துகொள்ள விரும்பியது, மொனா லிசா திருட்டுப் போனது பற்றியோ, அவள் யாரென்று சொல்வது பற்றியோ அல்ல. இவையெல்லாம் தாண்டி நடந்த வேறொரு விந்தையைச் சொல்வதே என் நோக்கம்!

லூவ்ரெ அருங்காட்சியகத்திலிருந்து களவுபோன 'மொனா லிசா' ஓவியத்துக்கு அடுத்த இரண்டு ஆண்டுகள் என்ன ஆனதென்றே யாருக்கும் தெரியவில்லை. உலக ஊடகங்களெல்லாம் பேசிப்பேசிக் களைத்து ஓய்ந்தன. ஆனால், அந்தக் காலகட்டங்களில் ஒருசிலர் மட்டும் ஏதோ ஒரு வரவுக்காகக் காத்திருந்தார்கள். களவாடப்பட்ட சிலைகள், ஓவியங்கள், நுண்கலைப் பொருட்களை இரகசியச் சந்தையில் வாங்கும் நபர்கள்தான் அவர்கள். இங்கிலாந்தில் வசிக்கும் 'ஹியூ பிளெக்கர்' (Hugh Blacker) என்பவருக்கு, அந்தச் சமயத்தில் புதிரான அழைப்பொன்று வந்தது. அவரைத் தொடர்பு கொண்டவர், 'மொனா லிசா' ஓவியம் தன்னிடம் இருப்பதாகவும், அதனை விற்க விரும்புவதாகவும் தெரிவித்தார். உடனடியாக அவர்கள் கூறிய இடத்திற்கு ஹியூ விரைந்தார். லூவ்ரெ அருங்காட்சியகத்தில் களவாடப்பட்ட ஓவியம்தான் அதுவென்று புரிந்து கொண்டார். அவ்வளவு சுலபத்தில் ஜாக்பாட் அடிக்குமென்று அவர் நினைக்கவில்லை. இரகசிய இடத்திற்குச் சென்றார். அங்கு ஹியூவின் கையில் 'மொனா

திருடப்பட்டு இரண்டாண்டுகளுக்குப் பின்னர், இத்தாலியிலுள்ள புளோரன்ஸ் நகரில் 'மொனா லிசா' ஓவியத்தை விற்க முயன்றபோது 'வின்சென்ஷோ பெருட்ஜா' பிடிபட்டான். "ஏன் விலைமதிப்பற்ற அந்தப் பொக்கிசத்தைத் திருடினாய்?" என்று கேட்டபோது, "இத்தாலிக்குச் சொந்தமான பொருள், பிரான்ஸில் இருப்பதை நான் விரும்பவில்லை. அதனால், அதைத் திருடி இத்தாலிக்கே கொண்டு வந்தேன்" என்று பதிலளித்தான்.

லிசா' ஓவியம் கொடுக்கப்பட்டது. அதைப் பார்த்ததும் மிகவும் குழம்பிப்போனார். அச்சு அசலாக, மொனா லிசா போன்றே அது இருந்தது. ஆனாலும், அந்த ஓவியத்தில் இருக்கும் லிசாவின் முகம் சற்று இளமையாக இருப்பதுபோல அவருக்குத் தோன்றியது. உடலமைப்பு, கைகள், அளவுப் பரிமாணங்கள் எல்லாமே ஒத்திருந்தாலும், முகம் மட்டும் இளமையாய்க் காணப்பட்டது. அந்த இளமையான முகமும் மொனா லிசாவுடையது என்பதில் அவருக்கு மாற்றுக் கருத்தும் இருக்கவில்லை. இன்னுமொரு வித்தியாசத்தையும் அவர் கண்டார். அந்த ஓவியத்தின் பின்னணிகள் முழுமையாக்கப்படாமல் விடப் பட்டிருந்தது. அதனால், இது லூவ்ரெ மொனா லிசா ஓவியமல்ல என்பதை உறுதிசெய்து கொண்டார். ஓவியக் கலையிலும், பழம்பொருட்கள் வியாபாரத்திலும் அனுபவமுள்ள ஹியூவினால், அனைத்தையும் சில நொடிகளிலேயே மதிப்பிட முடிந்தது. நிஜ மொனா லிசா ஓவியத்தைப் பார்த்து, எவராவது வரைந்த ஓவியமாக இது இருக்கலாமோ என்றும் சிந்தித்தார். 'அப்படி இருக்காது' என்று அவரின் உள்மனம் சொல்லியது. இதையும் லெயோனார்டோவே வரைந்திருக்க வேண்டுமென்று முழுமையாக

நம்பினார். அதனால், எந்தவிதத் தயக்கமுமின்றி அதை வாங்கிக் கொண்டார். 'ஐஸல்வேர்த் மொனா லிசா' *(Isleworth Mona Lisa)* என்ற பெயரில் அழைக்கப்படப்போகும் அந்த ஓவியத்தைப் பொக்கிசமாகப் பூட்டி வைத்துக்கொண்டார். அதன்பின்னர், திருடப்பட்ட லூவ்ரெ மொனா லிசாவும் கண்டுபிடிக்கப்பட்டாள்.

திருடப்பட்டு இரண்டாண்டுகளின் பின்னர், இத்தாலியிலுள்ள புளோரன்ஸ் நகரில் 'மொனா லிசா' ஓவியத்தை விற்க முயன்றபோது 'வின்சென்ஷோ பெரூட்ஜா' பிடிபட்டான். "ஏன் விலைமதிப்பற்ற அந்தப் பொக்கிசத்தைத் திருடினாய்?" என்று கேட்டபோது, "இத்தாலிக்குச் சொந்தமான பொருள், பிரான்ஸில் இருப்பதை நான் விரும்பவில்லை. அதனால், அதைத் திருடி இத்தாலிக்கே கொண்டு வந்தேன்" என்று பதிலளித்தான். மீட்கப்பட்ட ஓவியம் லூவ்ரெ அருங்காட்சியகத்துக்குக் கொண்டுவரப்பட்டது. அந்த நேரத்தில்தான் இரட்டை மொனா லிசாவின் பிரச்சனையைக் கொண்டு வந்தார் 'ஹியூ பிளேக்கர்'. தன்னிடம் இருக்கும் 'மொனா லிசா' ஓவியத்தை வரைந்ததும் லெயோனார்டோ டா வின்சியேதான் என்று அறிவித்தார். அதைப் பரிசோதனையிடவும் அனுமதியளித்தார். அப்போது பல கேள்விகள் எழுந்தன. ஒரே ஓவியத்தை எதற்காக லெயோனார்டோ இரு தடவைகள் வரையவேண்டும்? இரு தடவைகள் வரைந்தாலும் ஒன்றின் முகம் எப்படி இளமையாக இருக்க முடியும்? லிசாவுக்கு இளமையான இரட்டைச் சகோதரி இருந்தாளா? இரண்டையும் ஒருவரே வரைந்திருந்தால், ஒரு ஓவியத்தின் பின்னணி ஏன் முழுமையாக்கப்படவில்லை? போன்ற கேள்விகள் குழப்பத்தை உருவாக்கின. இந்த ஓவியமும் லெயோனார்டோவினால்தான் வரையப்பட்டது என்பதைப் பலரால் ஒத்துக்கொள்ள முடியவில்லை. அப்படி இருக்கும் பட்சத்தில், உலகின் அதிகப் பெறுமதிவாய்ந்த ஓவியங்களில் இதுவும் ஒன்றாகிவிடும். லெயோனார்டோ டா வின்சி வரைந்த ஓவியங்கள் அனைத்தும் விலைமதிப்பற்றவை. இந்த இரட்டை மொனா லிசாவையும் அவரே வரைந்தார் என்றால், அதன் மதிப்பும் உச்சமாகத்தான் இருக்கும். அதனால், சுலபத்தில்

யாராலும் ஏற்றுக்கொள்ள முடியவில்லை. இது வேறு யாரோ வரைந்த நகல்தான் என்று கருதினார்கள். அதனால், கார்பன் தேதிப் பரிசோதனை முதல் பலவிதப் பரிசோதனைகள் நடத்தப்பட்டன. அனைத்தும் ஐஸெல்வேர்த் மொனா லிசா காலத்தாலும், கருவிகளாலும், பயன்படுத்தப்பட்ட மைகளாலும், லெயோனார்டோ டாவின்சியின் சித்திரக்கூடத்திலேயே உருவாக்கப்பட்டது என்பதை உறுதிப்படுத்தின. அப்போதும், அவரின் மாணவர்களில் யாராவது ஒருவர் வரைந்திருக்கலாமல்லவா என்னும் கருத்தும் சொல்லப்பட்டது.

இறுதியாக, நவீன இயற்பியலின் உதவி நாடப்பட்டது. இரண்டு ஓவியங்களும் கணினிப் படங்களாக உள்ளீடு செய்யப்பட்டன. பின்னர் ஒவ்வொரு பிக்ஸலாக ஒப்பீடு செய்யப்பட்டது. ஒன்றுடன் ஒன்று பொருத்தப்பட்டும் சரிபார்க்கப்பட்டன. முடிவு ஆச்சரியமானதாக இருந்தது. இரண்டு ஓவியங்களுமே, ஒரே நபரால்தான் வரையப்பட்டிருக்கின்றன என்று முடிவு தெரிவித்தது. அளவீடுகள், வரையும் முறை, வரைவதற்கான பரிமாண இடைவெளிகள், நிறங்களின் சேர்க்கையென அனைத்தும் ஒரே மாதிரியாகவே அமைந்திருந்தன. இரண்டையும் வரைந்தவர் ஒருவரேயென முடிவாகியது. அந்த ஒருவர் லெயோனார்டோ டா வின்சியேதான். 'மொனா லிசா' அவரது 24 வயதில் கர்ப்பமாக இருந்தபோது வரையப்பட்ட ஓவியத்தை முழுமையாக வரையமுடியாத நிலையில், ஏதோவொரு காரணத்தினால் வேறெங்கோ செல்லவேண்டிய சூழ்நிலை லெயோனார்டோவுக்கு ஏற்பட்டிருக்கலாம் என்றும், அந்த ஓவியத்தைத் தன்னுடனே கொண்டு சென்றிருக்கலாம் எனவும், பின்னர் அவருக்குக் குழந்தை பிறந்த பின்னரான ஒருநாளில் மீண்டும் மொனா லிசாவை அவர் புதிதாக வரைந்திருக்கலாம் என்றும் நம்பப்படுகிறது.

ஆனாலும், என்ன ஒளிந்திருக்கிறது அங்கே என்னும் உண்மையை டா வின்சி ஒருவரால் மட்டுமே விடுவிக்க முடியும். இப்போது, ஒன்றல்ல இரண்டு இடங்களில், மர்மச் சிரிப்புச் சிரித்துக் கொண்டிருக்கிறாள் லிசா.

அத்தியாயம் 2

விண்வெளியில் பேய்களா?

ஹாய்! மீண்டும் எழுத்தின்வழி உங்களைச் சந்திப்பதில் மகிழ்ச்சி. நீங்கள் தயாரெனின், மர்மப் பிரதேசமொன்றினுள் உங்களை அழைத்துச் செல்லலாமென இருக்கிறேன். பிரதேசமென்றவுடன் பூமியில் எங்கோ ஒரு இடத்தில் என்று எண்ணிவிடாதீர்கள். நாம் செல்லப் போவது, பூமிக்கும் மேலேயுள்ள விண்வெளிக்கு. அந்த விண்வெளியில்தான் சில நிமிடங்களைக் கழிக்கப் போகிறோம். நாட்டில், காட்டில், வீட்டில் எல்லாம் பேய்கள் இருப்பதாகப் பல கதைகளைக் கேள்விப்பட்டிருப்பீர்கள். விண்வெளியில் பேய்கள் இருப்பது கேள்விப்பட்டிருக்கிறீர்களா? இல்லையல்லவா? சரி, வாருங்கள் காட்டுகிறேன். இனிவரும் சில நிமிடங்கள் உங்களுக்கும், எனக்குமானவை. கூடவே பேய்க்கும். நான் சொல்லப்போகும் இந்தச் சம்பவம், உண்மையானதா, பொய்யானதா என்பது குறித்தான எந்தத் தெளிவும் என்னிடம் இல்லை. நான் அறிந்ததை அப்படியே உங்களிடம் பகிர்ந்து கொள்கிறேன். இதற்கான முடிவை உங்களிடமே விட்டுவிடுகிறேன். இனி, வானத்திற்குப் பறந்து அங்கு நடப்பதைப் பார்க்கலாம் வாருங்கள்.

விண்வெளியில் பேய்களா?

அதை முதலில் அவதானித்தவர், ஒலெக் அட்கோவ்தான் (Oleg Atkov). அவர் இருந்த இடம் பிரகாசமான மஞ்சள் நிற ஒளியால் மெல்ல நிரம்ப ஆரம்பித்தது. கண்ணாடிப் பாத்திரமொன்றை நிரப்பும் நீர்போல, அந்த மஞ்சள் ஒளி அறையைப் படிப்படியாய் நிரப்பிக் கொண்டிருந்தது. அவருடன் இருந்த 'விளாடிமிர் சோலோவ்யோவ்' (Vladmir Solovyov), 'லெயோனிட் கிஷிம்' (Leonid Kizim) இருவரும்கூட அதைக் கண்டுகொண்டார்கள். இப்போது, எல்லாமே ஒளிரும் மஞ்சள் நிறமாக மாறிப் போயியிருந்தது. அப்படியான ஒன்றை அவர்கள் அதுவரை அனுபவித்திருக்கவில்லை. என்ன நடக்கிறது என்றே புரியவில்லை. 'வாயு ஏதும் கசிந்திருக்குமோ' என்றே முதலில் நினைத்தார்கள். ஆனால், ஒளி வெளியேயிருந்து வந்துகொண்டிருந்தது. ஒளியின் திசை நோக்கி ஜன்னலால் எட்டிப் பார்த்தார்கள். மிரண்டே போனார்கள். முதலில் முகில்போன்ற மஞ்சள் புகை சூழ்ந்தது போலத்தான் இருந்தது. அடுத்த நொடிகளில் அந்தப் புகை ஒடுங்கி உருவங்களாக மாறத்தொடங்கின. அங்கே அவர்கள் கண்ட காட்சி வாழ்நாளில் மறக்க முடியாதது. பிரமாண்டமான ஏழு உருவங்கள் விண்வெளியில் மிதந்து கொண்டிருந்தன. முதுகில் மிகப்பெரிய இறக்கைகளுடன், தேவதைகள்போலச் சிறகடித்தபடி மிதந்தன. ஒவ்வொன்றும் போயிங் விமானமளவு பெரிதாக இருந்தன. அவற்றிடமிருந்தே அந்தப் பிரகாசமான ஒளி வந்துகொண்டிருந்தது. 'ஜன்னலூடாகப் பார்த்தார்கள்' என்றல்லவா சொன்னேன். அது எந்த ஜன்னல் தெரியுமா?

என்ன ஒளிந்திருக்கிறது அங்கே?

அவர்கள் இருந்த இடம் எதுவென்று தெரியுமா? பூமியிலிருந்து 250 கிலோமீட்டருக்கு மேலே, ரஷ்யாவால் அனுப்பப்பட்ட 'சல்யூட் 7' (Salyut 7) என்னும் விண்வெளி ஆராய்ச்சி நிலையம்தான் அது. அங்கிருந்த ஜன்னலூடாகவே பறக்கும் தேவதைகளைப் பார்த்துக் கொண்டிருந்தார்கள்.

இன்றைய காலத்தில், பல நாடுகள் ஒன்றிணைந்து 'சர்வதேச விண்வெளி நிலையம் (International Space Station- ISS) ஒன்றை 410 கிலோமீட்டர் உயரத்தில் மிதக்க விட்டிருப்பது உங்களுக்குத் தெரிந்திருக்கும். ஆனால், இரண்டாம் உலக யுத்தத்தின் பின்னர், அமெரிக்காவும், சோவியத் ரஷ்யாவும் தங்களில் யார் பெரியவரென்று காட்டுவதற்கு, அனைத்து விதங்களிலும் போட்டி போட்டுக் கொண்டிருந்தனர். பூமியில் நடந்த போட்டி, பனிப்போராக உருமாறி, வானிலும் நடக்க ஆரம்பித்தது. விண்வெளிக்குச் செல்வது, சந்திரனுக்குப் போவது என்று போட்டிகள் தொடர்ந்தன. அதன் அங்கமாக, விண்வெளியில் தங்கியிருந்து ஆராய, விண்கலங்களை அமைத்து விண்வெளியில் விட ஆரம்பித்தார்கள். அப்படிச் சோவியத் ரஷ்யாவால் அனுப்பப்பட்ட விண்வெளி நிலையம்தான் 'சல்யூட் 7'. 1971ஆம் ஆண்டு ரஷ்யாதான் 'சல்யூட் 1' என்னும் விண்வெளி நிலையத்தை முதலில் நிறுவியது. அதன்பின்னர், 1973 இல், 'ஸ்கைலாப்' (Skylab) என்பதை அமெரிக்கா அனுப்பி வைத்தது.

> தேவதைகளுக்கு இருப்பதுபோல அவற்றுக்கும் இறக்கைகள் இருந்தன. உருவத்தில் மனிதர்களாகவே காட்சியளித்தார்கள். அவர்களின் முகம் சாந்தமான பரிவுடன் இருந்ததை மூவரும் அவதானித்தார்கள். பாசமான பார்வையைச் செலுத்திக் கொண்டிருந்தார்கள். மொத்தமாகப் பத்து நிமிடங்களே நின்றிருப்பார்கள்.

மேலே சொல்லப்பட்ட சம்பவம், ரஷ்ய விஞ்ஞானிகளுக்கு 'சல்யூட் 7' இல் நடந்தது. ஒலெக் அட்கோவ், விளாடிமிர் சொலோவ்யோவ், லெயோனிட் கிஷிம் ஆகிய மூவரும் மொத்தமாக 237 நாட்கள் விண்வெளியில் தங்கியிருந்து சாதனை படைத்தவர்கள். அந்தச் சமயத்தில், அதாவது 1984ஆம் ஆண்டு, ஜூலை 12ஆம் தேதிதான் அந்தச் சம்பவம் நிகழ்ந்தது.

மூவரும் திகைத்து நின்றார்கள். என்ன செய்வதென்றே அவர்களுக்குத் தெரியவில்லை. தாங்கள் கான்பது கனவல்ல, நிஜம் என்பது மட்டும் தெரிந்தது. கற்பனையில்கூட அவ்வளவு பிரமாண்டமான தேவதைகளை அவர்களால் கண்டிருக்க முடியாது. இப்போது கண்ணுக்கு எதிரிலேயே காட்சியளிக்கிறன்றன. தேவதைகளுக்கு இருப்பதுபோல அவற்றுக்கும் இறக்கைகள் இருந்தன. உருவத்தில்

என்ன ஒளிந்திருக்கிறது அங்கே?

அந்தத் தேவதைகளைப் பார்த்துக் கொண்டிருந்தபோது, அறுவரில் இருவருக்குத் திடீரென மண்டைக்குள் குரலொன்று ஒலிப்பதாகத் தோன்றியது. டெலிபதி மூலமாக தங்களுடன் அவர்கள் உரையாடுவதுபோன்ற குரலாக அது இருந்தது. "உடனடியாக இந்த விண்கலத்திலிருந்து விலகிப் பூமிக்குச் சென்று விடுங்கள்!" என்று அந்தக் குரல்கள் எச்சரித்தன.

மனிதர்களாகவே காட்சியளித்தார்கள். அவர்களின் முகம் சாந்தமான பரிவுடன் இருந்ததை மூவரும் அவதானித்தார்கள். பாசமான பார்வையைச் செலுத்திக் கொண்டிருந்தார்கள். மொத்தமாகப் பத்து நிமிடங்களே நின்றிருப்பார்கள். அடுத்த நொடி, திடீரென வேகமெடுத்து பறந்து மறைந்தார்கள். அவர்கள் மறைந்த பின்னர் சுயநிலை வந்தும், நடந்ததை மூவராலும் நம்பமுடியவில்லை. அவர்கள் யார்? வேற்றுக்கோள்வாசிகளா? தேவதைகளா? ஆவிகளா? இல்லை, கடவுளேதானா? அவர்கள் ஏன் எதுவும் செய்யவில்லை? எதற்காக எங்களைக் கனிவுடன் பார்க்க வேண்டும்? ஒன்றும் புரியவில்லை. கம்யூனிச ஆட்சி நடக்கும் சோவியத்துக்கு அறிவிப்பதில் உள்ள சிக்கல்களைப் புரிந்து கொண்டார்கள். யாரிடமும் எதுவும் தெரிவிப்பதில்லை எனத் தீர்மானித்தார்கள். அப்படியே மௌனமாகிவிட்டார்கள். நாட்கள் கடந்தன. அதன்பின் அவர்கள் வரவேயில்லை. ஆனால், புதிய விருந்தாளிகள் வந்தார்கள்.

சம்பவம் நடந்து ஐந்தாவது நாளில், 'ஸ்வெட்லனா சவிட்ஸ்காயா (Svetlana Savitskaya), 'இகோர் ஃபோல்க்' (Igor Volk), 'விளாடிமிர்

HUGE ANGELS SEEN IN SPACE!

Soviet cosmonauts stunned

Six Soviet cosmonauts say that they've witnessed the most awe-inspiring spectacle ever encountered in space — a band of glowing angels with wings as big as jumbo jets!

Accounts of two bizarre sightings by Russia's leading space travelers are contained in a top-secret report smuggled out of the

form of unexplained natural phenomenon," said the former Soviet space scientist.

"But the evidence seems to indicate that what they saw was more supernatural than natural."

Startled cosmonauts Vladimir Solovyov, Oleg Atkov and Leonid Kizim said they first saw the seven celestial be-

their lives. "What we saw were seven giant figures in the form of humans, but with wings and mist-like halos as in the classic depiction of angels," said the cosmonauts in an account signed by all three.

"They appeared to be hundreds of feet tall, with a wingspan as great as any jetliner.

...bic smiles, and they were all identical. We were totally mesmerized."

The cosmonauts said the band of angels followed their capsule for about 10 minutes and then vanished as suddenly as they had come.

But 12 days later the glowing figures returned — and this time they were seen by six Soviet scientists.

The Cosmonauts of the Salyut 7: Angel Encounters

Savitskaya | Volk | Dzhanibekov | Atkov | Kizim | Solovyov

ஷானிபெகோவ்' *(Vladimir Dzhanibekov)* ஆகிய மூவரும் புதிய விண்வெளி வீரர்களாக இவர்களுடன் இணைந்து கொண்டார்கள். இப்போது, விண்கலத்தில் மொத்தம் ஆறுபேர். அதில் ஒருவர் பெண். புதிதாக வந்தவர்களுக்கு எதையும் இவர்கள் கூறவில்லை. ஆனால், அவர்கள் எதை நினைத்துப் பயந்தார்களோ, அதுவும் நடந்தது. புதிய வீரர்கள் வந்திறங்கிய ஆறாவது நாள், மீண்டும் மஞ்சள் நிற ஒளியில் குளித்தது 'சல்யூட் 7'. முன்னர் கண்ட அதே காட்சி. ஆனால், இப்போது விண்கலத்தில் இருக்கும் ஆறுபேர் அதைக் காண்கிறார்கள். இப்போதும், சில நிமிடங்கள் இவர்களையே கனிவாகப் பார்த்துக் கொண்டிருந்துவிட்டு, வேகமாக மறைந்து போனார்கள். ஆனால், முன்னர் நடக்காத ஒரு சம்பவம் இப்போது நடந்தது. அது என்னவென்பதை இறுதியில் சொல்கிறேன்.

இரண்டு தடவைகள் ஆறு நபர்களுக்கு, ஒரே சம்பவம் நடைபெற்றதால் மூடி மறைப்பதில் பயனில்லை என்று

முடிவெடுத்து, அனைத்தையும் ரஷ்ய விண்வெளி மையத்துக்கு அறிவித்தார்கள். அவ்வளவுதான், மூச்சு விடக்கூடாது என்று பணிக்கப்பட்டது. அதன்பின்னர், அடுத்தடுத்து நடந்தவை எல்லாமே எதிர்பாராதவை. 'சல்யூட் 7' இல் பலவிதமான இயந்திரக் கோளாறுகள் ஏற்பட்டன. அதிலிருந்து தப்பவே முடியாத நிலையில், விண்வெளி வீரர்கள் நூலிழையில் காப்பாற்றப்பட்டார்கள். 'சல்யூட் 7' ஐ மொத்தமாகக் கைவிடவேண்டிய நிலைமையும் ஏற்பட்டது. ஆனால், அதற்கு முன்னரே பூமிக்கு வந்துசேர்ந்த அந்த ஆறு விண்வெளி வீரர்களிடமும், நடந்தவற்றைத் தெளிவாகக் கேட்டறிந்தது சோவியத் அரசு. 'ஆறுபேரும் ஒன்று சேர்ந்து கதையொன்றை இட்டுக்கட்டிச் சொல்கிறார்களோ?' என்னும் அடிப்படையில், சோதனைகள் நடத்தப்பட்டன. அவர்கள் உண்மை பேசுவதும், எந்த மனக்குழப்பமும் இல்லாமல் இருப்பதும் சோதனைகளில் தெரிந்தது. யாரும் எதையும் வெளியே சொல்லக் கூடாது என்ற கண்டிப்பான கட்டளைகளுடன் அனுப்பப்பட்டார்கள். விண்வெளி நிலையத்தில் ஏற்பட்ட ஆக்சிஜின் குறைபாட்டாலோ, அமுக்க மாற்றங்களாலோ ஏற்பட்ட, குழு மாயத் தோற்றங்கள்தான் *(Group Hallucination)* இதற்குக் காரணம் என்று சிம்பிளாக முடித்து வைத்தார்கள். அந்த உண்மை திரைபோட்டு மறைக்கப்பட்டது.

வந்தவர்கள் யார்? ஏலியன்களா? இல்லை தேவதைகளா? அல்லது கடவுளா? அதுசரி, சம்மந்தமேயில்லாமல் நான் ஏன் பேய்கள் பற்றி ஆரம்பத்தில் பேசினேன்? 'விண்வெளியில் பேய்களா?' என்று ஏன் சொன்னேன்? அதற்கும் ஒரு காரணம் இருக்கிறது. இரண்டாவது தடவை அவர்கள் தோன்றியபோது, வித்தியாசமான ஒன்று நடைபெற்றதென்று சொன்னேனல்லவா? அது இதுதான். அந்தத் தேவதைகளைப் பார்த்துக் கொண்டிருந்தபோது, அறுவரில் இருவருக்குத் திடீரென மண்டைக்குள் குரலொன்று ஒலிப்பதாகத் தோன்றியது. டெலிபதி மூலமாகத் தங்களுடன் அவர்கள் உரையாடுவதுபோன்ற குரலாக அது இருந்தது. "உடனடியாக இந்த விண்கலத்திலிருந்து விலகிப் பூமிக்குச் சென்று விடுங்கள்!" என்று அந்தக் குரல்கள்

எச்சரித்தன. அவர்கள் இருவரும் கேட்ட அந்தக் குரல்கள், அவரவரின் இறந்துபோன தாத்தாக்களின் குரல்போல ஒலித்தன. இருவருக்கும் வெவ்வேறான குரல்கள். இரண்டுமே அவர்களின் மூதாதையரின் குரல்கள். அப்படியென்றால் வந்தவர்கள் இறந்துபோன மூதாதையர்களா? இப்போது புரிகிறதா, நான் எதற்குப் பேய்களை இங்கே இழுத்தேன் என்பது?

சோவியத் ஒன்றியம் உடைந்த பின்னர் மெல்லமெல்ல அனைத்தும் வெளியே கசிந்தன, இந்தக் கதையைப் படிக்கும் உங்களுக்குச் சிரிப்பு வரலாம். இந்தச் சம்பவம் உண்மையா, இல்லையா என்பதை நீங்களே தேடிச் சரிபார்த்துக் கொள்ளலாம். சாதாரணமான மக்கள் இட்டுக்கட்டிச் சொன்ன கதையல்ல இது. இதில் சம்மந்தப்பட்ட அனைவருமே படித்தவர்கள். புத்திசாலி மனிதர்கள். வானியல் அறிஞர்கள், மதிக்கப்படுபவர்கள். அவர்கள் பொய் சொல்ல வேண்டிய அவசியம் நிச்சயம் இருக்கப்போவதில்லை. அதுவும் ஆறுபேர் சேர்ந்து ஒரு பொய்யைச் சொல்லியிருப்பார்களா?

'என்ன ஒளிந்திருக்கிறது அங்கே?' என்பதை கூகிளில் தேடிக் கண்டுபிடிக்க வேண்டியது உங்கள் பொறுப்பு.

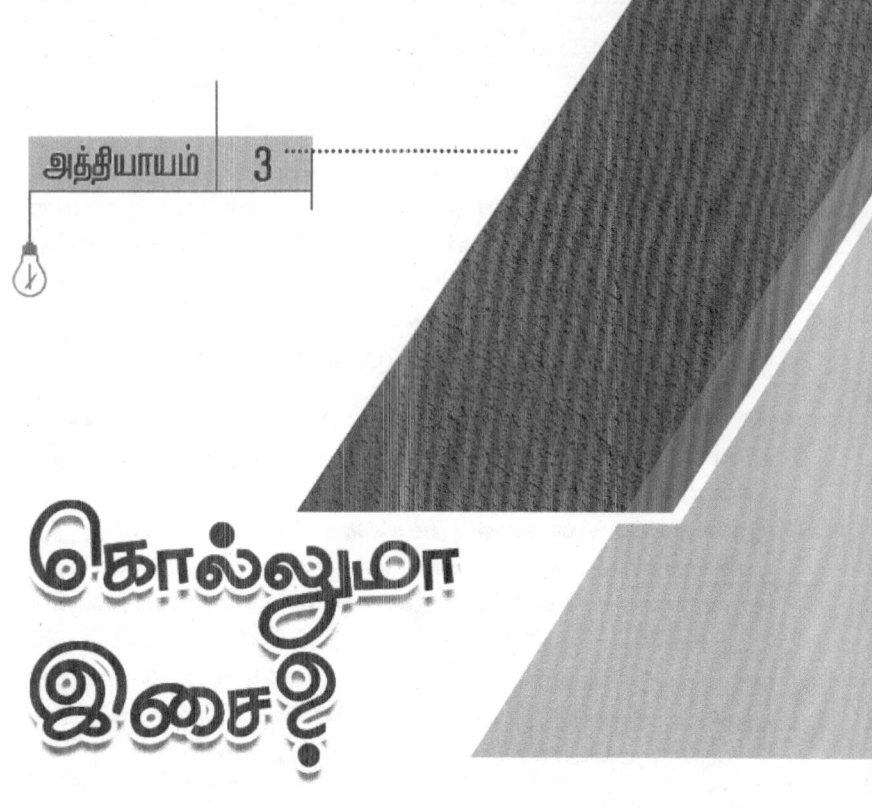

அத்தியாயம் 3

கொல்லுமா இசை?

இதை எழுதுவதில் பெரும்தயக்கம் இருந்தது. எதிர்மறைச் சம்பவங்களுக்கு வெளிச்சமிடுவதில் எனக்குச் சம்மதமில்லை. ஆனாலும், என்றோ முற்றுப்புள்ளியிடப்பட்ட தொடர் சோகமொன்றை உங்களிடம் பகிர்கிறேன். வரலாற்றில் தவறான நிறத்தைப் பெற்றுவிட்ட நிகழ்வது.

'மைல் ஒல்கா கெரெகெஸ்' *(Mile Olga Kerekes)*, ஹங்கேரியின் புடாபெஸ்ட் நகரில் வசிக்கும் ஒரு பாடகி. பிரபலமான நாடக நடிகையும்கூட. ஒருநாள், நிறைந்திருந்த அரங்கத்தில் பாடிக்கொண்டிருந்தார். பார்வையாளர்கள் அந்தப் பாடலில் ஒன்றிப் போயிருந்தார்கள். சோகம் வழியும் இசையும், பாடலின் வரிகளும் அனைவரையும் துக்கத்தின் உச்சத்தில் உட்கார வைத்திருந்தது. உணர்ச்சிவசப்பட்டுப் பாடிக்கொண்டிருந்த ஒல்காவின் கண்களிலிருந்து கண்ணீர் கொட்டிக்கொண்டிருந்தது. அப்படியானதொரு ஏக்கக் குரலை யாரும் கேட்டிருக்க முடியாது. பாடலின் இறுதியை முடிக்காமல், கதறியழுதார் ஒல்கா. துக்கம்

தாங்காமல் மேடைக்குப் பின்னிருந்த அறைநோக்கி ஓடினார். கதவைச் சாத்திக் கொண்டார். பார்வையாளர்களும் சோகத்தில் இருந்ததால், ஒல்காவைப் புரிந்துகொண்டார்கள். சமாதானமடைந்து வெளியே வரும்வரை காத்திருந்தார்கள். நிமிடங்கள் நகர்ந்தன. நேரம் அதிகமாகவே ஆகிற்று. ஒல்கா வரவில்லை. மேனேஜர் அறைக் கதவைத் தட்டினார். கதவுகள் திறக்கப்படவில்லை. நிலைமை விபரீதமென்பதைப் புரிந்துகொண்டார், கதவை உடைக்க உத்தரவிட்டார். கதவைத் திறந்தபோது, இறந்த நிலையில் விழுந்து கிடந்தார் ஒல்கா. கையில் விஷக்குப்பியொன்று இருந்தது.

இது ஒரு சம்பவம். அடுத்தது இது.

பதினைந்தே வயதான அழகி 'எலிசபெத் குயுலை' (*Elizabeth Guyulai*). ஒருநாள் இரவுவேளை வீட்டிலிருந்து சைக்கிளில் வெளியே சென்றபோது, காவல்துறையால் மறிக்கப்பட்டாள். எங்கே போகிறாயெனக் கேட்டபோது, "அம்மாவுக்கு மருந்து வாங்கப் பார்மசி செல்கிறேன்" என்றிருக்கிறாள். காவல்துறையினரிடம் விடைபெற்றவள், நீர்பாயும் பாலமொன்றின் அருகே சைக்கிளை நிறுத்திவிட்டு, நிதானமாகச் சென்று நீரில் குதித்தாள். அடுத்த நாள் சடலமாகக் கண்டெடுக்கப்பட்டாள். தாயாருக்கு அவள் எழுதிவைத்த காகிதத்தில், "உன்னைப் பார்த்து எவராவது 'குளூமி சண்டே' பாடலைப் பாடினால், என்னைப் புரிந்துகொள்வாய்" என்னும் இரண்டே வரிகள் மட்டும் இருந்தன.

> தான் பணிபுரியும் உணவு விடுதியில் குளூமி சண்டேயை இசைக்கச் செய்தார். மெல்ல அது மக்களுக்குப் பிடிக்க ஆரம்பித்தது. பின்னர் இசைத்தட்டாகவும் வெளியிடப்பட்டது. அதுவே தற்கொலைகளுக்கும் காரணமாகியது. பாடல் பிரபலமாகும்போது, ரெஷ்ஸோவும் பிரபலமாகினார். கூடவே தற்கொலைகளும் சேர்ந்து கொண்டன. பாடலின் பிரபலத்திற்கு அதுவும் காரணமாகியது. அந்த அடையாளத்தை ரெஷ்ஸோவோ விரும்பவில்லை.

மேலுமொரு சம்பவம்.

புடாபெஸ்டில், 'கிரீன் ஃப்ரொக்' பிரபலமான உணவகம். மாலை வேளைகளில் அட்டகாசமாய் இயங்குவது. ஒருநாள், 'ஜீன் போரொஸ்' *(Jean Boros)* அங்கு நுழைந்தார். அங்கிருப்பவர்களுடன் இணைந்து கொண்டார். உணவகத்துக்கென இசைக்குழுவும் இருந்தது. அவர்கள் பாடல்களைப் பாடினார்கள். அப்போதுதான் அந்தச் சம்பவம் நடைபெற்றது. இசைக்குழுவின் பாடகி, பாடலொன்றைப் பாட ஆரம்பித்தார். உற்சாகத்தில் துடித்த உணவகம் சட்டென்று அமைதியானது. அந்தச் சோகப் பாடலைக் கேட்டு, அனைவரும் உணர்ச்சிவசப்பட்டார்கள். பாடல் முடிந்தபோது, எவரும் கைதட்டவில்லை. சிலையாகி இருந்தார்கள். ஆனால், கைதட்டலுக்குப் பதில், துப்பாக்கி வெடியோசை கேட்டது. அங்கிருந்தவர்கள் மிரண்டு போனார்கள். தலையில் சுட்டுத் தற்கொலை செய்த நிலையில் வீழ்ந்து கிடந்தார் ஜீன் போரொஸ். உணவக முதலாளி அலறினார், "அந்தப் பாடலை ஏன் பாடினீர்கள்?".

புடாபெஸ்ட்டில் இன்னொரு சம்பவமும் நடந்தது. காலணிக் கடையின் சொந்தக்காரரான 'ஜோசப் கெல்லர்' தற்கொலை செய்துகொண்டார். அவர் இறந்த இடத்தில், பாடலொன்றின் வரிகளும், ஒரு வேண்டுகோளும் இருந்தது. "பாடலில்

சொல்லப்பட்டதுபோல ரோஜாக்களை என் சவப்பெட்டியினுள் நிறைத்து அடக்கம் செய்யுங்கள்”.

இவை மட்டுமல்ல, அடுத்தடுத்துப் பதினெட்டுச் சம்பவங்கள் தொடர்ந்து நடந்தன. ஹங்கேரி முழுவதும் கிட்டத்தட்ட நூறு தற்கொலைகள் ஒரேயொரு காரணத்துக்காகவே நடந்தன. அனைத்துத் தற்கொலைகளுக்கும் காரணமாயிருந்தது ஒரு பாடல். ‘இருண்ட ஞாயிறு’ *(Gloomy Sunday)* என்னும் பாடல்தான் அது. *1933*ஆம் ஆண்டு ஹங்கேரியில், பாடலொன்றால் தற்கொலை செய்த சம்பவங்கள் தொடர்ச்சியாக நடந்திருக்கின்றன. இறந்த ஒவ்வொருவருக்கும் அருகில், அந்தப் பாடல் எழுதிய காகிதமோ, பாடலின் இசைத்தட்டோ இருந்தது. என்ன, ஏதுவென்று புரிந்துகொள்வதற்கு முன்னரே பலர் இறந்துபோனார்கள். பாடகியான ஒல்காவின் தற்கொலைக்குப் பின்னர்தான் காவல்துறை விழித்துக் கொண்டது. ‘குளூமி சண்டே பாடலை நாடு முழுவதும் தடைசெய்கிறோம்’ என அறிவித்தார்கள். தற்கொலைக் காரணத்தினால் ஒரு பாடல்

என்ன ஒளிந்திருக்கிறது அங்கே?

தடைசெய்யப்பட்டது அதுவே முதல் தடவையாகும். அப்படி என்னதான் இருக்கிறது அந்தப் பாடலில்? அதை உருவாக்கியது யார்? 'ஹங்கேரியன் தற்கொலைப் பாடல்' என்னும் பெயருடன் உலகமெங்கும் அறியப்பட்ட, 'குளூமி சண்டே' உருவாகிய விதம் மிகச்சாதாரணமானது.

'ரெஷ்ஸோ செரெஸ்' (Rezso Seress) என்பவர் ஹங்கேரியில் வாழ்ந்த பியானோ கலைஞர். ஒரு உணவு விடுதியில் பியானோ வாசிப்பவராகப் பணிபுரிந்தார். 1933ஆம் ஆண்டு அவருக்கு 34 வயது பூர்த்தியாகியிருந்தது. காதலித்தவளும் ஏதோவொரு காரணத்தினால் அவரைப் பிரிந்துவிட்டாள். சோகம் அவரை வாட்டும்போதெல்லாம், பியானோ இசையால் அதை வெளிப்படுத்தினார். அந்த உணவு விடுதிக்கு 'லாஷ்லோ யாவொர்' (Laszlo Javor) என்னும் பாடலாசிரியர் வந்திருந்தார். தான் எழுதிய ஒரு பாடலுக்கு மெட்டமைத்துக் கொடுக்கும் ஒருவரைத் தேடிக்கொண்டிருந்தார். பியானோவில் சோக கீதங்களைப் பொழிந்து கொண்டிருக்கும் ரெஷ்ஸோவே தனது பாடலுக்கு மெட்டமைக்க உகந்தவர் என்பதைப் புரிந்து கொண்டார். தன் கோரிக்கையை ரெஷ்ஸோவுக்குச் சொன்னார். அப்போதுதான் அற்புதமான 'குளூமி சண்டே' பாடல் உருவாகியது.

தான் பணிபுரியும் உணவு விடுதியில் குளூமி சண்டேயை இசைக்கச் செய்தார். மெல்ல அது மக்களுக்குப் பிடிக்க ஆரம்பித்தது. பின்னர் இசைத்தட்டாகவும் வெளியிடப்பட்டது. அதுவே தற்கொலைகளுக்கும் காரணமாகியது. பாடல் பிரபலமாகும்போது, ரெஷ்ஸோவும் பிரபலமாகினார். கூடவே தற்கொலைகளும் சேர்ந்து கொண்டன. பாடலின் பிரபலத்திற்கு அதுவும் காரணமாகியது. அந்த அடையாளத்தை ரெஷ்ஸோவோ விரும்பவில்லை. ரெஷ்ஸோ பிரபலமானதும், அவரைப் பிரிந்த காதலியுடன் மீண்டும் இணைவதற்கான சந்தர்ப்பம் உருவானது. இசைத்தட்டை வெளியிட்டவரே இருவருக்குமான சமாதானத்தை உருவாக்கினார். குறித்த ஒருநாளில் இருவரும் சந்திப்பதற்கு ஏற்பாடு செய்யப்பட்டது. சந்திப்பதற்கு முதல்

நாள் ரெஷ்ஸோவின் காதலி, தனிமையிலிருந்தபடி குளூமி சண்டேயைக் கேட்டார். மறுநாள் அவரது அறையைப் பார்த்தபோது, அங்கே தற்கொலை செய்து இறந்து கிடந்தார். பாடலின் சோகமா, ரெஷ்ஸோவை இவ்வளவு நாளும் தவிக்கவைத்த குற்றவுணர்ச்சியா தெரியவில்லை. அவரருகேயிருந்த காகிதத்தில் இரண்டே சொற்கள் மட்டும் எழுதப்பட்டிருந்தன. *'Gloomy Sunday'*. எல்லாமே முடிந்து போனது. யாருக்காக அந்தச் சோககீதம் உருவாக்கப்பட்டதோ, அவரும் தற்கொலை செய்துகொண்டார்.

இப்படியானதொரு முடிவை ரெஷ்ஸோ எதிர்பார்க்கவில்லை. யாருக்கெல்லாம் நடந்ததாகக் கேள்விப்பட்ட தற்கொலைகள், தன்னையே நெஞ்சில் குத்துமென்று அவர் நினைக்கவில்லை. பல வருடங்கள் கழித்து, அடுக்குமாடிக் கட்டடத்திலிருந்த தன் வீட்டின் ஜன்னல் வழியாகக் குதித்துத் தற்கொலை செய்துகொண்டார். இத்துடன் அனைத்தும் முடிந்திருக்க வேண்டும். ஆனால், முடியவில்லை. எதிலும் பணம் பார்க்கும் வியாபாரிகள் உலகமாயிற்றே! அமெரிக்காவில் அப்படிப்பட்ட வியாபாரிகள் அதிகமே! 'ஹங்கேரியன் தற்கொலைப் பாடல்' என்று விளம்பரப்படுத்தி, ஆங்கிலத்திலும் 'குளூமி சண்டே' வெளியிடப்பட்டது. அமெரிக்காவிலும் தற்கொலைகள் விரட்ட ஆரம்பித்தன.

1936ஆம் ஆண்டு, நியூயார்க்கைச் சேர்ந்த 'பிலிப் குக்' என்னும் இளைஞன், துப்பாக்கியால் தன்னைத்தானே சுட்டநிலையில் வீழ்ந்து கிடந்தான். மருத்துவமனைக்குக் கொண்டு செல்லும் வழியில் உயிரிழந்தான். அவனது பாக்கெட்டில் இருந்த துண்டுக் காகிதத்தில் அதே குளூமி சண்டேயின் பாடல் வரிகள். அதைத் தொடர்ந்து, பதின்ம வயதுகொண்ட 'ஃபிளாய்ட் ஹமில்டன்', 19 வயதான 'அல்ஃப்ரெட் ஃபோல்க்ஸ்மான்' என்று தற்கொலைகள் அமெரிக்காவிலும் வரிசைகட்டின. 1984ஆம் ஆண்டில்கூட இளைஞனொருவன் தற்கொலை செய்துகொண்டான். தற்கொலை செய்யும் அளவுக்கு அந்தப் பாடலில் அப்படி என்னதான் இருக்கிறது? அப்படி எதுவுமே

இல்லையென்பதுதான் நிஜம். ஸ்டீபன் ஸ்பீல்பேர்க்கின் இயக்கத்தில் வெளிவந்த, 'ஷிண்ட்லேர்ஸ் லிஸ்ட்' படத்தில் மனதைக் கீறும் சோக இசையொன்று வருகிறதல்லவா? அது குளூமி சண்டேயின் வயலின் வடிவம்தான்.

இப்போது, நம் முன்னால் இருக்கும் கேள்வி, 'என்ன ஒளிந்திருக்கிறது அந்தப் பாடலில்?'. இசையால் அல்லது பாடலினால் தற்கொலைகள் நடைபெற முடியுமா? ஒருநாளும் முடியாது. இசை அற்புதமானது. மனிதனை ஆற்றுப்படுத்தும் அபூர்வக் கலைவடிவம். இசை யாரையும் கொல்லாது. இசை, மனதுக்கானது என்பது உண்மைதான். ஆனால், ஒருவரைத் தற்கொலை நோக்கிக் கொண்டுசெல்ல இசை மட்டுமே காரணமாகாது. உலகில் எத்தனையோ சோக இசைகள் இருக்கின்றன. தமிழிலும் இருக்கின்றன. அவை எவரையும் தற்கொலைக்குத் தள்ளியதில்லை. 'அப்படியென்றால், குளூமி சண்டே பாடலால் தற்கொலைகள் நடந்தன என்பது பொய்தானா?'. இல்லை, அவையும் நிஜமானவைதான். ஆனால், ஏதோவொன்றைத் தொலைத்த நிலையில், மனவுளைச்சலுக்கு உள்ளாகும் மனிதர்களுக்குச் சோக இசைகள் துணையாக இருக்கின்றன. 'நான் தனியானவன், எனக்கென்று யாருமில்லை' என்னும் நினைப்புத் தோன்றியதுமே, அவர்கள் பெரும்பாலும் சோகப் பாடல்களை நாடுகிறார்கள். 'இந்தப் பாடல் என் நிலையைச் சரியாகப் பிரதிபலிக்கிறது' என்னும் முடிவுடன் திருப்தியடைகிறார்கள். அதுவே அவர்களுக்கான வடிகாலாகவும் அமைந்து விடுகிறது. மெல்ல மெல்ல அதிலிருந்து வெளியேயும் வந்துவிடுகிறார்கள். ஆனாலும், மனவுளைச்சலின் ஏதோவொரு தற்செயல் கணத்தில் வெகுசிலர் தற்கொலைக்குத் தள்ளப்படுகிறார்கள். தற்கொலை முடிவுக்கு ஏற்கனவே தள்ளப்பட்டவர்கள், இறுதிக்கணத்தில் கேட்க விரும்புவதும் அவர்கள் உணர்வுகளைப் பிரதிபலிக்கும் சோகப் பாடலாக இருக்கலாம். அப்படியான சூழ்நிலைகளிலேயே குளூமி சண்டே பாடலைக் கேட்டுத் தற்கொலைகள் நடந்திருக்கலாம். அந்தப் பாடலே அவர்களுக்குத் தற்கொலை செய்வதற்கான காரணமாக ஒருபோதும் இருக்காது. இசை ஒருவனைக்

கொல்லவே கொல்லாது. தற்கொலைகளுக்கான ஆரம்பப்புள்ளி, அவர்கள் எதை இழந்தார்கள் என்பதில் தொடங்குகிறது. எனவே, தற்கொலைகளுக்குக் குளூமி சண்டேயைக் காரணம் சொல்வது சரியானதில்லை.

எது எப்படியானாலும், பலரின் இறப்பின் இறுதிக் கணங்களுடன், 'குளூமி சண்டே' தவிர்க்க முடியாமல் ஒட்டிக்கொண்டது என்பது மட்டும் உண்மைதான்.

அத்தியாயம் | 4

கனவைக் களவாடலாமா?

நம்மையறியாமல், நமக்குள் நடந்து கொண்டிருக்கும் விந்தை நிகழ்வொன்றுபற்றித் தெரிந்துகொள்ளப் போகிறோம். அப்படியொன்று இருப்பதே நம்மில் பலருக்குத் தெரியாது. அதைத் தெரிந்தால் ஆச்சரியப்படுவீர்கள். அது, எதுவெனத் தெரிந்து கொள்ளலாம், வாருங்கள்.

'லியனார்டோ டிகாப்ரியோ' நடித்த 'இன்செப்சன்' (Inception) திரைப்படத்தை பார்த்திருப்பீர்கள். இல்லையெனில், கட்டாயம் பாருங்கள். தமிழிலும் மொழிபெயர்க்கப்பட்டிருக்கிறது. கனவுகளைக் களவாடுவதே அப்படத்தின் மையக்கரு. ஒருவன் கனவுக்குள் இன்னொருவன் நுழைந்து, அவனது மனதின் திட்டங்களைத் திருடுவது. அல்லது, தன் திட்டங்களை இன்னொருவன் மூளைக்குள் கனவின்மூலம் விதைப்பது. மிகச்சிக்கலான கதையமைப்பைக் கொண்ட திரைப்படம். தெளிவாகச் சொல்வதானால், ஒருவன் கனவை இன்னொருவன் கட்டுப்படுத்துவது. அதன்மூலம், கனவில் விதைக்கும் திட்டங்களை உண்மையென்று நம்பவைப்பது.

கனவைக் களவாடலாமா?

'இயக்குனர் கிரிஸ்டோபர் நோலன், காதுகளில் பூச்சுற்றுகிறார்' என்றே நினைப்போம். ஒருவன் கனவை இன்னொருவன் எப்படிக் கட்டுப்படுத்தலாம்? பொய் சொல்லலாம் அதற்காக, 'பிக்பாஸ் வீட்டில் டொனால் ட்ரம்ப்' என்றெல்லாம் அநியாயத்துக்கு அடித்து விடக்கூடாதில்லையா? அப்படியானால், நோலன் இத்தனை பெரிய கயிறை ஏன் திரித்தார்? எந்த அடிப்படையில் 'இன்செப்சன்' திரைப்படத்தை எடுத்திருக்கிறார்? அந்தச் சுவாரஸ்யத்தைத்தான் உங்களுக்குச் சொல்லப் போகிறேன்.

'கனவு காணுங்கள்' என்று அப்துல் கலாம் அவர்கள் சொன்னார். தூங்கும்போது, காணும் கனவுபற்றி அவர் சொல்லவில்லை. விழித்த நிலையில், சமுதாயச் சிந்தனையுடன் கனவுகளைக் காணுங்கள் என்றார். கலாம் அவர்களின் கூற்றின் அடிப்படையைத் தாண்டி, விழித்திருக்கும்போது ஒருவரால் நிஜமாகவே கனவு காணமுடியுமா? நிச்சயம் முடியும் என்கிறார்கள் கனவுகளை ஆராய்பவர்கள். 'விழிப்பின்போது கனவா? இது எப்படிச் சாத்தியம்?' என்றுதானே நினைக்கிறீர்கள். அது சாத்தியம்தான். அதுமட்டுமில்லாமல், காணும் கனவுகளைக் கட்டுப்படுத்தவும் முடியுமென்று ஆச்சரியப்படுத்துகிறார்கள். இதுவரை பல கனவுகளை நீங்கள் கட்டுப்படுத்தியிருப்பீர்கள். ஆனால், அவற்றை மறந்து போயிருப்பீர்கள். உங்களுக்குப் பிடித்த கனவுகளைக் காண்பீர்களல்லவா? அவற்றில் சில, நீங்கள் கட்டுப்படுத்தியவையாக இருக்கலாம். ஒருசில பயிற்சிகளினால்,

என்ன ஒளிந்திருக்கிறது அங்கே?

காணும் கனவுகளை விருப்பம்போல மாற்றிக் கொள்ளலாம். கெட்ட கனவொன்றை, நல்ல கனவாக மாற்றமுடியும். தங்கள் விருப்பத்திற்கேற்ப கனவுகளை மாற்ற முடிந்தவர்களை, 'லூசிட் கனவாளிகள்' (Lucid dreamers) என்கிறார்கள். உங்களில் சிலர் இதை நம்பப் போவதில்லை. ஆனாலும், "அட! நானும் என்னோட கனவை கண்ட்ரோல் பண்ணியிருக்கேனே!" என்று சிலர் நினைப்பீர்கள். லூசிட் கனவாளிகள் நம்மிடையே அதிக அளவில் இருக்கிறார்கள். நீங்களும் லூசிட் கனவுகளைக் காணமுடியும். லூசிட் கனவென்றால் என்னவென்பதைச் சொல்கிறேன். அதற்குமுன் கனவு சார்ந்த சில தகவல்களைத் தெரிந்து கொள்ளலாம்.

நாம் எதை வெறுக்கிறோமோ, எதைக் கண்டு பயப்படுகிறோமோ அவையே கனவாகிப் பயமுறுத்தும். இருட்டில் சுடுகாட்டில் விடப்படுவது, உயரத்திலிருந்து விழுவது, கூட்டங்களில் நிர்வாணமாக நிற்பது, பாம்புகள், பேய்களென்று கனவுகள் கலங்கடிக்கும். நீங்கள் எதை அதிகம் விரும்புகிறீர்களோ, அது கனவாகப் பெரும்பாலும் வருவதில்லை. அப்படி வருமென்றால் எவ்வளவு அற்புதம் சொல்லுங்கள்?

ஒவ்வொரு மனிதனும் கனவு காண்கிறான். சிலர், 'நான் கனவே காண்பதில்லை' என்பார்கள். உண்மையில் அவர்களும் கனவு காண்பவர்களே! ஆனால், கண்ட கனவை மறந்துவிடுகிறார்கள். அதனால், கனவே காண்பதில்லையென நினைக்கிறார்கள். மனிதனொருவன், தினமும் நான்கிலிருந்து ஆறுவரை வெவ்வேறு கனவுகளைக் காண்கிறான். வாழ்நாளில் ஆறு ஆண்டுகளைக் கனவு காண்பதில் கழிக்கிறான். நித்திரைக்குள்ளாகும் கணத்திலிருந்து கனவுகாண ஆரம்பிக்கிறோம். ஆனாலும் தெளிவான கனவுகள், 'ரெம்' (Rapid Eye Movement) உறக்க நிலையிலேயே வருகின்றன. ஒரு இரவின் முழுத் தூக்கம், ஐந்து படிநிலைகளைக் கொண்டது. முதல் இரண்டும் தூக்கத்தின் ஆரம்ப நிலைகளாகும். அடுத்த இரண்டும், ஆழ்ந்த உறக்கநிலைகள். ஐந்தாவது நிலையே 'ரெம்' (REM). இதுவே கனவுகளை அள்ளித்தரும் அட்சய பாத்திரம். ஆழந்த உறக்கத்திலிருந்து, விழிப்புக்குள் நுழையும் கணத்திலிருந்து ரெம் ஆரம்பமாகிறது. அப்போது, மூளை விழித்துக்கொள்ளத் தயாராகும். ஆனால், உடலோ அதற்குத் தயாராகாமல் இருக்கும். இதுவொரு குழப்பமான நிலை. இந்தச் சமயத்தில், உடற்தசைகளும், கைகால் போன்ற உறுப்புகளும், அசைக்க முடியாதபடி முடக்க (Paraiyse) நிலையில் காணப்படும். கால்களையோ, கைகளையோ அசைக்க முடியாது. சுவாசத்தின் வேகமும், இதயத் துடிப்பும் அதிகரிக்கும். இமைகள் மூடியிருக்க,

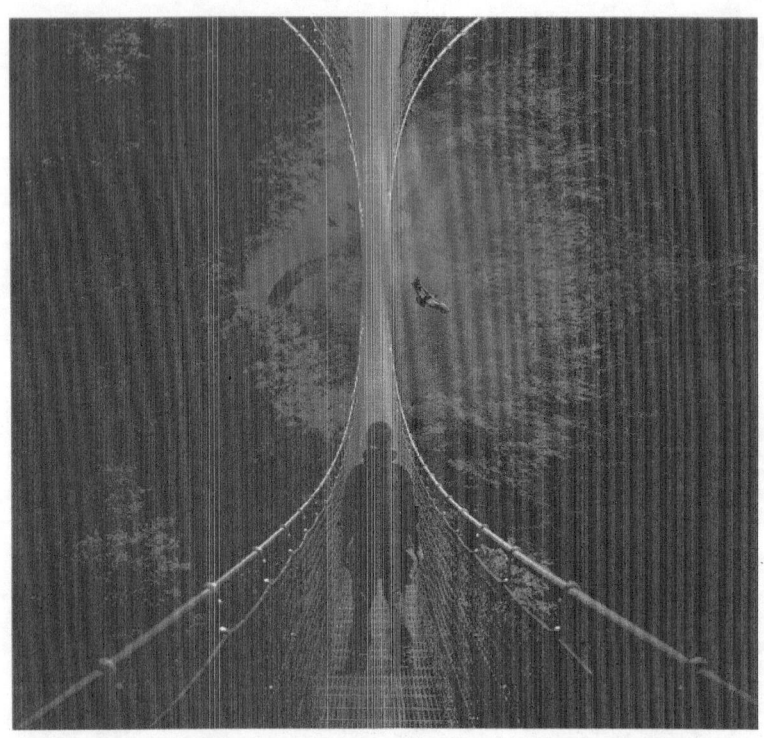

கருவிழிகள் மேலும் கீழும், பக்கவாட்டிலும் அசைந்தபடி இருக்கும். இந்தச் சமயங்களில் சிலர் விழிப்பதுண்டு. அப்போது, உடலை அசைக்கவிடாமல் யாரோ அழுத்திக் கொண்டிருப்பது போலத் தோன்றும். அதைத் தவறாகப் 'பேய் அமுக்குகிறது' என்று நினைப்பார்கள். அப்போது மிகவும் பயந்துவிடுவார்கள். அது பயப்பட வேண்டிய விஷயமேயல்ல. சிறிது நேரத்தில் தானாகவே சரியாகிவிடும். இப்பிரச்சனை உள்ளவர்கள், பக்கவாட்டில் சரிந்து படுத்தால் ஓரளவுக்கு இதைத் தவிர்த்துவிடலாம். இந்த 'ரெம்' உறக்கமற்ற விழிப்பு நிலையில்தான் லூசிட் கனவுகள் சாத்தியமாகின்றன.

நாம் எதை வெறுக்கிறோமோ, எதைக் கண்டு பயப்படுகிறோமோ அவையே கனவாகிப் பயமுறுத்தும். இருட்டில் சுடுகாட்டில் விடப்படுவது, உயரத்திலிருந்து விழுவது, கூட்டங்களில் நிர்வாணமாக நிற்பது, பாம்புகள், பேய்களென்று கனவுகள்

கனவைக் களவாடலாமா?

'லூசிட் கனவை நானும் முயற்சி செய்தாலென்ன/" என்று நினைப்பீர்கள். ஆனால், லூசிட் கனவுகளை அடிக்கடி காண்பது நல்லதல்ல என்கிறார்கள். அடிக்கடி லூசிட் கனவுகளைக் காண்பதால், நடப்பது கனவா இல்லை நிஜமாவெனப் பிரித்தறிய முடியாத மயக்கத்தைத் தந்துவிடும் என்கிறார்கள். மனிதனின் மூளையைப் புத்துயிர்ப்பாக்க இயற்கையின் அற்புதச் செயல்முறைதான் கனவு. அது இயல்பாக நடப்பதுதான் நல்லது.

கலங்கடிக்கும். நீங்கள் எதை அதிகம் விரும்புகிறீர்களோ, அது கனவாகப் பெரும்பாலும் வருவதில்லை. அப்படி வருமென்றால் எவ்வளவு அற்புதம் சொல்லுங்கள்? அந்த அற்புதத்தையே லூசிட் கனவுகள் நிகழ்த்திக் காட்டுகின்றன. லூசிட் கனவாளிகள், பிடிக்காத இடத்தைக் கனவில் கண்டால், பிடித்த இடத்திற்குக் கனவை மாற்றிவிடுவார்கள். பிடிக்காத சம்பவம் நடப்பதாகக் கண்டால், அதைப் பிடித்த சம்பவமாக மாற்றிக் கொள்கிறார்கள். விழிப்பு நிலையில் இருக்கும் மூளை, காண்பது கனவென்பதைப் புரிந்துகொண்டு, இந்த இடம் தேவையில்லை, கோவாவில் சினேகிதியுடன் இருக்கலாமெனத் தீர்மானித்து, கனவை கோவாவிற்கு திசைதிருப்புகிறது. இதுதான் லூசிட் கனவின் அடிப்படை. நீங்கள் விரும்பிய நபரையும் கனவில் தேந்தெடுத்துக் கொள்ளலாம். விருப்பமான இடத்தையும் தெரிவு செய்யலாம். "அட! இது நன்றாயிருக்கே! நான் தினமும் கெட்ட கனவையே ஏன் காணவேண்டும்? நானும் லூசிட் கனவாளியாக மாறிடலாமே!" என்று நினைப்பீர்கள். சிலர், "இது நம்புறமாதிரியா இருக்கு? ராஜ்சிவா சும்மா அடிச்சு விடுறார்" என்றும் யோசிப்பார்கள். நான் பொய் சொல்லவில்லை. எனக்கு மிகவும் நம்பிக்கையுடைய எழுத்தாளர் ஒருவர், லூசிட் கனவுகளைக் காண்பவர். என்னிடம் பல தடவைகள் அதுபற்றிச் சொல்லியிருக்கிறார். என்னிடம் பொய் சொல்ல வேண்டிய அவசியமே அவருக்குக் கிடையாது. அவரை நான் முழுமையாக நம்புகிறேன். அதனால், நீங்களும் நம்பலாம்.

என்ன ஒளிந்திருக்கிறது அங்கே?

'லூசிட் கனவை நானும் முயற்சி செய்தாலென்ன" என்று நினைப்பீர்கள். ஆனால், லூசிட் கனவுகளை அடிக்கடி காண்பது நல்லதல்ல என்கிறார்கள். அடிக்கடி லூசிட் கனவுகளைக் காண்பதால், நடப்பது கனவா இல்லை நிஜமாவெனப் பிரித்தறிய முடியாத மயக்கத்தைத் தந்துவிடும் என்கிறார்கள். மனிதனின் மூளையைப் புத்துயிர்ப்பாக்க இயற்கையின் அற்புதச் செயல்முறைதான் கனவு. அது இயல்பாக நடப்பதுதான் நல்லது. அதை, லூசிட் கனவாக மாற்றுவது நல்லதல்ல என மனவியலாளர்கள் சொல்கிறார்கள். உங்களுக்கு ஒருவரை அதிகம் பிடிக்கலாம், ஆனாலும் அவருடன் நெருங்கிப் பழக முடியாமல் இருக்கும். லூசிட் கனவுமூலம், அவருடன் பழகுவதாகவும், பேசுவதாகவும் இருக்கிறீர்கள் என்று வைத்துக் கொள்ளுங்கள். தினமும் அப்படியான கனவுகளைக் காண்பதால், ஒரு கட்டத்தில் எது கனவு, எது நிஜம் என்பது தெரியாமல் தடுமாறுவீர்கள். நிஜத்தில் அவருடன் தொடர்புபட முயல்வீர்கள். அதனால், சிக்கல்கள் உருவாகலாம். தொடர்ச்சியான லூசிட் கனவுகளைத் தவிர்ப்பது நல்லதே!

காண்பது கனவா இல்லை நிஜமாவென்னும் தடுமாற்றத்தை லூசிட் கனவாளிகள் தவிர்ப்பதற்கு பயிற்சி முறையொன்றைப் பரிந்துரைக்கிறார்கள். காண்பது கனவா, நிஜமா என்பதைத் தெரிந்துகொள்ள, வலது கையில் சுட்டுவிரலால், இடது கையின் நடுப்பகுதியில் (palm) உள்நோக்கிக் குத்துவதுபோலச் செய்யவேண்டும். அப்போது, விரல் குத்தப்படுவதை உணர்ந்தால், அது நிஜத்தில் நடப்பதாகும். அதுவே, கையினூடாகச் சுட்டு விரல் புதைவதுபோல உள்நுழைந்தால், கனவு என்கிறார்கள். இதையெல்லாம் படிக்கும்போது, நம்புவதா இல்லை சிரிப்பதா என்று தோன்றும். லூசிட் கனவைப் பயிற்சிகள் மூலம் மேற்கொள்பவர்களுக்கு இதுபோல செய்து பார்ப்பதும் சாத்தியமானதுதான். நான் கூறியவை உண்மையா எனத் தெரிந்து கொள்ளவும், 'என்ன ஒளிந்திருக்கிறது அங்கே?' என்பதைப் புரிந்து கொள்ளவும், இணையத்தில் தேடிப் பாருங்கள். அசந்து போய்விடுவீர்கள்.

வலக்கையில், இடக்கைச் சுட்டுவிரலால் அழுத்திக் கனவுதான் காண்கிறேன் என்பதைக் கண்டுபிடிக்கலாமென்று சொன்னேனல்லவா? இதையே, 'இன்செப்சன்' திரைப்படத்தில் வேறு விதமாகக் காட்டியிருப்பார்கள். பம்பரம் போன்றதொரு பொருளைச் சுற்றவிட்டு, அது தொடர்ச்சியாகச் சுற்றினால் காண்பது கனவென்றும், சுற்றியபின் தடுமாறி விழுந்துவிட்டால் நிஜமென்றும், கதையின் நாயகன் தீர்மானிப்பான். கிரிஸ்டோபர் நோலன் தன் படத்திற்கான அடிப்படைக் கருவை எங்கிருந்து எடுத்திருக்கிறாரென்று இப்போது புரிகிறதா? தன் கனவுக்குள் தானே புகுந்து அதை மாற்ற முடியுமென்றால், அடுத்தவனின் கனவுக்குள் நுழைய முடியும் எனப் புனைந்திருப்பது அசத்தல்தானே! லூசிட் கனவுகளின் நீட்சியே இன்செப்சன் திரைப்படம்.

"அட! ஒன்றைச் சொல்ல மறந்துவிட்டேனே! எனக்குத் தெரிந்த எழுத்தாளர் ஒருவர் லூசிட் கனவுகளைக் காண்பவர் என்று சொல்லியிருந்தேனல்லவா? அந்த எழுத்தாளர் யார் தெரியுமா? வேறு யாருமில்லை, ராஜ்சிவாவேதான்.

அத்தியாயம் 5

செவ்வாய்க் குழந்தையா பொரிஸ்கா?

ரஷ்யாவின் 'வொல்கோகிராட்' என்னும் ஊரில் வசிக்கும், 'கிப்ரியானோவிச்' (Kipriyanovich) தம்பதிகளுக்கு, 1996ஆம் ஆண்டு தை பதினோராம் தேதி, 'பொரிஸ்கா' (Boriska) பிறந்தான். பெற்றோர்கள் இருவரும் படித்த, வசதியான குடும்பத்தைச் சேர்ந்தவர்கள். பொரிஸ்காவின் தாய் 'நடேஷ்டா' (Nadezhda) ஒரு மருத்துவர். குழந்தை பிறந்ததில் மகிழ்ச்சியாக உணர்ந்தனர். பிறந்து மிகச்சரியாகப் பதினைந்தாம் நாள், ஆச்சரியமொன்று நடந்தது. மேலே பார்த்தபடி நிமிர்ந்து படுத்திருந்த குழந்தை, திடீரென வயிற்றுப் புறமாக உடம்பைப் பிரட்டித் தலையை உயர்த்தித் தாயைப் பார்த்தது. மிரண்டே போனார் நடேஷ்டா. பதினைந்து நாள் குழந்தையால் அப்படித் திரும்பவோ, தலையை நிமிர்த்தவோ முடியாது. அதை போட்டோவாக எடுத்துக்கொண்டார். பின்னர், 'இது தற்செயலாக நடந்திருக்கிறது' என்றே நினைத்தார். ஆனால், 'செவ்வாயிலிருந்து வந்த சிறுவன்' என்று உலகம் முழுவதும் தன் குழந்தை அறியப்படப் போகிறானென்பதை அன்று

அவருக்குத் தெரிந்திருக்கவில்லை.

குழந்தை பொரிஸ்கா வளர ஆரம்பித்தான். ‘சாதாரண குழந்தைகளிடம் இல்லாதவை இவனிடம் இருக்கிறது’ என்று பெற்றோர்களுக்கு தோன்றும்படியாக அவன் நடவடிக்கைகள் இருந்தன. நான்காவது மாதத்தில் அடுத்த பிரமிப்பை ஏற்படுத்தினான் பொரிஸ்கா. அப்பா என்று ரஷ்ய மொழியில் அர்த்தம் தரும் ‘பாபா’ *(Baba)* எனத் தந்தையைப் பார்த்து அழைத்தான். அவரால் அதை நம்பவே முடியவில்லை. நான்கு மாதக் குழந்தை சொற்களை உச்சரிக்குமென்று அவர் கேள்விப்பட்டதேயில்லை. பொரிஸ்காவின் நடவடிக்கைகள் இதுபோலவே தொடர்ந்தன. விதவிதமாக ஆச்சரியப்படுத்தினான். வொல்கோகிராட் நகரெங்கும் பொரிஸ்கா பற்றிய பேச்சுகள் பரவின. அடுத்ததாகத் தன் எட்டாவது மாதத்தில் முழு வசனமொன்றைப் பேசினான். சுவரில் அறையப்பட்டிருந்த ஆணியைப் பார்தபடி, “எனக்கு அந்த ஆணி வேண்டும்” என்று கூறினான். எட்டு மாதக் குழந்தையால் இப்படிப் பேசமுடியாது. ஆணி என்னும் சொல் அவன் கேட்டே அறியாதது. இவன் சாதாரணமான குழந்தையே கிடையாது. ‘இவன் வேற மாதிரி’ என்பதைத் தெளிவாகப் புரிந்து கொண்டார்கள். அன்றிலிருந்து பொரிஸ்காவின் ஆட்டங்கள் அட்டகாசமாக ஆரம்பமாகின. ஒரு வயதில் செய்தித் தாள்களையும் படித்தான். இரண்டு வயதில் ரஷ்ய மொழியைப் பேசவும், எழுதவும் முடிந்தது. சித்திரங்களையும் வரைந்தான். மூன்று வயதில்

என்ன ஒளிந்திருக்கிறது அங்கே?

சூரியக் குடும்பக் கோள்களையும், அவற்றின் விபரங்களையும் சொல்ல ஆரம்பித்தான். இந்த இடத்தில் நீங்கள் ஒன்றைக் கவனிக்க வேண்டும். சூரியக் குடும்பக் கோள்களின் விபரங்களை, பொரிஸ்காவுடன் யாரும் பேசியதுமில்லை, எங்கும் அவன் படித்ததுமில்லை. அந்த விபரங்களைப் பெற்றுக்கொள்ளும் வயதும் அவனுக்கிருக்கவில்லை. புத்தகங்களைப் படிக்கக் கொடுத்தோ, தொலைக்காட்சி நிகழ்ச்சிகளைப் பார்த்தோ இப்படிப் பேசுவதாகவுமில்லை. எப்படியோ அந்த விபரங்களை அறிந்து வைத்திருந்தான். அது எப்படி? பொரிஸ்காவின் பெற்றோர்களுக்கு ஒன்றும் புரியவில்லை. தங்கள் மகன் ஒரு விசேசக் குழந்தை என்பதைத் திடமாக நம்பினார்கள். பொரிஸ்காவின் புகழ் சுற்றுப்புறமெங்கும் பரவியது. உச்சிக் கோபுரத்தில் கலசம் வைத்தால்போல் அந்தச் சம்பவமும் நடந்தது.

2003ஆம் ஆண்டு பொரிஸ்காவின் குடும்பமும், உறவினர்களும் காட்டுவெளியொன்றில் கூடாரம் அமைத்துத் தங்குவதற்குச் சென்றார்கள். அப்போது பொரிஸ்காவுக்கு வயது ஏழு. கூடாரங்களுக்கு நடுவே, கதகதப்பிற்காக எரியவிடப்பட்ட நெருப்பைச் சுற்றி அனைவரும் அமர்ந்திருந்தார்கள். அப்போது திடீரென எழுந்த பொரிஸ்கா, எல்லோரையும் அமைதியாக இருக்கும்படி கூறினான். முகத்தில் இறுக்கமும், கடுமையும் காணப்பட்டது. அனைவரும் அமைதியானார்கள். பொரிஸ்கா பேச ஆரம்பித்தான். "போன பிறப்பில் நான் செவ்வாய்க்கோளில் வாழ்ந்தேன். அங்கு நடந்த அணுவாயுதப் போரினால் செவ்வாய்க்கோள் முழுவதும் அழிந்துபோனது. உயிர்கள் வாழமுடியாதவாறு மாறியது. இப்போதும் செவ்வாயில் அவர்கள் வாழ்ந்து கொண்டுதான் இருக்கிறார்கள். கதிர்வீச்சினால் செவ்வாயின் மேற்பரப்பில் யாரும் வாழமுடியாத நிலை ஏற்பட்டதால், தரையின் கீழே நகரங்களை அமைத்து வாழ்ந்து கொண்டிருக்கிறார்கள். பூமியில் பிறப்பதற்காக நான் அனுப்பி வைக்கப்பட்டேன். நான் மட்டுமில்லை, என்

செவ்வாய்க் குழந்தையா பொரிஸ்கா?

போன்ற பலர் பூமியில் பிறந்திருக்கிறார்கள்" என்று பேச்சை நிறுத்திக் கொண்டான். அங்கிருந்தவர்கள் எவருக்கும் பேச்சு வரவில்லை. இந்த ஏழு வயதுச் சிறுவன் சொல்வதை எப்படி எடுத்துக் கொள்வது? எந்த அடிப்படையில் இவன் இப்படிப் பேசுகிறான்? செவ்வாய்க்கோளை எப்படி அறிந்து கொண்டான்? இத்தனை விபரங்களை எப்படிச் சொல்கிறான்? கனவு கண்டானா? யாரும் இவனுக்குச் சொன்னார்களா? பாலர் வகுப்பின் ஆசிரியர்கள் பேசியதைக் கேட்டானா? எதுவும் புரியவில்லை. ஆனால், ஒன்றுமட்டும் நிச்சயமாகத் தெரியும். 'செவ்வாய் சம்மந்தமான எந்த விபரங்களையும், எந்த வழியிலும் பொரிஸ்கா தெரிந்திருக்கச் சாத்தியமே இல்லை' என்பதுதான் அது. உயிரினமே வாழமுடியாத செவ்வாய்க்கோளின் சூழலை இந்தச் சிறுவன் எப்படி அறிந்திருக்க முடியும்? அழுத்தம் திருத்தமாக இவ்வளவையும் சொல்கிறானே! இவன் சொல்வதில் உண்மை இருக்கலாமோ? அனைவரின் மனத்திலும் பலவித சந்தேகங்கள் தோன்றின. பொரிஸ்கா சிறப்பம்சம் கொண்ட சிறுவனாக உருவெடுத்தான். ரஷ்யாவெங்கும் அவனைப் பற்றிய பேச்சு பரவத் தொடங்கியது. பத்திரிகைகள், வானொலிகள், தொலைக்காட்சிகள் என அனைத்து ஊடகங்களும் பொரிஸ்கா வீடு நோக்கி வரிசைகட்டினர். பேராசிரியர்களும், ஆராய்ச்சியாளர்களும் கேள்விகளால் அவனைத் துளைத்தெடுத்தனர். ஒவ்வொருவருக்கும் தலைகுனிந்து வெட்கச் சிரிப்புடன் பதில் சொன்னான் பொரிஸ்கா.

'செவ்வாய்க்கோளில் வசித்தவர்கள், 35 வரை வயதாகிப் பின்னர் வயதேயாகாமல் நின்றுவிடுகிறார்கள். அப்புறம் என்றும் 35 வயதுதான். பூமியின் மனிதர்போல உருவமைப்பு

என்ன ஒளிந்திருக்கிறது அங்கே?

இருந்தாலும், நிறையவே வேற்றுமைகள் இருந்தன. ஏழடிக்கு மேல் உயரமானவர்கள். ஆக்சிஜனை சுவாசிப்பதில்லை. பதிலாகக் கார்பன்டையாக்சைடைச் சுவாசிப்பார்கள். அறிவு, தொழில்நுட்பம், ஆற்றல் அனைத்திலும் சிறந்தவர்கள். பயணம் செய்வதற்கு மூன்றுவித விண்கலங்களைப் பயன்படுத்தினார்கள். விமானங்கள் போலவும், முக்கோண வடிவிலும், கோள வடிவிலும் அவை இருந்தன. பிற கோள்களுக்கும், காலக்ஸிகளுக்கும் விண்கலங்கள்மூலம் பயணம் செய்வார்கள். பிளாஸ்மா சக்தியால் அவை இயங்கின. நானும் விண்கலம் செலுத்தும் விமானியாகவே இருந்தேன். இவையெல்லாம் பொரிஸ்கா ஊடகங்களுக்கு கொடுத்த தகவல்கள். "செவ்வாய் க்கோளில் வசித்தவர்கள் அறிவாளிகளாக இருந்தும் போரினால் அழிந்தார்கள். செவ்வாய் கோளையும் அழிவுக்குள்ளாக்கினார்கள். அதுபோல பூமியும் அழியாமல் காப்பாற்றவே எங்களை இங்கு அனுப்பினார்கள்" என்கிறான் பொரிஸ்கா.

"பூமியின் மனிதர்களும், செவ்வாய்வாசிகள் போல தப்புப் பண்ணுகிறார்களா?" என்று கேட்டபோது, "யாரையும் தப்பாகப் பேசக்கூடாது" என்று தலை குனிந்தபடி சொல்கிறான். "அப்படியென்றால் பூமியில் நாங்கள் என்னதான் செய்ய வேண்டும்?" என்று கேட்டபோது, "எகிப்திலிருக்கும் பிரமாண்டமான ஸ்பிங்க்ஸ் (Sphinx) சிலையின் காதின் பின்னால் திறக்கக்கூடிய பொறிமுறை ஒன்றுள்ளது. அதைத் திறந்து பார்த்தால், மனித இனத்திற்கான விடிவு கிடைத்துவிடும்" என்கிறான். இந்தச் சிறுவனுக்கு எப்படி ஸ்பிங்ஸ் சிலையைத் தெரியும் என்று பிரமித்தபடி உறைந்து போயின ஊடகங்கள். "இவையெல்லாம் உனக்கு எப்படித் தெரியும்?" என்று கேட்கவும் செய்தார்கள். அதற்கு அவன் கூறிய பதில் அதிர்ச்சிகரமானது.

செவ்வாயிலிருந்து பல தடவைகள் பூமிக்குத் தான் வந்ததாகவும், அப்படி வரும்போது எகிப்தின் பிரமிடுகள் கட்டப்பட்டதாகவும் சொன்னான். பூமியில் பல ஆயிரம் ஆண்டுகளுக்கு முன் லெமூரியா என்னும் நிலப்பரப்பு இருந்ததாகவும் அது

செவ்வாய்க் குழந்தையா பொரிஸ்கா?

நீரில் மூழ்கிவிட்டதாகவும், லெமூரியாவில் தனக்கொரு நண்பன் இருந்தானென்றும், தன் கண்முன்னே அவன் கொல்லப்பட்டதாகவும் சொல்லித் திகைக்க வைக்கிறான் பொரிஸ்கா. பல ஆயிரம் ஆண்டுகளுக்கு முன்னதான லெமூரியாவுக்கும், சில ஆயிரம் ஆண்டுகள் வயதுடைய பிரமிடுகளுக்கும் அவன் பயணம் செய்திருப்பது பெரும் குழப்பத்தைத் தரும். அவ்வளவு ஆண்டுகள் அவன் செவ்வாயில் வாழ்ந்திருக்கிறானா? அல்லது காலத்திற்கான அவர்கள் கணிப்பே வேறானதா? இப்போது உங்களுக்கு, 'இது உளறலின் உச்சம்' என்பதாகத்தான் தோன்றும். 'ஒரு சிறுவன்மூலம் சிலர் ஆடும் மலின நாடகத்தை, எப்படி நம்புவது?' என்று கேட்பீர்கள். ஆனால், பொரிஸ்காவை உலகம் முழுவதும் அறியும். பலர் பலவிதங்களில் அவனைப் பரிசோதித்திருக்கிறார்கள். 'லை டிடெக்டர்' கூடப் பயன்படுத்தப்பட்டது. ஆனால், பொரிஸ்கா உண்மையைப் பேசுவதாகவே முடிவெடுக்க வேண்டியிருக்கிறது. இதைக் கேட்டுக் கேலி செய்பவர்களும் இல்லாமலில்லை. 'என்ன ஒளிந்திருக்கிறது அங்கே?' என்பது மட்டும் சரியாகத் தெரியவில்லை.

இந்த இடத்தில் பொரிஸ்காவின் கதை முடிவடைகிறது. ஆனால், உண்மையா இல்லையா என்று முடிவெடுக்க முடியாத பொரிஸ்காவின் கதையைச் சொல்ல வரவில்லை. பொரிஸ்காவின் கதையைப் பலர் ஏற்கனவே சொல்லியிருக்கிறார்கள். அதனால், பொரிஸ்காவைச் சொல்வது எனக்கு அத்தனை முக்கியமல்ல. இன்னொரு விந்தையைச் சொல்வதே என் நோக்கம். அதன் ஆரம்பப்புள்ளிதான் பொரிஸ்கா. என்னைப் போன்ற பல சிறுவர்கள் பூமியில் பிறந்திருக்கிறார்கள் என்று பொரிஸ்கா ஒருதடவை சொல்லியிருக்கிறான். அந்தச் சிறுவர்களை உங்களுக்கு அறிமுகப்படுத்துவதே என் விருப்பம். யார் அந்தச் சிறுவர்கள்? அவர்களும் செவ்வாய்ச் சிறுவர்கள்தானா? இல்லை, அவர்கள் வேறா? இந்தக் கேள்விகளுக்கான விடையுடன் உங்களை அடுத்த அத்தியாயத்தில் சந்திக்கிறேன்.

அத்தியாயம் 6

உலகைக் காக்க வந்தவர்களா இவர்கள்?

விவாதத்திற்குரிய ஒரு விந்தைத் தகவலுடன் இன்று நாம் சந்திக்கிறோம். 2006ஆம் ஆண்டு 'நியூயார்க் டைம்ஸ்' பத்திரிகையில் வெளிவந்த கட்டுரையொன்றின் அடிப்படையில் இதை நான் எழுதுகிறேன். இந்தக் கட்டுரை மூலம் எந்தவித மூடநம்பிக்கைகளையும் உங்களுக்குள் நான் விதைக்கப் போவதில்லை. இங்கு குறிப்பிடுபவை எதுவும் நீங்கள் நம்பவேண்டும் என்பதற்காகவும் எழுதப்படவில்லை. 'இப்படியெல்லாம் இருக்கின்றன' என்று சுட்டிக்காட்டுவது மட்டுமே என் நோக்கம். நான் சுட்டிக்காட்டுவதை நம்புவதா, விடுவதா என்பதற்கான முழுச் சுதந்திரமும் உங்களுக்கு உண்டு. நீங்கள் படிக்கப்போகும் இந்தக் கட்டுரையின் தலைப்பான, 'Are they here to save the world?' என்பதுகூட, நியூயார்க் டைம்ஸ் கொடுத்ததுதான். செவ்வாய்க் கோளிலிருந்து வந்தவனாகச் சொல்லப்படும் பொரிஸ்காவின் கதை, கடந்த பகுதியுடன் முடிந்து போனாலும், அவன் கொடுத்த பேட்டிகளின் அடிப்படையில் இது தொடர்கிறது. "நான்

உலகைக் காக்க வந்தவர்களா இவர்கள்?

"செவ்வாயிலிருந்து இங்குவந்து பிறந்ததுபோல, மேலும் பலர் பூமியில் பிறந்திருக்கிறார்கள்" என்று சொன்னான் பொரிஸ்கா. பின்னர் வேறொரு பேட்டியில், "பூமியில் வாழும் இண்டிகோ சிறுவர்களில் நானும் ஒருவன்" என்றும் சொல்லியிருந்தான். பொரிஸ்கா கூறிய அந்த 'இண்டிகோ சிறுவர்கள்' (Indigo Children) யார்? அவர்களுக்கும் செவ்வாய்க் கோளுக்கும் என்ன சம்பந்தம்? இந்தக் கேள்விகளுக்கான விடைகளைத் தேடியே நமது இன்றைய பயணம் ஆரம்பமாகிறது.

உமையவளின் ஞானப் பாலை உண்ட காரணத்தினால், மூன்று வயதான திருஞானசம்பந்தர் தேவாரம் பாடியதாக வரலாறு சொல்கிறது. அக்கால கட்டங்களில் அதுவொரு அதிசய நிகழ்வுதான். மூன்று வயதுக் குழந்தை தேவாரப் பதிகம் பாடுவது என்பது ஆச்சரியமான செயல்தான். மாற்றுக் கருத்து இல்லை. ஆனால், பலநூறு ஆண்டுகள் கழிந்துவிட்ட இன்றைய காலத்தில், நம்பவே முடியாத அசாத்தியத் திறமைகளுடன் சில சிறுவர்கள் இருப்பதையும் நாம் அறிந்திருக்கிறோம். 'இந்தச் சிறுவயதில் இப்படியெல்லாம் இவர்களால் எப்படிச் செய்யமுடிகிறது?' என்று வியக்க வைக்குமளவிற்கு, அவர்களுடைய திறமைகளை வெளிப்படுத்துகிறார்கள். பியானோ வாசிக்கும் சிறுவனாகவோ, ட்ரம்ஸ் இசைக்கும் குட்டிப் பையனாகவோ, அசத்தலான

என்ன ஒளிந்திருக்கிறது அங்கே?

சித்திரங்களை வரையும் சிறுமியாகவோ உலகின் வெவ்வேறு இடங்களில் வசித்துக் கொண்டிருக்கிறார்கள். தேர்ந்த வல்லுனர்களின் திறமைகளைவிட அதிகத் திறமைகளை அவர்கள் கொண்டிருக்கிறார்கள். சரியாகச் சொல்வதானால், சிறப்புக் குழந்தைகள் அவர்கள். உங்கள் வீட்டில்கூட, ஒரு வயதேயாகாத குழந்தையொன்று இருக்கலாம். அதனிடம் உங்கள் மொபைல் போனைக் கொடுத்தால், அதை அன்லாக் செய்வதோடு யூட்டியூப் வீடியோக்களையும் பார்க்க முயற்சி செய்யும். அப்போது, "என் சமத்துக் குட்டி, இந்த வயசிலேயே எவ்வளவு கெட்டித்தனம்?" என்று புளகாங்கிதம் அடைவீர்கள். சில வீடுகளில், பொருட்களையெல்லாம் சிதறடித்து அட்டகாசம் செய்து கொண்டிருக்கும் இன்னொரு குழந்தை இருக்கும். இந்த இரண்டு குழந்தைகளின் நடவடிக்கைகளும், சாதாரணமான குழந்தைகளின் நடவடிக்கைக்கு எதிராக இருக்கும். இந்தக் குழந்தைகள் அதிகளவிலான ஆற்றல்களை வெளிப்படுத்துபவர்களாக இருப்பார்கள். வளர்ந்து செல்லும் தொழில்நுட்பம், வாழ்க்கை முறை, சூழ்நிலை போன்ற காரணிகளினால் இந்தவகைப் பரிணாம வளர்ச்சி குழந்தைகளிடம் உருவாகியிருப்பது சகஜம்தான். ஆனால், இப்படியானவர்களில் வெகுசிலர், 'இண்டிகோ சிறுவர்கள்' என்று அறியப்படுகின்றனர். மனநல ஆராய்ச்சியாளர்களில் சிலரே இவர்களை இண்டிகோ சிறுவர்கள் என்று வரையறுத்திருக்கிறார்கள்.

முதன்முதலாக 'நான்ஸி டேப்பெ' (Nancy Ann Tappe) என்னும் மனநல ஆராய்ச்சியாளர் ஒருவர் 'இண்டிகோ சிறுவர்கள்' என்னும் பதத்தை, 1970ஆம் ஆண்டில் பயன்பாட்டுக்குக் கொண்டு வந்தார். சில விசேஷமான குணங்களையுடைய சிறுவர்களுக்கு, இந்தப் பெயரைக் கொடுத்தார். சான் டியாகோவில் வசிக்கும் நான்ஸி, மனித மூளையின் அபூர்வச் செயல்பாடுகளை ஆராயும் ஒருவர். தனது ஆராய்ச்சிகளில், மனிதர்களின் உடலைச் சூழ்ந்திருக்கும் ஒளிவட்டத்தை (Aura) விசேஷப் படப்பிடிப்புக் கருவிமூலம் படம்பிடிப்பது அவரது வழக்கம். மஞ்சள், சிவப்பு, நீலம், ஆரஞ்சு போன்ற

நிறங்களில் மனிதர்களின் ஆராக்கள் காணப்படுவதை அவர் அவதானித்திருந்தார். அவை சாதாரணமானவையே! ஆனால், விசேஷத் திறமைகொண்ட சில சிறுவர்களைப் படமெடுத்துப் பார்த்தபோது அவர்களின் ஆரா, கருநீலநிறமாக *(Indigo Aura)* இருப்பதைக் கண்டு வியப்படைந்தார். அதுவரை, யாருக்கும் கருநீல நிறத்தில் ஆரா இருக்கவில்லை. யார் யார் விசேஷக் குழந்தைகள் என்று அறியப்பட்டார்களோ, அவர்களின் ஆராக்கள் எல்லாமே ஒரே மாதிரியான கருநீல வெளிச்சத்தில் இருந்தன. இந்த ஆராய்ச்சியைப் பலமுறை, பல இடங்களில், பல சிறுவர்களுக்குச் செய்து பார்த்த பின்னரே அவர் இந்த முடிவுக்கு வந்தார். 'இண்டிகோ சிறுவர்கள்' என்னும் பெயரை அந்தச் சிறுவர்கள் பெற்றுக் கொண்டார்கள். இண்டிகோ சிறுவர்கள்பற்றிப் பல ஆராய்ச்சிகள் நடந்திருக்கின்றன. அது சார்ந்து பல புத்தகங்களும் வெளிவந்திருக்கின்றன. அதிக அளவிலான புத்திஜீவித்தனம் *(I.Q)*, ஆழமான உள்ளுணர்வு, அதீத தன்னம்பிக்கை, கட்டுப்பாடுகளை எதிர்க்கும் மனப்பான்மை, ஒழுங்குகளுக்கு அடிபணியாமை, மிகையான உடற்செயற்பாடுகள் போன்றவை இண்டிகோ சிறுவர்களின் பொதுவான குணாம்சம்கள். இவற்றுடன் அவர்களுக்கேயுரிய அசாதாரணமான தனித்தன்மையும், திறமைகளும் சேர்ந்து காணப்படும். இந்தவரையில் இண்டிகோ சிறுவர்களின் சிறப்பம்சம் நின்றிருந்தால், அதிக அளவான விமர்சனங்கள் தோன்றியிருக்காது. ஒருசில இண்டிகோ சிறுவர்கள், தங்களை யாரோ வழிநடத்துவதாகச் சொல்கிறார்கள். அத்துடன், பூமியைக் காப்பாற்ற நாம் அனுப்பி வைக்கப்பட்டிருக்கிறோம் என்றும் சொல்கிறார்கள். அவர்களின் உள்மனங்களுடன் யாரோ பேசுவதாகவும் சொல்கிறார்கள். இத்தனைக்கும் அவர்கள் மூன்றிலிருந்து ஐந்து வயதுக்குட்பட்ட சிறுவர்கள். இந்தச் சிறுவர்களால் அந்த அளவுக்குப் பொய்யாகக் கற்பனை செய்து இப்படி உருவாக்கிச் சொல்ல முடியாது. உதாரணமாக, அவுஸ்ரேலியாவில் இருக்கும் இரண்டு வயது இண்டிகோ சிறுவனுக்கு நடந்ததைப் பாருங்கள். ஒருநாள் திடீரெனத் தந்தையைப் பார்த்து, "அப்பா! உனக்கு

மைக்கேல் ஆஞ்சலோவைத் தெரியுமா?" என்று கேட்டான். தகப்பன் அதைக் கேட்டுப் பயந்தே போய்விட்டார். அடுத்த வீட்டிலிருப்பவர்களையே யாரென்று தெரியாது அவனுக்கு. ஆனால், அவன் என்றுமே கேள்விப்பட்டிராத மைக்கேல் ஆஞ்சலோவின் பெயரை எப்படிச் சொல்ல முடியும்? "உனக்கு அவரை எப்படித் தெரியும்?" என்று தகப்பன் கேட்க, "ரொம்ப ரொம்பக் காலத்தின் முன்னர் அவரைப்பற்றிக் கேள்விப் பட்டிருக்கிறேன். இப்போது கொஞ்சம் மறந்துவிட்டேன்." என்கிறான். பயத்தில் நிலைகுலைவதைத் தவிர, தகப்பன் என்ன முடிவுக்கு வரமுடியும் சொல்லுங்கள்? இதுபோன்ற சம்பவங்கள் ஒன்றல்ல, இரண்டல்ல, ஆயிரக்கணக்கான சம்பவங்கள் இண்டிகோ சிறுவர்களின் பெற்றோர்களுக்கு நடந்திருக்கின்றன.. ஒவ்வொரு இண்டிகோ சிறுவனுக்கும் இப்படியான ஒரு கதை இருக்கிறது. ஆனாலும், சில மனநல மருத்துவர்கள் இதையெல்லாம் பலமாக மறுக்கிறார்கள். "இந்தக் குழந்தைகளிடம் அப்படி எந்தவொரு விசேஷத் திறமையும் கிடையாது. இவர்கள் ஹைப்பர் ஆக்டிவிட்டி என்னும் கோளாறு கொண்ட சிறுவர்கள். அவ்வளவுதான்" என்று சொல்கிறார்கள்.

"மேலே சொல்லியிருக்கும் அனைத்துக் குணங்களும், A.D.D (attention-deficit disorder) அல்லது A.D.H.D (Attention Deficit Hyperactivity Disorder) போன்ற கோளாறுகளுக்கான அறிகுறிகளே! தங்கள் குழந்தைகளின் குறைபாடுகளை ஏற்றுக்கொள்ள விரும்பாத பெற்றோர்கள், அவர்களுக்கு அதிசய சக்தி இருக்கிறது. அவர்கள் விசேஷக் குழந்தைகள் என்று நம்ப விரும்புகிறார்கள்" என்று அந்த மனநல மருத்துவர்கள் வாதாடுகிறார்கள். இண்டிகோ சிறுவர்களை வகைப்படுத்தும் மனநல ஆராய்ச்சியாளர்கள் ஒருபுறமும், இல்லை, இவர்கள் ADD, ADHD போன்ற கவனக் குறைபாட்டுக் கோளாறு உடையவர்கள் என்னும் மனநல மருத்துவர்கள் இன்னுமொரு புறமுமாகப் பிரிந்து இந்தக் குழந்தைகள் பற்றி விவாதித்துக் கொண்டிருக்கின்றனர். இவற்றின் நடுவே, உலகம் முழுவதும் ஐந்து இலட்சம் இண்டிகோ சிறுவர்கள் இருப்பதாகக் கணித்துள்ளார்கள். மற்றவர்கள் காணாததை இண்டிகோ சிறுவர்கள் காண்கிறார்கள். மற்றவர்கள்

உலகைக் காக்க வந்தவர்களா இவர்கள்?

உணராததை இண்டிகோ சிறுவர்கள் உணர்கிறார்கள். தாங்கள் முன்னர் பார்த்தே அறியாத சம்பவங்கள், இடங்கள்பற்றிப் பேசுகிறார்கள். காணாத நபர்களைப் பற்றித் தெளிவாகச் சொல்கிறார்கள். அனைத்தும் நம்ப முடியாதவையாக இருக்கின்றன. இதை உங்களுக்கு எழுதிக் கொண்டிருக்கும் என்னால்கூட நம்பமுடியவில்லை. ஆனாலும், இந்தச் சிறுவர்கள் அத்தனை பேரும் பொய்யர்கள், ஏமாற்றுக்காரர்கள் என்று சுலபமாகச் சொல்லிவிட்டு நகர முடியவில்லை. இவ்வளவு அசாத்தியத் திறமைகளை அவர்கள் எப்படிப் பெற்றுக் கொண்டார்கள் என்பது மாபெரும் கேள்வியாகவே இருக்கிறது. என்னதான் ஒளிந்திருக்கிறது இவர்களிடம் என்பது மட்டும் தெரியவில்லை.

இண்டிகோ பிள்ளைகள் நம்மிடம் கேட்பது இதைத்தான். "எங்களை A.D.D மற்றும் A.D.H.D கோளாறுள்ளவர்களாக முத்திரை குத்தாதீர்கள்" என்று கவலையுடன் சொல்கிறார்கள். அத்தோடு, "தயவுசெய்து, எங்களை இண்டிகோ சிறுவர்களென்றும் முத்திரை குத்தி ஏனைய சிறுவர்களிடமிருந்தும் தனியாகப் பிரித்து விடாதீர்கள். எந்த முத்திரையும் எங்களுக்குத் தேவையில்லை. சாதாரண குழந்தைகள் போலவே நாமும் வாழ ஆசைப்படுகிறோம்" என்கிறார்கள்.

இதைப் படித்தபின் பலவித விமர்சனம் உங்களுக்குத் தோன்றும். அதற்கு முன் தயவுசெய்து, 'Indigo Evelution' என்னும் டாக்குமெண்டரி காணொளியை ஒருதடவை பார்த்துவிட்டு விமர்சியுங்கள்.

அத்தியாயம் 7

பால்டிக் கடலடியில் பதுங்கியிருப்பது என்ன?

பால்டிக் கடல்பற்றி உங்களில் பலர் அறிந்திருக்க மாட்டீர்கள். ஜெர்மனி உட்பட, ஒன்பது ஐரோப்பிய நாடுகளின் எல்லைகளைக் கொண்ட சிறியகடல். குறிப்பாகப் பின்லாந்து, சுவீடன் ஆகிய இரு நாடுகளுக்குமிடையிலான மிகப்பெரிய வளைகுடாவைக் கொண்ட கடல். சிறிய கடல் என்றா சொன்னேன்? இல்லை, சமுத்திரங்களுடன் ஒப்பிடும்போது சிறிய கடல். ஆனால், 1.6 மில்லியன் சதுரகிலோமீட்டர் பரப்புகொண்ட கடல் பிரதேசம். முதலாம், இரண்டாம் உலகமகா யுத்தங்கள் நடைபெறுவதற்கு முன்னரான காலங்களில், மன்னராட்சிகள் கொடிகட்டிப் பறந்த நாடுகளின் கப்பல் போக்குவரத்துக்கான கடற்பகுதியென்றும் சொல்லலாம். உலக நாடுகளைக் கைப்பற்றி, அங்கிருந்து கொள்ளையடித்த விலைமதிப்பில்லாத பொக்கிஷங்களை வணிகத்துக்காகவும், பண்டமாற்றுகளுக்காகவும், பரிசுக்காகவும் கொண்டு செல்வதற்கு இந்தப் பால்டிக் கடல்வழி பயன்பட்டது. மிகப்பெரிய பாய்க்கப்பல்களில் பயணங்கள் நடந்திருக்கின்றன. கடல்வழியாகப் பொக்கிசங்கள் கொண்டு செல்லப்படும்போது, அவற்றைக் கைப்பற்றுவதற்குக் கொள்ளையர்களும் தயாராவது சகஜம்தானே! இங்கே கடற் கொள்ளையர்களின் தாக்குதல்களும் அதிகமாகவே நடந்தன. ஒருபுறம் நாடுகளுக்கிடையேயான கடற்

பால்டிக் கடலடியில் பதுங்கியிருப்பது என்ன?

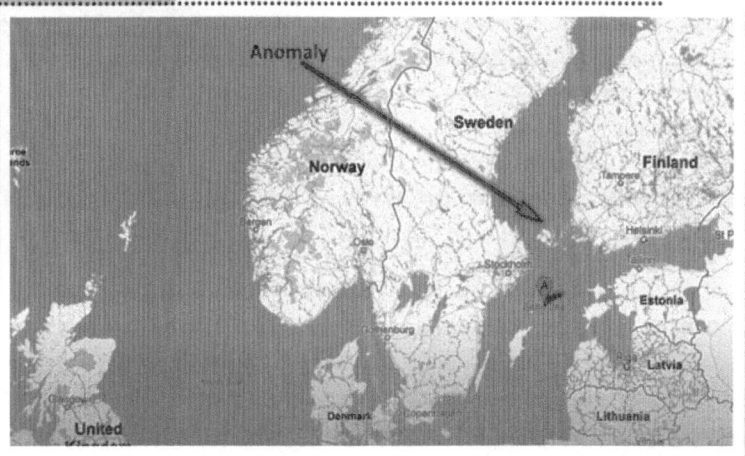

போர்கள். மறுபுறம் கடற் கொள்ளையர்களின் தாக்குதல்கள். கூடவே முதலாம், இரண்டாம் உலக யுத்தங்கள் ஆகியவற்றினால் பல கப்பல்கள் பால்டிக் கடலில் மூழ்கியிருக்கின்றன. உங்களால் இதை நம்பமுடியுமோ தெரியவில்லை. ஒரு இலட்சத்துக்கும் அதிகமான சிறிய, பெரிய கப்பல்கள் பொக்கிஷங்களுடன் இங்கே மூழ்கியிருக்கின்றன. பல கோடிப் பெருமதியான விலையில்லாப் பொருட்களைத் தன்னுள்ளே அடக்கியபடி சிரித்துக் கொண்டிருக்கிறது பால்டிக். இதைப் புதையல் வேட்டைக்காரர்களுக்கு அள்ளிக்கொடுக்கும் அட்சய பாத்திரம் என்றும் சொல்வார்கள்.

பல நூற்றாண்டுகளாக இந்தக் கடலில் பயணம் செய்த கப்பல்களின் வரலாறுகள் எங்கெங்கோவெல்லாம் பதிவுகளாக இருக்கின்றன. அவற்றில் ஏற்றிச்சென்ற பொருட்களின் விபரங்களும் பதியப்பட்டிருக்கும். அப்படிப்பட்ட விபரங்களைத் தேடிக்கண்டெடுத்து, அந்தக் கப்பல் எந்த இடத்தில் மூழ்கியிருக்கலாம் என்று ஓரளவுக்குக் கணித்தபடி, தனிநபராகவோ, குழுக்களாகவோ அந்தப் புதையலைத் தேடுபவர்களே கடலின் 'புதையல் வேட்டைக்காரர்கள்' (Treasure hunters). பால்டிக் கடலில் புதையல் வேட்டைக்காரர்கள் சற்று அதிகம்தான். வெளிப்படையாகவே தங்களை அறிமுகப்படுத்திக்கொண்டு புதையலைத் தேடிச் செல்வார்கள்.

புதையல் வேட்டைக்காரர்கள், தங்கள் வாழ்நாளின் மொத்தத்தையும் புதையல் ஒன்றைத் தேடுவதற்காகவே செலவழிப்பவர்கள். எத்தனை ஆண்டுகள் செலவழிகின்றன என்பது அவர்களுக்குப் பிரச்சனை கிடையாது.

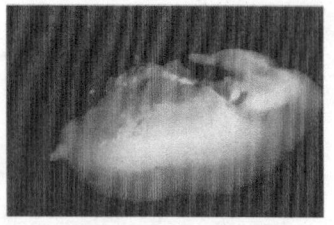

பல நாடுகளுக்கிடையே பால்டிக் கடல் அமைந்திருப்பதால், இதன் கடற்பரப்பு யாருக்கும் சொந்தமானதில்லை. சர்வதேசக் கடல் பகுதியாகவே பார்க்கப்படுகிறது. அங்கு புதையல்களை எவர் கண்டெடுக்கிறாரோ, அவருக்கே அதன் பெரும்பகுதி சொந்தமுமாகிறது. “அட! இது ரொம்ப நல்ல தொழிலாக இருக்கே!” என்று நீங்கள் அதில் இறங்கிவிட முடியாது. முப்பாட்டன் கொல்லைப்புற இருட்டறையின் இரகசியக் கதவுக்குப் பின்னால் ஒளித்து வைத்திருந்ததைத் திறந்து எடுப்பதுபோல, அவ்வளவு சுலபத்தில் கடல் புதையல்களை எடுத்துவிட முடியாது. கடல் என்பது நிலத்தைப்போலச் சாமானிய இடமுமல்ல. கொஞ்சம் யோசித்துப் பாருங்கள். 1969இல் சந்திரனுக்கு விண்கலம் அனுப்பியிருக்கிறோம். அன்றிலிருந்து இன்றுவரை, சூரியன் உட்படப் பல கோள்களை நோக்கி விண்கலங்களை அனுப்பி வைத்திருக்கிறோம். வொயேஜர் விண்கலங்கள் சூரியக் குடும்ப எல்லையைக்கூடத் தாண்டி வெளியே சென்றுவிட்டன. ஆனால் பூமியில், நமக்கு அருகிலேயே இருக்கும் கடலை நம்மால் சரிவர ஆராய முடியவில்லை. அதிகப்படியாக, 11 கிலோமீட்டர் ஆழமுடன் இருக்கும் கடலுக்குள் போய்வர மனிதன் திணறிப் போகிறான். 30 மீட்டர்களுக்குக் கீழே கடல் கரிய பிரதேசமாகிவிடும். நீரின் அழுத்தமும், கும்மிருட்டும் கடலை மனிதனிடமிருந்து அந்நியமாக்கிவிட்டது. கடலின் கீழேயிருக்கும் கடலடிப் பிரதேசங்கள் எத்தனை கோடிக்கணக்கான சதுரகிலோமீட்டர் பரப்பில் நம்மிடமிருந்து ஒளிந்திருக்கின்றன என்று யோசனை செய்து பாருங்கள். அதன் ஒவ்வொரு மீட்டரிலும் ஏதோவொன்று ஒளிந்திருக்கலாம். அவற்றைக் கண்டுபிடிப்பது மனித இனத்தினால் முடியவே முடியாத காரியம். அவ்வப்போது,

ஒரு டைட்டானிக்கைத் தேடியோ, அபிஸ் *(Abbys)* என்னும் கடலாழம் தேடியோ கடலின் அடிக்கு மனிதன் சென்று வந்ததோடு சரி. கடலின் *99.99999999* சதவீத கடலடிப்பகுதியை மனிதன் காணவில்லை என்பதுதான் உண்மை. பால்டிக் கடற்பகுதியும் அப்படியானதொன்றுதான். குறிப்பிட்டு ஒரு இடத்தில் தேடினாலேயொழிய, அந்தக் கடலின் அடியில் என்ன இருக்கிறதென்று கண்டுபிடிப்பது மிகவும் கடினம். கடலில் புதையல் தேடுபவர்கள்கூட, குறிப்புகளின் அடிப்படையிலேயே அவற்றைத் தேடுகின்றனர்.

புதையல் வேட்டைக்காரர்கள், தங்கள் வாழ்நாளின் மொத்தத்தையும் புதையல் ஒன்றைத் தேடுவதற்காகவே செலவழிப்பவர்கள். எத்தனை ஆண்டுகள் செலவழிகின்றன என்பது அவர்களுக்குப் பிரச்சனை கிடையாது. எப்போதாவது ஒருதடவை, ஒரு புதையல் அகப்பட்டாலே போதுமானது. கோடீஸ்வரர் ஆகிவிடலாம். கதைகளில் கேள்விப்படும் கற்பனைப் புதையல்களை இங்கு நான் சொல்லவில்லை. வரலாற்றில் பதியப்பட்ட நிஜமான புதையல்களைச் சொல்கிறேன். பால்டிக் கடலில் புதையலைத் தேடும் தொழில்முறைச் சுழியோடிகளில், 'பேட்டர் லிண்ட்பேர்க்' *(Peter Lindberg)*, 'டென்னிஸ் ஏஸ்பேர்க்' *(Denis Äsberg)* ஆகிய இருவரும் ஒரு குழுவாக இணைந்து இயங்குபவர்கள். சுவீடன் நாட்டைச் சேந்த இவர்களின் புதையைல் தேடும் குழுவுக்கு, 'ஓஷன் எக்ஸ்' *(Ocean X)* என்று பெயரிட்டிருக்கிறார்கள். ஒருநாள், எதிரொலியால் கடலடியில் இருக்கும் பொருட்களைக் கண்டுபிடிக்கும் சோனார் கருவி பொருத்தப்பட்ட சிறிய

என்ன ஒளிந்திருக்கிறது அங்கே?

கப்பல்மூலம் கடலை ஆராய்ந்து கொண்டிருந்தவர்கள், கப்பலொன்று அமிழ்ந்து போயிருந்ததைக் கண்டுபிடித்தார்கள். என்றோ மூழ்கிய கப்பலது. உடனடியாக நீரில் மூழ்கி, அந்தக் கப்பலுக்குள் என்ன பொருட்கள் இருக்கின்றன என்று பார்த்தார்கள். அங்கு மூழ்கியிருந்தவை எல்லாமே பாட்டில்கள். நூற்றுக்கணக்கான வைன் (Wine) பாட்டில்கள். அனைத்தையும் மேலே கொண்டுவந்து பரிசோதித்துப் பார்த்ததில், 350 ஆண்டுகளுக்கு முன்னரான வைன் என்று தெரிந்தது. இப்போதும் பருகக்கூடிய நிலையில் அவை இருந்தன. பாட்டில்கள்தானேயென்று அலட்சியமாக விட்டுவரவில்லை. அந்த ஒவ்வொரு வைன் பாட்டிலின் இன்றைய பெறுமதி 21,000 யூரோக்கள். கடற்புதையல்கள் எவ்வளவு அற்புதமானவையென்று புரிகிறதல்லவா? இப்படியான பல கடல் புதையல்களை 'ஓஷன் எக்ஸ்' குழுவினர் கண்டெடுத்திருக்கிறார்கள். அதனால், பால்டிக் கடலை ஆராய்வதே அவர்கள் முழுநேரப் பணியாகியது. இதுவரை படித்துவந்த உங்கள் மனதில், 'கடல் புதையல் ஒன்றின் மர்மத்தை இவர் எங்களுக்குச் சொல்லப் போகிறார்' என்றே தோன்றியிருக்கும். ஆனால், இந்த இடத்திலிருந்து நம் திசையே மாறிவிடப் போகிறது. இதுவரை நான் சொல்லியிருந்த மர்மங்களையெல்லாம் தூக்கியெறியக்கூடிய உச்சமான மர்மம் நோக்கிச் செல்லப் போகிறீர்கள். இனி நான் சொல்லப் போகும் எதுவுமே கற்பனையோ, சந்தேகத்துக்குரியவையோ கிடையாது. கண்முன்னே நடந்த சம்பவங்கள். ஆனால், மிரட்டல் ரகம். அது என்னவென்று பார்க்கலாம் வாருங்கள்.

2011ஆம் ஆண்டு ஜூன் மாதம் 19ஆம் திகதியன்று பால்டிக் கடற்பகுதியில் இருக்கும் 'ஏலாண்ட்' (Åland) தீவுக்கு வடக்குப்புறமாகப் புதையலைத் தேடிக் கொண்டிருந்த ஓஷன் எக்ஸ் குழுவுக்கு, மிகப்பெரியதொரு கப்பல் புதைந்திருப்பதாகச் சோனார் கருவி சுட்டிக்காட்டியது. 'நல்லதொரு வேட்டை இன்றைக்கு' என்ற மகிழ்ச்சியுடன் ஒருவரை ஒருவர் பார்த்துச் சிரித்துக் கொண்டனர். ஆனால், அவிழ்க்கவே முடியாத மிகப்பெரிய ஆச்சரியமொன்றைக் கடலுக்குள் காணப் போகிறார்களென்று அந்தக் கணத்தில் அவர்களுக்குத் தெரிந்திருக்கவில்லை. அடுத்த தினங்களில் உலகம் முழுவதும்

அவர்களின் பெயர்களையே உச்சரிக்கப் போகின்றது என்பதும் தெரியவில்லை. கடலுக்குள் அமிழ்ந்திருப்பது என்ன வகையான கப்பல் என்பதைச் சோனார் கருவிமூலம் கணிப்பதில் மட்டும் கவனம் செலுத்தினார்கள். அவர்களுக்குக் கிடைத்த பதிலோ பயங்கரமானது.

60 மீட்டர்கள் விட்டமுடைய வட்டவடிவமான மிகப்பெரிய பொருளொன்று கடலடியில் இருப்பதாக சோனார் சொன்னது. வட்டவடிவத்தில் கப்பல்கள் இருப்பதில்லை என்பது அவர்களுக்குத் தெரியும். கற்பாறையாய் இருக்கலாமோ என்று பார்த்தால், இவ்வளவு நேர்த்தியான வட்டத்தில் இயற்கையாகப் பாறைகள் அமைவது அபூர்வத்திலும் அபூர்வம். அத்துடன், அறுபது மீட்டர் வட்டம் என்பதும் சாதாரண அளவு கிடையாது. கிட்டத்தட்ட ஒரு போயிங் விமானத்தின் நீள அகலம்கொண்ட வட்டப் பொருள். கடல் மட்டத்திலிருந்து சோனார் கருவிமூலம் அதன் விளிம்புகளைக் கணித்தபடி, மையப்பகுதிக்கு மேலே வரும்போது, சோனார் அலைகளில் குழப்பங்கள் ஏற்பட ஆரம்பித்தன. என்ன பொருள் அதுவென்று சரியாகக் கணிக்க முடியவில்லை. இப்போதிருப்பதைவிடத் துல்லியமாக அளக்கக்கூடிய கருவிகளுடன் வந்தால் மட்டுமே அது எதுவெனத் தெரிந்துகொள்ள முடியும். அதற்குப் பின்னரே, நீரில் மூழ்கி அதை நேரில் கண்டுகொள்ளலாம். அவர்களுக்கு முன்னால் இன்னுமொரு சவாலும் இருந்தது. அதுவரை அவர்கள் கண்டெடுத்த புதையல்கள், சாதாரணமாகவே சுழியோடி மேலே கொண்டுவரக்கூடிய ஆழம் குறைந்த பகுதியிலேயே இருந்தன. ஆனால், இந்தப் பொருள் இருப்பதோ 90 மீட்டர் ஆழத்தில். அவ்வளவு ஆழத்தில் சுழியோடி வெளிவருவதற்குத் தகுதியான நபர்களும் அவர்களுக்குத் தேவைப்பட்டனர். அதனால், அந்த இடத்தைச் சரியாகக் குறித்து வைத்துக்கொண்டு, சகல ஏற்பாடுகளுடன் மீண்டும் வருவதற்காக சுவீடன் நோக்கிச் சென்றார்கள்.

'என்ன ஒளிந்திருக்கிறது அங்கே?' என்ற கேள்வி மட்டுமே அவர்களின் மனதுக்குள் இருந்தது. உங்களுக்கும் அந்தக் கேள்வி இருக்கிறதல்லவா? அதை அடுத்த பகுதியில் சொல்லட்டுமா?

அத்தியாயம் 8

பால்டிக் கடலடியில் பறக்கும்தட்டா?

'பால்டிக் கடலடியில் வட்டவடிவத்துடன் காணப்படுவது என்ன?' என்ற கேள்வியுடனே வீடு சென்றார்கள், 'ஓஷன் எக்ஸ்' குழுவினர். யாருக்கும் தூக்கம் வரவில்லை. எப்போது விடியும், என்னதான் அதுவெனப் பார்ப்போமென்று மனம் துடித்துக்கொண்டே இருந்தது. புதையல்களைத் தேடிச் சென்றவர்களுக்குக் கிடைத்தது என்னவோ, வட்டக்கல் மட்டும்தான். ஆனாலும், புதையலைவிட மேலானதொன்றை நாம் அடையப் போகிறோமென அவர்களின் உள்ளுணர்வு சொல்லிக் கொண்டிருந்தது. அந்தப் பொருள் கல்போல இருந்தாலும் கல் அல்லவென்று அனுபவம் சொன்னது. அப்படியென்றால் அது என்ன? 'ஒருவேளை அப்படியும் இருக்குமோ?' என்ற சந்தேகமும் தோன்றியது. அந்தச் சந்தேகமே ஒரு பதற்றத்தையும் தோற்றுவித்தது. அனைவரின் மனதிலும் இருந்த அந்தச் சந்தேகம், 'அது ஒரு பறக்கும் தட்டு' என்பதுதான். நாளைய தினம் எங்கள் சந்தேகங்களைத் தீர்த்துவைத்துவிடும் என்ற நினைப்புடன் தூங்கிப் போனார்கள். அவர்கள் வாழ்க்கையையே அடுத்தநாள் மாற்றப்போவது தெரியாமல்.

விடிந்ததும் சகல ஏற்பாடுகளுடன் அந்த இடம் நோக்கிச் சென்றார்கள். அந்த இடத்தைக் கண்டுபிடிப்பதில் சிரமமிருந்தது. ஆனாலும், ஒருவழியாக அந்த வட்டப் பொருளின் இடத்தைக் கண்டுகொண்டார்கள். இம்முறை தரமான சோனார்க் கருவிகளுடன் சென்றதால், மானிட்டர் திரைகளில் அதன் உருவம் தெளிவாகவே தெரிந்தது. கப்பலில் இருந்தபடி, அதை நிதானமாக ஆராய ஆரம்பித்தார்கள். 60 மீட்டர் அளவான அந்தப் பிரமாண்டத்தின் மேற்பரப்பை அங்குலம் அங்குலமாக அளந்தார்கள். மானிட்டர் திரையில் தெரிந்த காட்சிகள், அவர்களைத் திகைக்க வைத்தன. எதுவாக இருக்குமென்று அவர்கள் சந்தேகப்பட்டார்களோ, அதுவாகவே காணப்பட்டது. கடலின் அடித்தளத்தில் அமைதியாக அமர்ந்திருந்தது ஒரு பறக்கும் தட்டு. இல்லை இல்லை! பறக்கும் தட்டுப்போன்ற ஏதோவொன்று. இதை அவர்கள் எதிர்பார்க்கவில்லை. கடலில் இறங்கி, ஆழச்சுழியோடி ஆராய்வதாகவே முன்னர் தீர்மானித்திருந்தார்கள். இப்போது, தயக்கமும், ஒருவிதப் பயமும் தோன்றியது. ஒருவேளை பறக்கும் தட்டாக இருந்தால், எப்படிக் கீழே போவது? என்ன ஆபத்து காத்திருக்கிறதென்பதே

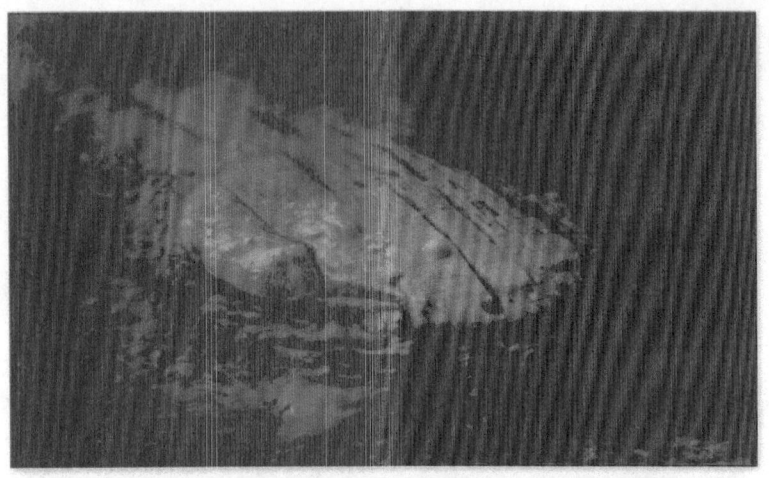

> "இந்தப் பொருளை, பறக்கும் தட்டென்று எங்களால் உறுதியாகச் சொல்ல முடியவில்லை. ஆனாலும், இது இயற்கையாகவும் உருவாகவில்லை. நிச்சயம் யாரோ உருவாக்கியிருக்கிறார்கள். அது மனிதனா, இல்லையா என்னும் கருத்துக்குள் நாம் போகவிரும்பவில்லை" என்றார்கள்.

தெரியாமல் போகமுடியாதல்லவா? ஆனால், ஒன்று மட்டும் தெளிவாகத் தெரியும். அது பல நூற்றாண்டுகள் பழமையானது, அதனால் அங்கு உயிருடன் யாரும் இருக்க முடியாது. தெளிவாக ஆராய்ந்துவிட்டு சுழியோடிச் செல்லலாம் என நினைத்தார்கள்.

60 மீட்டர் விட்டம்கொண்ட அந்த வட்டப் பொருள், எட்டு மீட்டர்கள் உயரமுடையதாக இருந்தது. ஒரு விளையாட்டு மைதானத்தில் அது நிறுத்தப்பட்டிருப்பதாகக் கற்பனைசெய்து பாருங்கள். இரண்டடுக்குக்கொண்ட இருவீடுகள் ஒன்றுசேர்ந்த உருவத்துடன் அது காணப்படுமல்லவா? அதன் மேற்பகுதியில் பலவித வடிவங்களுடன் துளைகளும், ஹாரிடார் போன்ற அமைப்புகளும், உள்ளே நுழையக்கூடிய துவாரங்களும் காணப்பட்டன. இயற்கையால் ஒருபோதும் உருவாக்க முடியாத சதுரம், வட்டம், நீள்சதுரம், 90 டிகிரி செங்குத்தான திருப்பங்கள்

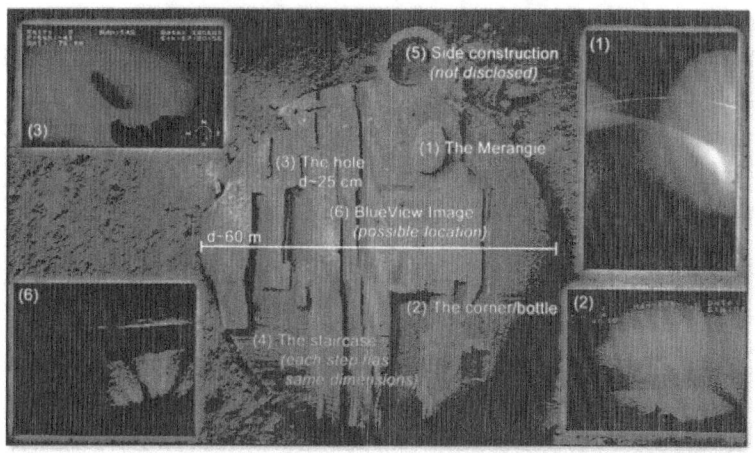

கொண்ட துளைகளே காணப்பட்டன. அவை அனைத்தும் நேர்த்தியான நேர்கோட்டுடனும் இருந்தன. விளிம்புகள் 90 டிகிரியில் வெட்டப்பட்டிருந்தன. மொத்தத்தில் அது தானாக உருவாகியது அல்ல, உருவாக்கப்பட்டது. அதிலிருந்த இன்னொரு ஆச்சரியம், இடதுபுறக் கீழ்ப்பக்கத்தில் படிகள் போன்ற அமைப்புக் காணப்பட்டது. அந்தப் படிகள் ஒவ்வொன்றும் சம அளவுடனும், ஒரே உயரத்துடனும் வெட்டப்பட்டிருந்தன. அதைப் பறக்கும் தட்டு என்று சொல்வதைத்தவிர வேறுவழியே இருக்கவில்லை. இவையனைத்துக்கும் சிகரம் வைத்ததுபோல, அந்தப் பறக்கும் தட்டு, வட்டமான மேடையொன்றில் நிறுத்தி வைக்கப்பட்டிருந்தது. இதற்குமேல், இந்த விஷயத்தை மறைத்து வைப்பது சிக்கலைத் தருமென்று ஓசன் எக்ஸ் குழுவினர் உணர்ந்து கொண்டார்கள். உலகத்துக்கு வெளிப்படுத்தும் நேரம் வந்ததாக நினைத்தார்கள்.

சுவீடனைச் சேர்ந்த ஊடகங்களை அழைத்து, தாங்கள் கண்டுபிடித்தவற்றை விளக்கமாகச் சொன்னார்கள். அடுத்தகணமே தீயெனப் பற்றிக்கொண்டது செய்தி. ஆனாலும், அதுவொரு பறக்கும் தட்டு என்பதை அரசுகளோ, அறிவியல் அமைப்புகளோ ஏற்றுக்கொள்ளத் தயாராக இருக்கவில்லை. பறக்கும் தட்டல்ல என்று நிரூபிப்பதற்கான காரணங்களை

என்ன ஒளிந்திருக்கிறது அங்கே?

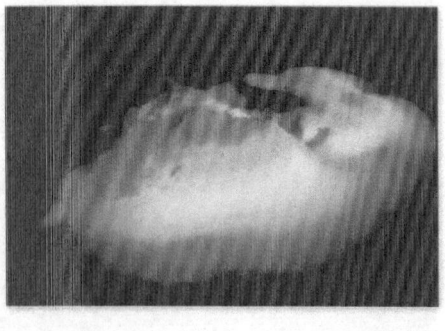

முன்வைத்தார்கள். 'கடலடியில் ஏற்பட்ட எரிமலை வெடிப்பினால் அது உருவாகியிருக்கலாம்', 'கடலில் விழுந்த விண்கல்லாக இருக்கலாம்', 'உலகப் போர்களில் ஈடுபட்ட கப்பல்களின் உடைந்த துண்டாயிருக்கலாம்' என்னும் கருத்துகள் முன்வைக்கப்பட்டன. அது பறக்கும் தட்டு கிடையாது என்று மறுப்பதே அவர்கள் நோக்கமாக இருந்தது.

ஓஷன் எக்ஸ் குழுவினர்களும் பலவித நிபுணர்களைச் சந்தித்தார்கள். விஞ்ஞானிகள் சிலரையும் தங்களுடன் இணைத்துக் கொண்டார்கள். அந்த விஞ்ஞானிகள் கூறிய கருத்துகள் வேறாக இருந்தன. "இந்தப் பொருளை, பறக்கும் தட்டென்று எங்களால் உறுதியாகச் சொல்ல முடியவில்லை. ஆனாலும், இது இயற்கையாகவும் உருவாகவில்லை. நிச்சயம் யாரோ உருவாக்கியிருக்கிறார்கள். அது மனிதனா, இல்லையா என்னும் கருத்துக்குள் நாம் போகவிரும்பவில்லை" என்றார்கள். அதற்கான காரணங்களையும் தெளிவுபடுத்தினார்கள். "பால்டிக் பகுதியில் எரிமலை தோன்றுவதற்கான புவியியல் சான்றுகள் எதுவும் கிடையாது. அவ்வளவு பெரிய விண்கல் விழுந்திருக்கவும் வாய்ப்பில்லை. அந்தப் பெரியகல் விழுந்திருந்தால், சூழவிருந்த அனைத்து நாடுகளும் அழிந்திருக்கும். 60 மீட்டர் விட்டமான பொருள் உடைந்துவிழும் அளவுக்குப் பெரிய போர்க்கப்பல்கள் உலகப்போரில் பயன்படுத்தப்படவில்லை" என்று சுட்டிக் காட்டினார்கள். அத்துடன், "இயற்கையால் இவ்வளவு நேர்த்தியான வட்டவடிவப் பொருளையும், 90 டிகிரி கோணங்களையும், நேர்கோட்டு விளிம்புகளையும், செங்குத்தாகக் கீழே இறங்கும் ஹாரிடார் அமைப்புகளையும் உருவாக்கவே முடியாது" என்றார்கள். பறக்கும் தட்டாக இருப்பதற்கே சாத்தியம் அதிகமாகியது.

இப்போது நிலைமை இறுகியது. 'பால்டிக் கடலில் பறக்கும் தட்டா?' என்று, உலக ஊடகங்கள் அலற ஆரம்பித்தன. எங்கும் இதுவே பேச்சு. வழமைபோல, கேலிகளும் இல்லாமலில்லை. கடலில் இறங்கிப் பரிசோதிக்க வேண்டிய கட்டாயம் உருவானது. அதையும் ஓஷன் எக்ஸ் குழுவினர் செய்தார்கள். 'ஸ்டெபான் ஹோகெபோர்ன்' *(Stefan Hogeborn)* என்னும் சுழியோடியை அனுப்பி வைத்தார்கள். பறக்கும் தட்டைப் பார்த்துவந்த அவர்கூறிய தகவல்களும், படங்களும் அனைவரையும் வாயடைத்துப்போக வைத்தன. அவர் கூறியவை இவைதான். "கோடைகாலத்தில் கடல்நீரின் வெப்பநிலை 7°யோக இருந்தது. ஆனால், அந்தப் பொருளை அண்மித்து, அதன்மேலே நீந்தும்போது, வெப்பநிலை கடும்குளிராக மாறியது. பூச்சியத்துக்கும் குறைவான வெப்பநிலையை உணர்ந்தேன். ஆனால், அதன் மேற்புறத்தைவிட்டு விலகும்போது, வெப்பநிலை மீண்டும் சாதாரணமான நிலைக்கு வந்தது. அந்தப் பொருளின் மேலே, எலெக்ட்ரானிக் கருவிகள் இயங்க மறுத்தன. ஏதோவொரு கதிர்வீச்சு இருப்பதாகப்பட்டது. விலகிச் சென்றால், அவை மறுபடியும் இயங்க ஆரம்பித்தன. அந்தப் பொருளைத் தொட்டபோது, அந்த இடம் கருமையாக மாறியது. அதுவொரு காங்கிரீட் கட்டடம்போலவே எனக்குத் தெரிந்தது. நீண்ட காலம் இருந்ததால் கல்லாக மாறியிருக்கலாம். அல்லது யாரோ கல்லாக மாற்றிவிட்டுச் சென்றிருக்கலாம். விடைகள் தேடியே போனேன். ஆனால், முன்னரைவிட அதிகக் கேள்விகளுடன் திரும்பி வந்தேன்" என்கிறார் ஸ்டெபான். அந்தப் பொருளின் சிறிய துண்டுடனே மேலே வந்தார்.

ஸ்டெபான் கொண்டுவந்த துண்டை ஆராய்ந்து பார்த்ததில், 'லிமோனைட்' *(Limonite)*, 'கோதைய்ட்' *(Goethite)* ஆகிய

உலோகங்களின் சேர்க்கையால் உருவானதாகவும், 140,000 ஆண்டுகள் பழமையானதாகவும் இருந்தது. எதிர்த்தவர்கள் அனைவரும் வாயடைத்துப் போனார்கள். மறுக்கக்கூடிய எந்தக் காரணமும் அவர்களிடம் இருக்கவில்லை. அப்போதுதான் எதிர்பாராத திசையிலிருந்து தாக்குதல் நடந்தது. ஆராய்ச்சிகள் அனைத்தையும் முடக்கிப்போட்டது.

ஃபாக்ஸ் தொலைக்காட்சி (Fox News TV) நிறுவனம், "பால்டிக் கடலடியில் இருப்பது பறக்கும் தட்டல்ல, அது இயற்கையாக உருவானது என்று விஞ்ஞானிகள் கண்டுபிடித்திருக்கிறார்கள். ஓஷன் எக்ஸ், தங்கள் சொந்த நலத்திற்காகப் பெரிதுபடுத்துகிறார்கள்" என்று செய்தி வெளியிட்டது. உலக அளவில் முக்கிய செய்தி நிறுவனங்களில் ஃபாக்ஸும் ஒன்று. எதற்கு அப்படியான செய்தியை வெளியிட்டதென்று ஓஷன் எக்ஸ் குழுவினர் குழம்பினார்கள். அத்தோடு எல்லாமே முடிந்துபோனது. பாதிக்கப்பட்டவர்கள் ஓஷன் எக்ஸ் மட்டுமே! அதுவரை 220,000 யூரோக்களைச் செலவிட்டு ஆராய்ச்சி செய்திருந்தார்கள். அடுத்த ஆராய்ச்சிகளைத் தொடர்வதற்கான வசதிகளை ஃபாக்ஸ் நிறுவனத்தின் செய்தி தடுத்து நிறுத்தியது. கிடைக்கவிருந்த ஸ்பான்சர்கள் கைவிரித்தார்கள். என்ன செய்வதென்றே தெரியவிலை. சுவீடன் கப்பல்படை, தாங்களே ஆரய்கிறோம் என்று வாக்களித்து, எதுவும் செய்யாமல் கிடப்பில் போட்டது. முயற்சிகளை மட்டும் ஓஷன் எக்ஸ் கைவிடவில்லை. மீண்டும் அந்த இடத்தை ஆராய்ந்தார்கள். அப்போது, அந்த வட்டப் பொருளுக்கு மிகஅருகிலேயே இன்னுமொன்றை அவர்கள் கண்டுபிடித்தார்கள். மீண்டும் பறக்கும் தட்டுப் பேச்சுப் பரவ ஆரம்பித்தது. ஓஷன் எக்ஸ் கூறியவை உண்மைதானென நிரூபிக்கும் சாட்சியாகியது அது.

பறக்கும் தட்டின் இடத்திலிருந்து 1500 மீட்டர் தொலைவில், 'விமான ஓடுபாதை' (Runway) ஒன்றைக் கண்டுபிடித்தார்கள். பெரிய விமானம் கடலடியில் மோதியிறங்கி, அதே வேகத்தில் நேராகச் சென்று நிறுத்தப்பட்டதுபோல அந்த ஓடுபாதை காணப்பட்டது. 300 மீட்டர் நீளமான ஓடுபாதையின்

அடையாளம் தெளிவாக இருந்தது. அதன் முடிவிற்குச் சற்றுத்தள்ளி நேர்திசையில் நின்று கொண்டிருந்தது ஓஷன் எக்ஸ் குழுவினர் கண்டுபிடித்த பறக்கும் தட்டு. அதாவது, அந்தப் பறக்கும் தட்டு, கடலில் இறங்கி 1500 மீட்டர் ஓடி நிறுத்தப்பட்டதுபோல. இதைப் படிக்கும் உங்களால் வழக்கம்போல நம்பமுடியாமலே இருக்கும். என்னாலும் முழுமையாக நம்ப முடியவில்லை. ஆனால், கிடைத்த தரவுகள் அனைத்தும் உண்மையானவை. 2021ஆம் ஆண்டு, தங்கள் புதிய ஆராய்ச்சிகளை ஆரம்பிக்கிறது ஓஷன் எக்ஸ். அவர்களின் ஆராய்ச்சிகளுக்குப் பங்களிப்புச் செய்வதற்குப் பலர் முன்வந்திருக்கிறார்கள். அந்த ஆராய்ச்சிகளின் முடிவில், மேலும் பல மர்மங்கள் வெளிவரலாம். அதுவரை, 'என்ன ஒளிந்திருக்கிறது அங்கே?' என்னும் கேள்வியுடன், விளக்கப்படாத மர்மமாகக் கடலடியிலேயே புதைந்திருக்கும் அந்தப் பொருள்.

அத்தியாயம் 9

எங்கே ஷெல்லி?

இது நடந்தது எழுபத்தைந்து மில்லியன் ஆண்டுகளுக்கு முன். விண்வெளியில் வெகுதொலைவில், 'டீஜீயாக்' (Tee-jeeack) என்னும் கோள் இருந்தது. அதில் வசித்தவர்களும், சூழவிருந்த தொன்னூறு கோள்களில் வசிப்பவர்களும் ஒன்றுசேர்ந்து, கூட்டமைப்பொன்றை (Galactic Confederacy) ஏற்படுத்தியிருந்தனர். அந்தக் கோள்களின் கூட்டமைப்பு, தங்கள் அதிபராக 'ஷீனு' (Xenu) என்பவரைத் தெரிவுசெய்தார்கள். ஷீனு நல்லபடியாக ஆட்சிசெய்து வந்தார். அப்போது, டீஜீயாக் கோளில் மக்கள்தொகை பெருகியது. பூமியைக் கண்ணாடியில் பார்ப்பதுபோன்று அப்படியே இருக்கும் டீஜீயாக். பூமியின் மனிதர்கள் போலவே அங்கும் வாழ்ந்தார்கள். டீஜீயாக்கில், கார்கள், விமானங்கள் அனைத்தும் இருந்தன. மக்கள்தொகை பெருகிய சூழ்நிலையில், ஷீனோ ஒரு முடிவெடுத்தார். அந்த நடவடிக்கைதான் இப்போது பூமியில் வாழும் மனிதர்களின் சாபமாகிப்போனது.

ஷீனோ செய்தது இதுதான். டீஜீயாக்கின் மக்கள்தொகை அதிகரித்ததால், அவர்களில் பாதிப்பேரை உயிருடன் உறையவைத்து, மிகச்சிறிய பொட்டங்களாக மடித்தார்.

எங்கே ஷெல்லி?

பூமியின் மனிதர்கள் போலவே அங்கும் வாழ்ந்தார்கள். டீஜீயாக்கில், கார்கள், விமானங்கள் அனைத்தும் இருந்தன. மக்கள்தொகை பெருகிய சூழ்நிலையில், ஷீனோ ஒரு முடிவெடுத்தார். அந்த நடவடிக்கைதான் இப்போது பூமியில் வாழும் மனிதர்களின் சாபமாகிப்போனது.

அந்தப் பொட்டலங்களை, விண்கலங்களில், பூமிக்கு அனுப்பிவைத்தார். அந்த விண்கலங்கள், பூமியிலிருக்கும் 'DC 8' ரக விமானங்கள்போல இருந்தன. விண்கலங்களில் கொண்டுவரப்பட்ட டீஜீயாக் உடல் பொட்டலங்கள், பூமியிலிருந்த எரிமலைகளில், ஹைட்ரஜன் குண்டுகளுடன் சேர்த்துப் போடப்பட்டன. அப்போது ஏற்பட்ட வெடிப்பினால், உடல்கள் அழிந்தன. ஆனால், அவர்களின் உயிர்களோ இறப்பில்லாதவை. அதனால், அவை பூமியில் அலைந்தன. அவற்றில் பில்லியன் உயிர்களை ஒன்றாகச் சேர்த்துப் பூமியில் மனிதர்களை ஷீனோ உருவாக்கினார். நம்ம பிரம்மாபோல என்று வைத்துக்கொள்ளுங்கள். 'ஹலோ...! ஹலோ...! எங்கே ஓடுறீங்க? எனக்குப் புரிகிறது. மர்மங்களைச் சொல்கிறேன் பேர்வழியென்று, 'மார்வெல்' கதை சொன்னதுபோல இருக்கில்லையா? அவெஞ்சர்ஸையே பார்த்த உங்களுக்கு, அம்புலிமாமா கதையை நான் சொல்கிறேனா?' நம்புங்கள், நான் சொல்வது மர்மம்தான். அதுவும் நிஜமான மர்மம். பொறுமையாகத் தொடர்ந்து படியுங்கள். 'அட! எங்கேயோ கேட்ட கதைபோல இருக்கே!' என்றும் தோன்றும். ஆனால் அவற்றுக்கும், இதற்கும் எந்தச் சம்பந்தமும் இல்லை. தொடர்ந்து படியுங்கள்.

'இந்த மார்வெல் கதையை நம்மூர்க் குழந்தையே நம்பாதே, இவர்களெல்லாம் எப்படி நம்பினார்கள்?' என்றுதானே நினைக்கிறீர்கள். அப்படி நம்பவைக்கும் புத்திசாலித்தனத்தைக் கொண்டிருந்தார் ஹப்பார்ட். சயண்டோலாஜியை நீங்கள் புரிந்துகொள்ள வேண்டுமென்றால் முதலில் ஹப்பார்ட்டைப் புரிந்துகொள்ள வேண்டும்.

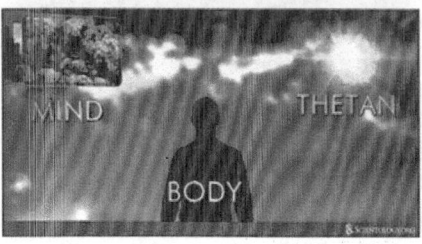

டீஜியாக்கிலிருந்து கொண்டுவரப்பட்ட ட்ரில்லியன் தொகையான உயிர்கள் பூமியில் அலைந்துகொண்டிருந்தன. அவை 'தேட்டன்' *(Thetan)* எனப்படுகின்றன. மரணமற்ற தேட்டன்களை ஒன்றுசேர்த்து, மனிதர்களை உருவாக்கினார் ஷீனோ. மனிதனின் ஒவ்வொரு உறுப்பும், ஒரு தேட்டனால் உருவாக்கப்பட்டது. உதாரணமாகக் கைவிரல்களின் ஒவ்வொரு பாகமும், தனித்தனித் தேட்டன் ஆவியாக இருக்கும். ஒவ்வொரு மனிதனும், பில்லியன் கணக்கான தேட்டன்களால் உருவாக்கப்பட்டான். பூமியில் வாழும் மனிதன், மனிதனேயல்ல. பலகோடித் தேட்டன்களாலான கூட்டு உயிர். அதனால், மனிதனாகவே மனிதனால் வாழமுடியவில்லை. தேட்டன்களிடமிருந்து அவனுக்கு விடுதலை கிடைக்கவேண்டும். அந்த விடுதலையைக் கொடுப்பதுதான், 'சயண்டோலாஜி' *(Scientology)* என்னும் மதமாகும். உலகையே கலங்கடித்த மதம். நம்புங்கள், நான் மேலே சொன்ன கதையின் ஒவ்வொரு எழுத்தும் உண்மையானது. சயண்டோலாஜியை உருவாக்கிய, 'லஃபாயட் ரொனால்ட் ஹப்பார்ட்' *(Lafayette Ronald Hubbard)* கூறிய கதைதான் இது. இந்தக் கதையை நம்பித்தான், இலட்சக்கணக்கில் அமெரிக்க,

எங்கே ஷெல்லி?

ஐரோப்பியர்கள், சயண்டோலாஜியில் சேர்ந்தார்கள். உலகப் பிரபலங்கள், உயர் மட்டத்தினரில் பலர் சேர்ந்தார்கள். அதிக அளவில் பணமும் சேர ஆரம்பித்தது. 'இந்த மார்வெல் கதையை நம்மூர்க் குழந்தையே நம்பாதே, இவர்களெல்லாம் எப்படி நம்பினார்கள்?' என்றுதானே நினைக்கிறீர்கள். அப்படி நம்பவைக்கும் புத்திசாலித்தனத்தைக் கொண்டிருந்தார் ஹப்பார்ட். சயண்டோலாஜியை நீங்கள் புரிந்துகொள்ள வேண்டுமென்றால் முதலில் ஹப்பார்ட்டைப் புரிந்துகொள்ள வேண்டும்.

எல்.ரோன் ஹப்பார்ட் ஒரு அறிவியல் புனைவெழுத்தாளர். ஆயிரத்துக்கும் அதிகமான புத்தகங்களை எழுதியவர். மார்வெல் கதைகள்போலப் பல அறிவியல் புனைவுகள் இவரால் உருவாக்கப்பட்டன. 1950இல் 'டயனெடிக்ஸ்' *(Dianetics)* என்னும் மன ஆரோக்கியத்துக்கான புத்தகமொன்றை வெளியிட்டார். அது கொடுத்த தாக்கத்தினால், சயண்டோலாஜி மதத்தை 1953இல் உருவாக்கினார். இவரின் பேச்சுத் திறனில் பலர் மயங்கிப் போனார்கள். குடும்பமாய் இணைந்தார்கள்.

கையிலிருக்கும் பணம் அனைத்தையும் மெல்லமெல்லப் பறிகொடுத்தார்கள். இணைந்தவர்கள் வெளியே செல்லமுடியாத வலைகளைப் பின்னிக் கொண்டார் ஹப்பேர்ட்.

சயண்டோலாஜியில் இணைபவர்களை, ஈ-மீட்டர் (*E-meter*) என்னும் கருவியுடன் இணைத்து அளக்கிறார்கள். அவர் சிந்திக்கும்போது, ஈ-மீட்டரின் முள், அங்குமிங்கும் அசையும். அதைக்கொண்டு, ஹப்பார்ட் கேள்விகளைக் கேட்டு, அதற்கான பதிலை எழுதவைப்பார். மனதிலிருக்கும் அத்தனை உண்மைகளையும் வெளிப்படையாக எழுதுவார்கள். அவர்கள் உண்மைகளை எழுதும்போது, உடலிலிருக்கும் தேட்டான் ஆவிகள் விலகிச்செல்லும். முழுமையாகத் தேட்டான்கள் விலக வேண்டுமென்றால், அவர்களின் அந்தரங்கங்கள் அனைத்தையும் எழுதவேண்டும். படிப்படியாக ஹப்பார்ட்டின் வலையில் விழுவார்கள், தங்கள் அந்தரங்கங்களை, அவர்கள் கைப்படவே எழுதிக் கொடுப்பார்கள். அவை இரகசியமாகப் பாதுகாக்கப்படுமென்று வாக்குறுதியளிக்கப்படும். ஆனால், அவர்களை அங்கிருந்து வெளியே செல்லவிடாமல் சிறைவைக்கும் துருப்புச் சீட்டாகவும் அதுவே இருக்கும். மனதிலுள்ள அந்தரங்கங்களை, ஈ-மீட்டர்மூலம் வெளிப்படுத்தி, உடலிலிருக்கும் அனைத்துத் தேட்டான் ஆவிகளையும் துரத்திச் சுத்தமான மனிதனை உருவாக்குவதுதான் சயண்டோலாஜியின் அடிப்படை. 'இது என்ன முட்டாள்தனமாக இருக்கிறது?' என்றுதான் யோசிப்பீர்கள். ஆனால், மந்திரித்த கோழிகள்போல சயண்டோலாஜி நோக்கி மக்கள் படையெடுத்ததுதான் நடந்தது. அப்படிச் சென்றவர்களில் முக்கியமானவர், ஹாலிவுட் நடிகரான, ஜோன் ட்ரவோல்டா. அவர் ஹப்பார்ட்டை முழுமையாக நம்பினார். 'சாட்டர்டே நைட் ஃபீவர்' என்னும் திரைப்படத்தின்மூலம் பிரபலமாக இருந்த காலமது. அவர்

இணைந்ததால், ஹாலிவுட்டில் பலர் இணைந்து கொண்டனர். யாரெல்லாம் சயண்டோலாஜியில் இணைந்திருந்தார்களென்று கூகுள்செய்து பார்த்தீர்களென்றால், திகைத்தே போய்விடுவீர்கள். அந்த அளவுக்குப் பல பிரபலங்கள் இணைந்திருந்தார்கள். ஒவ்வொரு ஈ-மீட்டர் பரிசோதனைக்கும் பல ஆயிரம் டாலர்களைக் கொட்டினார்கள். சிலகாலம் கழிந்ததும் இழந்த தொகையைக் கணக்கிட்டால், பல இலட்சங்களைத் தாண்டியிருக்கும். என்றாவது, உண்மை தெரிந்து, வெளியேபோக முயன்றால், மிரட்டப்படுவார்கள். 'அவர்கள் கைப்பட எழுதிக்கொடுத்த உண்மைகளை வெளியிடுவோம்' என்று பயமுறுத்தப்படுவார்கள். மீடியாக்களுக்கு, மூன்றாம் நபர்கள்போலக் கொடுக்கவும் செய்வார்கள். ஓடவும் முடியாது ஒளியவும் முடியாது. மிகப்பெரிய தொகையொன்றைக் கொடுத்துவிட்டு, எதையும் வெளியே சொல்லமாட்டேனென உறுதியளித்து வெளியே வரலாம். அதற்குக் கொடுக்கப்படும் பணம் மிகவும் அதிகம். இவை பிரபலங்களுக்கு நடப்பவை. சாதாரண மக்களின் கதியோ தாங்கமுடியாதது.

சாதாரணமானவர்கள் சயண்டோலாஜியில் இணைந்தால், அம்மாபெரும் ஸ்தாபனத்தின் சகல பணிகளையும் அவர்களே செய்யவேண்டியவர்களாகிறார்கள். அவை, ஆன்மீகப்பணிகளென்று நம்ப வைக்கப்படுகிறார்கள். டாய்லெட் சுத்தமாக்குவதிலிருந்து அனைத்துப் பணிகளையும் செய்ய நிர்பந்திக்கப்படுகிறார்கள். மறுப்பவர்களுக்கு அதிகபட்சத் தண்டனைகள் அளிக்கப்படும். குடும்பமாய் இணைந்தவர்கள், தனித்தனியாகப் பிரிக்கப்படுகிறார்கள். பல ஆண்டுகள் தனித்தனியாகப் பிரிந்தே ஆன்மீகத்தை வளர்ப்பார்கள். அதை எதிர்த்துக் கேள்வி கேட்டால், கைப்பட எழுதிக் கொடுத்திருக்கும்

அந்தரங்கங்கள் வெளியே வருமென்று அச்சுறுத்தப்படுவார்கள். எப்படி எதிர்க்க முடியும்? வாழ்நாள் முழுவதும் அங்கேயே தொலைந்துவிடும். பலர் காணாமலும் போனார்கள். என்ன நடந்தது என்னும் உண்மையும் தெரியவராது. பிள்ளைகளைப் பறிகொடுத்த பெற்றோர்களும், பெற்றோரைப் பறிகொடுத்த பிள்ளைகளும், கணவனைப் பிரிந்த மனைவியுமாகப் பலர் இன்றும் கதறிக்கொண்டிருக்கிறார்கள். 'அமெரிக்காவிலா இப்படியெல்லாம் நடக்கிறது?' என்று ஆச்சரியப்படுவீர்கள். 1986இல் ஹப்பார்ட் இறந்தார். அதன்பின்பு, 'டேவிட் மிஸ்காவிஜ்' *(David Miscavige)* தலைமைப் பொறுப்பேற்றார். நிலைமை மேலும் மோசமானது.

வருமானத்திற்கான வரித்தொகை மட்டும், ஒரு பில்லியன் டாலருக்கு அதிகமாகக் கட்டவேண்டுமென்று அரசு தொடுத்த வழக்கில், மத ஸ்தாபனமென்று நிரூபித்து, வரிக்கான விலக்கைப் பெற்றுக் கொண்டது சயண்டோலாஜி. வரியே ஒரு பில்லியனுக்கு அதிகமென்றால், மொத்தச் சொத்தின் மதிப்பை நீங்களே கணித்துக் கொள்ளுங்கள். இன்றைய நிலையில், பல பில்லியன்கள் ரியல் எஸ்டேட்டைக்கொண்ட மிகப்பெரிய நிறுவனமாக சயண்டோலாஜி இருக்கிறது. டேவிட் மிஸ்காவிஜ் பொறுப்பேற்ற பின்னர், சயண்டோலாஜிக்கு மாபெரும் அதிர்ஷ்டம் அடித்தது. அந்த அதிர்ஷ்டம் வேறொன்றுமில்லை. 'டாம் குரூஸ்' *(Tom Gruise)* என்னும் பட்டையைக் கிளப்பும் ஹாலிவுட் நடிகர்தான். மிகப்பெரிய மனிதாபிமானமுடைய மனிதராகத் திகழும் டாம் குரூஸ், சயண்டோலாஜியில் தன்னை இணைத்துக் கொண்டார். அதற்கு முன்னர் சேர்ந்த, ஜோன் ட்ரவோல்டா உட்படப் பல ஹாலிவுட் நடிகர்கள் விலகிக்கொண்ட நிலையில், டாம் குரூஸ் இணைந்தது பலரை முகம் சுழிக்க வைத்தது. படிப்படியாக சயண்டோலாஜியின் இறங்குமுகம் ஆரம்பமான நேரமது. எதிர்ப்பவர்கள் அச்சுறுத்தப்படுவதுடன், மர்மமாகக் காணாமல் போகிறார்களென்று உலகம் பூராவும் சந்தேகப்பட ஆரம்பித்தது. எது நடந்தாலும் பரவாயில்லையென்று பலர் பிரிந்துசெல்லவும் ஆரம்பித்தார்கள். பிரிந்து சென்றவர்களில் 'ஹனா விட்ஃபீல்ட்'

(Hana Whitfield) என்பவரும், பிரபல நடிகை 'லியா ரெமெனி'யும் *(Leah Remini)* முக்கியமானவர்கள். அங்கு நடந்தவற்றைப் புட்டுப்புட்டு வைத்தார்கள். அவர்களையும் சயண்டோலாஜி விட்டுவைக்கவில்லை. பெரும் நெருக்கடிகளைக் கொடுத்தது. ஆனாலும், இருவரும் சளைக்கவில்லை. இவர்களுடன் பல பிரபலங்களும் இணைந்தார்கள். மெல்லச் சயண்டோலாஜியின் முக்கியத்துவம் குறைந்து போனது. டாம் குரூஸ் மட்டும் இன்றுவரை அங்கு பிடிவாதமாக இருக்கிறார்.

நம்பவே முடியாத மர்மங்களின் இருப்பிடமாக சயண்டோலாஜி இருப்பதாகச் சொல்கிறார்கள். இந்தக் கட்டுரைக்கு, "எங்கே ஷெல்லி?" எனத் தலைப்பிட்டிருந்தும், இதுவரை யாரந்தச் ஷெல்லியென்று நீங்கள் அறியவில்லை. ஷெல்லி வேறு யாருமில்லை. இன்று சயண்டோலாஜியின் தலைமைப் பொறுப்பிலிருக்கும், டேவிட் மிஸ்காவிஜ்ஜின் மனைவிதான் ஷெல்லி. டேவிட்கூடவே இருந்து, சயண்டோலாஜிக்குப் பணியாற்றிய, 'ஷெல்லி மிஸ்காவிஜ்' *(Shelly Miscavige)*, திடீரென ஒருநாள் காணாமல் போனார். 2005ஆம் ஆண்டிற்குப்பின் எங்கும் ஷெல்லியைக் காணவில்லை. 2006ஆம் ஆண்டு சயண்டோலாஜியில் நடைபெற்ற டாம் குரூஸின் திருமணத்தில், ஷெல்லியைக் காணாதது, பலருக்கு ஆச்சரியமளித்தது. இன்றுவரை அவர் எங்கேயென்று யாருக்கும் தெரியாது. என்ன ஒளிந்திருக்கிறது அங்கே என்பதும் தெரியாது.

"என் மருமகளைக் கண்டுபிடித்துத் தாருங்கள்" என்று கேட்பவர் வேறுயாருமில்லை, டேவிட் மிஸ்காவிஜ்ஜின் தந்தையான, ரொனால்ட் மிஸ்காவிஜ்ஜேதான். சிறையிலிருந்து தப்பிச் செல்லும் கைதிபோலத் திட்டமிட்டுத் தந்திரமாகச் சயண்டோலாஜியிலிருந்து தப்பியவர்தான் ரொனால்ட் மிஸ்காவிஜ்.

அத்தியாயம் 10

எங்கிருந்து வந்தாள் நெஃபெர்டிடி?

விந்தைகளும், மர்மங்களும் மொத்தமாகக் குவிந்திருக்கும் ஒரே இடம் எகிப்துதான். அதன் ஒவ்வொரு சதுரஅடி மண்ணின் கீழே, ஏதோவொரு மர்மம் நம்மை ஆச்சரியப்பட வைப்பதற்காகக் காத்திருக்கும். எகிப்தின் பிரமிடுகளும், மம்மிகளும் உலகையே உலுக்கிப் போட்டவை. அவற்றின் ஆச்சரியங்கள் சொல்லி மாளாதவை. 'பிரமிடுகளும், பிரமிப்புகளும்' என்ற பெயரில் நெடுந்தொடரொன்றையே எழுதிவிடலாம். தொட்டால், அனுமன் வால்போல நீண்டுகொண்டே போகக்கூடியது. ஆனாலும், நாம் அங்கெல்லாம் நுழையப்போவதில்லை. நமக்காக வேறொரு ஆச்சரியம் காத்திருக்கிறது. அதை நோக்கிய பயணத்தின் ஆரம்பம்தான் எகிப்து.

பண்டைய எகிப்தில் வாழ்ந்த பெண்களில் இருவர் மிகவும் புகழ் பெற்றவர்கள். வரலாற்றில் தங்கள் பெயர்களை ஆழமாகப் பதிந்திருப்பவர்கள். இருவரில் ஒருவரை உங்களுக்கு

நன்றாகத் தெரியும். கறுப்பழகியென்றும், கழுதைப் பாலில் குளிப்பவரென்றும் அறியப்பட்ட கிளியோபாட்ராதான் அவர். ஜூலியஸ் சீசர், ஆண்டனியெனப் பலரைத் திருமணம் செய்து, வரலாற்றின் அசையாத சிம்மாசனத்தில் அமர்ந்திருப்பவள். ஆனால், கிளியோபாட்ராவைவிடச் சிறப்பான இன்னுமொரு ராணியும் இருந்திருக்கிறாள். அவள்தான் 'நெஃபெர்டிடி' (*Nefertiti*). எகிப்தின் ஃபாரோவாகத் திகழ்ந்த, 'அஹெனாடென்' (*Pharaoh Akhenaten*)இன் அன்பு மனைவி. 'டுட்டன்காமூன்' (*Tutankhamun*) என்னும் இன்னுமொரு புகழ்பெற்ற அரசனின் தாய். 'நெஃபெர்டிடி' என்றால், 'எங்கிருந்தோ வந்த அழகிய பெண்' என்று அர்த்தம். அவள் எங்கிருந்து வந்தாளென்று யாருக்கும் தெரியாது. வரலாற்று ஆசிரியர்கள் பலவித அனுமானங்களைப் பரிந்துரைத்தாலும், அவள் எங்கிருந்து வந்தாள் என்பதற்கான தெளிவான குறிப்புகள் கிடைக்கவில்லை. இந்த இடத்திலிருந்தே எங்களுக்கு வேண்டிய விந்தைகளும் ஆரம்பிக்கின்றன.

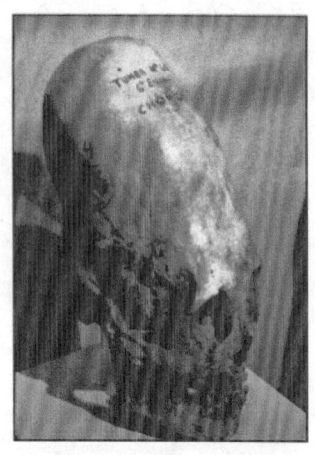

நெஃபெர்டிடியுடன் மிகுந்த அன்புடன் இருந்தான் அரசன். இருவரும் ஒன்றாகச் சேர்ந்தே ஆட்சியும் செய்தார்கள். ஒரு அரசியாக மட்டுமில்லாமல், உயர் பூசாரியாகவும் நெஃபெர்டிடி இருந்தாள். அதனாலேயே, எகிப்தில் மாற்றங்கள் ஆரம்பமாகின. அதுவரை, கடவுள் ஆமெனை வழிபட்டுவந்த அஹெனாடெனுக்குச் சூரியக் கடவுளான 'ஆடென்', அறிமுகப்படுத்தப்பட்டார்.

கி.மு.1350 ஆண்டுகளில் எகிப்தை ஆண்டுவந்த மன்னன்தான் 'அஹெனாடென்'. இவன் அரியணை ஏறும்போது எகிப்தியர்கள், 'ஆமென்' *(Amen)* என்னும் கடவுளையே வழிபட்டு வந்தார்கள். ஆமெனுக்கெனப் பெரிய தேவாலயங்களும் இருந்தன. அஹினடெனின் முன்னையப் பெயர்கூட கடவுளின் பெயருடன் 'ஆமென்ஹொடெப்' *(Amenhotep)* என்றுதான் இருந்தது. ஆனால், 'எங்கிருந்தோ வந்த அழகி'யான நெஃபெர்டிடியை மணந்ததும் எல்லாமே மாறிப்போனது. எகிப்தின் வரலாற்றைத் திருப்பிப்போட்ட திருமணம் அது. நெஃபெர்டிடியுடன் மிகுந்த அன்புடன் இருந்தான் அரசன். இருவரும் ஒன்றாகச் சேர்ந்தே ஆட்சியும் செய்தார்கள். ஒரு அரசியாக மட்டுமில்லாமல், உயர் பூசாரியாகவும் நெஃபெர்டிடி இருந்தாள். அதனாலேயே, எகிப்தில் மாற்றங்கள் ஆரம்பமாகின. அதுவரை, கடவுள் ஆமெனை வழிபட்டுவந்த அஹெனாடெனுக்குச் சூரியக் கடவுளான 'ஆடென்', அறிமுகப்படுத்தப்பட்டார். அதனால், எகிப்து முழுவதும் ஆடெனையே வழிபட வேண்டுமென்று கட்டளையிட்டான். தன் பெயரையும் ஆடென் கடவுளுடன் இணைத்து, 'அஹெனாடென் என்றும் மாற்றிக் கொண்டான். ஆமெனின் தேவாலயங்கள் இடிக்கப்பட்டன். ஆடெனுக்குரிய சூரியக் கோவில்கள் கட்டப்பட்டன. இதனால், பெரும் குழப்பங்களும், கலவரங்களும் உருவாகின. ஆனாலும்,

எங்கிருந்து வந்தாள் நெஃபெர்டிடி?

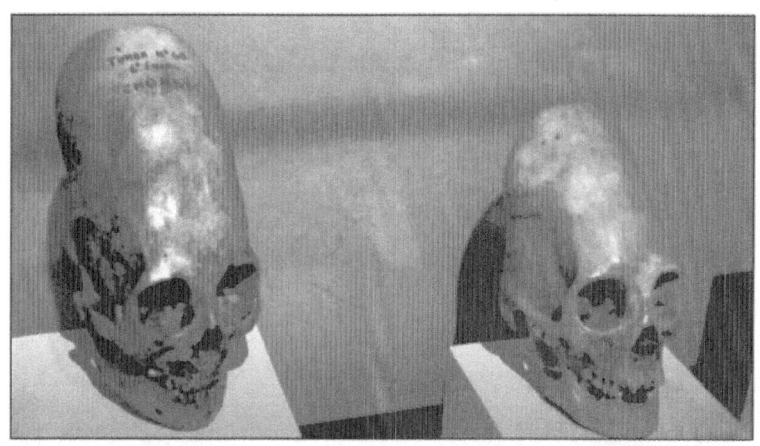

தன்னுடைய நல்லாட்சிமூலம் அனைத்தையும் சரிசெய்தான் மன்னன். நெஃபெர்டிடியும் நல்லதொரு அரசியாகவே இருந்தாள். ஆட்சிகளின் மாற்றங்களுக்கும், அரசுகளின் வீழ்ச்சிகளுக்கும் மதங்கள் காரணமாய் இருப்பதை, நான் சொல்லித் தெரிந்துகொள்ள வேண்டிய அவசியம் உங்களுக்கில்லை. அஹெனாடென் மர்மமான முறையில் இறந்தான். அவன் இறந்தபின் நெஃபெர்டிடியும் மாயமாகிப் போனாள். மகன் டுட்டன்காமூனும் இளவயதில் கொல்லப்பட்டான். இவையெல்லாம் எகிப்திய மன்னர்களின் தனிக்கதை. இந்தக் கதையின் நீட்சிக்குள் நாம் போகப்போவதில்லை. புதைபொருள் ஆராய்ச்சியாளர்களால் இவர்களின் விபரங்கள் கண்டுபிடிக்கப்பட்டன. மம்மிகளும், சுவரோவியங்களும் கண்டெடுக்கப்பட்டன. கூடவே, கண்டெடுக்கப்பட்ட நெஃபெர்டிடியின் மார்பளவுச் சிலையில் ஒளிந்திருந்தது ஒரு விந்தை. இப்போது அச்சிலை பெர்லினில் இருக்கிறது.

பெர்லினில் இருக்கும் நெஃபெர்டிடியின் சிலையில், தலை பின்னோக்கி நீண்டதாகக் காணப்படுகிறது. அவள் அணிந்திருக்கும் மணிமுடியாக இருக்கலாம் என்றுதான் சந்தேகப்பட்டார்கள். ஆனால், எகிப்தில் கிடைத்த சுவரோவியங்கள் சொன்ன கதையோ வேறு. அஹெனாடெனும், நெஃபெர்டிடியும், மூன்று குழந்தைகளும்

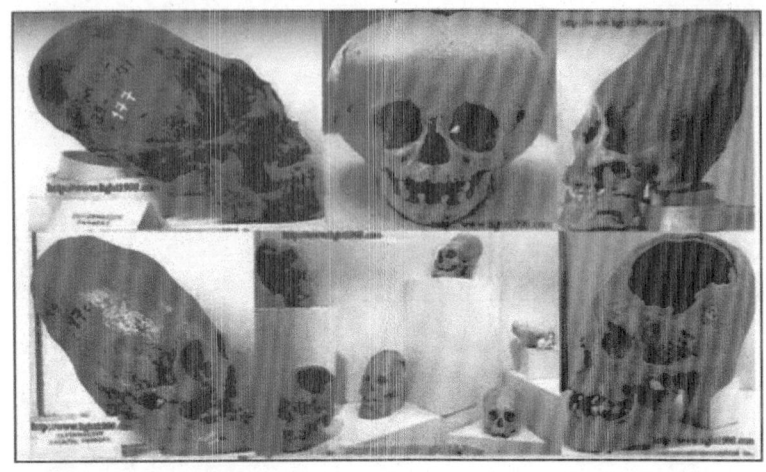

இருக்கும் சுவரோவியம் ஒன்றில், அனைவரின் தலைகளும் நீண்டுபோய்க் காணப்பட்டன. சாதாரண மனிதரின் தலைபோல் இருக்கவில்லை. குழந்தைகள்கூட நீண்ட தலைகளுடன் இருந்தது வியப்பளித்தது. இவள் யார்? எங்கிருந்து வந்தாள்? எதற்காக வணங்கிய கடவுளையே மாற்றினாள்? என்னும் கேள்விகள் இருந்த நிலையில், 'இவர்களின் தலை ஏன் இந்த அளவுக்கு நீண்டிருக்கின்றன?' என்னும் கேள்வியும் எழுந்தது. இவற்றின் விடைகள் 'பெரு' நாட்டில் கிடைத்தன.

பண்டைக் காலத்தில் நீண்ட தலைகொண்ட மனிதர்கள் பூமியெங்கும் வாழ்ந்திருக்கிறார்கள். சீனா, அவுஸ்ரேலியா, மத்திய கிழக்கு, எகிப்து, மத்திய அமெரிக்காவென்று, உலகின் பல இடங்களில் நீண்ட தலையுடைய மனிதர்கள் வாழ்ந்த அடையாளங்கள் கிடைத்திருக்கின்றன. 'பிரையான் ஃபோர்ஸ்டர்' *(Brien Forster)* என்பவர், இவைபற்றிப் பல ஆராய்ச்சிகளைச் செய்திருக்கிறார். புராதன நாகரிகங்கள் இருந்த இடங்களெங்கும் சென்று ஆராய்ந்திருக்கிறார். 1928ஆம் ஆண்டு பெரு *(Peru)* நாட்டின் 'பரகாஸ்' *(Paracas)* என்னுமிடத்தில், 300க்கும் அதிகமான மண்டையோடுகள் கண்டெடுக்கப்பட்டன. அவற்றை ஆராய்வதற்கு ஃபோர்ஸ்டருக்கு அனுமதியளித்தது பெரு. அந்த மண்டையோடுகள், 3000 ஆண்டுகள் பழமையானவை

என்று கார்பன் தேதிப் பரிசோதனைகளில் தெரியவந்தது. பலவித மண்டையோடுகள் அவற்றில் இருந்தன. ஆனால், அவை எல்லாமே, பின்னோக்கி நீட்டப்பட்ட தலைகளாகக் காணப்பட்டன. இரண்டரை மடங்குகள் அதிகமான நீளத்திலும் சில மண்டையோடுகள் காணப்பட்டன. மண்டையோடுகளில் இருந்த தலைமுடி, ஸ்ட்ராபெர்ரி நிறத்தில் இருந்தது. இது ஃபோர்ஸ்டருக்கு நெருடலைக் கொடுத்தது. பெருவில் வாழ்ந்த மக்களின் முடி கறுப்பாகத்தான் இருக்கும். எப்படிச் சிவப்பாக இருக்க முடியும்? ஒருவேளை வர்ணங்கள் பூசியிருப்பார்களோ? முடியை ஆராய்ச்சி செய்ததில், எந்தவித வர்ணமும் பூசப்படாத இயற்கையான முடியென்பது தெரியவந்தது. பெரு நாட்டில் ஏற்கனவே கண்டெடுக்கப்பட்ட பல புராதன மனிதர்களின் மண்டையோடுகளின் வடிவங்களுடனும், இவை ஒத்துப் போகவேயில்லை. சிவப்புநிற நீண்ட தலையோடு இருக்கும் இவர்கள் யார்? மனிதர்கள்தானா? இல்லை, வேறு எவருமா? எந்த முடிவுக்கும் வரமுடியவில்லை. ஃபோர்ஸ்டர் ஆராய்ச்சிகளைத் தொடர்ந்தார்.

ஆதிகால மனிதர்களிடம் செயற்கையாகவே தலையை நீட்டிக்கொள்ளும் பழக்கம் இருந்ததைக் கண்டுபிடித்தார்.

என்ன ஒளிந்திருக்கிறது அங்கே?

 ஆதிகால மனிதர்களிடம் செயற்கையாகவே தலையை நீட்டிக்கொள்ளும் பழக்கம் இருந்ததைக் கண்டுபிடித்தார். மரப்பலகைகளையும், தடித்த கயிறுகளையும் தலையில் அழுத்திக் குழந்தைகளின் தலைகளை நீட்டியிருக்கிறார்கள். அதுவொரு பெருமைக்குரிய விஷயமாகவும் பார்க்கப்பட்டது. அவர்களின் அரசர்களும், தெய்வங்களும் நீண்ட தலையுடன் இருந்ததால், அப்படியான பழக்கம் ஏற்பட்டிருக்கலாம்.

மரப்பலகைகளையும், தடித்த கயிறுகளையும் தலையில் அழுத்திக் குழந்தைகளின் தலைகளை நீட்டியிருக்கிறார்கள். அதுவொரு பெருமைக்குரிய விஷயமாகவும் பார்க்கப்பட்டது. அவர்களின் அரசர்களும், தெய்வங்களும் நீண்ட தலையுடன் இருந்ததால், அப்படியான பழக்கம் ஏற்பட்டிருக்கலாம். ஆனாலும், அந்த அரச குடும்பத்தினர்களின் தலைகள் ஏன் நீண்டிருந்தன என்னும் கேள்விக்கு, அங்கு பதிலில்லை. யாரைப் பார்த்து யார் ஆரம்பித்தார்கள்? செயற்கையாக நீட்டப்பட்ட தலைகளும், சிறிதளவுதான் நீளமுடையதாக இருக்கும். பரகாஸில் கண்டெடுக்கப்பட்ட மண்டையோடுகளோ, இரண்டரை மடங்குகள் நீளமானவையாகக் காணப்படுகின்றன. அந்த மண்டையோடுகளின் பின்பகுதியில் இரண்டு சிறிய துவாரங்கள் காணப்படுவது விசித்திரம். செயற்கையாக

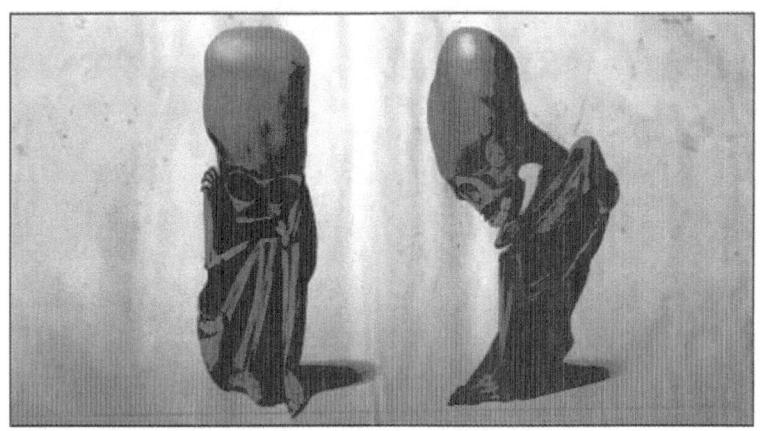

இடப்பட்ட துவாரங்கள் இல்லை. இயற்கையாகவே அப்படிக் காணப்படுகின்றன. சாதாரண மனிதனுக்கு அதுபோன்ற துவாரங்கள் இருக்கவே முடியாது. செயற்கையாகத் தலையை நீட்டும்போது, நீளமான உருவம் கிடைக்கலாம். ஆனால், அவற்றினுள்ளே கொள்ளளவு மாறாது. மாற்றவும் முடியாது. ஆனால், பரகாஸ் மண்டையோடுகள் அதிகக் கொள்ளளவு கொண்டவையாகக் காணப்படுகின்றன. 'சரி, இங்கு என்னதான் ஒளிந்திருக்கிறதெனப் பார்த்துவிடலாம்' என்ற முடிவுடன், *DNA* பரிசோதனை செய்வதற்கு ஃபோர்ஸ்டர் விரும்பினார். அதற்கான அனுமதியும் கிடைத்தது. அந்தச் சமயத்தில், ஊடகங்கள் தங்களின் சந்தேகத்தைக் கேட்டன. "இவை ஏலியன்களின் மண்டையோடுகளாக இருக்கலாமென்று சந்தேகப்படுகிறீர்களா?" என்று கேள்வி எழுப்பினார்கள். அதற்கு, "நான் அப்படிச் சொல்லவில்லை. மனிதனின் பரிணாம வளர்ச்சியில், நாம் இதுவரை அறிந்திருக்காத இன்னுமொரு கிளையினமாக இருப்பதற்கான வாய்ப்புகளும் உண்டு" என்று ஃபோர்ஸ்டர் பதிலளித்தார்.

அதன்பின்னர் வழமையாக எவை நடக்குமோ அவையெல்லாம் நடந்தேறின. அவை, ஃபோர்ஸ்டரின் ஆராய்ச்சிகளுக்குப் பெரும்தடையாக மாறின. 'தன் புகழுக்காக இல்லாதையெல்லாம் இருப்பதாகக் கட்டமைக்க முயல்கிறார்'. 'இவரொரு

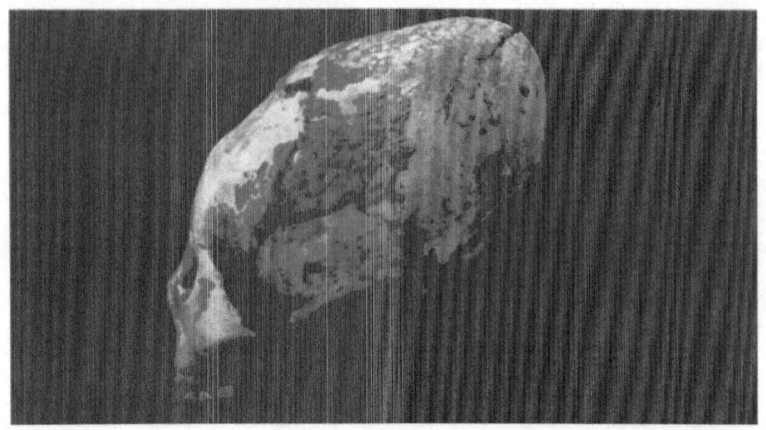

> 12,000 ஆண்டுகளுக்கு முன்னர் வாழ்ந்த கற்காலத்துக்கும் முன்னரான ஆதிமனிதனுக்குச் செயற்கையாகத் தலையை அழுத்தி நீட்ட வேண்டிய அவசியம் என்ன? அப்படி நீட்டுவதற்கு யார் சொல்லிக் கொடுத்தார்கள்? அந்த அளவுக்கு இவர்கள் அறிவைக் கொண்டிருந்தார்களா?

விளம்பரப் பிரியர்'. 'இவர் சொல்வதில் எந்த உண்மைகளும் கிடையாது' என்னும் மறுப்புகள் எழ ஆரம்பித்தன. அவரின் ஆராய்ச்சிகளுக்குப் பணம் கொடுப்பதையும் அரசுகள் நிறுத்தின. அப்போதுதான் டிஎன்ஏ முடிவுகள் வெளிவந்தன. வந்த முடிவுகள் ஆச்சரியமானவை.

மனிதப் பரிணாமக் கிளைகளின் எந்தப் பிரிவுகளிலும் அந்த மண்டையோடுகளில் சில ஒத்துப் போகவில்லை. பரகாஸ் மண்டையோட்டுக்குரியவர்களின் பரம்பரை அலகு வித்தியாசமான தகவல்களைக் கொண்டிருந்தன. ஃபோர்ஸ்டர் பெற்றுக் கொண்ட இந்த முடிவுகளையும் ஏற்க மறுத்தனர். இவர் பொய் சொல்கிறார் என்பதுபோல விமர்சனங்கள் தொடர்ந்தன. ஆனால், ஃபோர்ஸ்டர் கூறியவற்றை உண்மையாக்கும் சம்பவம் கடந்த ஆண்டு 2019இல் நடந்தது.

2019ஆம் ஆண்டு, சீனாவின் 'ஹூட்டாவோமூகா' (Houtao-muga) என்னுமிடத்தில், 25 ஆதிகால மனித எலும்புக்கூடுகள்

எங்கிருந்து வந்தாள் நெஃபெர்டிடி?

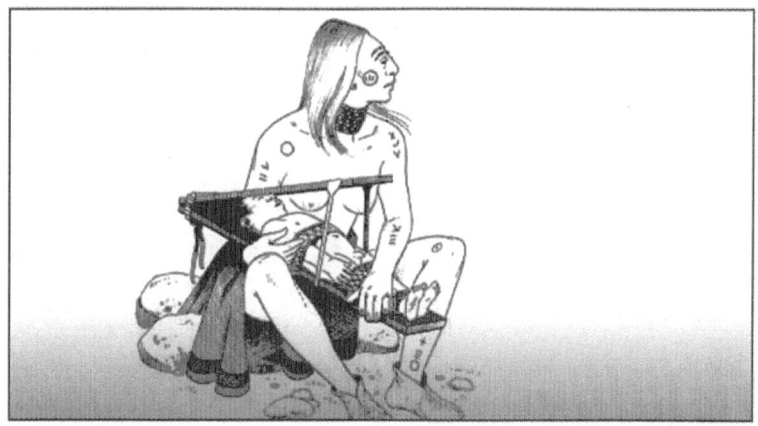

கண்டெடுக்கப்பட்டன. கார்பன்தேதிப் பரிசோதனைகளில், 12,000 ஆண்டுகளுக்கு முன்னர் வாழ்ந்த மனிதர்களெனத் தெரியவந்தது. பூமியெங்கும் புலம்பெயர்ந்த மனிதன், தென்சீனாவரை வந்து வாழ்ந்திருக்கிறான். 12,000 ஆண்டுகள் பழமையென்பது சாதாரணமானதல்ல. மிகப்பழமையான மனிதர்களில் ஒருபகுதியினர் அவர்கள். கண்டெடுக்கப்பட்ட 25 எலும்புக்கூடுகளில், 11 பேரின் மண்டையோடுகள், பின்புறமாக நீண்டு காணப்படுகின்றன. ஏன், எதற்காக இவர்களின் தலை நீண்டிருந்தன? இயற்கையாகவா, இல்லை செயற்கையாக நீட்டப்பட்டிருந்தனவா தெரியவில்லை. 12,000 ஆண்டுகளுக்கு முன்னர் வாழ்ந்த கற்காலத்துக்கும் முன்னரான ஆதிமனிதனுக்குச் செயற்கையாகத் தலையை அழுத்தி நீட்ட வேண்டிய அவசியம் என்ன? அப்படி நீட்டுவதற்கு யார் சொல்லிக் கொடுத்தார்கள்? அந்த அளவுக்கு இவர்கள் அறிவைக் கொண்டிருந்தார்களா? கற்காலத்திற்கும் முன்னதான பனிக்கால மனிதனால் இது எப்படி சாத்தியம்? இந்தக் கேள்விகளுக்கான பதில் எங்கே ஒளிந்திருக்கிறது?

அத்தியாயம் 11

எஸ்ஸீன்கள் வரலாற்றில் ஏன் விலக்கப்பட்டார்கள்?

அவர்கள் மூவரும் பாலஸ்தீனத்தைச் சேர்ந்த ஆடு மேய்க்கும் இஸ்லாமியச் சிறுவர்கள். உங்களுக்குச் சாக்கடல் *(Dead Sea)* தெரியுமா? இஸ்ரேல், ஜோர்டான், வெஸ்ட் பாங்க் (பாலஸ்தீனம்) ஆகிய நாடுகளுக்கிடையே இருக்கும் மிகச்சிறிய கடல். பெரிய உப்புநீர் ஏரியென்றும் சொல்லலாம். வெறும் 50 கிலோமீட்டர் நீளமும், 15 கிலோமீட்டர் அகலமும் கொண்டது. ஆனால், வேறு எந்தக் கடலுக்கும் இல்லாத பெருமை இதற்கு உண்டு. இந்தக் கடலில் உயிரினங்கள் பெரும்பாலும் உயிர்வாழ முடியாது. அதனாலேயே 'சாக்கடல்' என்று பெயர். உப்பின் செறிவு அதிகம். கிட்டத்தட்ட ஏனைய சமுத்திரங்களில் காணப்படும் உப்பைவிடப் பத்து மடங்கு அதிகமான உப்பைக் கொண்டது. அந்தக் கடலில் குதித்தால், நீங்கள் அமிழ்ந்து போவதற்குப் பதிலாக மிதப்பீர்கள். கடற்கரையோரமெங்கும் உப்புக் குவியல்கள் கொட்டிக்கிடக்கும். அப்படியான உப்புக்

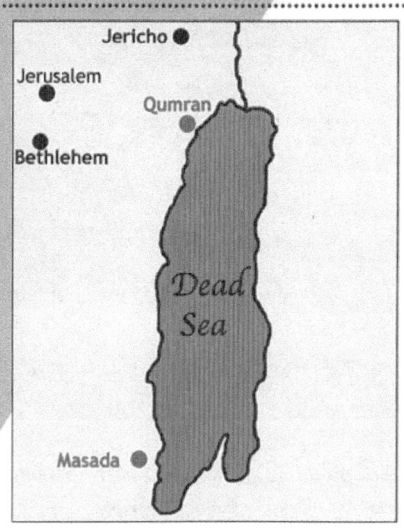

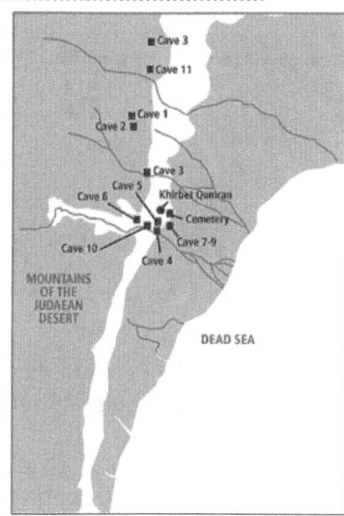

கரையைக்கொண்ட பாலஸ்தீனிய ஊர்தான், 'கும்ரான்' (*Qumran*). ஒருபுறம் கடற்கரை, மறுபுறம் உயரமற்ற மலைத்தொடர், சற்றே பேரீட்சை மரங்கள்கொண்ட பசுமைவெளியெனக் காணப்படுகிறது. எவரும் வசிக்காத, வசிக்க முடியாத ஊர். அங்குள்ள வெளிகளில், தங்கள் ஆடுகளை மேய்ப்பதற்கெனக் கொண்டு வந்திருந்தார்கள் அந்தச் சிறுவர்கள். இது நடந்ததோ 1947ஆம் ஆண்டுகளில். முஹம்மட் ஆ-டீப், ஜூம்-ஆ முஹம்மட் மற்றும் காலீல் மூஸா என்பதுவே அம்மூன்று சிறுவர்களின் பெயர்கள். 'பெயர்களைத் தெரிந்துகொள்ளும் அளவுக்கு முக்கியமானவர்களா?' என்று கேட்டால், 'ஆம்! 20ஆம் நூற்றாண்டின் மிக முக்கியத்துவம் வாய்ந்த புராதனப் பொருட்களைக் கண்டுபிடித்தவர்கள் அவர்கள்'. அப்படி எதைக் கண்டுபிடித்தார்கள் என்பதைத்தான் பார்க்கப் போகிறோம்.

மலைகள் சூழ்ந்த பொட்டல்வெளியில் ஆடுகளை மேயவிட்டு, மூவரும் பேரீச்சை மரங்களடியில் இளைப்பாறினார்கள். அதில் ஒருவனுக்கு இளைப்பாறுதல் சலித்துவிட, மலைச் சரிவை நோக்கி நடக்கலானான். மலையின் அடிவாரத்தில் தற்செயலாக, ஒரு சிறிய குகைபோன்ற அமைப்பு இருப்பதைக் கண்டான்.

என்ன ஒளிந்திருக்கிறது அங்கே?

'அட! என்ன இது புதிதாயிருக்கிறதே! இதற்குமுன்னர் இதை நான் கவனிக்கவில்லையே!' என்று நினைத்துக்கொண்டான். அருகே செல்லவும் அச்சமாக இருந்தது. கற்களையெடுத்துக் குகையின் உள்புறம் நோக்கி வீசலானான். அப்போதுதான் அந்த ஒலியைக் கேட்டான். கல்லெறிபட்டுக் 'கலீர்' என்ற சத்தத்துடன் சாடியொன்று உடைந்து விழுவதைக் கேட்டான். 'ஆஹா! யாரோ புதையல்களை ஜாடிக்குள் வைத்து குகைக்குள் ஒளித்திருக்கிறார்கள்' என்று முடிவுசெய்தான். மூவரும் தங்கள் கிராமம் நோக்கி ஓடினார்கள். விஷயமறிந்த பெற்றோர்கள், பெரும்புதையல் கிடைக்கப் போகிறதென்ற எதிர்பார்ப்புடன் குகைக்குள் சென்றார்கள். அங்கு பல ஜாடிகள் காணப்பட்டன. ஒருசில ஜாடிகளில் பழைய நாணயங்களும், பொருட்களும் இருந்ததைத்தவிர பெரிதாக எதுவும் அங்கிருக்கவில்லை. ஆனால், மூன்று ஜாடிகளில் மட்டும், எதுவோ எழுதப்பட்ட தோல் சுருள்கள் காணப்பட்டன. வெறுத்தே போனார்கள். 'இதுக்குத்தானா ஆசைப்பட்டாய் பாலகுமாரா?' என்று ஒருவரையொருவர் பார்த்துக் கொண்டார்கள். அதன்பின்னர் அங்கிருக்கவே பிடிக்காமல், எடுத்த பொருட்களுடன் வீடு வந்தார்கள். மொத்தமாக மூன்று சுருள்கள் இருந்தன. அவற்றில் என்ன எழுதியிருக்கிறது என்பது புரியவில்லை. 1954இல் இஸ்ரேலில் வசிக்கும் மத ஆராய்ச்சியாளர் ஒருவரிடம் 100

எஸ்ஸீன்கள் வரலாற்றில் ஏன் விலக்கப்பட்டார்கள்?

டாலர்களுக்கு விற்றார்கள். அதுவே பெரும்பணமாக நினைத்துக் கொண்டார்கள். ஆனால், பின்னாட்களில் அவை ஆயிரம் மடங்குக்கு விற்கப்படப் போகின்றன என்பதை அவர்கள் அறிந்திருக்கவில்லை.

1956ஆம் ஆண்டு, அந்தச் சுருள்கள் அமெரிக்காவுக்குக் கொண்டு செல்லப்பட்டு, 125,000 டாலர்களுக்கு விற்கப்பட்டது. அந்த அளவு விலைகொடுத்து வாங்கப்பட்டதற்கு ஒரு காரணமும் இருந்தது. அந்தச் சுருள்களில் காணப்பட்டவை என்ன தெரியுமா? கி.மு.125ஆம் ஆண்டளவில் எழுதப்பட்ட பைபிளின் பழைய ஏற்பாட்டின் ஒரு பகுதி. யூதமதம், கிருஸ்தவ மதங்களின் அடிப்படையான, 'ஏசயா' (Isaiah) என்னும் புத்தகம் முழுமையாக அவற்றில் எழுதப்பட்டிருந்தது. கி.மு.800களில் வாழ்ந்தவர் ஏசயா தீர்க்கதரிசி. பழைய ஏற்பாட்டை உறுதிசெய்யும் முக்கியமான ஆதாரம். விலைமதிப்பேயில்லாத பொக்கிஷம். பைபிளின் பழைய பிரதியொன்று, கும்ரான் குகையினில் கண்டெடுக்கப்பட்டு, அதிக அளவில் விற்கப்பட்ட செய்தி, உலகம் முழுவதும் பரவியது. வெவ்வேறு காலகட்டங்களில் எழுதப்பட்ட 66 புத்தகங்களைக் கொண்டது பைபிள். அதிலுள்ள ஒரு புத்தகம்தான் ஏசயா. ஒரு புத்தகம் கிடைத்ததால், ஏனைய புத்தகங்களும் அங்கு கிடைக்குமென்று புதைபொருள் ஆராய்ச்சியாளர்கள் நம்பினார்கள். அவற்றைக்

என்ன ஒளிந்திருக்கிறது அங்கே?

 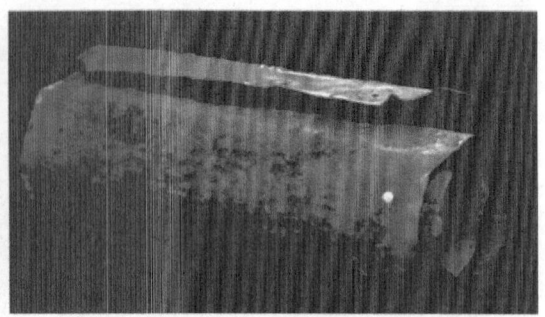

கண்டுபிடிப்பதற்காகக் கும்ரான் நோக்கிப் படையெடுத்தார்கள். கும்ரான் மலைகள் அவர்களை ஏமாற்றிவிடவில்லை. நம்பமுடியாத புதையல்கள் அவர்களுக்காகக் காத்திருந்தன. கூடவே மர்மங்களும்.

கும்ரானில் மலைப்பகுதிகள் சிக்கலான அமைப்பைக் கொண்டிருந்தன. மலைத்தொடரின் மேற்பகுதி திடமான கற்களாலும், மலையடிவாரப் பகுதி உதிர்ந்துபோகக்கூடிய கெட்டிப்பட்ட மண்ணாகவும் காணப்பட்டன. 'ஏசயா' சுருள்கள், மலையடிவாரத்தில் செயற்கையாகத் தோண்டப்பட்ட குகை ஒன்றினுள்ளிருந்தே கண்டெடுக்கப்பட்டிருந்தது. அங்கு ஒவ்வொரு அங்குலமாகத் தேடியதில், அதிர்ஸ்டக் கதவுகள் திறக்க ஆரம்பித்தன. மேலும் ஐந்து செயற்கையாகத் தோண்டப்பட்ட குகைகளை, அடுத்தடுத்துக் கண்டுபிடித்தார்கள். மொத்தமாக ஆறு செயற்கைக் குகைகள். அத்துடன் முடிந்துவிடவில்லை. மலை உச்சிகளில் இயற்கைக் குகைகள் இருப்பதையும் கண்டுகொண்டார்கள். அங்கும் ஐந்து குகைகள் கண்டுபிடிக்கப்பட்டன. மொத்தமாகப் பதினொரு குகைகள். எல்லா குகைகளிலும் சாடிகளை நிரப்பியபடி, தோலால் செய்யப்பட்ட சுருள்கள் காணப்பட்டன. மிருகங்களின் தோலைப் பதப்படுத்தி, ஒருவகைக் கரிகொண்டு எழுதப்பட்ட தோல் சுருள்கள் அவை. மொத்தமாக 927 சுருள்கள் இருந்தன. எல்லாமே 2000 ஆண்டுகள் பழமையானவை. நம்பவே முடியாத கண்டுபிடிப்பு. அவை, 'சாக்கடல் சுருள்கள்' (Dead Sea Scrolls) என்றும், 'கும்ரான் சுருள்கள்' (Qumran Scrolls)

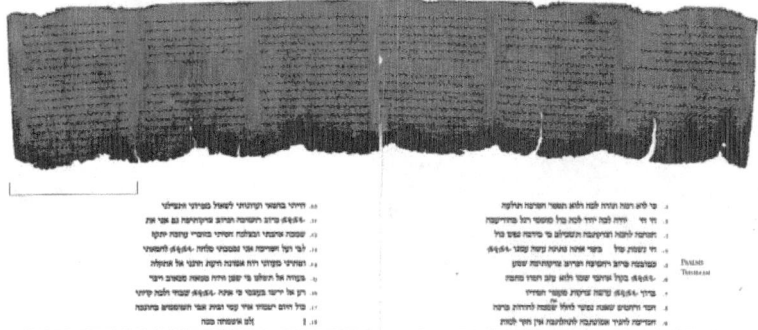

என்றும் அழைக்கப்படுகின்றன. 'எஸ்தர்' *(Esther)* என்னும் பழைய ஏற்பாட்டின் புத்தகம் ஒன்றைத்தவிர, ஏனைய பகுதிகள் அனைத்தும் எழுத்துப் பிரதிகளாக அங்கு காணப்பட்டன. விரல் அளவிலிருந்து, 7 மீட்டர்வரை நீளம் கொண்டவையாக இருந்தன. 'பழைய ஏற்பாட்டை அத்தாட்சிப்படுத்தும் ஆதாரங்களாக இவை கிடைத்தனவே!' என்று மகிழ்ச்சியடைந்தார்கள். ஒவ்வொன்றையும் நிதானமாக ஆராய்ந்தார்கள். அவற்றில் புதையலும் இருந்தன, பூதங்களும் கிளம்பின.

கண்டெடுக்கப்பட்ட சுருள்கள் அரமேய, ஹீப்ரு, கிரேக்க, லத்தீன் மொழிகளில் எழுதப்பட்டிருக்கின்றன. எழுபது ஆண்டுகள் இடைவெளிகளில் எழுதப்பட்டன. அந்தச் சுருள்களை மூன்று வகைகளாகப் பிரிக்கக்கூடியதாக இருந்தன. முதல் வகை, முழுமையான பழைய ஏற்பாட்டு பைபிள் பிரதிகள். இரண்டாவதுவகை, அந்தப் பிரதேசத்தின் அரசுகள், வாழ்க்கைமுறை என்பவற்றைக் கொண்டிருந்தன. மூன்றாவது வகையே சிக்கலையும், மர்மத்தையும் வெளிப்படுத்தும் பூதமாக இருந்தது. பைபிள் பிரதிகளாக மட்டும் இருந்திருந்தால், இந்தக் கட்டுரை எழுத வேண்டிய அவசியமே இருந்திருக்காது. இன்று, கும்ரான் சுருள்கள் உலகின் மிகப்பெரிய விவாதப் பொருளாக மாறியிருக்கின்றன. பழைய ஏற்பாட்டின் புத்தகங்கள் கும்ரான் சுருளில் பிரதிகளாகக் காணப்பட்டாலும், பைபிளில் இல்லாத சில சம்பவங்களும் அந்தப் புத்தகங்களில் காணப்பட்டதைப் பலரால் ஏற்றுக்கொள்ள முடியவில்லை. உதாரணமாக, நோவாவுக்கும் அவர் தன் தந்தையான லாமெக்கிற்கும் இடையே

என்ன ஒளிந்திருக்கிறது அங்கே?

நடைபெற்ற மிகநீண்ட உரையாடல் தற்போது புழக்கத்திலிருக்கும் பைபிளில் காணப்படவில்லை. இதுபோல பல சம்பவங்கள் நீக்கப்பட்டோ, எழுதப்படாமலோ, தவிர்க்கப்பட்டோ இருக்கின்றன. இவற்றில் எது சரியானது என்னும் கேள்வி எழுவதால், கத்தோலிக்கக் கிருஸ்துவர்கள் இதை ஏற்றுக்கொள்ள மறுக்கிறார்கள். கத்தோலிக்கத் தலைமைப் பீடங்கள் இந்தக் கும்ரான் சுருள்களை மறுக்க ஆரம்பித்தன. இப்படியான முரண்பாடுகள் பைபிளில் இருப்பதாகக் கூறப்படுவதை அவர்கள் விரும்பவில்லை. இந்தச் சமயங்களில் கும்ரான் சுருள்களை எழுதியவர்கள் யார் என்னும் கேள்வி முக்கியமானது. அந்தக் கேள்விக்கான பதிலும் கண்டெடுக்கப்பட்ட சுருள்களின் மூன்றாம் பகுதியில் இருந்தது.

ஜெருசலேம் நகரின் தெருக்களில் இயேசு கிருஸ்துநாதர் எந்தக் காலகட்டத்தில் நடந்து பிரசங்கங்கள் செய்து கொண்டிருந்தாரோ, அதேகாலப் பகுதிகளில்தான் இந்த கும்ரான் சுருள்களும் எழுதப்பட்டுக் கொண்டிருந்தன. அதாவது, பழைய ஏற்பாட்டுக்கும், புதிய ஏற்பாட்டுக்கும் இடையிலான காலப்பகுதி. 'எஸ்ஸீன்ஸ்' (Essenes) என்று சொல்லப்பட்ட மதவழிபாட்டுக் குழுவொன்று அந்தக் காலகட்டங்களில் இயங்கி வந்திருக்கிறது. பெண்கள் இல்லாமல், ஆண்களை மட்டுமே கொண்ட குழு. பணம், பொருள், தங்குமிடம் எதையும் சேர்த்து வைக்காமல், கடவுளை வழிபடுதல் ஒன்றே கடமையாக இருந்திருக்கிறார்கள். அனைத்தும் துறந்த சன்னியாசிகளாகவும் இருந்தார்கள். 'ஒளியின் குழந்தைகள்' (Sons of Light) என்று தங்களை அழைத்துக் கொண்டார்கள். அந்த எஸ்ஸீன்களே, கும்ரான் சுருள்கள் அனைத்தையும் எழுதியிருக்கிறார்கள். பல

எஸ்ஸீன்கள் வரலாற்றில் ஏன் விலக்கப்பட்டார்கள்?

தசாப்தங்களாகத் தொடர்ந்து எழுதி வந்ததால், வெவ்வேறு மொழிகளின் ஆளுமை அங்கே காணப்பட்டிருக்கிறது. கும்ரான் மலைப்பகுதிகளில் தங்கியிருந்து மதச் சடங்குகள் செய்ததற்கான ஆதாரங்கள் கிடைத்திருக்கின்றன. மிகவும் தீவிரமான மத நம்பிக்கையாளர்களாக எஸ்ஸீன்கள் இருந்திருக்கிறார்கள். அந்தச் சமயத்தில், இஸ்ரேலை நோக்கி ரோமர்கள் போர்தொடுத்தார்கள். மிகவும் பயங்கரமான அழிவைக் கொடுத்த போர். அகப்பட்டவர்களை ஈவிரக்கமின்றிக் கொன்றும், கையில் கிடைத்தவற்றை அபகரித்தும் ரோமர்கள் அட்டகாசம் செய்தார்கள். அவர்களிடமிருந்து காப்பாற்றுவதற்காகக் கும்ரான் மலைக் குகைகளினுள் சுருள்கள் ஒளித்து வைக்கப்பட்டன. ஒளித்து வைத்தவர்களில் சிலர், தங்களைப் பிடித்துவிடக்கூடுமெனத் தற்கொலையும் செய்துகொண்டார்கள். அன்று அவர்களோடு மறைந்துபோன கும்ரான் சுருள்கள், மீண்டும் 2000 ஆண்டுகளுக்குப் பின்னரே ஆடுமேய்க்கும் சிறுவர்களால் வெளியே வந்தன. மூன்றாவது கும்ரான் குகையினுள் செம்பினால் செய்யப்பட்ட உலோகச் சுருள்கள் சில காணப்பட்டன. அவை அனைத்தும், இஸ்ரேல் நகரில் ஒளித்து வைக்கப்பட்ட தங்கப் புதையல்களின் வரைபடங்களாக இருந்தன. ஆனால், இன்றுவரை எந்தப் புதையலும் கண்டுபிடிக்கப்படவில்லை. தேடுவது தொடர்கிறது. 'அதுசரி, இதிலென்ன மர்மம் இருக்கிறது' என்றுதானே கேட்கிறீர்கள்?

இவ்வளவு வெளிப்படையாக இஸ்ரேலில் இயங்கிவந்த எஸ்ஸீன்ஸ்பற்றி பைபிளில் ஒருவார்த்தைகூட எழுதப்படவில்லை. எதற்காக அவர்கள் தவிர்க்கப்பட்டார்கள்? 'ஒளியின் குழந்தைகளில் முக்கியமான ஒருவர் சிலுவையில் அறையப்பட்டார்!' என்றும் கும்ரான் சுருள்களில் எஸ்ஸீன்கள் எழுதியிருக்கிறார்கள். இவர்கள் யாரைக் குறிப்பிடுகிறார்கள் என்று நாம் சந்தேகப்பட்டாலும், அதை யாராலும் உறுதிப்படுத்த முடியாது. அங்கு என்ன ஒளிந்திருக்கிறது என்பதும் தெரியாது.

அத்தியாயம் 12

நானா, நீயா யார் பெரியவன்?

"உலகின் முதல் பணக்காரன் யார்?" என்று உங்களிடம் கேட்டால், பில் கேட்ஸின் பெயரையோ, இன்னொருவரின் பெயரையோ தயக்கமில்லாமல் சொல்லிவிடுவீர்கள். இந்தப் போட்டி, கோடீஸ்வரர்களிடையே தொடர்ந்து நடந்துகொண்டுதான் இருக்கிறது. இதுபோன்ற போட்டிகள் நாடுகளுக்கிடையேயும் நடந்துவிடுகிறது. 'நானா, நீயா யார் பெரியவன்' என்று நாடுகளும் களத்தில் இறங்கிவிடுகின்றன. எல்லைப் போர்களையும், ஏகாதிபத்தியங்களையும் அதிகமாகவே கண்டவர்கள் நாம். முதல்வன் யாரென்ற போட்டியில் அமெரிக்காவும், ரஷ்யாவும் எப்போதும் அடித்துக் கொள்பவை. முதலாம், இரண்டாம் போர்க்காலச் சூழலில், இந்தப் போட்டி மிகவும் அதிகமாகவே காணப்பட்டது. இன்றுபோல் பல நாடுகளாகச் சிதறியிருக்காமல், 'சோவியத் ரஷ்யா' என்னும் ஓரே நாடாக ரஷ்யா இருந்த காலமது. அமெரிக்காவும், ரஷ்யாவும்

இரண்டு எதிரெதிர்க் கொள்கைகளைத் தமக்கானவையாக வகுத்துக் கொண்டன. முதலாளித்துவ நாடாக அமெரிக்காவும், கம்யூனிச நாடாக சோவியத் ரஷ்யாவும் உருவாகியது மட்டுமில்லாமல், ஏனைய நாடுகளையும் தங்கள் ஆதரவு நாடுகளாக்கி, இரண்டாகப் பிரித்தும் கொண்டனர். நிலப்படை, கடற்படை, வான்படை மூன்றிலும் தங்கள் பலத்தைப் பெருக்கினார்கள். மாறிமாறிப் பெருகிய பலத்தை நிரூபித்தும் காட்டினார்கள். இறுதியில், அவர்களது பலம் வெளிப்பட வேண்டிய இடமாக விண்வெளி (Space) மட்டுமே எஞ்சியது. அங்கும் போட்டியை ஆரம்பித்தார்கள். அப்போது ஆரம்பித்த உலகத்துக்குத் தெரியாமல் மறைக்கப்பட்ட மர்மங்களைத்தான் இந்தக் கட்டுரையில் நாம் பார்க்கப் போகிறோம். கூடவே அந்த இரு நாடுகளின் நாடகங்களையும்.

இப்போதெல்லாம், 'நான் கோயம்புத்தூர் போயிட்டு வாறேன்" என்று சொல்லிவிட்டுச் சென்ட்ரல் ரயிலேறிச் செல்வதுபோல, விண்வெளிக்கு ராக்கெட் அனுப்புவது சகஜமாகிவிட்டது. சீனா, இந்தியா, ஜப்பான், இஸ்ரேலெனப் பல நாடுகள் விண்வெளிக்கு ராக்கெட்டை அனுப்பியிருக்கின்றன. துபாய்கூட, 'நான்

செவ்வாய்க்குப் போறேன்' என்று பக்கத்து வீட்டுக்காரனுக்குக் கேட்கும் குரலில் சத்தமாய்ச் சொல்லியிருக்கிறது. ஆனால், 1975ஆம் ஆண்டுக்கு முன்னரெல்லாம் அப்படியில்லை. அமெரிக்கா அல்லது ரஷ்யா மட்டுமே ராக்கெட்டுகளை அனுப்பியிருக்கின்றன. விண்வெளியை விதவிதமாகத் தொடுவதில் இருவருமே முன்னின்ற காலமது. 1957ஆம் ஆண்டு, பூமியைச் சுற்றிவருவர, 'ஸ்புட்னிக்1' *(Sputnik1)* விண்கலத்தை முதன்முதலாக ரஷ்யா அனுப்பியது. அந்த அவமானத்தைத் தாங்கமுடியாமல், அதைவிடச் சிறந்த 'எக்ஸ்புளோரர்1' *(Explorer1)* விண்கலத்தை 1958ஆம் ஆண்டு அனுப்பியது அமெரிக்கா. போட்டியில் இரண்டு நாடுகளும் சமனாகின. ஆனால், எதையும் முதலில் செய்யும் நாடாக சோவியத் ரஷ்யாவே இருந்தது. அடுத்தடுத்து ரஷ்யா செய்த சாதனைகளை அமெரிக்காவால் ரசிக்கவே முடியவில்லை. விண்வெளிக்குச் செல்லும் முதல் உயிரினமாக, 'லைக்கா' *(Laika)* என்னும் நாயையும், முதல் மனிதனாக, 'யூரி ககாரின்' என்பவரையும் அனுப்பி வைத்தது. அத்துடன் நிறுத்திவிடாமல், அடுத்துச் செய்ததுதான் சாதனைகளின் உச்சம். 1966ஆம் ஆண்டு, 'லூனா9' *(Luna9)* என்னும் ஆளில்லா ராக்கெட்டைச் சந்திரனில் இறங்க வைத்தது. அமெரிக்காவும் பல விண்வெளிச் சாதனைகளைச் செய்திருந்தாலும், தொடர்ச்சியான முன்சாதனைகளை ரஷ்யாவே செய்தது. அதைச் சகிக்க முடியவில்லை. உலகமே வியக்கும்படி சிறப்பான சாதனையொன்றைச் செய்யவேண்டுமென்று முடிவுசெய்து, சந்திரனுக்கு மனிதனை அனுப்பிவைக்கலாமெனத் திட்டமிட்டது. அதைப் பின்னர் நிறைவேற்றவும் செய்தது.

நானா, நீயா யார் பெரியவன்?

1969ஆம் ஆண்டு, நீல் ஆம்ஸ்ட்ரோங் முதல் மனிதனாக சந்திரத் தரையில் காலடி வைத்தார். அத்துடன் எல்லாமே முடிந்துபோனது. அந்தச் சாதனை மூலம், ரஷ்யாவின் முகத்தில் கரியைப் பூசிவிட்டு, முன்னணியில் நிற்பவன் நானேயென்று நிரூபித்தது. எது எப்படியிருந்தாலும், ரஷ்யாவும், அமெரிக்காவும் செய்த சாதனைகளை யாரும் மறுக்கமுடியாது. மனித குலத்தின் அறிவியல் வளர்ச்சிக்கு முன்மாதிரியாக நின்றார்கள். அவர்கள் விண்வெளியில் நிகழ்த்திய சாதனைகள் அனைத்தும் வியக்கவைக்கும் செயல்களே! நிச்சயம் இவர்களைப் பாராட்டியே ஆகவேண்டும். என்றுதான் நீங்கள் நினைப்பீர்கள். ஆனால், அமெரிக்காவும், ரஷ்யாவும் விண்வெளிச் சாதனைகள் செய்தன என்பது மிகப்பெரிய பொய். ஒரு உலகப் போர்மூலம், உலக மக்களை ஏமாற்றிய சுயநலம். யாருக்கும் தெரியாமல், பல மர்மச் செயல்களை நடத்திய தந்திரம். அப்போது என்ன நடந்தது, அங்கு என்ன ஒளிந்திருந்தன என்பதை நீங்கள் அறிந்தால், வியப்பின் உச்சிக்கே போவீர்கள்.

'என்ன இது, அமெரிக்காவையும், ரஷ்யாவையும் இவர் இப்படியெல்லாம் குற்றம் சுமத்துகிறாரே!' என்று ஆச்சரியப்படுகிறீர்களல்லவா? ஒன்றை மட்டும் புரிந்து கொள்ளுங்கள். வல்லாதிக்க நாடுகள், தங்களுக்கு ஆதாயமில்லாமல், எந்த நாட்டுக்குள்ளும் பெரும்பாலும் மூக்கை நுழைப்பதில்லை. உதவி செய்கிறேனென்று அவர்கள் வந்திருந்தால், அவர்களின் நன்மைக்கான திட்டமொன்றைத் தீட்டிவிட்டார்களென்று அர்த்தம். உலக நாடுகள் அனைத்தும்,

சிதறிச் சின்னாபின்னமாகிய இரண்டாம் உலகப் போரிலும் கிட்டத்தட்ட அதுவே நடந்தது. மாபெரும் கொடுங்கோலனான ஹிட்லரின் அட்டகாசங்களை அடக்குவதற்காகவே அமெரிக்காவும், ரஷ்யாவும் உதவிக்கு வந்ததாகச் சொல்லப்பட்டது. அதை யாரும் மறுக்க முடியாதுதான். ஆனால், அவர்களின் வரவுக்கு இன்னுமொரு உட்காரணமும் இருந்தது. அந்தக் காரணம் எதுவெனத் தெரிந்தால் ஆச்சரியப்பட்டுப் போவீர்கள். ஹிட்லரால் ஐரோப்பிய நாடுகள் அனைத்தும் சிதைந்தன. அந்தக் கொடூரனுடன் நம்பமுடியாத பெரும்துணையும் கூடவே இருந்தது. வெற்றிகொள்ள முடியாத சர்வாதிகாரியாக அவனை நினைக்க வைத்ததும் அதுவே. அதனால், வெறிகொண்டவன் போலவே நடந்தும் கொண்டான். ஹிட்லரின் கூடவேயிருந்த அந்தத் துணை எது தெரியுமா? விஞ்ஞானம். ஜெர்மனியிலும், ஆஸ்ட்ரியாவிலும் நம்பமுடியாத அளவுக்கு விஞ்ஞானிகள் குவிந்திருந்தார்கள். குறிப்பாக, ராக்கெட் கட்டுமான விஞ்ஞானத்தில் வியக்கவைக்கும் வல்லுனர்கள் நிறைந்து போயிருந்தனர். வரலாற்றையே தலைகீழாக மாற்றியிருக்கக்கூடியவர்களாக அவர்கள் இருந்தார்கள். வரலாற்றின் மிகப்பெரிய அத்தியாயம் அது. முழுமையாக மறைக்கப்பட்ட அத்தியாயம்.

உலகின் முதல் ராக்கெட்டை சீனர்கள்தான் கண்டுபிடித்தார்கள். வெடிமருந்தாகப் பயன்படுத்தும் கருந்தூளில் தயாரிக்கப்பட்ட ராக்கெட்டுகளைக்கொண்டு, 700 ஆண்டுகளுக்கு முன்னரே எதிரிகளைத் தாக்கியிருக்கிறார்கள். அதன் பின்னர், 'ராபர்ட் கோடார்ட்' *(Robert Goddard)* என்னும் அமெரிக்கர் நவீன ராக்கெட்டைக் கண்டுபிடித்தார். ஆனால், பின்னாட்களில் ராக்கெட் தொழில்நுட்பத்தில் சிறந்து விளங்கியவர்கள் ஜெர்மனியர்கள்தான். அதுவும் நாஸிக்கள். இவை எவையும் உலகத்துக்குத் தெரியாமல் திட்டமிட்டு மறைக்கப்பட்டன. பாடசாலைகளிலோ, பொதுவெளியிலோ சொல்லிக் கொடுக்கப்படாமல் தவிர்க்கப்பட்டன. 'விண்வெளிக்கு முதல் ராக்கெட்டை அனுப்பியது யார்?' என கூகிளில் தேடினீர்களென்றால், 'ஸ்புட்னிக்' என்று பதில் வரும். ரஷ்யா

நானா, நீயா யார் பெரியவன்?

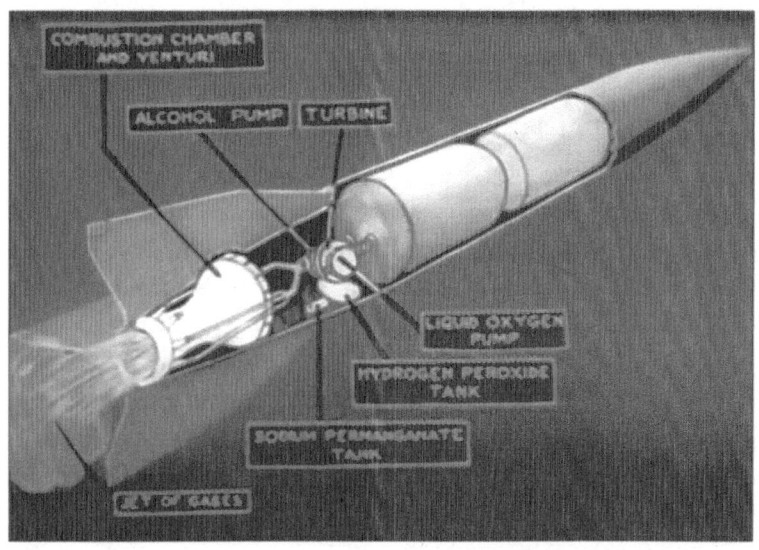

ஸ்புட்னிக்கை அக்டோபர் 1957ஆம் ஆண்டுதான் அனுப்பியது. அதற்கு 13 ஆண்டுகளுக்கு முன்னரே, விண்வெளிக்கு ராக்கெட்டை அனுப்பியிருக்கிறது ஜெர்மனி. 1944ஆம் ஆண்டு ஜூன் மாதம், ஜெர்மனியால் அனுப்பப்பட்ட 'V2 ராக்கெட்', 176 கிலோமீட்டர் உயரம் சென்று சாதனை படைத்தது. அதுவே விண்வெளிக்கு அனுப்பப்பட்ட முதல் ராக்கெட்டாகும். ஆனால், V2 ராக்கெட் பூமியைச் சுற்றும் அடிப்படை வேகத்தைத் (Orbital speed) தொடவில்லை என்னும் காரணத்தைச் சொல்லி, ஸ்புட்னிக்தான் முதலில் சென்றதென்று பதிவிடுகிறார்கள். 'ஒருவேளை இவர்கள் சொல்வது சரியாக இருக்குமோ?' என்று உங்களுக்குத் தோன்றலாம். ஆனால், அந்த ஸ்புட்னிக்கை அனுப்புவதற்கு உதவியவர்கள் ஜெர்மன் விஞ்ஞானிகள்தான் என்று நமக்குத் தெரிந்திருக்கச் சாத்தியமில்லை. 'அடப் போங்க, ஸ்புட்னிக் என்ன ஸ்புட்னிக், சந்திரனுக்கு அனுப்பி வைக்கப்பட்ட அப்போலோ ராக்கெட்டைக்கூட ஜெர்மன் விஞ்ஞானிகள்தான் வடிவமைத்தார்கள்' என்பது உங்களில் எத்தனை பேருக்குத் தெரியும்? அதுமட்டுமில்லை, அமெரிக்க, ரஷ்யா, இரண்டும் செய்துமுடித்த விண்வெளிச் சாதனைகளுக்கு,

ஜெர்மன் ராக்கெட் விஞ்ஞானிகளே மூலகாரணம். இது எப்படி சாத்தியம்? இரண்டு எதிரெதிர் நாடுகள், எப்படி ஒரே நாட்டு விஞ்ஞானிகளைப் பயன்படுத்தியிருக்க முடியும்? ஜெர்மனியின் ஏவுகணைத் தாக்குதலால் இங்கிலாந்தே சிதைந்து போயிருந்தது. அதற்குப் பெரிதும் உதவிய ராக்கெட் விஞ்ஞானிகள், எந்தவிதத் தண்டனையுமில்லாமல் அமெரிக்காவுக்கும், ரஷ்யாவுக்கும் எப்படிச் சென்றார்கள்? தேடித்தேடிக் கொல்லப்பட வேண்டியவர்களல்லவா அவர்கள்? அந்த அதிகாரிகளெல்லாம் எப்படி உயிர் தப்பினார்கள்? யார் தப்ப வைத்தார்கள்? நடந்தவை எல்லாமே நாடகங்கள். அமெரிக்காவும், ரஷ்யாவும் உலகறியாமல் நடத்திய மர்மச்செயல். அந்த நாடகங்களை நீங்களும் அறியவேண்டுமல்லவா? தொடர்ந்து படியுங்கள்.

இரண்டாம் உலகப்போர் முடிந்ததும், ஹிட்லரின் நாஸிப் படையில் இருந்த ஒவ்வொரு உயரதிகாரியையும் கைதுசெய்து மரண தண்டனையளித்தார்கள். மரண தண்டணை கட்டாயம் வழங்கப்பட வேண்டுமென்று அமெரிக்காவும், ரஷ்யாவும் ஒற்றைக்காலில் நின்றார்கள். கொடூரமான நாஸிகள் கொல்லப்படுவதை உலக மக்களும் விரும்பினார்கள். அதில் யாருக்கும் மாற்றுக் கருத்து இருக்கவில்லை. அதிகம் ஏன், பெரும்பாலான ஜெர்மனிய மக்களே அதை விரும்பினார்கள். 'நியூர்ன்பேர்க்' (Nürnberg) நீதிமன்றத்தில் வழக்குகள் நடைபெற்று நாஸிக்களுக்கு தண்டனைகளும் நிறைவேறின. ஆனால் யாருக்கும் தெரியாமல், 1600 ஜெர்மனிய நாஸி விஞ்ஞானிகளை அமெரிக்காவும், 2000 நாஸி விஞ்ஞானிகளைச் சோவியத் ரஷ்யாவும், தங்கள் நாடுகளுக்கு இரகசியமாகக் கடத்திச் சென்றனர். கடத்திச் சென்றது தண்டனை வழங்க அல்ல. தங்களுக்கான முக்கிய திட்டங்களை நிறைவேற்ற. அங்கு அவர்களுக்கு அளிக்கப்பட்டதெல்லாம் சொகுசான வாழ்க்கைதான். புகழ்பெற்ற விஞ்ஞானிகளென்னும் அந்தஸ்துடன், அந்நாட்டுப் பிரஜைகள் என்னும் அந்தஸ்தும் கிடைத்தது.

உலகின் முதல்தர நாஸி விஞ்ஞானியும், ஹிட்லருக்கு வான்வெளி

நானா, நீயா யார் பெரியவன்?

ஆயுதங்களைத் தயார்செய்யப் பாடுபட்டவருமான, 'வேர்ணர் ஃபொன் பிரவுன்' *(Wernher von Braun)* என்பவரே, பிரபலமான 'சட்டர்ன்5' *(Saturn5)* ராக்கெட்டைத் தயாரித்தவர். அவரே அப்போலோவைச் சந்திரனுக்கு அனுப்பவும் உதவியவர். இவையெல்லாம் பின்னர் மெல்ல மெல்லக் கசியத் தொடங்கின. அதுவரை ரஷ்யாவும், அமெரிக்காவும் பெருங்கதையாடல் ஒன்றையே நிகழ்த்தியிருந்தார்கள். அவற்றையெல்லாம் முழுமையாக அடுத்த பகுதியில் பார்க்கலாம். கூடவே ஹிட்லரிடம் இருந்த பறக்கும் தட்டைப் பற்றியும் தெரிந்து கொள்ளலாம்.

'என்ன பறக்கும் தட்டா...!?'

அத்தியாயம் 13

விண்வெளி ராக்கெட்டா, பழிவாங்கும் ஆயுதமா?

முடிந்துபோன வரலாறுகளில், நமக்குத் தெரியாமல் மறைக்கப்பட்டவை அதிகம்தான். ஒளிக்கப்பட்ட சம்பவங்கள் வழியாகவே வரலாறுகள் எழுதப்படுகின்றன. அதுபோல ஒளித்து வைக்கப்பட்டிருந்த மர்மத் திட்டமொன்று 1980களில் வெளியே கசிந்தது. ஆனால், இன்றுவரை அதிகம் வெளிவராமல் பாதுகாத்து வைக்கப்பட்டிருக்கிறது. அதை வாசகர்கள் தெரிந்துகொள்ளப் போகிறீர்கள். மறைக்கப்பட்ட அத்திட்டத்தின் பெயர், 'ஆபரேசன் பேப்பர்கிளிப்' *(Operation Paperclip)*. ஒரு நாட்டின் சுயநலத்துக்காகப் பயங்கரவாதம்கூடப் பூக்களின் மெத்தையாக மாற்றப்படும். ஆபரேசன் பேப்பர்கிளிப்பின் மர்மத்தை நீங்கள் புரிந்துகொள்ள வேண்டுமென்றால், நாம் இரண்டாம் உலகப்போருக்குள்ளும், ஹிட்லரின் ஜெர்மனிக்குள்ளும் நுழையவேண்டும்.

இதன் முதல் பகுதியைப் படித்தவர்களுக்கு, அமெரிக்காவையும்,

விண்வெளி ராக்கெட்டா, பழிவாங்கும் ஆயுதமா?

ரஷ்யாவையும் நான் கடுமையாகத் தாக்கியதுபோலத் தோன்றியிருக்கலாம். 'இவர் ஜெர்மனியில் வாழ்வதால், ஜெர்மன் விஞ்ஞானிகளை உயர்வாகப் பேசுகிறாரோ?' என்றும் நினைத்திருக்கலாம். ஆனால், அப்படி எதுவுமில்லை. 'தண்டனை பெறவேண்டிய நாஸி விஞ்ஞானிகள், தண்டனையின்றித் தப்பியது எப்படி?' என்பதே கேள்வி. ஹிட்லரை எவரும், எந்த விதத்திலும் நியாயப்படுத்தவோ, ஆதரிக்கவோ முடியாது. பிரபல அமெரிக்க எழுத்தாளரும், புலனாய்வுப் பத்திரிக்கையாளருமான, 'ஆன்னி ஜாக்கோப்சன்' (Annie Jacobsen) என்பவர் எழுதிய, 'ஆபரேசன் பேப்பர்கிளிப்' (Operation Paperclip) நூல்தான், இந்தக் கட்டுரையின் அடித்தளம். சிறிய உதாரணமொன்றுடன் கட்டுரைக்குள் இறங்கலாம். 1965ஆம் ஆண்டு அக்டோபர், கென்னெடி விண்வெளி மையத்தின் (Kennedy Space Centre) தலைவராக, 'குர்ட் டெபுஸ்' (Kurt Debus) என்பவர் தேர்ந்தெடுக்கப்பட்டார். நாஸாவின் டைரக்டரான மிக உயர்ந்த பதவியது. இதைவிட, ஒரு விஞ்ஞானியைக் கௌரவப்படுத்த முடியாது. 'இதில் என்ன ஆச்சரியம் இருக்கிறது?' என்று நீங்கள் கேட்டால், 'இதில்தான் ஆச்சரியமே இருக்கிறது' என்று நான் பதில் சொல்வேன். இந்த குர்ட் டெபுஸ் யார் தெரியுமா? நாஸி ஜெர்மனியில், V2 ராக்கெட்டைத் தயாரிப்பதில் ஈடுபட்ட நாஸி விஞ்ஞானிகளில் ஒருவர். போர்க் குற்றவாளியாகத் தண்டனை பெற்றிருக்க வேண்டியவர், அமெரிக்காவின் அதி உயர் பதவிபெற்றது எப்படி? அது மட்டுமில்லை. அமெரிக்க அதிபர் ஜான் எஃப் கென்னடிக்கும், உபஅதிபர் லிண்டன் ஜோன்சனுக்கும்

மத்தியில் இவர் அமர்ந்திருக்கும் புகைப்படம் உலகப் பிரசித்தம். அமெரிக்க அதிபர்கள் மத்தியில் நாஸியொருவர் அமர்ந்திருப்பது ஆச்சரியமாக இல்லையா? இது எப்படி சாத்தியமாயிற்று? 'அங்கு என்ன ஒளிந்திருக்கின்றன?' என்னும் உண்மைகளைத் தேடலாம்.

இரண்டாம் உலகப்போருக்கு முன்னரே, ராக்கெட் தயாரிப்புகளில் ஜெர்மனி இறங்கிவிட்டது. 1937ஆம் ஆண்டு, போருக்கான ஆயத்தங்களையும், விஞ்ஞான ஆராய்ச்சிகளையும் ஒன்றாகவே முடுக்கிவிட்டிருந்தான் ஹிட்லர். ஆயுதங்கள், மருத்துவம், விண்வெளி போன்ற பலவித ஆராய்ச்சிகளில் ஜெர்மன் ஈடுபட்டிருந்தது. நாடு முழுவதும் ஆராய்ச்சி நிலையங்கள் அமைக்கப்பட்டன. அவற்றில் மிக முக்கியமானது, 'பெனெமுண்டெ' (Peenemünde) ஆராய்ச்சி நிலையம். இது, பால்டிக் கடலில் ஜெர்மனிக்குச் சொந்தமான ஒரு தீவாகும். யாருமில்லாத் தீவில் மிகப்பெரிய ராக்கெட் ஆராய்ச்சி நிலையம் உருவாக்கப்பட்டது. 2000க்கும் அதிகமான விஞ்ஞானிகளுடன், பொறியாளர்களும், பணியாளர்களுமாக மொத்தம், 11,000 பேருக்குமேல், அந்தத் தீவில் குடியேற்றப்பட்டார்கள். ராக்கெட்டுகளைக் கண்டுபிடித்துப் பரிசோதிப்பதும், தயாரிப்பதுமே அவர்களின் பணி. அப்போதே, பல பில்லியன் மார்க்குகளை ஆராய்ச்சிக்கென ஹிட்லர் ஒதுக்கியிருந்தான். அந்த ஆராய்ச்சிகளுக்குத் தலைமை வகித்தவர்தான், அமெரிக்கா

விண்வெளிக்கு ராக்கெட் அனுப்புவதற்குப் பெரும் உதவியாக இருந்த 'வேர்ணர் ஃபொன் பிரவுன்' *(Wernher von Braun)*.

முதலில், A1, A2 என்னும் இரண்டுவகை *ராக்கெட்டு*களை பிரவுன் உருவாக்கினார். அவை மிகச்சிறியவை. பரிசோதனைகளில் இரண்டும் வெற்றிகளைக் கொடுத்தன. பின்னர், *20*அடி *நீளமான, A3* ராக்கெட் தயாரிக்கப்பட்டது. பரிசோதனையில் அதுவும் வெற்றிகண்டது. அடுத்த கட்டமாக, *A4* ராக்கெட் தயார் செய்யப்பட்டது. அது, *46*அடி நீளமும், *12,500* கிலோ எடையுமாக இருந்தது. அவ்வளவு பெரிய ராக்கெட்டை விண்ணுக்கு அனுப்ப முடியுமாவென்பது சந்தேகமே! *A4* ராக்கெட்டின் முதல் பரிசோதனை ஆரம்பமானது. நெருப்புப் பிழம்புடன் சீறியெழவிருந்த ராக்கெட், அங்கேயே விழுந்து வெடித்தது. பெருஞ்செலவுடன் தயாரிக்கப்பட்ட ராக்கெட், கண்முன்னே பற்றியெரிவதைக் கண்டு பிரவுன் கலங்கிப்போனார். ஆனாலும், முயற்சிகளைக் கைவிடவில்லை. இரண்டாவது ராக்கெட்டும் தயாரிக்கப்பட்டது. அதன் பரிசோதனையும் ஆரம்பமானது. மெல்ல உயர்ந்து பறக்க ஆரம்பித்தது. ஆனால், சிறிது உயரத்தில் பாதையை மாற்றிப் பூமியில் விழுந்தது. அதை பிரவுன் எதிர்பார்க்கவேயில்லை. அடுத்தடுத்த தொடர் சம்பவங்கள் ஹிட்லருக்கும் ஏமாற்றத்தைக் கொடுத்திருக்க வேண்டும். அச்சமயம், போலந்தைக் கைப்பற்றும் போருக்கு ஹிட்லர் தயாராகிக் கொண்டிருந்தான். போருக்கான

என்ன ஒளிந்திருக்கிறது அங்கே?

செலவுகளும் அதிகம். ராக்கெட் பரிசோதனைத் தோல்விகள் சிந்திக்க வைத்தன. 'தற்சமயம் ராக்கெட் பரிசோதனைகள் அவசியம்தானா?' என்று யோசித்தான். இறுதியில், ஹிட்லர் அந்த முடிவை எடுத்தான். எந்த முடிவை எடுத்திருக்கக்கூடாதோ, அந்த முடிவை எடுத்தான். ஹிட்லர் மட்டும் அந்த முடிவை எடுக்காமலிருந்தால், இன்று உலகமே அவனது காலடியில் கிடந்திருக்கும். ஹிட்லரின் வாயில் சனி புகுந்துகொண்டது. "போர் முடியும்வரை, ராக்கெட் பரிசோதனைகளை இடைநிறுத்தி வையுங்கள்" என்று கட்டளையிட்டான்.

ஒருவேளை, ஹிட்லர் தடைவிதிக்காமலிருந்தால், ராக்கெட் கண்டுபிடிப்பின் அடுத்த கட்டத்திற்கு ஜெர்மனி நுழைந்திருக்கும். பிரவுனும் நிகழ்த்திக் காட்டியிருப்பார். விண்வெளிக்கு மனிதனை அனுப்பிவைக்கும் திட்டம் அப்போதே அவரிடமிருந்தது. அதற்கான ஆராய்ச்சியை அடுத்துச் செய்யவும் இருந்தார். அதிக தூரம் செல்லும் ஏவுகணைகளையும் தயாரிக்க இருந்தார். முதல் மனிதனை விண்வெளிக்கு, ஜெர்மனியே அனுப்பவேண்டும் என்பதே அவர் கனவு. இரண்டாண்டுகள் ராக்கெட் ஆராய்ச்சிகள் நிறுத்தப்பட்டன. பிரவுனுக்கான மிகப்பெரிய தடைக்கல். இரண்டாண்டிற்குள் பல சாதனைகள் செய்யக்கூடியவர். எல்லாமே தலைகீழாகிப் போனது. ஒருவழியாக போலந்துப் போர் நிறைவேறியது. 1941ஆம் ஆண்டு, ராக்கெட் ஆராய்ச்சிகளுக்கு ஹிட்லரால் அனுமதி

கொடுக்கப்பட்டது. A4 ராக்கெட் அனைத்துத் தவறுகளும் திருத்தப்பட்டு மூன்றாம் கட்டப் பரிசோதனைக்காகக் காத்திருந்தது. இரண்டாண்டுகளில் பிரவுன் அனைத்தையும் மாற்றியிருந்தார். 1948ஆம் ஆண்டு, A4 ராக்கெட் வானில் பறக்கவிடப்பட்டது. இம்முறை பிரவுன் தோற்கவில்லை. மனித வரலாற்றின் முதல் அற்புதம் நிகழ்ந்தேறியது. ராக்கெட்டின் வேகம், ஒலியின் வேகத்தின் நான்கு மடங்காக இருந்தது. 190கிமீ உயரத்திற்கு விண்வெளிக்குள் நுழைந்தது. நாஸாவின் கணிப்பின்படி, 80கிமீ உயரத்தில் இருக்கும் கார்மான் கோட்டுடன் (Karman Line) விண்வெளி ஆரம்பமாகிறது. அதன்படி, விண்வெளிக்குள் நுழைந்த முதல் ராக்கெட்டை ஜெர்மனியே அனுப்பியது. உலகமே திகைத்துப் போனது. எந்நேரமும் ஜெர்மனியால் தாக்கப்படுவோமென்ற பயந்த நாடுகள், நடுங்க ஆரம்பித்தன. அப்போதுதான் இங்கிலாந்து அப்படியொரு காரியத்தைச் செய்தது. அதன் பின்னர் நடந்தவை எல்லாமே அழிவுகள்தான். உலகமகா அழிவு.

பெனெமுண்டெ தீவில் ராக்கெட் தயாரிக்கப்படுகின்றது என்பதை அப்போதுதான் இங்கிலாந்து புரிந்துகொண்டது. உளவு விமானங்கள் மூலம் அந்தச் செய்தி உண்மைதானென ஊர்ஜிதமாயிற்று. 17 ஆகஸ்ட் 1943 அன்று, இங்கிலாந்தின் விமானப்படை, பெனெமுண்டெ தீவைக் குண்டுகள் போட்டு அழித்தது. அதற்கு, 'ஆபரேசன் ஹைட்ரா' என்று பெயரும்

இடப்பட்டது. அந்தத் தாக்குதலில், இரண்டு மிகமுக்கியமான ஜெர்மன் விஞ்ஞானிகளுடன், 735 பேர் இறந்தார்கள். இரண்டு நவீன A4 ராக்கெட்டுகளும் அழிந்தன. பெனெமுண்டெ தீவே சுடுகாடாகியது. ஆனால், வேர்னர் பிரவுனும், சக விஞ்ஞானிகளும் தப்பினார்கள். அந்தத் தாக்குதலால், ஹிட்லர் கொலைவெறியின் உச்சத்துக்கே போனான். இங்கிலாந்தைப் பழிவாங்க முடிவெடுத்தான். ராக்கெட் தயாரிப்புகளைத் துரிதப்படுத்தும்படி கட்டளையிட்டான். விண்வெளிக்குச் செல்லும் வெறும் ராக்கெட்டுகளாக அல்ல. வெடிகுண்டுகளை நிரப்பிய ஏவுகணைகளாகத் தயாரிக்கக் கட்டளையிட்டான். ஹிட்லரின் முடிவுக்குப் பெரும்துணையாக இருந்தவர்கள் பிரவுனும் அவரது விஞ்ஞானிகளும்தான். பெனெமுண்டெ தீவின் அழிவை அவர்களாலும் ஏற்றுக்கொள்ள முடியவில்லை. பழிக்குப்பழி என்றே மனம் துடித்தது. அவர்களும் நாஸிகளாகவே இருந்தனர். உயிருக்கான அவர்களின் மதிப்பு வெற்றுச் சில்லறைகளே! பழிவாங்கும் உணர்வால், ராக்கெட்டின் பெயரையே மாற்றினார்கள். A4 என்றிருந்த ராக்கெட்டுக்கு, 'பழிவாங்கும் ஆயுதம்' என்னும் அர்த்தத்தில், '*Vergeltungswaffe*' என்று பெயரிடப்பட்டது. அதைச் சுருக்கி, 'V ராக்கெட்' என்றார்கள். ராக்கெட்டுகள், V1, V2 என்னும் பெயருடைய ஏவுகணைகளாய் மாறின. 900கிலோ வெடிகுண்டுடன் பறக்கக்கூடியவை. இவற்றால் ஏற்பட்ட அழிவை ஐரோப்பா

மறக்கவே மறக்காது. லண்டன் மாநகரமே சிதைந்து போனது.

லண்டனில் நடந்தவற்றை விபரமாக அடுத்த பகுதியில் பார்ப்போம். அதற்குமுன், 'ஹிட்லர் கட்டளையிட்டதால். விஞ்ஞானிகள் நிறைவேற்றினார்கள். அதில் அவர்களின் தப்பு ஏது? அவர்கள் ஏன் யுத்தக் கைதிகளாக வேண்டும்? விஞ்ஞானிகளையெல்லாம் தப்பாகச் சொன்னால் எப்படி?' என்னும் கேள்விகளுக்கு நீங்கள் பதிலைத் தெரிந்துகொள்ள வேண்டும்.

பெனெமுண்டெ தீவு அழிந்த பின்னர், 'நோர்ட்ஹவுசன்' *(Nordhausen)* என்னும் இடத்திற்கு ஏவுகணைத் தயாரிப்புகள் மாற்றப்பட்டன. விஞ்ஞானிகளும் அங்கு அனுப்பப்பட்டார்கள். மீண்டும் இங்கிலாந்து தாக்கலாம் என்பதனால், சுரங்கமொன்றினுள்தான் ஆராய்ச்சி நிலையம் அமைக்கப்பட்டது. ஏவுகணைத் தயாரிப்புக்கான உதவிக்குப் பணியாளர்கள் தேவைப்பட்டதால், அருகிலிருந்த முகாமில் அடைக்கப்பட்டிருந்த 40,000 யுத்தக் கைதிகள், பணிக்காக அங்கு கொண்டு செல்லப்பட்டனர். ஆனால், அங்கு நடந்த கொடுமையோ எழுத்தால் சொல்லமுடியாதது. 20,000 யுத்தக் கைதிகள் சுரங்கத்தின் பணியின்போதே இறந்துபோனார்கள். அவர்கள் கொல்லப்பட்டார்கள் என்றும் சொல்லலாம். அவர்களின் இறப்புக்கு ஏவுகணைத் தயாரிப்பு மட்டுமே

என்ன ஒளிந்திருக்கிறது அங்கே?

காரணம். அதற்குப் பொறுப்பாக இருந்தவர்கள், அந்த விஞ்ஞானிகள்தான். அவர்களின் கண்களின் முன்னேதான் 20,000 பேரும் படிப்படியாகச் செத்து விழுந்தார்கள். இப்போது சொல்லுங்கள், இவர்கள் எந்தத் தண்டனையும் இல்லாமல் எப்படி அமெரிக்கா சென்றார்கள்? அந்த மர்மங்களை அடுத்த பகுதியில் பார்க்கலாம்.

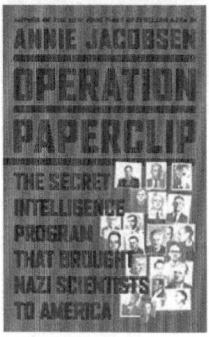

அத்தியாயம் 14

எங்குதான் இல்லை சுயநலம்?

இரண்டாம் உலகப்போர்பற்றிச் சொல்வது இந்தக் கட்டுரையின் நோக்கமல்ல. அவற்றை அறிந்தும், கேட்டும் அலுத்துப் போயிருப்பீர்கள். இரண்டாம் உலகப்போரில் மறைக்கப்பட்ட பல மர்மங்களில் ஒன்றைப் பகிரலாமென விரும்பினேன். சட்டம், ஒழுங்கு, நீதி, நியாயமென்று உலகெங்கும் மத்தியஸ்துக்குச் செல்லும் வல்லாதிக்க நாடுகள், தங்கள் சுயநலனென்று வந்துவிட்டால் எதையும் பார்ப்பதில்லை. அதைச் சொல்வதே இந்தக் கட்டுரை. ராக்கெட் விஞ்ஞானம், ஜெட் எஞ்சின்கள், மருத்துவத்துறையென அனைத்துத் துறைகளிலும், ஜெர்மன் விஞ்ஞானிகள் முன்னணியில் இருந்த காலமது. நாடொன்றைக் கைப்பற்றும்போது, அதன் பொருள் வளங்களைத் தமதாக்குவது, நாடுகளின் நோக்கங்களில் ஒன்றாக இருக்கும். இரண்டாம் உலகப்போரிலும் அதுவே நடந்தது. ஆனால், கைப்பற்றப்பட்டவை பொருள் வளங்கள்

என்ன ஒளிந்திருக்கிறது அங்கே?

மட்டுமல்ல, புத்திஜீவிகளான மனித வளங்களும்தான். அமெரிக்காவுக்கும், ரஷ்யாவுக்கும் இடையில், மறைமுகமான யுத்தம் நடந்துகொண்டிருந்தது. உலகில் நான்தான் பெரியவனென்று காட்டவேண்டிய கட்டாயம் இருந்தது. கம்யூனிசமா, முதலாளித்துவமா என்னும் இரண்டு இசங்களினூடாக அவை நடைமுறைப்படுத்தப்பட்டன. விண்வெளியில் யார் தன் பலத்தைக் காட்டுகிறாரோ, அவரே பெரியவர் என்னும் நிலை உருவாகியது. எப்படிக் காட்டுவது என்பதே கேள்வி. இதற்குள், இந்த இருவரிடமும் இல்லாத, விண்வெளி அறிவை வளர்த்து வைத்திருந்தது ஜெர்மனி. ரஷ்யாவையும், அமெரிக்காவையும்விட பலமடங்குகள் முன்னேற்றத்துடன் காணப்பட்டார்கள். அந்தச் சமயத்தில்தான் இரண்டாம் உலகப்போரும் ஆரம்பமாகியது. ஹிட்லரும் ஐரோப்பிய நாடுகள் ஒவ்வொன்றாகப் பிடிக்க ஆரம்பித்தான். தனிநாடாக அவனைச் சமாளிக்க முடியவில்லை. பல நாடுகள் ஒன்றுசேர்ந்து தாக்கினால் மட்டுமே வெற்றிகொள்ள முடியும். ஹிட்லரை எதிர்ப்பதில் முன்னின்ற பிரான்ஸுடனும், இங்கிலாந்துடனும், கைகோர்த்துப் போராட முன்வந்தன அமெரிக்காவும், ரஷ்யாவும். ஒருவகையில் அது உதவிதான். ஆனால், உற்றுப் பார்த்தால் அவர்கள் திட்டம் வேறாக இருந்தது. இருநாடுகளும் ஒருவருக்கொருவர் தெரியாமல், திட்டங்களை வகுத்துக் கொண்டார்கள். யாராலும் ரசிக்க முடியாத சுயநலத் திட்டங்களாக அவை இருந்தன.

அமெரிக்காவும், ரஷ்யாவும் போருக்கு ஆயத்தமாகும்போதே, ஒரு முடிவை எடுத்துக் கொண்டார்கள். 'ஜெர்மனியின் அனைத்து

வல்லுனர்களையும் எங்கள் நாட்டுக்குக் கடத்திவிட வேண்டும். அவர்களைப் பயன்படுத்தி, உலகின் உயர்ந்த நாடாகவும் மாறிவிடவேண்டும்' என்பதே முடிவு. ஜெர்மனியைத் தாக்கச் சென்றதே, 'நாஸிக்களையும், நாஸிக் கட்சியினரையும் இல்லாது ஒழிக்கவேண்டும்' என்பதற்காகத்தான். ஆனால், நாஸிகளான விஞ்ஞானிகள் மட்டும் உயிருடன் தேவைப்பட்டனர். அமெரிக்கா இப்படி நினைத்துக் கொண்டது. 'ஜெர்மன் விஞ்ஞானிகளை நாங்கள் கைப்பற்றாவிட்டால், அவர்களை ரஷ்யா கைப்பற்றும். அவர்களைப் பயன்படுத்தி, உலகின் சிறந்த நாடாக மாறிவிடும். அதனால், ரஷ்யா பிடிப்பதற்கு முன்னர் நாங்கள் அவர்களைப் பிடித்துவிட வேண்டும்' என்று தீர்மானித்தது. அதற்காகவே, 'ஆபரேசன் பேப்பர்கிளிப்' திட்டத்தின்மூலம், ஜெர்மன் முதல்தர விஞ்ஞானிகளையும் அமெரிக்கா கொண்டுசெல்ல

முடிவெடுத்தது. ஆனால், ரஷ்யாவும் சளைத்ததல்ல. அதேபோன்ற திட்டத்தையே ரஷ்யாவும் போட்டது. 'ஆபரேசன் ஓசோவாவியாக்கிம்' *(Operation Osoaviakh-im)* என்னும் திட்டத்தில், ஜெர்மன் விஞ்ஞானிகளைக் கைப்பற்ற முடிவெடுத்தது. இரண்டு நாடுகளுமே ஒரே முடிவோடுதான் ஜெர்மனிக்குள் நுழைந்தன.

பினெமுண்டெ தீவு தாக்கப்பட்டபின், ஏவுகணைத் தயாரிப்புகள் நோர்ட்ஹவுஸன் என்னும் இடத்திற்கு மாற்றப்பட்டது. அங்குள்ள மலைப்பகுதியில், 35அடி அகலமும், 25அடி உயரமும், ஒரு மைல் நீளமும்கொண்ட இரண்டு சுரங்கப்பாதைகள் அமைக்கப்பட்டன. அவற்றுடன் இணையும்வகையில் 45 கிளைச் சுரங்கங்களும் அமைத்து, மிகப்பெரிய ஆராய்ச்சி நிலையம் உருவாகியது. ஆயிரக்கணக்கில் ராக்கெட்டுகளைத் தயாரிப்பதற்கு, அதிக அளவில் பணியாளர்கள் தேவைப்பட்டனர். ராக்கெட் விஞ்ஞானியும் மூன்றாம் நிலைப் பொறுப்பதிகாரியுமாக இருந்த 'ஆர்தூர் ரூடோல்ஃப்' *(Arthur Rudolph)* அதற்கு ஒருவழி இருப்பதாகச் சொன்னார். வேர்ணர் பிரவுனும், இரண்டாவது நிலையில் இருந்த வால்டர் டோர்ன்பேர்கெரும் *(Walter Dornberger)* சம்மதம் தெரிவித்தனர். மூவரும் இணைந்து தயாரித்த அந்தத் திட்டம் நிறைவேற்றப்பட்டது. உலகின் மிகக்கொடூரம் வாய்ந்த, சகிக்கவே முடியாத மனித அவலத்துடன் அந்தத் திட்டம் நிறைவேறியது கொடுமை. அதுவே இந்தக் கட்டுரையின் அடித்தளமும்கூட. யுத்தத்தின்போது பிடிபட்ட கைதிகள் நோர்ட்ஹவுஸனில் மிகப்பெரிய முகாமொன்றில் அடைக்கப்பட்டிருந்தார்கள். அவர்களை சுரங்கத்தில் பணியாளர்களாக அமர்த்தலாம் என்பதே ரூடோல்ஃப் முன்மொழிந்த திட்டம். சுரங்க

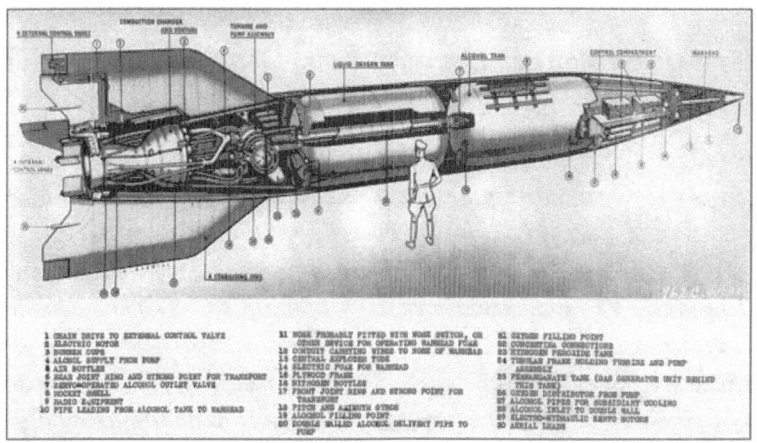

ஆராய்ச்சி நிலையத்தின் பணிக்காக, 40,000 வரையிலான கைதிகள் பயன்படுத்தப்பட்டனர். ஒரு சர்ட், ஒரு பாண்ட், ஒரு ஜாக்கெட் மட்டும் கொடுக்கப்பட்டு, ஆறுமாதங்களுக்கு 16 மணிநேரம் பணிசெய்ய வைக்கப்பட்டார்கள். குளிக்கவோ, வெளியே செல்லவோ முடியாது. டாய்லெட்கூட அங்கேயுள்ள வாளிகளில்தான். பின்னர் அவர்களே அதை அகற்றவேண்டும். தினமும் ஒருகப் குடிநீர், கொஞ்சம் சூப் அவ்வளவுதான். சித்திரவதையின் உச்சம் அங்கு நடந்தேறியது. உடல் மெலிந்து, சுகாதாரமற்று தினம்தினம் செத்து விழுந்தார்கள். ஒரு கிருஸ்துமஸ் நாளன்று 3000 இறந்த உடல்கள் அகற்றப்பட்டன. 6000 V2 ராக்கெட்டுகள் செய்து முடிப்பதற்குள், 12000 பேர் இறந்தார்கள். இன்றுவரை போர்க் கைதிகளைச் சித்திரவதை செய்யும் நாடுகளுக்கு முன்னுதாரணமாக இருந்த சம்பவங்கள் இவை. அங்கு நடந்தவை அனைத்துக்கும் சாட்சிகளாக பிரவுனும் அவரது சகவிஞ்ஞானிகளும் இருந்தார்கள். பின்னாட்களில், நோர்ட்ஹவுஸனை அமெரிக்கா கைப்பற்றியபோது, அங்கு 600 பேர் மட்டுமே உயிர்தப்பி இருந்தார்கள். அவர்களில் இப்போதும் உயிருடன் இருக்கும் சிலரின் வாக்குமூஉலங்களைக் கேட்டால், உடம்பெங்கும் பதற்றத்தால் நடுக்கமெடுக்கும். அந்த அளவுக்குச் சித்திரவதை அனுபவித்திருக்கிறார்கள். அந்த இறப்புகளுக்கு ஏதோவொரு வகையில் காரணமாக

இருந்த நாஸி விஞ்ஞானிகள், நல்லவர்களாகி அமெரிக்கப் பிரஜைகளானார்கள். பின்னாட்களில் சொகுசு வாழ்க்கையும் வாழ்ந்தார்கள்.

1944ஆம் ஆண்டு, V1, V2 ஏவுகணைகளால் லண்டன் மாநகரம் தொடர்ச்சியாகத் தாக்கப்பட்டது. வடபிரான்ஸின் துறைமுக நகரமான கலையிலிருந்து (Calais) ஏவப்பட்ட, 9000க்கும் அதிகமான V1 ஏவுகணைகளும், 3000க்கும் மேலான V2 ஏவுகணைகளும் தாக்கியதில், 24,000 மக்கள் கொல்லப்பட்டார்கள். 750,000 வீடுகள் சேதமாயின. இதற்குமேலும் விட்டால் அனைவரும் அழிய நேரிடலாமென்று, நேசநாடுகள் ஒன்றிணைந்து ஜெர்மனியைத் தாக்கினார்கள். ஜெர்மனியும் வீழ்ந்தது. 11 ஏப்ரல் 1945இல் அமெரிக்காவின் ஒருபகுதியினர், நோர்ட்ஹவுஸன் சுரங்க ஆராய்ச்சி நிலையத்துக்குள் நுழைந்தனர். அங்கிருந்த ஆயிரக்கணக்கான V2 ராக்கெட்டுகளைக் கைப்பற்றினர். ரஷ்யாவின் கைகளில் அகப்படக்கூடாதெனத் துடைத்தெடுத்து அமெரிக்கா கொண்டுசென்றனர். மிஞ்சியிருந்த எட்டேயெட்டு ராக்கெட்டுகளை, 'இந்தா பிடி' என்று இங்கிலாந்துக்குக் கொடுத்தனர். அத்துடன் நின்றுவிடவில்லை. வேர்ணர் பிரவுனுடன் 120 ராக்கெட் விஞ்ஞானிகள் உட்பட, 1600 முதல்தர நாஸி விஞ்ஞானிகளை அமெரிக்காவுக்குக் கொண்டுசென்றனர். ஒருபுறம், நியுர்ன்பேர்க் யுத்த நீதிமன்றத்தினூடாக நாஸிப்படையினருக்கும், நாஸிக்கட்சியினருக்கும் மரணதண்டனை வழங்கப்பட்டுக் கொண்டிருந்தபோது, அமெரிக்காவுக்குத் தேவைப்பட்ட விஞ்ஞானிகள், இரகசியமாக விடுவிக்கப்பட்டு, அமெரிக்கா கொண்டு செல்லப்பட்டார்கள். "அவர்கள் நல்ல விஞ்ஞானிகள். ஹிட்லரின் கொடுமைகளினால் கஷ்டப்பட்டவர்கள்" என்று அமெரிக்க மக்களுக்குச் சொல்லப்பட்டது. வழக்கம்போல அவர்களும் நம்பினார்கள். விஞ்ஞானிகள் உயர்பதவிகளிலும், உயர்பொறுப்புகளிலும் அமர்த்தப்பட்டார்கள். அவர்களில், ஆர்தூர் ரூடோல்ஃபும் இருந்ததுதான் உலகமகா நகைச்சுவை. நோர்ட்ஹவுஸன் சித்திரவதைகளுக்கு மூலகாரணமாக இருந்தவரே அவர்தான். பின்னாட்களில் இந்த விஷயமெல்லாம்

எங்குதான் இல்லை சுயநலம்?

கசிய ஆரம்பித்ததும், 1979ஆம் ஆண்டு, அமெரிக்க காங்கிரஸ், ஆபரேசன் பேப்பர்கிளிப்பற்றி அறிக்கை தரும்படி கேட்டது. அப்போது பெரும்பாலானவர்கள் இறந்துபோயிருந்தார்கள். எஞ்சியவர்களில் ருடோல்ஃப் மட்டும்தான். அவருடைய அமெரிக்க பிரஜா உரிமை பறிக்கப்பட்டது. பிரவுனும், அவரது சக ராக்கெட் விஞ்ஞானிகளும், அமெரிக்க விண்வெளி ஆராய்ச்சிகளில் பல சாதனைகள் செய்யாதவர்கள். அவர்களால் வடிவமைக்கப்பட்ட ராக்கெட் மனிதனைச் சுமந்தபடி சந்திரனில் இறங்கியது. ரஷ்யாவும் சும்மா இருக்கவில்லை.

அமெரிக்கா வடித்தெடுத்துக் கொண்டுசென்ற விஞ்ஞானிகளில் எஞ்சி இருந்தவர்களில், 2200 ஜெர்மன் விஞ்ஞானிகளை ரஷ்யா அழைத்துச் சென்றது. அவர்கள் அனைவரும் இரண்டாம்தர விஞ்ஞானிகள் என்றே சொல்லலாம். ஆனால், அவர்களின் உதவியால், அமெரிக்காவைவிட அதிக அளவில் விண்வெளிச் சாதனைகளை ரஷ்யா செய்துமுடித்தது என்பதுதான் வரலாற்றின் நம்பமுடியாத வேடிக்கை. ரஷ்யாவுடன் போட்டிபோட முடியாமல், கலங்கியபடி அமெரிக்கா இருந்தது என்னவோ உண்மைதான்.

இத்தனை பரபரப்புகளின் நடுவே பெரியதொரு விந்தைச் செய்தி உலகெங்கும் பரவலாயிற்று. பறக்கும்தட்டு ஒன்று ஹிட்லரிடம் இருந்தது என்பதே அந்தச் செய்தி. கோவில்மணியின் வடிவத்தில், மிகப்பெரிய விண்கலமொன்றைப் பலர் கண்டதாகச் சொல்கிறார்கள். ஜெர்மனி, போலந்து எல்லையில் அதை நிறுத்தி வைக்கும் கட்டமைப்பும் இருப்பதாகச் சொல்கிறார்கள். 'மணி' என்னும் அர்த்தத்தில், ஜெர்மன் மொழியில், "Die Glocke" என்று அதை அழைக்கிறார்கள். 'அதிசய ஆயுதம்' (Wunderwaffe) என்றும் அழைக்கப்படுகிறது. ஹிட்லரின் படையில், ஆயுதங்களுக்குப் பொறுப்பாக இருந்தவர், 'ஹன்ஸ் காம்லெர்' (Hans Kammler). அவரின் பொறுப்பிலேயே மணி இருந்ததாகச் சொல்லப்படுகிறது. ஜெர்மனிப் போர் முடிவடைந்த நிலையில், ஆஸ்ட்ரியாவின் எல்லையில் தன்னைத்தானே சுட்டுக்கொண்டு இறந்து போனார் என்றும் சொல்கிறார்கள். ஆனால், அவரது

என்ன ஒளிந்திருக்கிறது அங்கே?

உடல் கிடைக்கவேயில்லை. அவரையும், மணி விண்கலத்தையும் அதன்பின்னர் யாரும் பார்க்கவில்லை. இருவருமே மாயமாகிப் போனார்கள். அப்படியானதொரு விண்கலம் உண்மையாகவே இருந்ததா, இல்லையா? என்பதுபற்றி எந்த விபரமும் இல்லை. இல்லாத ஒன்றைப் பார்த்ததாகப் பலர் சொல்வதையும் எப்படிப் புரிந்துகொள்வதென்றும் தெரியவில்லை.

ஆனால், ஆபரேசன் பேப்பர்கிளிப்பிற்கு பொறுப்பாக இருந்த அமெரிக்கரான 'டொனால்ட் ரிச்சர்ட்சன்' என்பவரின் மகனான, ஜான் ரிச்சர்ட்சனின் வாக்குமூலத்தின்படியும், அமெரிக்க ஆவணங்களின்படியும், ஹன்ஸ் காம்லெர் அமெரிக்காவில் இருந்தது நிரூபணமாகிறது. மணிபோன்ற வடிவத்தில் பறக்கும் பொருளொன்றை பென்சில்வேனியா மக்களில் சிலர் கண்டதாகச் சொல்லப்படுகிறது. இவை எதற்கும் தகுந்த ஆதாரங்கள் கிடையாது. எல்லாமே விடை தெரியாத மர்மங்கள்தான். அங்கு என்ன ஒளிந்திருக்கிறது என்பது இன்றும் கேள்விக்குறியே!

அத்தியாயம் 15

பூமியில் ஒளிருமா இரண்டாம் சூரியன்?

மனித குலம் இதுவரை சந்தித்திருக்காத மாபெரும் விந்தை நிகழ்வொன்றை இப்பகுதியில் நாம் பார்க்கப் போகின்றோம். 'இப்படியெல்லாம் நடக்குமா?' என்று வியந்துபோகுமளவுக்கு விந்தை நிகழ்வொன்று சமீபத்தில் நிகழ்த்தப்பட்டிருக்கிறது. சூரியன் எவ்வளவு ஆற்றல் உடையது என்பது உங்களுக்குத் தெரியும். 150 மில்லியன் கிலோமீட்டர் தூரத்தில் இருந்தாலும், அதுதரும் சக்தியால், பெரும் அளவிலான மின்சாரத்தை தயாரித்துக் கொண்டிருக்கிறோம். அந்தச் சூரியனின் மொத்த சக்தியும் நமக்குக் கிடைத்தால் சொல்லவே வேண்டியதில்லை. இதை அடிப்படையாகக் கொண்டு, ஆராய்ச்சித் திட்டமொன்றைச் சில விஞ்ஞானிகள் உருவாக்கினார்கள். அந்தத் திட்டத்தை அவர்கள் வெளிப்படுத்தியபோது, முதலில் கேலியாகவே பார்க்கப்பட்டது. ஆனால், பின்னர் பலராலும் அது ஏற்றுக்கொள்ளப்பட்டது. அந்த விந்தையான திட்டம்

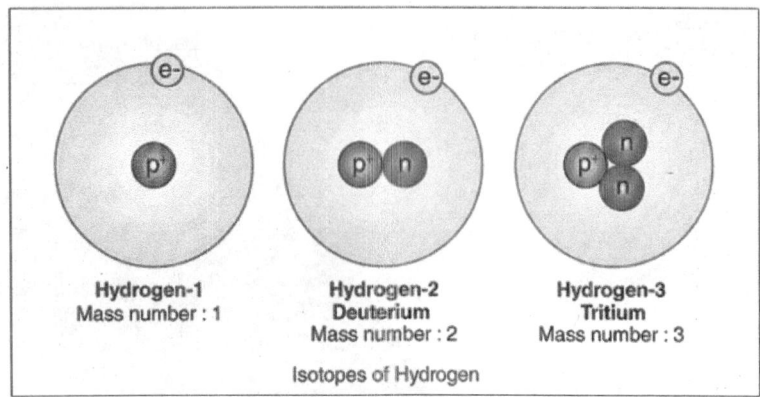

Isotopes of Hydrogen

என்ன தெரியுமா? 'பூமியில் சிறிய அளவிலான சூரியனை உருவாக்குவது' என்பதே அந்தத் திட்டம். அப்படியொரு சூரியன் உருவாக்கப்பட்டதா, இல்லையா? அங்கே என்ன ஒளிந்திருக்கிறது என்பதையே நாம் இந்தப் பகுதியில் பார்க்கப் போகிறோம்.

'என்ன பூமியில், சூரியனை உருவாக்குவதா? இது என்ன முட்டாள்தனம்? இந்த விஞ்ஞானிகளுக்கு வேற வேலையே இல்லையா?' இப்படித்தான் நீங்கள் நினைப்பீர்கள். பலரும் அப்படித்தான் நினைத்தார்கள். ஆனால், விஞ்ஞானிகளின் கனவு மெய்ப்பட்டது. இந்தியா உட்பட, 35 நாடுகள் இணைந்து, *'ITER' (International Thermonuclear Experimental Reactor)* என்னும் அமைப்பை, பிரான்ஸ் நாட்டில் உருவாக்கினார்கள். அங்கு, 'டொகமாக்' *(Tokamak)* என்னும் எந்திரத்தை தயார் செய்தார்கள். அந்த டொகமாக் எந்திரம்தான் சூரியனாக மாறி ஒளிரப் போகிறது. கிட்டத்தட்ட 65 பில்லியன் டாலர்கள் செலவைக் கொடுக்கக்கூடிய திட்டமென்பதால், பல நாடுகளால் தொடர்ச்சியாகப் பணம் செலுத்த முடியாத சூழ்நிலை உருவானது. அதனால், *ITER* இன் திட்டம் சற்றுத் தள்ளிப்போனது. இதனால், டொகமாக் ஆராய்ச்சியே இல்லாமல் போய்விடுமே என்று விஞ்ஞானிகள் பயந்தபோதுதான், கடந்த வாரம் சிறியதொரு சூரியனை சீனா உருவாக்கி

பூமியில் ஒளிருமா இரண்டாம் சூரியன்?

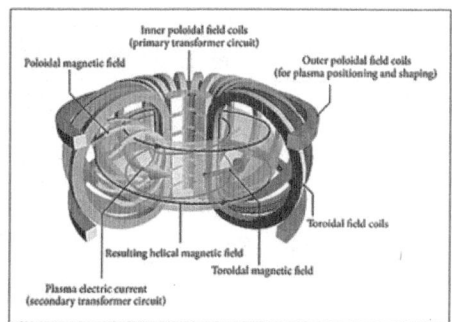

நம்பிக்கையளித்திருக்கிறது. பிரான்ஸ் நாட்டின் ITER திட்டத்தில் சீனா இணைந்திருந்தாலும், தன் நாட்டிலும் சிறிய அளவிலான டொகமாக் எந்திரத்தை தயார்செய்து வந்தது. அதையே கடந்த வாரம் இயக்கிக் காட்டி சாதனையும் புரிந்திருக்கிறது. யாருமே நம்ப முடியாத ஆச்சரியம். அந்த நிகழ்வைப் பலர் அறிந்திருக்கவில்லை. மனித குலத்தின் மாபெரும் சாதனையது. பிரான்ஸின் ITER திட்டத்தைத் தொடர்வதற்கான நம்பிக்கையை அது கொடுத்திருக்கிறது. மொத்தத்தில், குட்டிச் சூரியன் பூமியில் உதித்தே விட்டான்.

மின்சாரம், இன்றைய உலகில் மிகப்பெரிய பிரச்சனையாக மாறியிருக்கிறது. பாவனைக்காக அதிக அளவில் அது தேவைப்படுகிறது. எந்த வழியில் மின்சாரத்தைத் தயாரிக்க முயன்றாலும், அங்கு ஏதோவொரு சிக்கல் உருவாகிக்கொண்டே இருக்கும். அனல் மின் உலைகள் மூலமாக மின்சாரத்தைத் தயாரித்தோம். அதற்குப் பயன்படும் நிலக்கரியால், கார்பன்டையாக்ஸைடு வெளியாகிப் பூமியின் வளிமண்டலத்தை மாசாக்குகிறது என்னும் சிக்கல் எழுந்தது. அதற்கு மாற்றுவழியாக, அணுசக்தியைப் பயன்படுத்தி, அணு உலைகளில் மின்சாரம் பெறப்பட்டது. அங்கும் பெரிய அளவிலான சிக்கல்கள் உருவாகின. அணு உலைகளால் உண்டாகும் அணுக்கழிவுகளை அகற்றுவது கடினமான பிரச்சனையாகியது. கூடவே, அணு உலைகளில் விபத்து ஏற்படும் ஆபத்தும் பயத்தை உருவாக்கியது. எவ்வளவு பாதுகாப்பாக இருந்தாலும், சில அணு உலைகள் விபத்தில் சிக்கியிருக்கின்றன. அதனால், அணு

என்ன ஒளிந்திருக்கிறது அங்கே?

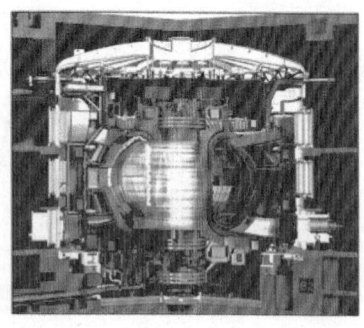

உலைகள் பயன்படுத்துவதை நிறுத்த வேண்டுமென்ற குரல்கள் உலகமெங்கும் ஒலிக்கத் தொடங்கின. அதன்படி, பலநாடுகள் அணு உலைகளை மூடவும் செய்தன. அதன்பின்னர், மின்சாரத்தைப் பெற்றுக்கொள்வது எப்படியென்ற கேள்வி உலகத்தையே உலுக்கியெடுத்தது. இயற்கையில் மின்சாரத்தைப் பெற்றுக் கொள்ளலாம் என்ற முடிவுடன், காற்றாலை, சூரியசக்தி போன்ற வழிமுறைகளில் மின்சாரத்தை உருவாக்கினோம். அவை ஓரளவுக்கு வெற்றியையும் கொடுத்தன. ஆனாலும், உலகம் முழுவதற்குமான மின்சாரத் தேவையோ மிகவும் அதிகமாகியது. எரிவாயுக்களால் பயன்படுத்தப்பட்ட வாகனங்களை, மின்சார வாகனங்களாக மாற்றவேண்டிய சூழ்நிலைக்கு உலகநாடுகள் தள்ளப்பட்டன. அத்துடன், வீட்டில் பயன்படுத்தும் மின்னியந்திரங்களும் அதிகமாயின. கூடவே, தொழிற்சாலைகளும் அதிகரிக்கத் தொடங்கின. இவையெல்லாம் சேர்ந்து, மின்சாரத்தின் தேவைகளை இரட்டிப்பாக்கியது. மின்சாரத்தை அதிக அளவில் எந்த வழியிலாவது பெற்றுக்கொள்ள வேண்டிய கட்டாயம் உருவானது. இந்த நிலையில்தான், புதுவகையான மின் உற்பத்தி வழிமுறையொன்றை விஞ்ஞானிகள் பரிந்துரைத்தார்கள். அதுதான், செயற்கையான சூரியனைப் பூமியில் உருவாக்கி மின்சாரத்தைப் பெறும் திட்டமாகியது. ஆனால், பூமியில் உருவாகும் சூரியன் சிறியதாக இருந்தாலும், நிஜமான சூரியனைப் போலப் பத்துமடங்கு அதிக வெப்பமுடையதாக இருந்தது.

சூரியனின் மையக்கோளத்தின் வெப்பநிலை, 15 மில்லியன் பாகை செல்சியஸ் ஆகும். ஆனால், டொகமாக் எந்திரத்தில், 150 மில்லியன் செல்சியஸ் வெப்பத்தை உருவாக்கினார்கள். சொல்லப் போனால், இதுவும் ஒருவகையில் அணுசக்தி

பூமியில் ஒளிருமா இரண்டாம் சூரியன்?

AUSTRIA	GREECE	POLAND
BELGIUM	HUNGARY	PORTUGAL
BULGARIA	INDIA	ROMANIA
CHINA	ITALY	RUSSIA
CROATIA	IRELAND	SLOVAKIA
CYPRUS	JAPAN	SLOVENIA
CZECH REP.	KOREA	SPAIN
DENMARK	LATVIA	SWEDEN
ESTONIA	LITHUANIA	U.S.A.
FINLAND	LUXEMBOURG	U.K.
FRANCE	MALTA	
GERMANY	NETHERLANDS	

மூலமாக மின்சாரம் தயாரிக்கும் மின்னுலைதான். 150 மில்லியன் செல்சியஸ் வெப்பநிலையில், ஹைட்ரஜன் அணுக்கருக்களை பிளாஸ்மாக் கதிர்களாக்கிப் பலமான காந்தச் சிறைக்குள் அடைக்கும்போது, அங்கு அணுசக்தி உருவாகிறது. சீனாவின் பரிசோதனையில், சில நொடிகளுக்கு டொகமாக் எந்திரம் இயங்கினாலும், அதை முதற்படி வெற்றியாகவே எடுத்துக் கொள்ளலாம். 10 நொடிகளில் பெறப்படும் சக்தியால், 50,000 வீடுகளுக்கு மின்சாரம் வழங்க முடியுமென்றால் அதன் சக்தி எப்படியானது என்பதைக் கணித்துக் கொள்ளுங்கள். இதையே மேலும் தொடர்ச்சியாய்ப் பரிசோதனை செய்வதற்குச் சீனா முடிவெடுத்திருக்கிறது. பிரான்சிலிருக்கும் ITER, 2035ஆம் ஆண்டளவில் முழுமையாக இயங்க ஆரம்பித்துவிடும் என்று அறிவித்திருக்கிறது. சீனாவோ, அதற்கு முன்னரே முழுமையான சூரியனைத் தொடர்ந்து உதிக்க வைத்துவிடும் என்று நம்புகிறார்கள். ஆனாலும், அதற்கும் பல ஆண்டுகள் காத்திருக்க வேண்டும். இந்தப் பரிசோதனைகளிலும் அணுசக்தியே மின்சாரம் பெறப் பயன்படுகிறது என்று நான் சொல்லியிருந்ததை நீங்கள் கவனிக்கத் தவறியிருக்க மாட்டீர்கள். 'அணு உலைகள் ஆபத்தானவை என்பதாலும், அணுக்கழிவுகளை அகற்றுவதில் சிக்கல்கள் இருப்பதாலும், நாடுகள் அதை விரும்பவில்லை' என்று ஏற்கனவே சொல்லியிருந்தேன். ஆனால், மீண்டும் அணுசக்தி மூலமாக மின்சாரத்தைப் பெறப்போகிறார்கள்

என்ன ஒளிந்திருக்கிறது அங்கே?

என்றும் சொல்கிறேன். ஏன் இந்தத் தடுமாற்றம் என்று நீங்கள் நினைக்கலாம். ஆனால், இந்த அணுசக்தி என்பதே வேறு.

ஒரு அணுக்கருவை இரண்டாகப் பிளக்கும்போது, அதிக அளவில் சக்தி வெளியாகும். அந்தச் சக்தியைக் கொண்டு இயங்குவதுதான் சாதாரணமான அணு உலைகள். ஒரு யூரேனியம் கதிர்வீச்சுத் தனிமத்தை (U235), ஒரு நியூட்ரோனால் தாக்குவதால், பேரியம் (Ba), கிரிப்டோன் (Kr) என்னும் இரண்டு கதிர்வீச்சுத் தனிமங்களும், மூன்று மேலதிக நியூட்ரோன்களும், சிறிது சக்தியும் அங்கு வெளிப்படுகிறது. வெளியாகும் மூன்று நியூட்ரோன்கள், மேலும் மூன்று யூரேனியத்தைத் தாக்க அது மேலும் பிளவடைந்து சக்தியைக் கொடுக்கும். இது சங்கிலித் தொடராக நடைபெறுவதால், தொடர்ச்சியாக சக்தி வெளியே வந்துகொண்டிருக்கும். இங்கு அணுக்கள் பிளக்கப்படுவதால், அதை 'அணுப்பிளவு' (Atom fission) என்று அழைக்கிறார்கள். இந்தச் சங்கிலித் தொடர் விளைவை ஆரம்பித்து விட்டால், அதை நிறுத்துவது கடினமாகும். அதனால், அணு உலைகள் விபத்துக்குள்ளானாலோ, பாதிப்பிற்கு உள்ளானாலோ, மிகப்பெரிய ஆபத்தைக் கொடுக்கிறது. நிறுத்தவே முடியாமல் அணுக்கதிர்வீச்சு எங்கும் பரவிவிடும் ஆபத்து உண்டாகிறது. ஆனால், டொகமாக் எந்திரத்தில் நடைபெறுவது அணுப்பிளவு கிடையாது. அங்கு உருவாவது அணுப்பிணைவு. ஹைட்ரஜன் அணுவின் இரண்டுவகை ஐசடோப்புகளான, 'டியுடேரியம்' (Deuterium), 'ட்ரிடியம்' (Tritium) இரண்டையும், அதிகளவிலான வெப்பத்தில் பிளாஸ்மாக் கூழாக மாற்றுகிறார்கள். அந்தப் பிளாஸ்மாக் கூழ், அதிக சக்திவாய்ந்த காந்தக் குழாய்களினுள் அழுத்தப்பட்டு, இரண்டு அணுக்களும் ஒன்றுடன் ஒன்று பிணையும் நிகழ்வு ஆரம்பமாகிறது. அவை, ஒன்றுடன் ஒன்று பிணையும்போது, ஹீலியமும் பெரும்பாலான சக்தியும் உருவாகின்றது. இது தொடர்ச்சியாக நடைபெறுவதால், அதிக அளவு சக்தியை நாம் பெற்றுக் கொள்ளலாம். இதை, 'அணுப்பிணைவு' (Atom fusion) என்கிறார்கள். அணுப்பிளவினால் உருவாகும் கழிவுகளைப் போல, அணுப்பிணைவில் எந்தக் கழிவும் உருவாவதில்லை என்பது மிகப்பெரிய அனுகூலமாகப்

பூமியில் ஒளிருமா இரண்டாம் சூரியன்?

பார்க்கப்படுகிறது. அத்துடன் விபத்துகள் ஏற்படும் பட்சத்தில், எந்த நேரத்திலும் இதை நிறுத்தி விடலாம். இதுவும், இந்த அணுசக்தியால் ஏற்படும் இன்னுமொரு நன்மையாகிறது. இந்த நிகழ்வே, நிஜமான சூரியனிலும் நடைபெறுகிறதென்பதுதான் இங்கு முக்கியமாகக் கவனிக்கப்பட வேண்டியதாகும். அதனால்தான், டொகமாக் எந்திரங்களை இன்னுமொரு சூரியன் என்கிறார்கள்.

சூரியனின் மையக் கோளத்தின் அதிக வெப்பத்தால், ஹைட்ரஜன் அணுக்கருக்கள் பிளாஸ்மாக் கூழாக மாறி, ஒன்றுடன் ஒன்று பிணைய ஆரம்பிக்கின்றன. அப்போது, ஹீலியமும், சக்தியும் உருவாகின்றன. சூரியனில் நெருப்பு எரிவதாகப் பலர் தப்பாக நினைத்துக் கொள்கிறார்கள். சூரியனில் நெருப்பு எரிவதேயில்லை. அங்கு நடப்பதெல்லாமே அணுக்கதிர் வீச்சுகள்தான். அந்த அணுக்கதிர்வீச்சின் வெப்பமே நம்மைச் சுட்டெரிக்கும் சூரியனாக மாறிக் கொள்கிறது. சூரியனைப் போல, அதிக அளவு வெப்பமும், அங்கு நடைபெறும் அணுப்பிணைவும் இருப்பதாலேயே டொகமாக் எந்திரங்களையும் சூரியன் என்று சொல்கிறார்கள். தொடர்ச்சியாக டொகமாக் இயங்க ஆரம்பித்தால், சின்னச் சூரியன் என்று அழைப்பதில் எந்தத் தயக்கமும் தேவையில்லை. காலம் விரைவில் பதில் சொல்லும்.

அத்தியாயம் 16

பிரபஞ்சத்தின் முதல்வன் நீயா?

ஒவ்வொரு மூலையிலும், மனிதனால் புரிந்துகொள்ள முடியாத ஏதோவொரு மர்மத்தையோ, விந்தையையோ ஒளித்து வைத்திருக்கிறது பூமி. அவற்றைப் புரிந்துகொள்ள ஆயுட்காலம் போதாது. பூமியில் மட்டும்தான் மர்மங்களா என்றால், இல்லை பூமிதாண்டிப் பெருவெளியாய் விரிந்திருக்கும் பிரபஞ்சமோ, மர்மத்தின் குவியல் எனலாம். இரவு வானைக் கண்களை உயர்த்திப் பார்க்கும்போது தெரியும் ஒவ்வொரு பொருளும், மனிதனால் கற்பனைசெய்ய முடியாத புதிராகத்தான் இருக்கும். அப்படிப்பட்ட புதிர்களில் ஒன்றை நோக்கியே இம்முறை எங்கள் பயணம் தொடங்குகிறது. வானியல் விஞ்ஞானிகள் சமீபத்தில் கண்டுகொண்ட மாபெரும் விந்தை அது. எந்தவகைக் குழப்பங்கள் தோன்றினாலும், அதற்கான விடையைக் கோட்பாடுகளாகவாவது வரையறுத்துவிடுபவர்கள் விஞ்ஞானிகள். ஆனால், இந்த மர்மத்திற்கான பதிலோ, தெளிவோ

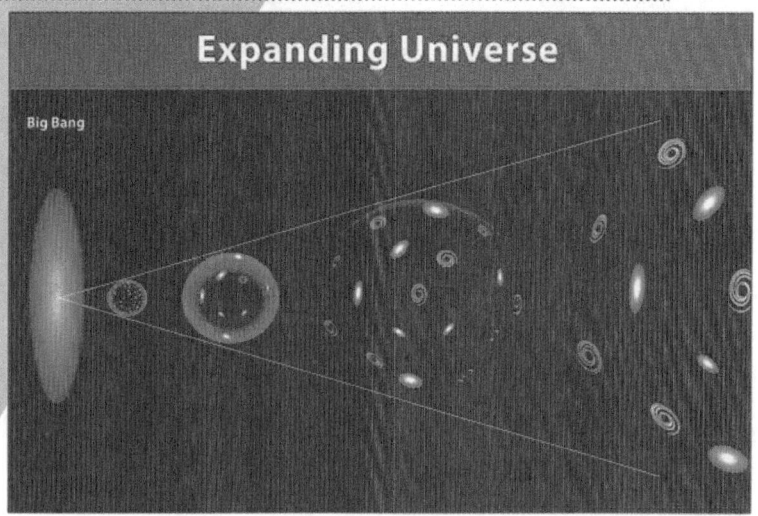

எந்தவிதத்திலும் அவர்களுக்குக் கிடைக்கவில்லை. அப்படியான அறிவியல் மர்மமொன்றையே நாம் பார்க்கப் போகின்றோம். விண்வெளியில் ரொம்பத் தூரம் போகவேண்டும். நீங்கள் தயார்தானே?

வானியல் ஆராய்ச்சியாளர்களிடம் நடைமுறையொன்று உண்டு. புதிதாகக் கண்டுபிடிக்கும் நட்சத்திரங்கள், காலக்ஸிகள் ஆகியவற்றிற்கு, புராதன எகிப்து, கிரேக்க கடவுள்கள், மற்றும் பிற கடவுள்களின் பெயர்களை வைப்பது வழக்கம். பல காலக்ஸிகளை ஒன்றிணைத்து, மகாப்பெரிய காலக்ஸித் தொகுப்பொன்றிற்கு *(Supercluster)*, இந்துக் கடவுளான சரஸ்வதியின் பெயரை வைத்திருக்கிறார்கள். 4000 மில்லியன் ஒளியாண்டுகள் தொலைதூரத்தில், வீணையிசைத்துக் கொண்டிருக்கிறாள் சரஸ்வதி. அதுபோலவே, 200 ஒளியாண்டுகள் தூரத்திலிருக்கும் ஒரு நட்சத்திரத்திற்கு, 'மெதூசலா' *(Methuselah)* என்று பெயரிட்டிருக்கிறார்கள். இந்தப் பெயரை ஒரு காரணத்திற்காகவே அந்த நட்சத்திரத்துக்கு வைத்திருக்கிறார்கள். அந்த நட்சத்திரம், நம் சூரியக் குடும்பம் இருக்கும் அதே

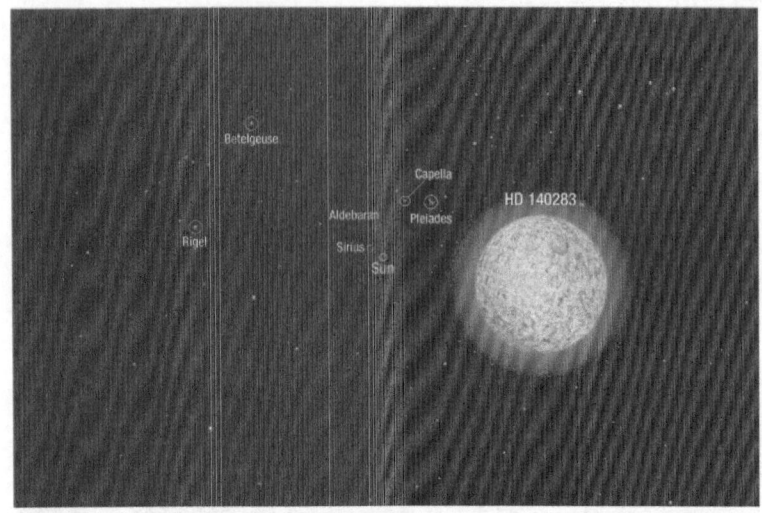

பால்வெளி மண்டலமான மில்கிவே காலக்ஸியில்தான் இருக்கிறது. என்ன காரணத்திற்காக 'மெதூசலா' என்று பெயர் வைத்தார்கள் தெரியுமா? பைபிளில் சொல்லப்பட்ட, தீர்க்கதரிசியான 'நோவா' என்பவரை நீங்கள் நிச்சயம் அறிந்திருப்பீர்கள். 'நீரினால் பூமியை அழிப்பதற்குக் கடவுள் ஆயத்தமானபோது, அவரின் கட்டளைப்படி கப்பலொன்றை அமைத்து, சோடி சோடியாக உயினங்களைக் கப்பலில் ஏற்றிக் காப்பாற்றியவர் நோவா என்னும் பைபிள் கதையைப் படித்திருப்பீர்கள். நோவாவின் அப்பாவான லாமெக்கின் அப்பாதான் 'மெதூசலா'. மனித வரலாற்றிலேயே அதிகக் காலம் உயிர் வாழ்ந்தவர் மெதூசலாதான் என்று பைபிள் குறிப்பிடுகிறது. 969 ஆண்டுகள் வாழ்ந்ததாகச் சொல்லப்படுகிறது. அதனாலேயே, அந்த நட்சத்திரத்திற்கும் 'மெதூசலா' என்று பெயரிட்டிருக்கிறார்கள். அவ்வளவு பழமையான நட்சத்திரம் அது. 'நட்சத்திரமொன்று பழமையாக இருப்பதில் அப்படியென்ன மர்மம் இருந்துவிடப் போகிறது?' என்று நீங்கள் நினைக்கலாம். தொடர்ந்து படியுங்கள். அதற்குமுன்னர் இன்னுமொரு முக்கியமான தகவலையும் சொல்லிவிடுகிறேன். ஒரு மரம் 4500 ஆண்டுகளுக்கு மேலாக நின்றுகொண்டிருக்கிறது

என்று சொன்னால் உங்களால் நம்பமுடியுமா? நம்பித்தான் ஆகவேண்டும். கலிபோர்னியாவில், 4852 ஆண்டு வயதுடைய மரமொன்று இருக்கிறது. இதுவே பூமியில் அதிக வயதுடைய மரமுமாகும். அதனால், இந்த மரத்தையும், மெதூசலா மரம் என்றே அழைக்கிறார்கள். இனி, மெதூசலா நட்சத்திரத்தில் என்ன மர்மம் ஒளிந்திருக்கிறது என்று பார்த்துவிடலாம் வாருங்கள்.

சூரியன் ஒரு நட்சத்திரம் என்பது உங்களுக்குத் தெரியும். சூரியனுக்கு அடுத்ததாக இருக்கும் நட்சத்திரம், 'அல்ஃபா சென்டாரி'. இது சூரியனிலிருந்து நான்கு ஒளியாண்டு தூரத்தில் இருக்கிறது. 'எல்லாம் சரிதான், அது என்ன ஒளியாண்டு' என்கிறீர்களா? பிரபஞ்சத்தில் அதிகமான வேகத்தில் செல்லக்கூடியது ஒளிதான். ஒரு செக்கனில், மூன்று இலட்சம் கிலோமீட்டர் செல்லும். சரியாகக் கவனியுங்கள். மணிக்கல்ல, நொடிக்கு. அப்படியெனில், ஒரு ஆண்டில், ஒளி எவ்வளவு கிலோமீட்டர்கள் செல்கிறது என்று கணித்து வருவதே, 'ஒளியாண்டு' தூரம். அதாவது, 9,460,000,000,000கிமீ அளவைக் கொண்டது. இதுபோல, நான்கு மடங்கு தூரத்தில் 'அல்ஃபா சென்டாரி' நட்சத்திரம் இருக்கிறது. சூரியனுக்கும், அதற்கும் இடையே எவ்வளவு இடைவெளி இருக்கிறதென்று யோசித்துப் பாருங்கள். இவைபோன்று, 100 பில்லியன் நட்சத்திரங்களை உள்ளடக்கியது, மில்கிவே காலக்ஸி. மில்கிவே காலக்ஸிபோல, 200 பில்லியன் காலக்ஸிகளைக் கொண்டது பிரபஞ்சம். பிரபஞ்சத்தில் எத்தனை நட்சத்திரங்கள் இருக்கின்றன என்று கணக்கிடவே முடியாத பெரிய தொகையது. பூமியிலுள்ள அனைத்துக் கடற்கரையிலுமுள்ள மணல்துகள்களின் எண்ணிக்கையைவிடப் பிரபஞ்சத்தில் இருக்கும் நட்சத்திரங்கள் அதிகம். அந்த நட்சத்திரங்கள், பல ஒளியாண்டுகள் இடைவெளியுடன் ஒன்றையொன்று தள்ளி இருக்கின்றன. அப்படிப் பார்க்கும்போது, ஒட்டுமொத்தப் பிரபஞ்சமும் எவ்வளவு பிரமாண்டமானது என்பது புரிகிறதல்லவா? பிரபஞ்சம், அவ்வளவு பெரியதாக இருந்தாலும், ஆரம்பத்தில் ஒரு குண்டூசி முனையளவுடைய சிறிய புள்ளியாகவே

என்ன ஒளிந்திருக்கிறது அங்கே?

இருந்திருக்கிறது. அதன் பின்னர்தான் பிரமாண்டமாக விரிவடைந்தது என்கிறார்கள். அதாவது, 'பிக்பாங்' (Bigbang) என்னும் தவிர்க்க முடியாத பெருவெடிப்பினால், அந்தச் சிறியபுள்ளி பேரண்டமாக விரிவடைந்திருக்கிறது. அந்தப் பெருவெடிப்புக் கிட்டத்தட்ட 13.8 பில்லியன் ஆண்டுகளுக்கு முன்னர் நடந்ததாகவும் கணித்திருக்கிறார்கள். இவற்றையெல்லாம் நீங்கள் ஏற்கனவே அறிந்திருப்பீர்கள். ஆனால், அதே சமயத்தில் நடந்ததாகச் சொல்லப்படும் இன்னொரு சம்பவத்தை அறிந்திருக்க மாட்டீர்கள். விஞ்ஞானிகளையே தலையைச் சுற்றவிட்டு அலைய வைத்திருக்கிறது அந்தச் சம்பவம்.

பிக்பாங் பெருவெடிப்பின்போது, சிறிய புள்ளியாகப் பிரபஞ்சம் ஒடுங்கியிருந்தது என்று சொன்னேனல்லவா? அப்படியானால், 'பிக்பாங்கிற்கு முன்னர் என்ன இருந்தது' என்னும் கேள்வி, பொதுவாகக் கேட்கப்படுகிறது. 'பிக்பாங்கிற்கு முன் என்று எதுவுமேயில்லை' என்பதே விஞ்ஞானிகளின் பதில். எந்தக் கணத்தில் பிக்பாங் பெருவெடிப்பு நடந்து, பிரபஞ்சம் விரிந்ததோ, அந்தக் கணத்திலிருந்துதான் காலமும், இடமும் உருவாகின என்கிறார்கள். அதனால், பிக்பாங்கிற்கு முன்னர் என்ற கேள்விக்கே அர்த்தம் கிடையாது. அப்போதுதான், காலமோ, இடமோ இருக்கவில்லையே. 'காலம்' என்ற ஒன்று இல்லாதபோது, 'அதற்கு முன்' என்று காலத்தைக் குறிக்கும் வார்த்தைக்கும் அர்த்தமில்லை. பிக்பாங் கணத்திலிருந்து பிரபஞ்சம் வேகமாக விரிவடைந்து கொண்டிருக்கிறது. இன்றுவரை, 13.8 பில்லியன் ஆண்டுகளாக விரிவடைதலை அது நிறுத்தவேயில்லை. சொல்லப்போனால், ஒவ்வொரு செக்கனுக்கும் அதன் வேகம் அதிகரித்துக் கொண்டே போகிறது. நீங்கள் இதைப் படித்துக் கொண்டிருக்கும் இந்தக் கணத்திலும் அது விரிவடைந்தபடியேதான் இருக்கிறது. பிரபஞ்சம் விரிவடையும் வேகமுடுக்கத்தை (Acceleration) ஆராய்ச்சியாளர்கள் கணித்திருக்கிறார்கள். மிகவும் சக்திவாய்ந்த தொலைநோக்கிக் கருவிகளினூடாக, விண்வெளியின் விளிம்பில் தெரியும் காலக்ஸிகள் நகர்வதையும், அவற்றிலிருந்து வரும் ஒளியையும்கொண்டு, வேகமுடுக்கத்தைக் கணிக்கிறார்கள்.

இதனடிப்படையில்தான் பிக்பாங் பெருவெடிப்பு, 13.8 பில்லியன் ஆண்டுகளுக்கு முன்னர் நடந்ததாகவும் கணித்தார்கள். எல்லாமே சரியாகத்தான் போய்க்கொண்டிருந்தது. ஆனால், மெதூசலாவை ஆராய ஆரம்பித்தபோதுதான் தலைகீழானது.

'மெதூசலா' நட்சத்திரத்தின் பெயர், 'HD140283' என்பதாகும். 'லிப்ரா' (Lybra) நட்சத்திரக் கூட்டங்களில் ஒன்றாக இருக்கும் நட்சத்திரமது. ஜோதிடத்தில், 'துலாம்' ராசியென்று சொல்வார்களல்லவா? அவற்றில் ஒன்று. வெளிச்சமேயில்லாத, மங்கிப்போன நீலநிற நட்சத்திரம். அதை ஆராயும்போது, அதன் வயதையும் கணித்தார்கள். வந்த விடையைப் பார்த்து தலையே சுற்றிப் போனது. 16 பில்லியன் ஆண்டுக்கு முன்னரே அந்த நட்சத்திரம் உருவாகியிருக்கிறது என்று காட்டியது. சகலரும் குழம்பிப் போனார்கள். பிக்பாங் நடைபெற்றே 13,8 பில்லியன் ஆண்டுகள்தான் ஆகிறது. இது எப்படி 16 பில்லியன் வயதுடையதாக இருக்க முடியும்? ஒட்டுமொத்த வானியல் ஆராய்ச்சிகளும் சிதைந்து போய்விடும். பல விண்வெளி ஆராய்ச்சியாளர்கள் அதைப்பற்றி விரிவாக ஆராய முனைந்தார்கள். ஏதோவொரு தவறை அந்த நட்சத்திரத்தில் விடுகிறோம் என்ற எண்ணம் அனைவரிடமும்

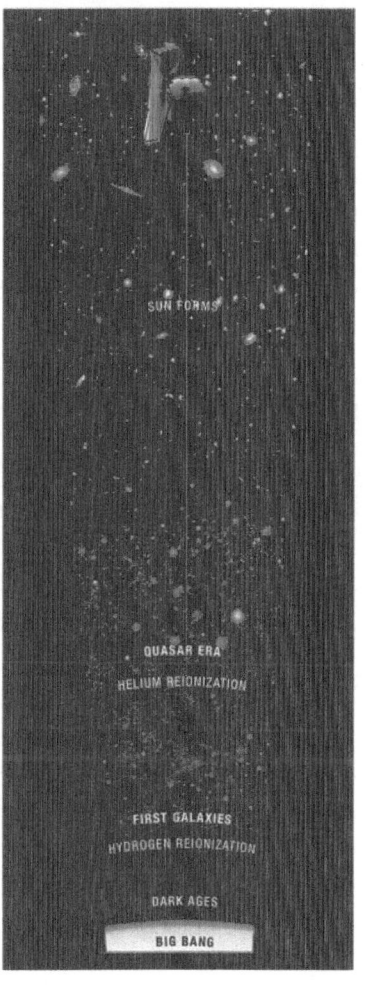

இருந்தது. மிகவும் துல்லியமான கணிப்பாக, ஒரு முடிவு வந்தது. அது, 14.5 பில்லியன் ஆண்டுகள் பழமையானது என்று காட்டியது. அப்போதும் பிரபஞ்ச ஆரம்பத்திற்கு முன்னர் தோன்றியதாகத்தான் கணிப்பு இருந்தது. சற்று சிந்தித்துப் பாருங்கள். பிக்பாங் கணத்திற்கு முன்னால் எதுவும் இருந்திருக்க முடியாது. விஞ்ஞானிகள் அந்த விஷயத்தில் மிகத்தெளிவாக இருக்கிறார்கள். பிக்பாங் வெடிப்பின் பின்னர், பல மில்லியன் ஆண்டுகளுக்கு அப்புறம்தான் நட்சத்திரங்களே தோன்றியிருக்கின்றன. எப்படிப் பார்த்தாலும், அந்த நட்சத்திரம் 14.5 பில்லியன் ஆண்டுகளுக்கு முன்னர் தோன்றியிருக்கவே முடியாது. இது எப்படிச் சாத்தியம்? எங்கு தவறு செய்கிறோம்? இறுதியாக, ஜெர்மனியிலுள்ள 'மாக்ஸ் பிளாங்க்' விண்வெளி ஆராய்ச்சி நிலையம் இதில் இறங்கி, அந்த நட்சத்திரத்தின் வயதைக் கணித்தது. எவ்வளவோ முடிந்தவரை கழித்துப் பார்த்தாலும், இறுதி முடிவாக, 14.27 பில்லியன் ஆண்டுகளுக்கு முன்னரானது என்ற முடிவே வந்தது. எப்படியானாலும், பிரபஞ்சத் தோற்றத்திற்கு, 200 மில்லியன் ஆண்டுகளுக்கு அதிகமான வயதை அந்த நட்சத்திரம் கொண்டது என்றுதான் முடிவுசெய்ய வேண்டியிருக்கிறது. மொத்தப் பிரபஞ்சத்தில் இருக்கும் அனைத்து நட்சத்திரங்களுக்கும் மூத்த நட்சத்திரமாக, முதல்வனாக, 'HD140283' இருக்கிறது. அதனாலேயே, 'மெதூசலா' என்ற பெயரும் கிடைத்தது. ஒருவேளை பிரபஞ்சத்தின் ஆரம்பக் கணத்தை, 13.8 பில்லியன் ஆண்டுகளென்று தவறாகக் கணித்துக் கொள்கிறோமோ என்றும் நினைத்தார்கள். ஆனால், அந்த ஆராய்ச்சியில் இறங்கும்போது, பிரபஞ்சம் விரிவடையும் வேகம், முன்னர் கணித்ததைவிட மேலும் அதிகம் என்று தெரியவந்தது. அப்படிப் பார்க்கும்போது, பிரபஞ்சத்தின் ஆரம்பம், 13.8 பில்லியன் ஆண்டுகள் என்பதைவிட, 12 பில்லியன் ஆண்டுகள் என்னும் கணக்கைத் தொடுகிறது. அது மேலும் குழப்பத்தையே தோற்றுவித்தது. எந்தக் கணிப்பும் மெதூசலா, பிரபஞ்சத்திற்குப் பின்னரான நட்சத்திரம் என்பதை இன்றுவரை நிரூபிக்கவில்லை.

மெதூசலாவின் பிறப்பு, பெரும் மர்மமாகவும், மாபெரும்

சவாலாகவும் வானியற்பியலாளர்களுக்கு அமைந்துவிட்டது. இதுவரை, இப்படியானதொரு சவாலை விஞ்ஞானிகள் சந்திக்கவில்லை. இன்றுவரை அதற்கான எந்தப் பதிலும் கிடைக்கவில்லை. பொதுவாக ஒன்றை மட்டும் சொல்கிறார்கள். "நிச்சயமாக, மெதூசலா பிரபஞ்சத் தோற்றத்தின் பின்னர் தோன்றிய நட்சத்திரம்தான்" என்கிறார்கள். ஆனால், அது எப்படியென்ற மர்மத்தை மட்டும் சொல்லவேயில்லை.

அத்தியாயம் 17

என்ன சொல்கிறது வொய்னிச் பிரதி?

'*The Gadfly*' நாவலை எழுதியவரான, 'ஏதெல் வொய்னிச்' (Ethel Voynich) என்னும் எழுத்தாளர், 27 ஜூலை 1960 அன்று, தனது 96வது வயதில் இறந்துபோனார். முப்பது ஆண்டுகளுக்கு முன்னரே கணவரை இழந்தவருக்கு, பிள்ளைகளோ, உறவினர்களோ யாருமில்லை. அவர்கூட இருந்து பார்த்துக் கொண்டவர், 'அன்னா நீல்ஸ்' என்பவர்தான். நல்ல வசதியான சீமாட்டியாகவே, 'எதெல்' இருந்தார். தான் இறந்தபின், தனது வங்கியின் லாக்கரில் இருப்பதை, முறைப்படி எடுக்கும்படி நீல்ஸிடம் சொல்லியிருந்தார் ஏதெல். அவர் இறந்ததும் பலரின் முன்னே, லாக்கர் திறக்கப்பட்டது. அங்கே காசோ, நகைகளோ எதுவுமிருக்கவில்லை. இருந்தது ஒரு கடிதம் மட்டும்தான். கணவர் இறந்தபின், ஏதோவொரு முடிவுடன் ஏதெல் எழுதிவைத்து, முப்பது ஆண்டுகளாக லாக்கரில் பாதுகாக்கப்பட்ட கடிதம். பலரின் முன்னால் அந்தக் கடிதம் படிக்கப்பட்டது. அதிலிருந்த வாக்கியங்கள் இவைதான். "நான் இறந்த பின்னர், அதைத் திறந்து பார்க்கலாம்.

என்ன சொல்கிறது வொய்னிச் பிரதி?

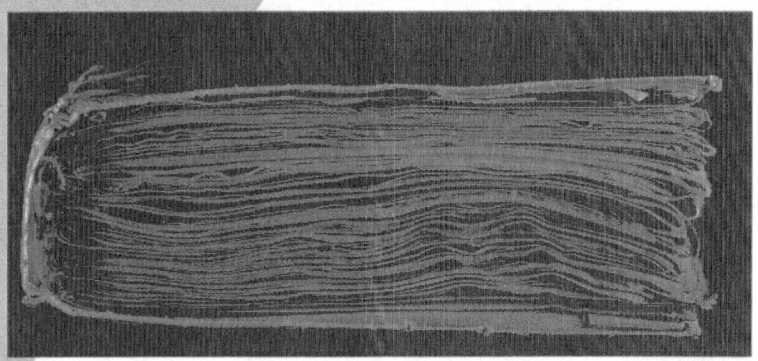

ஆனால், நீல்ஸோ அல்லது அவரைப் போன்ற பொறுப்புள்ள ஒருவரோதான் அதைத் திறக்க வேண்டும்." இறந்தபின் திறந்து பார்க்கலாமென்று ஏதெலால் சுட்டிக்காட்டப்பட்டது, பொக்கிஷ அறையோ, பூட்டி வைத்திருக்கும் அலமாரியோ அல்ல. அவர் குறிப்பிட்டது ஒரு புத்தகத்தை. புத்தகமொன்றைத் திறந்து பார்ப்பதற்கா வங்கி லாக்கரில் கடிதம் வைப்பார்கள்? அதுவும், இத்தனை ஆண்டுகளாக அதற்காக மட்டும்தான் லாக்கரைப் பயன்படுத்தினாரா? அப்படியென்றால், அந்தப் புத்தகத்தில் நிச்சயம் விலைமதிக்க முடியாத ஏதோவொரு சிறப்பு இருக்க வேண்டுமல்லவா? அப்படி என்ன சிறப்பு வாய்ந்தது அந்தப் புத்தகம்? இந்தக் கேள்விக்கான பதிலில்தான் இம்முறை நம் மர்மத்தேடல் ஆரம்பமாகிறது. இன்றுவரை உலகம் முழுவதும் என்னவென்று தெரியாமல் திகைத்து நிற்கும் மாபெரும் மர்மத்தை உள்ளடக்கியது அந்தப் பதில். வழக்கம்போல, அங்கு என்னதான் ஒளிந்திருக்கிறது என்பதைப் பார்த்து வரலாம் வாருங்கள்.

நீங்கள் எத்தனையோ மர்மங்களையும், புதிர்களையும் கேள்விப்பட்டிருப்பீர்கள். ஆனால், ஒரு புத்தகமே புதிராகவும், மர்மமாகவும் இருப்பதை என்றாவது கேள்விப்பட்டிருக்கிறீர்களா? ஆனால், நிஜத்தில் அப்படியொரு புத்தகம் இருக்கத்தான் செய்கிறது. பல நூற்றாண்டுகளாகத் தன்னுள் மாபெரும் மர்மத்தை உள்ளடக்கியபடி, இன்றுவரை தன்னை வெளிக்காட்டாமல் இருந்து வருகிறது. அந்தப் புத்தகம் பற்றியே இன்று நாம்

பார்க்கப் போகின்றோம். புத்தகம் என்றா சொன்னேன்? புத்தகம்போல, அச்சு அசலாக, மிக நேர்த்தியான வடிவத்தில் உருவாக்கப்பட்ட, கையெழுத்துப் பிரதியது. அதன் பெயர், 'வொய்னிச் மனுஸ்கிரிப்ட்' *(Voynich Manuscript)*. 'வொய்னிச்' என்னும் பெயரை இதற்கு முன்னரும் கேள்விப்பட்டீர்கள் இல்லையா? ஆம்! இறந்துபோன எழுத்தாளரான, 'ஏதெல் வொய்னிச்' என்று சொல்லியிருந்தேன். அப்படியென்றால், அந்தப் புத்தகத்தை எழுதியவர், அவராக இருக்குமென்று நினைக்கிறீர்களா? இல்லை. அந்தப் புத்தகத்திற்கு 'வொய்னிச்' என்று பெயர் வருவதற்கு, ஏதெலின் கணவரான வில்ஃபிரிட் வொய்னிச்தான் *(Wilfrid Voynich)* காரணம். ஆனால், அவரும் அந்தப் புத்தகத்தை எழுதவில்லை. அது, 600 ஆண்டுகளுக்கு முன்னர் எழுதப்பட்டது. அந்தப் புத்தகத்தை யார் எழுதினார்கள்? எதுபற்றி எழுதப்பட்டிருக்கிறது? அப்படி என்ன மர்மம் அதில் இருக்கின்றது? எந்த மொழியில் எழுதப்பட்டிருக்கிறது? இத்தனை கேள்விகளை அந்தப் புத்தகம் நோக்கி வைத்தாலும், வரும் பதில், "தெரியாது" என்னும் ஒற்றைச் சொல்தான். 'ஒரு புத்தகத்தைப் படித்தால், அது யாரால் எழுதப்பட்டது, எப்போது எழுதப்பட்டது என்று தெரியாமல் இருக்கலாம். ஆனால், அதில் என்ன எழுதியிருக்கிறது, எதுபற்றி எழுதப்பட்டிருக்கிறது, எந்த மொழியில் எழுதப்பட்டிருக்கிறது என்றுகூடவா தெரியாமல் போகும்?' என்றுதான் நீங்கள் நினைப்பீர்கள். நீங்கள் மட்டுமில்லை. எவரும் அப்படித்தான் நினைப்பார்கள். ஆனால், தெரியாது என்று சொன்னது சரியானதே! அந்தப் புத்தகம்பற்றி எதுவுமே தெரியவில்லை. என்ன புரியவில்லையா? விளக்கமாகச் சொல்கிறேன்.

முதல் பார்வையில், அந்த அளவு முக்கியத்துவம் கொடுக்க முடியாத, புத்தகமாகத் தெரியும், மிகப்பழமையான புத்தகம்தான் 'வொனிச் பிரதி'. ஒரு புத்தகம் எப்படி எழுதப்பட வேண்டுமோ அப்படி, அழகிய எழுத்துகளுடனும், அருமையான படங்களுடனும், பல வர்ணங்களுடன் காணப்படுகிறது 'வொய்னிச் கையெழுத்துப் பிரதி'. நீலம், சிவப்பு, பச்சை, மஞ்சள் ஆகிய நான்கு வர்ணங்களையும் கொண்டு அழகாக வரையப்பட்ட சித்திரங்கள், அந்தப் புத்தகமெங்கும்

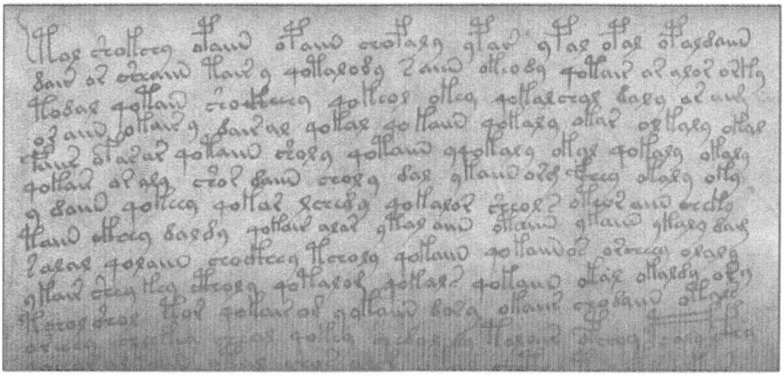

என்ன சொல்கிறது வொய்னிச் பிரதி?

நிறைந்திருக்கின்றன. ஆங்கிலத்தில் ஒரு வசனம் ஆரம்பிக்கும்போது காப்பிட்டல் எழுத்துடன் ஆரம்பிக்குமல்லவா? அதுபோல, ஒவ்வொரு வரியும் காப்பிட்டல் எழுத்துகளுடன் ஆரம்பிக்கிறது. அச்சடித்தது போன்ற கையெழுத்தில், இடமிருந்து வலமாக எழுதப்பட்டிருக்கிறது. எல்லாம் சரிதான். ஆனால், அதில் எழுதப்பட்டிருக்கும் எதையும், யாராலும் படிக்க முடியவில்லை. காரணம், அது எந்த மொழியில் எழுதப்பட்டிருக்கிறது என்பதே தெரியவில்லை. இத்தனை ஆயிரம் ஆண்டுகால மனித வரலாற்றில் அப்படியானதொரு எழுத்தை யாரும் எழுதியிருக்கவில்லை. அவை எந்த மொழியினூடாக எழுதப்பட்டிருக்கின்றன என்றும் தெரியவில்லை. உலகிலுள்ள மிகத்திறமை வாய்ந்த மொழியியலாளர்கள், குறியீட்டுக் கண்டுபிடிப்பாளர்கள் அனைவரும் முயன்றும், அது என்ன மொழியென்றோ, என்ன எழுதியிருக்கிறதென்றோ கண்டுபிடிக்கவில்லை. உலகப் போர்களிலும், வேறு சமயங்களிலும், எதிரிகள் பயன்படுத்தும் குறியீட்டு மொழிகளை விடுவிக்கும் ஆராய்ச்சியாளர்கள் பலர் முயன்றும் முடியவில்லை. பல ஆயிரம் ஆண்டுகள் பழமையான எகிப்தின் பிரமிடுகளிலுள்ள சித்திர எழுத்துகளையும், மாயன், சுமேரியத் தொன்மை நாகரிகங்களின் சித்திர எழுத்துகளையும், ஆசியாவின் தொன்மைப் பழமை எழுத்து வடிவங்களையும் கண்டுபிடித்த மொழியியல் வல்லுனர்களால், இதைக் கண்டுபிடிக்க முடியவில்லை. அதிகம் ஏன், செயற்கைப் புத்திஜீவியான, 'Artificial intelligence' மூலமாகவும் முயற்சி செய்தாயிற்று. முடியவேயில்லை. 2019 இல்கூட, இரண்டு அகாடமிக்கள் 'நாங்கள் இதைக் கண்டுபிடிக்கிறோம்' என்று

முயன்று, தத்துப்பித்தென்று கண்டுபிடித்துவிட்டோமென்று அறிக்கையும் கொடுத்தார்கள். ஆனால், எல்லாமே ஏமாற்று. எவராலும் இந்த நிமிடம்வரை முடியவில்லை. உலகத்தில் எத்தனையோ மொழிகள் இருக்கின்றன. இருந்திருக்கின்றன. அவற்றில் எந்த மொழியின் எழுத்துகளின் சாயலாவது இருக்குமாவென்று பார்த்தார்கள். கொஞ்சம்கூட ஒத்துப் போகவில்லை. ஆனால், அந்த எழுத்துகள் அனைத்தும், பழக்கப்பட்ட எழுத்துகள்போலவே தோன்றுகின்றன. புத்தகத்தில், மொத்தமாக 240 பக்கங்கள் கிடைத்திருக்கின்றன. கிட்டத்தட்ட 30 பக்கங்களை யாரோ நீக்கியிருக்கிறார்கள். 18 அத்தியாயங்களாக அவை பிரிக்கப்பட்டிருக்கின்றன. 58 அட்சரங்களைக் கொண்டு, 170,000 எழுத்துகள் எழுதப்பட்டிருக்கிறது. யார் எழுதினார்கள்? ஏன் எழுதினார்கள்? எதுவுமே புரியவில்லை. இப்படியான புத்தகத்தையே, வில்ஃபிரிட் வொய்னிச்சும், ஏதெல் வொய்னிச்சும் பாதுகாத்து, மறைத்து வைத்திருந்தார்கள். அதைத் திறந்து பார்ப்பதற்கான அனுமதிக் கடிதமே லாக்கரில் இருந்தது.

1912ஆம் ஆண்டு, அமெரிக்காவைச் சேர்ந்த, 'வில்ஃபிரிட் வொய்னிச்' (Wilfrid Voynich) என்னும் தொல்பொருட்களை வாங்கி விற்பவர், ரோம் நகரில் இந்த வொய்னிச் பிரதியைக் கண்டெடுத்தார். அவர்மூலம் இந்தப் புத்தகம் உலகெங்கும் அறிமுகமானதால், அதற்கு, 'வொய்னிச் மனுஸ்கிரிப்ட்' என்று பெயர் கிடைத்தது. பலவித ஆராய்ச்சிகளின் பின்னர், கிபி1404 ஆண்டிலிருந்து கிபி1432 ஆண்டுக்குள் இந்தப் பிரதி எழுதப்பட்டிருக்க வேண்டுமெனக் கணித்திருக்கிறார்கள். மாட்டுக் கன்றில் தோல்களினால் இதன் பக்ககங்கள் உருவாக்கப்பட்டிருக்கின்றன. ஒன்றுடன் ஒன்று இணைக்கப்பட்டுப் பெரிய பக்கமாக விரியக்கூடியவாறும் சில பக்கங்கள் ஒன்றுசேர்த்து மடிக்கப்பட்டிருக்கின்றன. அதிகம் பழக்கமில்லாத அபூர்வமான பூக்களும், இலைகளும், நிர்வாணமான பெண்கள் வரிசையாக பச்சைத் திரவத்தில் மூழ்கி இருப்பதுமான படங்கள் காணப்படுகின்றன. ஒரு பக்கத்தில், ட்ராகன் ஒன்று மரத்தின் இலையைப் புசிப்பதுபோலவும் இருக்கிறது. கட்டடங்களும் மதிற்சுவர்களும் வரையப்பட்டிருக்கின்றன. வானத்திலுள்ள நட்சத்திரங்கள், நட்சத்திரக் கூட்டங்கள்

போன்றவையும் வரையப்பட்டிருக்கின்றன. கணித வடிவங்களும் காணப்படுகின்றன. அத்துடன், பக்கம் பக்கமாக எழுதப்பட்டிருந்த எழுத்துகளும் இருக்கின்றன. மொத்தத்தில், இது என்னவகையான புத்தகமென்றே கண்டுபிடிக்க முடியாமல் குழம்பிப்போகிறோம். ஒன்றேயொன்று மட்டும் காணக்கூடியதாக இருந்தது. அதுகூட ஒரு சந்தேகம்தான். அதில் காணப்படும் கட்டிடங்களின் அமைப்பு, சரியாக அதேகால ஐரோப்பியக் கட்டிட வடிவத்துடன் ஒத்துப் போகிறது. அதனால், கணித்த காலம் சரியாக இருக்கிறது என்பது முடிவாகிறது. ஆனால், ஏனைய அனைத்தும் தலைசுற்றும் கதைதான்.

இறுதியாக, தொடர்ச்சியான ஆராய்ச்சிகளின்பின், 1665ஆம் ஆண்டு 'ஜான் மாரெக் மார்சி' (Jan Marek Marci) என்னும் இத்தாலியர், கிருஸ்தவத் தலைமைக்கு எழுதிய கடிதமொன்றில், 'எனது நண்பன்மூலம் கிடைத்த புத்தகத்தை எவராலும் படிக்க முடியவில்லை. அதை உங்களால் படிக்க முடிந்தாலன்றி வேறொருவராலும் படிக்க முடியாது' என்ற சில குறிப்புகளை எழுதியிருக்கிறார். அந்தக் கடிதம் வொய்னிச் பிரதியையே குறிக்கிறது என்ற முடிவுக்கு இப்போது வந்திருக்கிறார்கள். அவரின் நண்பருக்கு, 1600ஆம் ஆண்டளவில் 'ரூடோல்ஃப் II' மன்னன் மூலம் அந்தப் பிரதி கிடைத்திருக்கலாம் என்பதுவரை வந்திருக்கிறார்கள். ஆனால், அதன் முன்னரோ, பின்னரோ யாரிடம் இருந்தது, யார் எழுதினார்களென்ற எந்தத் தடயமும் கிடைக்கவில்லை. இப்படியொரு பிரதியை உருவாக்க வேண்டுமென்றால், ஆயுட்காலம் முழுவதையும் ஒருவர் செலவழித்தேயாகவேண்டும். எந்த அர்த்தமும் இல்லாமல் யாராவது இப்படியொரு பிரதியை உருவாக்க மாட்டார்கள். அதனால், இந்தப் புத்தகம் எதையோ நமக்குச் சொல்ல வருகிறது அது என்னவென்றுதாம் தெரியவில்லை.

தன்னுள் இத்தனை மர்மங்களையும் உட்டடக்கியபடி, 'யேல்' பல்கலைக் கழகத்தில் நிம்மதியாக அமர்ந்திருக்கிறது, 'வொய்னிச் கையெழுத்துப் பிரதி'.

அத்தியாயம் 18

ஒன்று இங்கே இன்னொன்று எங்கே?

உலகிலேயே விலையுயர்ந்த, தனிநபரொருவரின் வீடு எது தெரியுமா? நிச்சயம் உங்களுக்குத் தெரிந்திருக்கும். அம்பானிக்குச் சொந்தமான, 'அன்டிலியா' *(Antilia)* கட்டடம்தான் அது. இரண்டு பில்லியன் டாலர்கள் பெறுமதியானது. பூகம்பத்துக்கும் கலங்காத, 27 மாடிக் கட்டடம். ஆனால், அன்டிலியாவை விடவும் அதிகப் பெருமதி வாய்ந்த பொருளொன்றும் உள்ளது. 4.5 பில்லியன் டாலர்கள் பெறுமதியானது. '*History Supreme Yacht*' எனப்படும், தனிநபருக்கான நூறடி நீள உல்லாசப் படகு. மலேசியக் கோடீஸ்வரருக்குச் சொந்தமானது. அதுவே, உலகின் அதிகப் பெறுமதியான பொருளாகும். *T-Rex* டைனோசௌரியாவின் எலும்புகள், பிளாட்டினம், தங்கம் ஆகியவற்றால் சுவர்கள் இழைக்கப்பட்டால், இந்த விலையில்லாமல் என்னவாகும்? 'அதெல்லாம் சரிதான், இவற்றையெல்லாம் எதற்குச் சொல்கிறேன்'. காரணம் இருக்கிறது. இதுபோன்ற விலையுயர்ந்த. பொருட்களைத் தூக்கிச் சாப்பிடக்கூடிய ஒரு பொருளும்

ஒன்று இங்கே இன்னொன்று எங்கே?

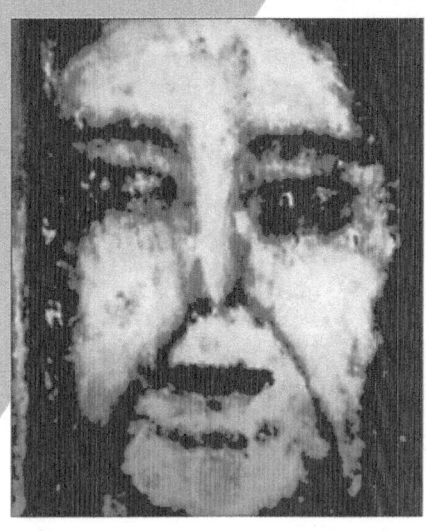

இந்த உலகத்தில் இருக்கிறது. அதைப்பற்றித் தெரிந்துகொள்ளும் பயணமே இது. 2006ஆம் ஆண்டுக் கணிப்பின்படி, அப்பொருளின் ஒரு கிராம், 25 பில்லியன் டாலர்கள் பெறுமதியானது. இன்றைய மதிப்பீட்டில், ஒரு கிராம், 62.5 ட்ரில்லியன் டாலர்கள். உலகின் முதலாவது பணக்காரரிடம்கூட அதை வாங்கிக்கொள்ளும் அளவு பணமில்லை. அதிகமேன், முதல் பத்துக் கோடீஸ்வரர்கள் ஒன்றுசேர்ந்தாலும், அதன் ஒரு கிராமை வாங்கிவிட முடியாது. அந்தப் பொருள்தான், 'ஆன்டிமாட்டர்' (antimatter) எனப்படும் 'எதிர்த்துகள்'. அது என்ன எதிர்த்துகள்? விலை ஏன் இவ்வளவு அதிகம்? அதில் அப்படியென்ன விசேஷம்? இவற்றைத்தான் நாம் விரிவாகப் பார்க்கப்போகிறோம்.

முடிவிலியாக விரிந்திருக்கும் பிரபஞ்சம், 96% வெறுமையானது. கருந்துகள் (Dark matter), கருஞ்சக்தி (Dark energy) போன்ற கருமைகளைக் கொண்டிருக்கும் வெறுமை. இந்த இரண்டு கருமைகள்பற்றியும் இப்போது பார்க்கப் போவதில்லை. ஆனால், எஞ்சிய பிரபஞ்சத்தில், 4% அளவில் பொருட்கள் பரவியிருக்கின்றன. இங்கு பொருட்களென, நீங்கள், நான், வீடு, மரம், நீர், காற்று, சந்திரன், நட்சத்திரங்கள், கருந்துளை எல்லாமே! நட்சத்திரம், பொருளா என்று கேட்கக்கூடாது. இப்பொருட்கள் அனைத்தும், அடிப்படைத் துகள்களால் (particle) உருவாக்கப்பட்டவை. மிகப்பெரிய கட்டடம், சிறியளவுகொண்ட செங்கற்களால் உருவாவதுபோல, மிகமிகச்சிறிய துகள்களால், பொருட்கள் உருவாக்கப்பட்டிருக்கின்றன. பொருளொன்றின்

பிரிக்கமுடியாத, ஆகச்சிறிய துணுக்கையே, துகளாகிறது. சில தசாப்தங்களுக்கு முன்னர், மிகச்சிறிய துகளாக அணுவே இருந்தது. விஞ்ஞானம் வளர வளர, அணுவையும் பிரித்தார்கள். அதனுள் இருக்கும் புரோட்டான், நியூட்ரானும் பிரிக்கப்பட்டது. அவை குவார்க் *(Quark)*, குளுவான் *(Gluon)* போன்ற அடிப்படைத் துகள்களால் உருவாக்கப்பட்டிருப்பதைக் கண்டுபிடித்தார்கள். இதற்குமேல் விரிவாக நாம் போகவேண்டியதில்லை. போனால், குழப்பமாகிவிடலாம். பிரபஞ்சத்திலுள்ள பொருட்கள் எல்லாம், குவார்க்குகளாலும், வேறுசில அடிப்படைத் துகள்களாலும் உருவானவையே!

பிரபஞ்சம் மிகச்சிறிய புள்ளியாக இருந்து, பிக்பாங் பெருவெடிப்பின்மூலம் பிரமாண்டமாக விரிந்ததென்று உங்களுக்குத் தெரியும். பிக்பாங் நடந்த ஆரம்பக் கணங்களில், பிரபஞ்சம் 142 நொன்னில்லியோன் *(nonnillion)* செல்சியஸ் வெப்பநிலையுடன் இருந்தது. அதாவது 10^32 பாகை செல்சியஸ் (1உடன் 32 பூச்சியங்கள் சேர்ந்துவரும் எண்). அக்கணத்தில் உருவான குவார்க்குகளும், குளுவான்களும் அந்த வெப்பநிலையில் பிளாஸ்மாக் கூழாக வெந்துபோயிருந்தன. இந்தக் கூழை, 'குவார்க் குளுவான் பிளாஸ்மாக்கூழ்' *(quark-gluon-plas-*

ஒன்று இங்கே இன்னொன்று எங்கே?

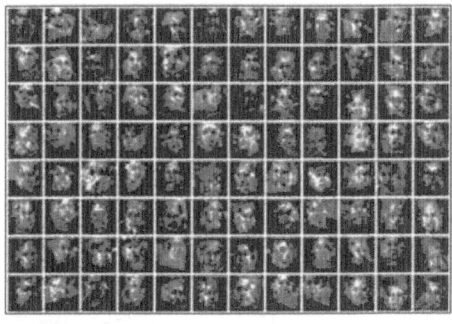

ma soup) என்கிறார்கள். அந்தக் கூழைக் குடித்தே இன்றுள்ள பிரபஞ்சம் உருவாகியது. அதிலிருந்தே இன்றிருக்கும் நட்சத்திரங்களும், காலக்ஸிகளும் தோன்றின. அதாவது, பிரபஞ்சத்தின் அனைத்துப் பொருட்களும் தோன்றின. பிரபஞ்சத்தின் தோற்றத்தை விஞ்ஞானிகள் இப்படித்தான் வரையறுத்திருந்தார்கள். ஆனால், நடந்ததோ வேறு. நம்பவே முடியாதொரு ஆச்சரியமொன்று நடந்தது. அதுவே, சூரியனும், சந்திரனும், பூமியும், மனிதர்களும் உருவாகக் காரணமாகியது. இயற்கையே அதைத் தெரிவு செய்திருந்தது. அந்த ஆச்சரியத்தின் அடிப்படையைக் கண்டுபிடித்தவர், 'பால் டிராக்' (Paul Dirac) என்னும் இயற்பியலாளர்.

ஐன்ஸ்டைன் வெளியிட்ட சிறப்பு சார்புக் கோட்பாட்டின் (special relativity theory) அடிப்படையில், எலெக்ட்ரான்களின் இயக்கத்தைக் கணிதச் சமன்பாடுகளின்மூலம், 'பால் டிராக்' ஆராய்ந்துகொண்டிருந்தார். அவரது முடிவுகளில், கணிதச் சமன்பாடுகளினால், சிக்கலொன்று தோன்றியது. துகள்கள் பயணிக்கும் விதங்களைக் கணிக்கும்போது, சமன்பாட்டின் இறுதியில் வர்க்கமூலம் ஒன்றை விடுவிக்க வேண்டியிருந்தது. அதில்வரும் விடையிலிருந்து துகள்களை அறிந்து கொள்ளலாம் என்று தெரிந்தது. ஆனால், வர்க்கமூலத்திற்கு, நேர் இலக்கங்களில் ஒரு விடையும், எதிர் இலக்கங்களில் ஒரு விடையும் வரும். உதாரணமாக, 9 இற்கான வர்க்கமூலம், 3 என்றுதான் சொல்வோம் (3X3=9). ஆனால், -3 என்ற எதிர் எண்ணும் பதிலாகும் (-3X-3=9). அதாவது ஒரே கேள்விக்கு நேர், எதிர் என்று இரண்டு பதில்கள் கிடைத்தன. ஆரம்பத்தில் ஏதோ தவறு நேர்கிறதென்று டிராக் நினைத்துக்கொண்டார். பின்னர், சிந்தித்தபோதுதான், பிரபஞ்சத்தின் ஆரம்பக் கணத்தின்

மிக முக்கியமான வாசல் கதவு திறக்கப்பட்டது. பிரபஞ்சம் தோன்றும்போது, துகள்கள் மட்டுமில்லாமல், அதே அளவு எதிர்த்துகள்களும் தோன்றியுள்ளன என்ற முடிவுக்கு டிராக் வந்தார். அதாவது, கணித விடையின்படி, குவார்க்குகள் மட்டுமில்லாமல், அதே அளவான எதிர்க்குவார்க்குகளும் தோன்றியிருக்கின்றன என்று தெரியவந்தது. அதாவது, பிக்பாங் கணத்தில் உருவான துகள்களுடன், அதே அளவு எதிர்த்துகள்களும் உருவாகியிருக்கின்றன. இந்த முடிவை டிராக் வெளியிட்டார். அதன் தொடர்ச்சியாய், பிரபஞ்சத்தில் இருக்கும் ஒவ்வொரு பொருளுக்கும், எதிர்ப்பொருள் இருக்கவேண்டும் என்று புரிந்துகொள்ளலாம். ஆனால், அப்படியான எதிர்ப்பொருட்களை எங்கு தேடியும் கண்டுபிடிக்க முடியவில்லை. அப்படியெனில், பால் டிராக்கின் முடிவுகள் தப்பானவையா? இல்லை. இன்றுவரை கண்களால் காணமுடியாத, பிரபஞ்ச இரகசியங்களை, கணிதம்கொண்டே ஐன்ஸ்டைன் போன்ற மேதைகள் கணித்திருக்கிறார்கள். டிராக் கண்டுபிடித்ததை உண்மையாக்கும் சம்பவம் சீக்கிரமே நடந்தது.

டிராக்கின் முடிவு வெளியிடப்பட்டு நான்கே ஆண்டுகளில், 'கார்ல் ஆண்டர்சன்' *(Carl David Anderson)* என்னும் இயற்பியலாளர், எலெக்ட்ரானின் எதிர்த்துகளான, ஆன்டிஎலெக்ட்ரானைக் கண்டுபிடித்தார். அதற்கு, 'பாசிட்ரான்' *(Positron)* என்று பெயரும் வைக்கப்பட்டது. டிராக் சொன்னவை நூறு விழுக்காடு சரியானவையென்று நிரூபிக்கப்பட்டது. அப்படியென்றால், துகள்களுக்கு எதிர்த்துகள்கள் இருக்கின்றன என்பது உண்மையாகியது. உருவாகிய பிக்பாங் கணத்தில் அதே அளவு எதிர்த்துகள்களும் உருவாகியிருக்க வேண்டுமல்லவா? ஆனால், துகள்களால் உருவான 4% பொருட்கள் மட்டுமே பிரபஞ்சத்தில் இருக்கின்றன. எதிர்த்துகள்களால் உருவாக்கப்பட்ட எதிர்ப்பொருட்கள் எதுவுமே காணப்படவில்லை. ஏன்? எங்கே அத்தனை எதிர்த்துகள்களும் போய்விட்டன?

இயற்பியலின் விதிகளின்படி, ஒரு துகளும், அதன் எதிர்த்துகளும் ஒன்று சேர்ந்தால், சக்தியை வெளியிட்டு, ஒன்றையொன்று

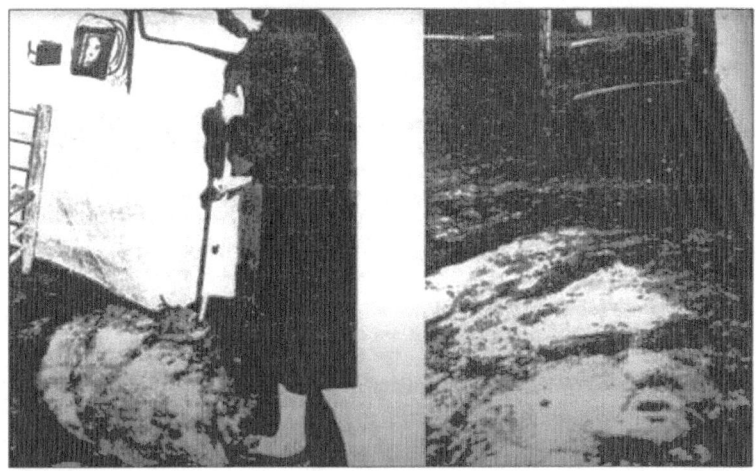

அழித்துக்கொள்ளும். ஒரு நேரும், ஒரு எதிரும் சேர்ந்து பூஜ்ஜியமாவதைப் போல. பிக்பாங் கணத்தில் தோன்றிய ஒவ்வொரு துகளும், அவற்றின் எதிர்த்துகளும் ஒன்றுடனொன்று சேர்ந்து தம்மை அழித்துக்கொண்டன. எல்லாத் துகள்களும் அப்படி அழிந்துபோய்விட்டன. எஞ்சியது பெரிய அளவிலான சக்தி மட்டும்தான். அதனால்தான், எதிர்த்துகள்களையோ, அவற்றால் உருவான எதிர்ப்பொருட்களையோ பிரபஞ்சம் எங்கும் காணமுடியவில்லை. எதிர்ப்பொருட்கள் எல்லாமே, ஒன்றுடனொன்று இணைந்ததால் அழிந்துவிட்டன. எங்கும் எதிர்த்துகள்கள் இல்லை. இந்த இடத்தில், நீங்கள் சரியாகச் சிந்திப்பவராக இருந்தால், முக்கியமானதொரு கேள்வியைக் கேட்பீர்கள். "துகள்களும், எதிர்த்துகள்களும் சரிசமமாக இருந்தால், எதிர்த்துகள்கள் அழிந்தபோது, துகள்களும் அழிந்திருக்க வேண்டுமல்லவா? அப்படியென்றால், இன்றிருக்கும் பிரபஞ்சத்தில், 4% பொருட்கள் எப்படி வந்திருக்க முடியும்?" என்று கேட்பீர்கள். இதுவே, ஆரம்பத்தில் நான் கூறிய விடைதெரியாத மர்மமாகும். இதற்கான பதில் யாரிடமும் இல்லை. இவ்வளவு பொருட்களையும் உருவாக்கக்கூடிய துகள்கள், எதிர்த்துகள்களினால் அழிக்கப்படாமல் எப்படித் தப்பின? இதுவே, பிரபஞ்சத்தின் மர்மங்களில் முதன்மையானது.

என்ன ஒளிந்திருக்கிறது அங்கே?

"இப்போதிருக்கும் பிரபஞ்சத்தை உருவாக்கிய துகள்கள் எப்படி மிஞ்சின?"

இந்தக் கேள்விக்கு, சமாதானமான பதிலொன்றை விஞ்ஞானிகள் சொல்கிறார்கள். அதில் எவ்வளவு உண்மை ஒளிந்திருக்கிறது என்பது யாருக்கும் தெரியாது. 'பிரபஞ்சம் தோன்றும்போது, துகள்களும், எதிர்த்துகள்களும் தோன்றின. ஆனால், இயற்கையின் தற்செயலான தவறினால், பில்லியன் துகள்களுக்கு, ஒருதுகள் அதிகமாகத் தோன்றியிருக்கின்றது. அதாவது, பில்லியன் எதிர்த்துகள்களும், பில்லியன்+1 துகள்களும் தோன்றியிருக்கின்றன. அவற்றில், இரண்டு பக்கமும் பில்லியன் துகள் ஒன்றையொன்று அழித்துவிட, ஒரேயொரு துகள்மட்டும் தப்பிக் கொள்கிறது. அப்படித் தப்பிப்பிழைத்த துகள்கள் ஒன்றுசேர்ந்து இப்போதிருக்கும் மாபெரும் பிரபஞ்சம் உருவாகியிருக்கின்றது' என்று சமாதானப்படுத்தும் வாதத்தை முன்வைக்கிறார்கள். இதை ஏற்றுக்கொள்வதும் விடுவதும் உங்கள் முடிவு. ஆனால், டிராக் கண்டுசொன்ன எதிர்த்துகள்களை, ஃபேர்மிலாபிலும் (Fermilab), சுவிஸில் இருக்கும் 'துகள்மோதி' ஆராய்ச்சி நிலையத்திலும் உருவாக்கியிருக்கிறார்கள். துகள்களை அதிவேகத்துடன் மோதவைத்து, ஆன்டிஹைட்ரஜனை உருவாக்குகிறார்கள். உருவான ஆன்டிஹைட்ரஜன்களை, காந்த வலைகொண்டு சிறைப்பிடித்துச் சேமிக்கிறார்கள். இதுவரை 15 நானோகிராம் எதிர்த்துகள்களைச் சேகரித்துள்ளார்கள். இந்த வழியில் ஒரு கிராம் அளவு சேகரிக்க பல இலட்சம் ஆண்டுகளாகும். இப்போது புரிகிறதா, அன்டிமாட்டர்கள் ஏன் இத்தனை பெறுமதியானவையென்று. விஞ்ஞானம் வளர, வேறு வழிகளில் எதிர்த்துகள்களைச் சேகரிக்க மனிதன் கற்றுக்கொள்வான். இதுவரை சேமித்த எதிர்த்துகள்களான பாசிட்ரோன்களைக் கொண்டு, 'PET' (positron emission tomography) என்னும் கருவி உருவாக்கப்பட்டிருக்கிறது. மருத்துவ உலகில் மிக முக்கியமான கருவி இதுவெனக் கருதப்படுகிறது.

அத்தியாயம் 19

பேய்க்கு இதயம் உண்டா?

எனது நண்பரொருவர் என்னிடம், "பேய்க்கு இதயம் இருக்கிறதா?" என்று அடிக்கடி கேட்பார். என்ன பதில் சொல்வதென்று தெரியாமல் திகைப்பேன். ஏதாவது மொக்கை ஜோக்கொன்றைச் சொல்லிச் சமாளிப்பேன். அவரும் கேட்டதை மறந்துவிடுவார். மீண்டும் வேறொரு சமயத்தில் கேட்பார். அந்தக் கேள்வியை எதையோ அறியும் காரணத்தை முன்னிட்டே கேட்கிறார் என்பது தெரிகிறது. அந்தக் காரணத்தை நானும் கேட்டதில்லை. அவரும் சொன்னதில்லை. பேய்கள் போன்ற அமானுஷ்யங்கள் எப்போதும் ஆர்வத்தைத் தருபவை. உள்ளூர பயமிருந்தாலும், அறியும் ஆவலை உந்தியபடியே இருப்பவை. பேய்கள் இல்லையெனப் புரிந்துகொண்டாலும், இருப்பதாகவே மனம் நம்பவிரும்பும். பயமென்பதும் ஒருவித போதைதான். அறிவியல், அமானுஷ்யங்களை (paranormal activity) அடியோடு மறுக்கிறது. ஆதாரமில்லாத எதையும் அது ஏற்பதில்லை. ஆனாலும், அமானுஷ்யங்கள் ஆங்காங்கே

என்ன ஒளிந்திருக்கிறது அங்கே?

நடந்துகொண்டுதான் இருக்கின்றன. அப்பா, அம்மா, பாட்டன் போன்ற மிகவும் நம்பிக்கையானவர்கள், பார்த்ததாகச் சொல்லும் சம்பவங்களை நம்ப மறுக்க வேண்டியதில்லை. அவர்கள் நம்மிடம் எதற்காகப் பொய் சொல்லவேண்டும்? அவர்கள் கண்டதாகச் சொல்லும் சம்பவங்களுக்கு, அறிவியல் சார்ந்த ஏதோவொரு விளக்கம் இருக்கக்கூடும். அது எதுவெனத் தெரியும்வரை நிராகரிப்பிலிருந்து விலகியிருக்கலாம். இப்போது, நானும் அப்படியானதொரு அமானுஷ்ய சம்பவத்தையே சொல்லப்போகிறேன். ஏற்கனவே, வேறொரு தளத்தில் சொல்லியிருந்தாலும், வாசகர்களுக்குப் புதியது. இதை, இங்குசொல்ல நான் விரும்புவதற்குக் காரணமிருக்கிறது. நானறிந்துகொண்ட மர்மச் சம்பவங்களில் எனக்கு மிகவும் பிடித்தது இதுதான். காரணம், இதன் உண்மைத்தன்மை. பலர் ஆராய்ந்து, படம் பிடித்த சாட்சிகளுடன் கூடிய சம்பவம். ஆராய்ச்சியாளர்கள் பரிசோதித்தபோது, அவர்கள் முன் நடைபெற்ற சம்பவங்கள். இவை நடந்தவை என்பதில் மாற்றுக் கருத்தே கிடையாது. நடந்தவைக்கான காரணங்களே மாறுபடுகின்றன. இந்த மர்மத்தில் என்ன ஒளிந்திருக்கிறது என்பதைத்தான் பார்க்கப்போகிறோம்.

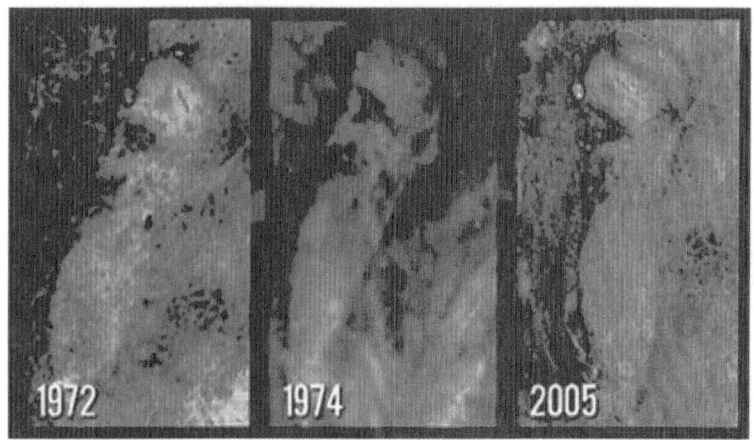

இப்படித்தான் ஆரம்பமானது அந்தச் சம்பவம். 'மரியா கொமெஷ்' *(Maria Gomez)* என்பவர், இரவுப் பொழுதொன்றில் சமையலறைப் பணிகளை முடித்துவிட்டு அகலும்போது, தற்செயலாகத் தரையில் காணப்பட்ட கோடுகளைக் கவனித்தார். அது சாதாரணக் கோடுகள்போல இல்லாமல், படங்கள் வரைவதற்கு முன்னரான கோடுகள்போலக் காணப்பட்டன. சுவர்கள், மரங்கள், முகில்களில் உருவங்கள் தெரிவதுபோல, மாயத் தோற்றங்களைக் கண்டிருக்கிறார். அதுபோலத் தரையில் ஏற்பட்ட வெடிப்புக் கீறல்களை, உருவமென்று நினைக்கிறேன் என்று சிரித்தபடியே, படுக்கையறைக்குச் சென்று படுத்துக்கொண்டார். மறுநாள் விநோதமாக விடியப்போவது தெரியாமல்.

இந்தச் சம்பவம், *1971*ஆம் ஆண்டு ஆகஸ்ட் மாதம், ஸ்பெயின் நாட்டிலிருக்கும், 'பெல்மேஷ்' *(Belmez)* என்னும் சிறிய நகரில் நடந்தது. *2000* மக்கள் வாழ்ந்த அந்த நகரின் 'கலே ரெயால்' *(Galle Real)* என்னும் தெருவில், மரியா கொமெஷின் வீடு இருந்தது. அடுத்தநாள் காலை சமையலறைக்கு வந்த மரியா, பயத்தால் வீரிட்டு அலறினார். அவரின் சத்தம் கேட்டு ஓடிவந்த கணவனும், மூத்த மகனும்கூடப் பதறிவிட்டார்கள். அங்கே தரையில், மிகத்தெளிவாக ஆணின் முகமொன்று வரையப்பட்டிருந்தது.

இல்லையில்லை, உருவாகியிருந்தது. பயத்தால் உறைந்துபோனார் மரியா. கண், மூக்கு, வாய் முகமெல்லாம் கனகச்சிதமாகத் தெரிந்த உருவம். தரையின் நிறத்திலேயே வரையப்பட்டிருந்தது. இதை யார் வரைந்திருக்கலாமென்று அவர்களால் கற்பனை செய்ய முடியவில்லை. அன்றைய பொழுது முழுவதும் பதற்றத்திலேயே கழிந்துபோனது. கணவரும், மகனும் அதை அவ்வளவு பெரிதாக எடுத்துக் கொள்ளவில்லை. 'அது தற்செயலாக உருவானது. இப்படியான வினோதச் சம்பவங்கள் உலகெங்கும் நடைபெற்றிருக்கின்றன' என்று சமாதானம் செய்தனர். ஆனாலும், மரியாவால் சமாதானமடைய முடியவில்லை. அப்படியே தூங்கிவிட்டார்.

அடுத்தநாள் காலை எழுந்துவந்த மரியாவுக்கு, ஆச்சரியமொன்று காத்திருந்தது. அங்கு படம் இருந்ததற்கான தடயமேயில்லாமல் மறைந்து போயிருந்தது. 'அப்பாடா!' என்று பெருமூச்சு விட்டுக்கொண்டார். "அப்படியென்றால், கணவரும், மகனும் சொன்னவை உண்மைதானோ? நான்தான் தேவையில்லாமல் பயந்துவிட்டேன்போல" என்று சொல்லிக்கொண்டார். பாவம் மரியா! அடுத்த நாளிலிருந்து அவரது மொத்த நிம்மதியும் வாழ்நாள் முழுவதும் தொலையப் போகிறதென்று தெரியாமல், அந்த நாளைக் கழித்தார். மறுநாள் விடிந்தது. ஒரு குறுகுறுப்புடன் மெல்ல மெல்லச் சமையலறைக்குள் சென்று தரையை எட்டிப்

பார்த்தார். அவ்வளவுதான். மரியாவின் அலறல் வீட்டையே ரெண்டாக்கியது. அங்கே, அதேயிடத்தில், வேறொருவரின் முகம் தோன்றியிருந்தது. இப்போது முகம் கொஞ்சம் பயங்கரமானதாகக் காணப்பட்டது. சத்தம் கேட்டு ஓடிவந்த கணவரும், மகனும் முதன்முறையாகப் பயந்து போனார்கள். இதை அவர்களும் எதிர்பார்க்கவில்லை. தகப்பனும், மகனும் ஒருவரையொருவர் பார்த்துக் கொண்டார்கள். இருவருக்கும் அடுத்து என்ன செய்வதென்று தெரிந்திருந்தது. எதுவும் பேசாமல், வெளியே போனார்கள். மீண்டும் வந்தவர்களின் கைகளில், நிலத்தைக் கொத்தியெறியும் கோடரி இருந்தது. இருவரும், சமையலறையின் முழுத்தரையையும் கொத்தியெறிந்தார்கள். பழைய நிலம் முழுவதும் உடைக்கப்பட்டு, புதிதாக சிமெண்ட்டு பூசி, தரையை அமைத்துக் கொண்டார்கள். அந்தப்பணி அவர்களுக்குப் பழக்கமானதால், சுலபமாகச் செய்து முடித்தார்கள். வெட்டியெறியப்பட்ட பெரிய துண்டொன்றில், அந்த முகம் அப்படியே காணப்பட்டது. அதையெடுத்து வாசலில் சாத்திவைத்தார்கள். முடிந்தது எல்லாம். இனி எந்தவிதத்திலும், அங்கு உருவங்கள் தோன்ற முடியாது. புத்தம்புதிதான பளிச்சென்ற தரை சிரித்துக் கொண்டிருந்தது. அதன்பின்னர் வந்த நாட்களில் எதுவும் நடக்கவுமில்லை.

இரண்டு நாட்கள்தான் பேய்கள்*(?)* ஓய்வெடுத்துக் கொண்டன. மூன்றாம் நாள் மீண்டும் புதிய தரையில் பளிச்சென்று முகங்கள் தோன்ற ஆரம்பித்தன. குடும்பமே ஆடிப்போய்விட்டது. கணவர், 'யுவான் பெரைரா' *(Juan Pereira)* நகர மேயரிடம் சென்று, நடந்தவற்றையெல்லாம் சொல்லித் தங்களுக்கு உதவிசெய்யும்படி வேண்டிக்கொண்டார். விஷயம் ஊரெங்கும் பரவியது. மரியா வீட்டைநோக்கி ஊர்மக்கள் படையெடுத்தனர். விதவிதமான முகங்கள். ஆண்கள், பெண்கள், வயோதியர், இளைஞர் என்று அத்தனை விதங்களிலும் மாறி மாறி உருவங்கள்.

என்ன ஒளிந்திருக்கிறது அங்கே?

தோன்றுவதும், பின்னர் தானாகவே மறைவதுமாக இருந்தன. சில உருவங்கள் மிகத்தெளிவாகவும், சில மங்கலாகவும் காணப்பட்டன. பலர் இருக்கும் குரூப் போட்டோக்களும் வந்தன. நான் நகைச்சுவயாகச் சொன்னாலும், அதை நேரில் பார்க்கும் மரியாவின் நிலைமையை யோசித்துப் பாருங்கள். தினமும் ஆயிரக்கணக்கில் மக்கள் பார்வையிட வந்தார்கள். பார்த்தவர்களெல்லாம் பயந்தார்களேயொழிய பேய்கள் பயப்படவில்லை. தொடர்ந்து தோன்றிக்கொண்டேயிருந்தன. இப்படியான சம்பவங்கள் நடைபெறும்போது, வழக்கம்போல என்ன சந்தேகங்கள் எழுமோ, அவையும் எழுந்தன. விளம்பரத்துக்காக மரியா குடும்பம், தாங்களே வரைந்துவிட்டு, உருவங்கள் தோன்றுவதாகப் பொய் சொல்கிறார்களென்ற பேச்சுகள் எழ ஆரம்பித்தன. பேய் இருக்கிறது என்று சொன்னால், யார்தான் நம்புவார்கள்? பத்திரிகைகள், ரேடியோக்கள், தொலைக்காட்சிகள் அனைத்தும் வந்தன. சிலர் அங்கேயே தங்கியிருந்து படம்பிடிப்பதற்கான அனுமதியைக் கேட்டுக் கொண்டனர். எந்த வழியிலாவது பேய்கள் தொலைந்தால் சரியென்று அனைத்துக்கும் அனுமதியளித்தது மரியா குடும்பம்.

மரியாவின் வீட்டில் தங்கியிருந்து, போட்டோக்களையும், பதிவுகளையும் செய்துகொண்டிருந்த மீடியாவினரின் கண்களின் முன்னாலேயே உருவங்கள் தோன்றின. மறுக்க முடியாத உண்மையாகியது. 'மரியாவின் கணவர், வித்தியாசமான இரசாயனங்களைக்கொண்டு தரையில் வரைந்துவிட, அது இரண்டொரு நாட்களின் பின்னர் வெளியே தெரிய ஆரம்பிக்கிறது' என்றும் சந்தேகப்பட்டனர். படங்கள் தோன்றிய தரையை அப்படியே சுரண்டியெடுத்துப் பரிசோதனைச்சாலையில் பரிசோதித்தபோது, சாதாரண சிமெண்ட் தரைதானென்று தெரியவந்தது. ஸ்பெயின் முழுவதும் அதுவே பேச்சானது. பல்கலைக்கழகப் பேராசிரியர்கள் வரிசையாக வீட்டுக்கு வந்தார்கள். அவரவர் பங்கிற்குப் பல கேள்விகள், ஆராய்ச்சிகள் செய்தார்கள். மீண்டும் போனார்கள். யாருக்கும் சரியான விடை கிடைக்கவில்லை. படித்தவர்களில்லையா? அதனால், இலகுவில் பேய், பிசாசென்று

பேய்க்கு இதயம் உண்டா?

ஒத்துக்கொள்ளவும் முடியவில்லை. லை டிடெக்டர்கள் மூலம் மரியா குடும்பத்தினர் பரிசோதனை செய்யப்பட்டார்கள். யாருமே பொய் கூறவில்லை. தொலைக்காட்சிகளில் பலவித விவாதங்கள் நடைபெற்றன. பலரும், அப்படி இருக்கலாம், இப்படி இருக்கலாமென்று சொன்னார்களேயொழிய, உண்மையைக் கண்டுபிடிக்கவில்லை. கடைசியாக, 'மரியாவுக்கு, தன் மனதால் நினைப்பதை சித்திரமாக உருவாக்கக்கூடிய சக்தி (Thoughtography) இருக்கிறது. அதன்மூலம் இவற்றையெல்லாம் அவரே டெலிபதியால் உருவாக்கிக்கொள்கிறார்' என்றார்கள்.

மரியாவின் எண்ணங்களினால் அந்த உருவங்கள் உருவாகினவோ தெரியாது. ஆனால், மரியா அந்த வீட்டில் இருக்கும்போதுதான், உருவங்கள் தோன்றுகின்றன என்பது மட்டும் உண்மை. அதுவே தொடர்ச்சியாய் நடந்துகொண்டிருக்க, மரியாவுக்கும் பேய்களுடன் வாழப் பழகிப்போனது. படங்கள் தோன்றுவதைத்தவிர, எந்தவிதப் பிரச்சனைகளும் இருக்கவில்லை. பேசிப்பேசியே ஓய்ந்து போனது உலகம். ஒரே விஷயத்தை எவ்வளவு நாட்களுக்குத்தான் பேசுவது? அப்படி எத்தனை காலம் உருவங்கள் மரியாவின் வீட்டில் தோன்றின தெரியுமா? முப்பது ஆண்டுகள். சமையலறையிலிருந்து, வீட்டின் வெவ்வேறு இடங்களையும் படங்கள் ஆக்கிரமிக்கத் தொடங்கின. தரையிலிருந்து சுவர்களுக்குப் புரமோசன் எடுத்துக்கொண்டன. அதன் காரணமாகச் சுற்றுலாப் பயணிகளின் படையெடுப்பும் அதிகமாயின. அரசுக்கும் அதுவே தலையிடியானது. சாதாரணமாக சுற்றுலாப் பயணிகள் வருவது நல்லதே! ஆனால், அமானுஷ்யத்தை முன்னிட்டு வருவது அரசுகளின் தோல்வியாகவே பார்க்கப்பட்டது. அரசுகளால் அதை ஏற்றுக்கொள்ள முடியாது. தங்களைவிட வேறொரு பெரியசக்தி இருக்கிறது என்பதை, எந்த அரசும் விரும்பாது. கட்டுப்பாடற்ற மக்கள் இயக்கம் உருவாகலாம். அதனால், அதை உடைத்தெறிய சந்தர்ப்பம் பார்த்துக் கொண்டிருந்தார்கள். அதன் உச்சக்கட்டமாக ஸ்பெய்னின் முக்கிய பத்திரிகையான 'EL Mundo', 'பெல்மேஷ் நகராட்சியும், மரியாவின் மகனும் சேர்ந்து வருமானத்துக்காக இதைச் செய்கிறார்கள்' என்று

செய்தி வெளியிட்டது. நம் ஊர்கள் போலவே பத்திரிக்கையை நம்பி, அந்த விஷயத்துக்கு முக்கியத்துவம் கொடுப்பதை மக்கள் மெல்லக் குறைத்துக் கொண்டார்கள்.

2004ஆம் ஆண்டு, பெப்ரவரி மாதம் மரியா கொமெஷுும் இறந்துபோனார். அத்துடன் அனைத்தும் ஒரு முடிவுக்கு வந்தது. நண்பர் சொன்னதுபோல, பேய்களுக்கும் இதயம் இருந்திருக்க வேண்டும். அந்த இதயங்கள், மரியாவுக்காக மட்டுமே துடித்திருக்கின்றன. மரியாவின் இறப்பின் பின்னர், அப்படியான சம்பவங்கள் நடைபெறாமலே போயின. எது எப்படியிருந்தாலும், பெல்மேஷ் முகங்களுக்குச் சரியான காரணத்தை எந்த ஆராய்ச்சியாளர்களாலும் கண்டுபிடித்துச் சொல்லமுடியவில்லை. அப்படியொன்று நடக்கவில்லையென்றும் அவர்களால் மறுக்கவும் முடியவில்லை. இன்றும் விளக்க முடியாத வரலாற்று மர்மமாக அது தொடர்கிறது.

அத்தியாயம் 20

எவ்வாறு நகர்ந்தன கற்கள்?

இந்தத் தொடரைப் படித்துவரும் உங்களுக்கு, 'இது என்ன வகையான தொடர்?' என்னும் சந்தேகம் உருவாகலாம். அறிவியலா, அமானுஷ்யமா, வரலாறா, வானவியலா என்றில்லாமல், அனைத்தையும் தொட்டுச் செல்கிறதே என்று நினைப்பீர்கள். மனித வரலாற்றில், ஆங்காங்கே நடைபெற்ற விடையில்லாத மர்மங்களையும், விந்தைகளையும் கண்டெடுத்துச் சொல்வதே இத்தொடரின் ஒரே நோக்கம். விந்தைகளும், மர்மங்களும் அனைத்து இடங்களிலும் இருக்கின்றன. அவை எங்கிருக்கின்றன என்பதைத் தேடுவதுதான் என் கடமை. இவற்றில் சிலவற்றை ஏற்கனவே ஆங்கிலத்தில் நீங்கள் படித்திருக்கலாம். ஆனால், தமிழுக்குப் புதிதென்பதால் தருகிறேன். இப்போதுகூட, நாம் எகிப்தின் புராதன நகரங்களுக்குள் செல்லப் போகிறோம். அங்கு உருவாக்கப்பட்டிருக்கும் விந்தையொன்றைப் பார்க்கப் போகிறோம். நான் எதைச் சொல்கிறேன் என்பதை நீங்கள் புரிந்திருப்பீர்கள். ஆம், பிரமிடுகள்பற்றி நீங்கள் அதிக அளவில்

என்ன ஒளிந்திருக்கிறது அங்கே?

அறிந்திருப்பீர்கள். சொல்லப்போனால், அவை சார்ந்து பல தகவல்களும் உங்களுக்குத் தெரிந்திருக்கும். 'அவற்றைவிட நான் எதைச் சொல்லப்போகிறேன்' என்று யோசிப்பீர்கள். என்னுடன் கூடவே வாருங்கள். நான் சொல்லவருவதைப் புரிந்துகொள்வீர்கள்.

எகிப்தில், அருகருகே அமைக்கப்பட்டிருக்கும் மூன்று மிகப்பெரிய பிரமிடுகளை நீங்கள் அறிந்திருப்பீர்கள். இன்றுள்ள உலக அதிசயங்களில் அவையும் ஒன்று. 'மென்கவ்ரெ பிரமிட்' (Pyramid of Menkaure), 'காஃப்ரெ பிரமிட்' (Pyramid of Khafre), 'கூஃபு பிரமிட்' (Pyramid of Khufu) ஆகிய மூன்று பிரமிடுகளும், மனித ஆச்சரியங்களின் உச்சம். அவற்றில் பெரியது கூஃபு பிரமிட்தான். அதை 'கீஸா பிரமிட்' (Pyaramid of Giza) என்றும் அழைக்கிறார்கள். அதன் ஆச்சரியங்களைச் சொல்வதற்கே உங்களை எகிப்துவரை அழைத்து வந்தேன். கீஸா பிரமிட் எப்படிக் கட்டப்பட்டது என்பதை மையமாக வைத்தே இந்தப் பயணம் ஆரம்பிக்கிறது. கீஸா பிரமிட் எப்படிக் கட்டப்பட்டதென்று இன்றுவரை ஆராய்ச்சியாளர்களால் கண்டுபிடிக்க முடியவில்லை. அவிழ்க்க முடியாத பெரும் மர்மமாக அது இருக்கிறது. இப்படிக் கட்டப்பட்டிருக்க வேண்டுமென்று பலவிதமான சந்தேகங்களும், அபிப்பிராயங்களும் சொல்லப்பட்டாலும், அவையெல்லாம் படிப்படியாக நிராகரிக்கப்பட்டன. பிரமிடுகளை ஆராயும்

துறைக்கு 'ஈஜிப்டாலாஜி' (Egytology) என்னும் தனிப்பெயர்கூட வைத்திருக்கிறார்கள். பிரமிட்கள் எப்படிக் கட்டப்பட்டன என்னும் மர்மத்தை விடுவிக்கும் முயற்சியில் இப்போதுகூட ஆராய்ச்சியாளர்கள் ஈடுபடுகிறார்கள். ஆனால், எப்போதும் சரியான விடை கிடைக்கவில்லை என்பதுதான் நிஜம். பிரமிடுகளைக் கட்டுவதில் அப்படியென்ன மர்மம் இருக்க முடியும்? அதையே இனிப் பார்க்கலாம்.

முதலில், அடிப்படையான சில தகவல்களை நாம் தெரிந்துகொள்ள வேண்டும். கீஸா பிரமிட், 4600 ஆண்டுகளுக்கு முன்னர் கட்டப்பட்டது. அது எத்தனை பழமையான காலம் என்பதை நீங்கள் புரிந்துகொள்வீர்கள். 'மம்மூத்' என்று அழைக்கப்படும், உரோமங்கள் மூடிய இராட்சச யானயினம், 10000 ஆண்டுகளுக்கு முன்னரே அழிந்து போய்விட்டன. அந்த வகை யானைகளைக் கொண்டுதான் பிரமிட்டுகள் கட்டப்பட்டனவென்று சிலர் சொல்வார்கள். அது தவறு. சாதாரண யானைகளோ, குதிரைகளோகூட அக்காலங்களில் அங்கிருக்கவில்லை. எகிப்தில் குதிரைகள் அறிமுகமாகியது, சுமார் 3500 ஆண்டுகளுக்குப் பின்னர்தான். அதிகபட்சம் அங்கிருந்த பாரங்களைச் சுமக்கும் மிருகங்களாக மாடுகளும், கழுதைகளுமே இருந்தன. இந்த மிருகங்களைப் பிணைத்த வண்டிகளும் அப்போது இருக்கவில்லை.

என்ன ஒளிந்திருக்கிறது அங்கே?

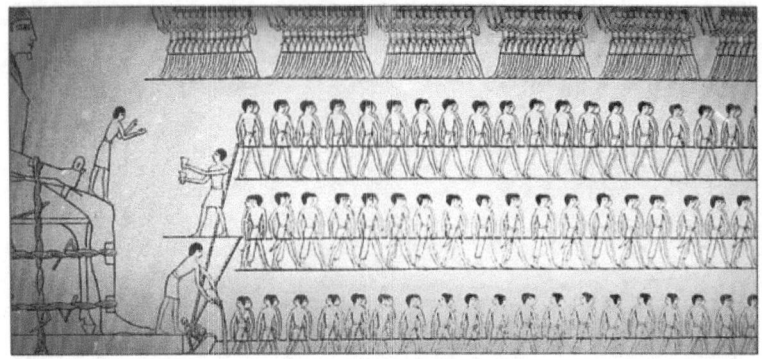

5500 ஆண்டுகளுக்கு முன்னர், மொசப்பதேனியர்களால் சக்கரம் அறிமுகப்படுத்தப்பட்டது. ஆனாலும், பிரமிட் கட்டப்பட்ட காலங்களில் எகிப்துக்குச் சக்கரங்களோ, சக்கரமுள்ள வண்டிகளோ இருக்கவில்லை. உருளைகளாகப் பயன்படுத்துவதற்கு மிகப்பெரிய மரங்களும் அங்கில்லை. எகிப்து நாடு, மண்மேடுகள் நிறைந்த பாலைவனம். அத்துடன், பிரமிடுகள் கட்டப் பயன்படுத்திய கற்களும் எகிப்தில் இருக்கவில்லை. கீஸாப் பிரமிட் ஒருவித சுண்ணாம்புக் கற்களாலும் (Lime Stones), கிரனைட் கற்களாலும் கட்டப்பட்டது. ஆனால், அந்தக் கற்களை வெட்டியெடுக்கக்கூடிய மலைகளோ, இடங்களோ அங்கு காணப்படவில்லை. இத்தனை இல்லாமைகளுக்கும் மத்தியிலேயே அந்தப் பிரமிட் கட்டப்பட்டிருக்கிறது. அதை எப்படிச் சாத்தியமாக்கினார்கள்? இந்தக் கேள்விக்கான பதிலையே இன்றுவரை தேடிக்கொண்டிருக்கிறது உலகம்.

கீஸா பிரமிட் எப்படிக் கட்டப்பட்டிருக்கலாம் என்பதைப் பலரும் பலவிதமாகச் சொல்லியிருக்கிறார்கள். ஆனால், எதுவுமே உண்மையில்லை. ஒரு இலட்சத்துக்கும் மேலான அடிமைகளைக் கொண்டு, கட்டுமானத்திற்கான அனைத்துப் பணிகளையும் நிறைவேற்றியிருக்கிறார்கள் என்றும் சொல்லப்பட்டது. ஆனால், அதுவும் உண்மையில்லை. எகிப்தில் கண்டெடுக்கப்பட்ட சுவர்ச் சித்திரங்களில், பிரமிட் கட்டுமானப் பணியின் காட்சிகள் வரையப்பட்டிருக்கின்றன. அத்துடன் அவைபற்றிய

எவ்வாறு நகர்ந்தன கற்கள்?

குறிப்புகளும் கிடைத்திருக்கின்றன. அங்கு பணிபுரிந்தவர்கள் எவரும் அடிமைகளாகக் காட்டப்படவில்லை. அதில் வரையப்பட்டிருக்கும் மக்கள் அனைவரும் மதிப்புக்குரிய மக்களாகக் காணப்படுகிறார்கள். குறிப்புகளும் அதையே சொல்கின்றன. அத்துடன், ஒரு இலட்சம் பேர்கள் பிரமிட் கட்டுவதில் ஈடுபடவில்லை. மொத்தமாக 20,000 பேர் அளவிலேயே அந்தப் பணியைச் செய்து முடித்திருக்கிறார்கள். எகிப்தின் குடிமக்களாக வாழ்ந்த அனைவரும் ஒன்றுகூடி, தாங்கள் கடவுள்போல வழிபடும் மன்னனுக்காக, அந்தப் பிரமிடைக் கட்டி முடித்திருக்கிறார்கள். மொத்தம் இருபதே ஆண்டுகளில் எல்லாம் பூர்த்தி செய்யப்பட்டிருக்கிறது. இன்றைய நவீன மனிதனால், அன்றுள்ள வசதிகளையும், ஒருசில நவீன ஆயுதங்களையும் கொண்டு, அப்படியொரு பிரமிடைக் கட்டிமுடிக்கவே முடியாதென்று ஆராய்ச்சியாளர்கள் கருதுகிறார்கள். அப்படியென்றால், எப்படி அதைக் கட்டி முடித்திருக்க முடியும்? அப்படியான சிறப்பம்சம் அவர்களிடம் என்னதான் இருந்தது? இந்தச் சமயத்தில்தான், 'பிரமிட்டுகள் ஏலியன்களால் கட்டப்பட்டவை' என்ற வெடிகுண்டும் போடப்பட்டது. ஆனால், அதுவும் உண்மையில்லை. ஏலியன்களை நாம் இங்கு இழுக்க வேண்டிய அவசியமேயில்லை. மனிதத் திறமைகளால் செய்யப்பட்ட அதிசயத்தை, எதற்கு ஏலியன்மேல் சுமத்திப் பெருமைப்படுத்த வேண்டும்? பிரமிட் நிச்சயமாக மனிதனால் கட்டப்பட்ட கட்டடமேதான். ஆனால்,

எப்படியென்பதுதான் மர்மம்.

146 மீட்டர் உயரம்கொண்ட கீஸா பிரமிட், 23 இலட்சம் கற்களைக்கொண்டு கட்டப்பட்டிருக்கிறது. ஒவ்வொரு கல்லும் 2,500 கிலோவிலிருந்து 80,000 கிலோவரையிலான கற்கள். கீஸா பிரமிட்டின் மொத்த எடை 65 இலட்சம் டன்களென்றால் அதன் பிரமாண்டத்தைச் சற்றுச் சிந்தித்துப் பாருங்கள். நேர்த்தியான நேர்கோடுகளுடன், செவ்வக வடிவில் வெட்டப்பட்ட சுண்ணாம்புக் கற்களால் வெளிப்புறமும், கடினமான கிரனைட் கற்களால் உட்புறமும் அமைக்கப்பட்டிருக்கிறது. உள்ளே வைக்கப்பட்டிருக்கும் அரசனின் கல்லறையைச் சுற்றியுள்ள பகுதிகள் 25,000 முதல் 80,000 கிலோ எடைகொண்ட கற்களாலும், வெளிப்பகுதி 2,500 கிலோ சுண்ணாம்புக் கற்களாலும் உருவாக்கப்பட்டிருக்கின்றன. இந்த இடத்திலிருந்துதான் பிரமிடுகளின் பிரமிப்புகளும் ஆரம்பமாகின்றன. அத்தனை கற்களையும் எங்கிருந்து, எப்படி நகர்த்தினார்கள் அவர்கள்? தரை வழியே மட்டுமின்றி, மேல்நோக்கியும் நகர்த்தியிருக்கிறார்கள். 146 மீட்டர் உயரத்துக்கு எப்படிக் கொண்டு சென்றார்கள்? இப்போது, மேலே நான் சொல்லியிருக்கும் இல்லாமைகளை ஒவ்வொன்றாக எடுத்துப் பாருங்கள்.

பிரமிடுக்கான கிரனைட் கற்களை 850 கிலோமீட்டர்கள் தள்ளியுள்ள ஒரு மலைப்பகுதியிலிருந்து வெட்டியெடுத்ததற்கான ஆதாரங்கள் கிடைத்திருக்கின்றன. அவற்றை அங்கிருந்து இங்குவரை எப்படி நகர்த்தியிருப்பார்கள்? 80,000 கிலோ எடையுள்ள கற்களை 850 கிலோமீட்டர் தூரத்திற்குத் தரைவழியே நகர்த்துவது எவ்வளவு கடினமென்று உங்களுக்குத் தெரியும். முடியவே முடியாத காரியம் அது. யானை, குதிரைகள் இல்லாமல், மனிதர்கள் இழுத்து வருவதென்றால், எத்தனை கடினமென்று சிந்தித்துப் பாருங்கள். ஒரு கல்லுக்கே அவ்வளவு கஷ்டப்பட வேண்டுமென்றால், அத்தனை கற்களையும் எப்படி நகர்த்துவது? அவர்களுக்கிருந்த ஒரேவழி நைல்நதி ஊடாகக் கொண்டுவருவதுதான். இங்கும் ஒரு சிக்கல் இருந்தது. 80,000 கிலோ எடையுள்ள கல்லை ஏற்றுவதற்கான படகு எவ்வளவு பெரிதாக

எவ்வாறு நகர்ந்தன கற்கள்?

இருக்க வேண்டும்? அதை நைல் நதியூடாகக் கொண்டுவருவது சாத்தியம்தானா? மர உருளைகளைப் பயன்படுத்துவதும் சாத்தியமில்லை. மரங்கள் கிடைத்தாலும், மண் நிறைந்திருக்கும் நிலத்தில், மரங்கள் எப்படி உருளும்? பனியில் சறுக்கும் வண்டிபோலக் கீழே தட்டையான சறுக்கும் பலகைகள் அமைத்து, இழுத்து வந்திருக்கலாம். அங்கும் மணலில் சறுக்குவது சிரமமாகத்தான் இருக்கும். ஒருவேளை, மலைகளிலிருந்து வெட்டி, நைல் நதியூடாகக் கொண்டு வந்திருந்தாலும், பிரமிட் கட்டப்படும் பகுதிக்கு அக்கற்கள் எப்படி நகர்த்தப்பட்டன? அவை எப்படி மேல்நோக்கி உயர்த்தப்பட்டன? இன்றுள்ள நிலையை வைத்துச் சிந்திக்கும்போது, பலவிதமான வழிகள் நமக்குத் தோன்றலாம். ஆனால், 4500 ஆண்டுகளுக்கு முன்னரான அன்றிருந்த நிலைகளில், கயிறும், தடிகளும் கொண்டு அவை எப்படி உயர்த்தப்பட்டன? எப்படி இருந்தாலும், ஏதோவொரு வகையில் அவை நகர்த்தப்பட்டோ, உயர்த்தப்பட்டோதான் இருக்கின்றன. அதற்கான சாட்சியமாக, இன்றுகூடப் பிரமிட் நம் கண்முன்னே நிமிர்ந்து நிற்கிறது. ஆனால், அதை அவர்கள் எப்படிச் சாத்தியமாக்கினார்கள் என்ற மர்மம் மட்டும் புரியவில்லை. அங்கு என்ன ஒளிந்திருக்கிறது என்பதும் தெரியவில்லை.

'ஒவ்வொரு கல்லுக்கும் மேலே, மிதக்கக்கூடிய பொருட்களை

வைத்துக் கட்டி, நைல் நதியின் வெள்ளம் பெருகும்போது, அந்த நீரின் உதவியுடன் மேல்நோக்கிக் கற்கள் கொண்டு போயிருக்கிறார்கள்' என்று சிலர் சொல்கிறார்கள். 'சுண்ணாம்புக் கற்கள், மலைகளிலிருந்து வெட்டியெடுக்கப்படவில்லை. எகிப்திலிருக்கும் மண்வகைகளைக் கலந்து, சிமெண்ட் போலக் களியாக்கி, அங்குள்ள ஒவ்வொரு கல்லையும் உருவாக்கினார்கள்' என்று சிலரும். 'கீழிருந்து மேலாகக் கோண வடிவில், ஏற்றமான அமைப்புகளை உருவாக்கி, அவற்றின் உதவியால் கற்கள் மேலே கொண்டுசெல்லப்பட்டன' என்று சிலரும். 'எகிப்தின் சிலிக்கா மண்ணின்மூலம் உருவாக்கிய மிகப்பெரிய அளவான கண்ணாடி வில்லைகளால் *(Lense)* சூரிய ஒளியைச் செலுத்திக் கற்களை நேராக வெட்டியெடுத்தார்கள்' என்று சிலரும், வரிசையாக வெவ்வேறு வழிகளைச் சொல்லிக் கொள்கிறார்கள். அனைத்துக்கும் அவரவர் பாணியில் ஆதாரங்களையும் அள்ளி வழங்குகிறார்கள். ஆனால், அவை எதுவுமே உன்மை கிடையாது. எல்லாமே வெவ்வேறு காரணங்களினால் மறுக்கப்படுகின்றன. அப்படியென்றால் உண்மைக் காரணம்தான் என்ன? என்று கேட்கும் நம்மைப் பார்த்துச் சிரிக்கிறது கீஸாப் பிரமிட்.

பைதகரஸ் பிறப்பதற்கு முன்னரே, சரியான கோணங்களுடன் இம்மியும் பிசகாமல், கணித விற்பன்னர்களையே மிரட்டும் விதமாக, மிக நேர்த்தியாகப் பிரமிடை அமைத்திருக்கும் அந்த மக்களுக்கு, அந்தக் கற்களையா நகர்த்த முடியாது? அருமையான தொழில்நுட்பமொன்று அவர்களுடனேயே மர்மமாக மறைந்துவிட்டது.

அத்தியாயம் 21

கண்டுபிடிப்போமா நிபிருவை?

*நி*ம் மூதாதையர்களான ஆதிகால மனிதர்கள், வானத்தை ஆராய்வதையே பொழுதுபோக்காகக் கொண்டிருந்தார்கள். தனியாகவோ, கூடியிருந்தோ, ஒளிரும் வானத்தின் பொருட்களையெல்லாம் அவதானிக்க ஆரம்பித்தார்கள். தொலைநோக்கிக் கருவிகள் இல்லாமல், வெற்றுக் கண்ணால் வானை அளந்தார்கள். ஒளிரும் பொருட்களெல்லாம் அவர்களுக்கு நட்சத்திரங்கள்தான். ஆனால், தூரத்தில் இருப்பவை அசையாமல் ஒரே திசையிலும், அண்மையில் இருந்தவற்றில் சில, வெவ்வேறு இடங்களுக்கு நகர்ந்ததையும் கண்டுகொண்டார்கள். அப்போதுதான், அவை நட்சத்திரங்களல்ல, பூமிபோன்ற கோள்களென்பது அவர்களுக்குப் புரிந்தது. சூரிய சந்திரனுடன், ஏனைய கோள்களை ஒவ்வொன்றாகக் கணித்துக் கொண்டார்கள். ஒன்பது கிரகங்களுடன் சோதிடம் *(Astrology)*, தன்னை இணைத்துக் கொண்டது. அவற்றுள் ராகு, கேதுவென்னும் காணாக் கோள்களும் காணப்பட்டன.

அத்துடன், பூமியை மையமாக்கி ஏனைய எட்டுக் கோள்களும் சுற்றுவதாகவும் எடுத்துக் கொண்டார்கள். இதைப் 'புவிமையக் கொள்கை' *(Geocentric)* என்பார்கள். அறிவியலோ வேறுவகையில் வளர்ந்தது. புவிமையக் கொள்கையை மறுத்து சூரியமையக் கொள்கையைப் *(Heliocentric)* பரிந்துரைத்தது. சரியானதைச் சொல்வது, மதபீடங்களின் கருத்துக்கு எதிரானது இல்லையா? பல ஆராய்ச்சியாளர்கள் கொல்லப்பட்டார்கள். ஆனால், அறிவியலைப் பின்தள்ளிவிட யாராலும் முடியவில்லை. சூரியன் ஒரு நட்சத்திரமென்பதையும், பூமியைச் சுற்றும் உபகோளே சந்திரனென்பதையும் கண்டுகொண்டார்கள். புதன், வெள்ளி, பூமி, செவ்வாய், வியாழன், சனி ஆகிய ஆறு கோள்களும், சூரியனையே சுற்றுவது உறுதியாகியது. மேலதிகமாக எந்தக் கோள்களும் கண்டுபிடிக்கப்படவில்லை. ஆனால், ஒரேயொரு புராதன மக்கள் மட்டும் அதற்கு விதிவிலக்காக இருந்தார்கள். சந்திரனுடன் சேர்த்துப் பத்துக் கோள்கள் சூரியனைப் சுற்றுவதாக அப்போதே சொன்னார்கள். அவர்களின் சுவர்ச் சித்திரமொன்று அதற்கு ஆதாரமாக இருந்தது. அந்தச் சுவர்ச் சித்திரத்தில், இன்னுமொரு மர்மமும் ஒளிந்திருந்தது. நவீன வானியற்பியலாளர்கள்கூட ஆச்சரியப்படும் மர்மம் அது. அந்தச் சித்திரத்தில் என்ன மர்மம் ஒளிந்திருக்கிறது என்பதையே இந்தப் பகுதியில் நாம் பார்க்கப் போகிறோம்.

கண்டுபிடிப்போமா நிபிருவை?

4500 ஆண்டுகளுக்கு முன்னர் வாழ்ந்தவர்கள்தான் சுமேரியர்கள். மிகவும் பழமையானதொரு நாகரிகத்தைக் கொண்ட இனம். மொசப்பத்தேனியாவில் (இன்றைய ஈராக்) வாழ்ந்தவர்கள். சுமேரியரின் வரலாறு பல ஆச்சரியங்களையும், மர்மங்களையும் கொண்டது. வானியலில் சிறந்து விளங்கினார்கள். அவர்கள் எழுதிவைத்த சுவர்ச் சித்திரத்தில், சூரியன் நடுவேயிருக்க, அதைச்சுற்றிப் பத்துக் கோள்கள் வரையப்பட்டிருக்கின்றன. அதிலுள்ள கோள்கள் ஒவ்வொன்றும், வெவ்வேறு அளவுகளுடன் இருப்பது கவனிக்கப்பட வேண்டியது. சூரியனும், கோள்களும் பூமியையே சுற்றுகின்றன என்று நம்பிவந்த காலத்தில், சூரியனை மையமாகக் கொண்டு கோள்கள் சுற்றுவதாக, இவர்களின் சித்திரத்தில் இருப்பது வியப்பானதே! அதில், சந்திரன் தவிர்த்து, ஒன்பது கோள்கள் இருப்பதாக வரைந்திருப்பது இன்னொரு ஆச்சரியம். இவர்கள் நவீனக் கண்டுபிடிப்புகளை முன்னரே எப்படித் தெரிந்து வைத்திருந்தார்கள்? ஆறு கோள்களை மட்டும் கண்ணால் பார்க்கக்கூடியபோது, ஒன்பது கோள்கள் எப்படிச் சாத்தியம்? சுமேரியர்களை நினைத்து வியந்தபோது, அதற்கு முற்றுப்புள்ளி வைக்கும் விதமாக ஒரு அறிவித்தல் வெளிவந்தது. 'புளூட்டோ ஒரு கோளே கிடையாது' என்று முடிவு செய்தார்கள். 'அட! புளூட்டோ ஒரு கோளென்று நினைத்து, அதையும் வரைந்து, சுமேரியர்கள் தப்புப்பண்ணி விட்டார்களே!' என்று நினைக்கத் தோன்றியது. ஆனால், சுவர்ச் சித்திரத்திலிருக்கும் அளவுகளின்படி, ஒன்பதாவது கோள் பூமியைவிடப் பெரிதாகக் காணப்படுகிறது. புளூட்டோபோல்

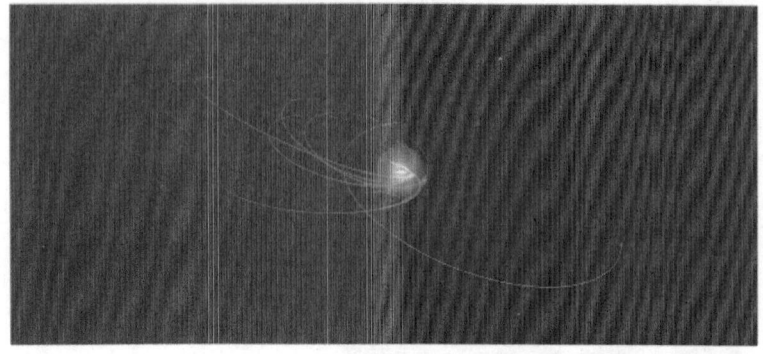

சிறிதாக இல்லை. அப்படியென்றால், அந்த ஒன்பதாவது கோள், புளூட்டோ கிடையாது. வேறு ஏதோ கோள். சுமேரியர்களின் குறிப்புகளை ஆராய்ந்ததில், அந்தக் கோள், 'நிபிரு' என்று குறிப்பிடப்பட்டிருந்தது. அப்படியென்றால், 'நிபிரு' என்னும் ஒன்பதாவது கோள் இருக்கிறதா? அது எங்கே இருக்கிறது? இந்தக் கேள்விகளுக்காகான பதிலை, நவீன வானியல் ஆராய்ச்சியாளர்கள் கொடுக்கிறார்கள். அவை நம்மை வியப்பின் உச்சிக்கே கொண்டுசெல்கிறது. அந்த ஒன்பதாம் கோள்பற்றித் தெளிவாகப் புரிந்துகொள்வதற்கு, யுரேனஸ் கண்டுபிடிக்கப்பட்ட வரலாற்றிலிருந்து ஆரம்பிக்க வேண்டும்.

வெற்றுக்கண்களால் கோள்களைக் கணித்தபடி, அறிவியலின் வளர்ச்சி ஆரம்பமாகியது. கலிலியோ கலிலியால், முதல் தொலைநோக்கிக் கருவி கண்டுபிடிக்கப்பட்டது. அவை மேலும் துல்லியமாக வளர்ச்சியடைந்தன. 1781ஆம் ஆண்டு, ஏழாவதாக ஒருகோள், சூரியனைச் சுற்றிவருவதை, 'வில்லியம் ஹெர்சல்' *(William Herschel)* என்னும் ஆங்கிலேயர் கண்டுபிடித்தார். அந்தக் கண்டுபிடிப்புடன் வானியலே தலைகீழாக மாறிப்போனது. ஏழாவதாகக் கண்டுபிடிக்கப்பட்ட கோளுக்கு, 'யுரேனஸ்' எனப் பெயரிடப்பட்டது. யூரேனஸுக்கும் அப்பால் வேறு கோள்கள் இருக்கின்றனவாவென ஆராய்வதற்கு விஞ்ஞானிகள் ஆயத்தமானார்கள். கணிதவியலாளரும், வானியலாளருமான 'ஊர்பை லே வேரியெ' *(Urbain le Verrier)* என்னும் பிரெஞ்சுக்காரர், "யூரேனஸ் இப்படியாகச் சூரியனைச் சுற்றுமேயானால்,

கண்டுபிடிப்போமா நிபிருவை?

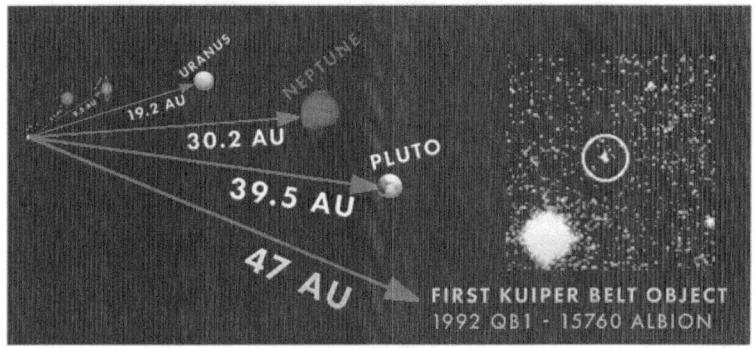

அந்த இடத்தில் இன்னுமொரு கோள் கட்டாயம் இருக்கும்" என்று கணிதச் சமன்பாட்டின்மூலம், ஒரு இடத்தைச் சுட்டிக் காட்டினார். அவர் எந்த இடத்தைக் காட்டினாரோ, அதை நோக்கித் தொலைநோக்கியைத் திருப்பி, அன்றிரவே நெப்டியூனைக் கண்டுபிடித்தார், ஜெர்மனியரான 'ஜொஹான் கோட்ஃபிரீட்' *(Johann Gottfried)*. 'வேரியெ' கணித்ததற்கு அடுத்த நாளான, 24.09.1846 அன்று கோட்ஃபிரீட்டால் நெப்டியூன் கண்டுபிடிக்கப்பட்டது. வானியல் வரலாற்றின் ஆச்சரியம் இது. நெப்டியூன் என்னும் எட்டாவது கோளும் நமக்குக் கிடைத்தது. அதன் பின்னர், பல ஆண்டுகளாக எந்தக் கோளும் கண்டுபிடிக்கப்படவில்லை. ஆனால், நெப்டியூனுக்குப் பின்னால் ஏதோவொன்று இருக்கிறது என்பது மட்டும் தெரிந்தது. அறிவியல், காலத்தை அதிகம் எடுத்துக் கொண்டாலும், தான் நினைத்ததை முடிக்காமல் விட்டதில்லை.

நெப்டியூனுக்கு அப்பால் இருப்பதைத் தேடித்தேடிக் களைத்துவிட்டார்கள். பூமிக்கும், சூரியனுக்கும் இடையிலான தூரத்தை, 1 AU *(Astronomical Unit)* என்பார்கள். நெப்டியூன் இருந்ததோ 30 AU தூரத்தில். மிக அதிகமான தூரம். அதனால், நெப்டியூனுக்கு அப்பாலிருக்கும் கோள்கள், எவ்வளவு பெரிதாக இருந்தாலும், மிகமிகச்சிறியதாகவே காணப்படும். அதைக் கண்டுகொள்வது சிரமத்திலும் சிரமம். கடல் மணலில் போட்ட குன்றிமணியை, வெகுதொலைவிலிருந்து தேடுவது போன்றது

என்ன ஒளிந்திருக்கிறது அங்கே?

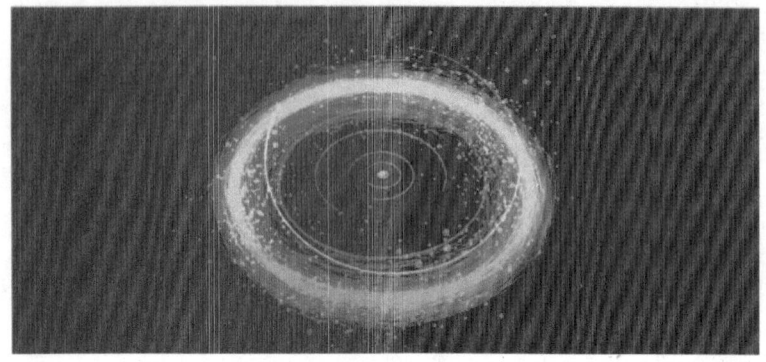

அது. ஆனாலும், 1930ஆம் ஆண்டு, புளூட்டோ கோளும் கண்டுபிடிக்கப்பட்டது. ஒன்பதாம் கோள் அதுவென்றே நினைத்தார்கள். புளூட்டோவின் கண்டுபிடிப்பை வானியலில் மைல்கல்லென்றே சொல்லலாம். சூரியனுக்கு ஒன்பது கோள்களும் கிடைத்தன. மகிழ்ச்சியென்று முற்றும் போட நினைத்தபோதுதான், புளூட்டோவின் கதை சோகமாக மாறியது.

சூரியனைப் புளூட்டோ சுற்றும் விதம் மிகவும் மாறுபட்டதாகத் காணப்பட்டது. அதன் சுற்றுப்பாதை அகலம் குன்றிய நீள்வட்டமாகவும், நெப்டியூனின் சுற்றுப்பாதையை வெட்டிச் செல்வதாகவும் இருந்தது. நெப்டியூன், சூரியனை மூன்று தடவைகள் சுற்றிவரும் சமயத்தில், புளூட்டோ இரண்டு தடவைகள் சுற்றுகிறது. அப்போது அது நெப்டியூனின் சுற்றுப்பாதையில் குறுக்கிடுகிறது. ஆனாலும், நெப்டியூனுடன் அது எப்போதும் மோதிக் கொண்டதில்லை. அதன் காரணம் ஆச்சரியமாக இருந்தது. அதுவே இன்னுமொரு கண்டுபிடிப்பிற்கு ஆதாரமானது. அனைத்துக் கோள்களும் கிட்டத்தட்ட ஒரே தளத்தில் சுற்றிவருகையில், புளூட்டோ மட்டும் அந்தத் தளத்திற்கு மேல்நோக்கி உயர்ந்தபடி சுற்றியது. இதைவைத்துக் கணித்ததில், புளூட்டோ ஏனைய கோள்கள்போல இல்லையென்று அறியக்கூடியதாக இருந்தது. கோள்களுக்கான வரைமுறைகளும் அதற்கு இருக்கவில்லை. எனவே, 2006ஆம் ஆண்டு புளூட்டோ ஒரு கோள் இல்லையென்று அறிவிக்கப்பட்டது. எதனால்

புளூட்டோ சரிவான சுற்றுப்பாதையைக் கொண்டிருக்கிறது என்ற கேள்விக்கான விடையும் பின்னர் கிடைத்தது.

புளூட்டோவைத் தொடர்ச்சியாக அவதானித்ததில், 'சரோன்' *(Charon)* என்னும் சந்திரனும், வேறுசில சந்திரன்களும் அதற்கு இருப்பதைக் கண்டுபிடித்தார்கள். அப்போதுதான் வானியலாளர்கள் உஷாரானார்கள். இவை சந்திரன்களாகக் காணப்படவில்லை. வித்தியாசமான குள்ளக் கோள்களாகக் *(Dwarf planet)* காணப்பட்டன. மேலும் ஆராய்ந்ததில், அவைபோன்று பல குள்ளக் கோள்கள் அடுத்தடுத்துக் கண்டுபிடிக்கப்பட்டன. அப்போதுதான், நெப்டியூனுக்குப் பின்னால், 2000க்கும் மேற்பட்ட குள்ளக் கோள்களை உள்ளடக்கிய மிகப்பெரிய வட்டவடிவப் பட்டியொன்று *(belt)*, சூரியனைச் சுற்றிலும் இருப்பது தெரிந்தது. 1951ஆம் ஆண்டிலேயே, 'கெராட் குய்பெர்' *(Gerard Kuiper- ஆங்கிலத்தில் கய்பெர்)* என்னும் ஹாலந்துக்காரர், அப்படியொரு பட்டி இருப்பதாகக் கணித்திருந்தார். அது, 1992ஆம் ஆண்டு நிஜமாகவே கண்டுபிடிக்கப்பட்டது. அதற்குக் 'கய்பெர் பட்டி' *(Kuiper Belt)* என்று பெயருமிடப்பட்டது. செவ்வாய்க்கும், வியாழனுக்கும் இடையில், சிறிய அஸ்ட்ராய்ட் பட்டியொன்று இருப்பதை நீங்கள் அறிந்திருப்பீர்கள். பல்லாயிரக்கணக்கான விண்கற்களைக்கொண்டு உருவான வட்டப்பட்டி அது. அதுபோலவே, ஐஸாக உறைந்திருக்கும் கற்கள் சூழ்ந்த நிலையில் 'கய்பெர் பெல்ட்' காணப்படுகிறது.

என்ன ஒளிந்திருக்கிறது அங்கே?

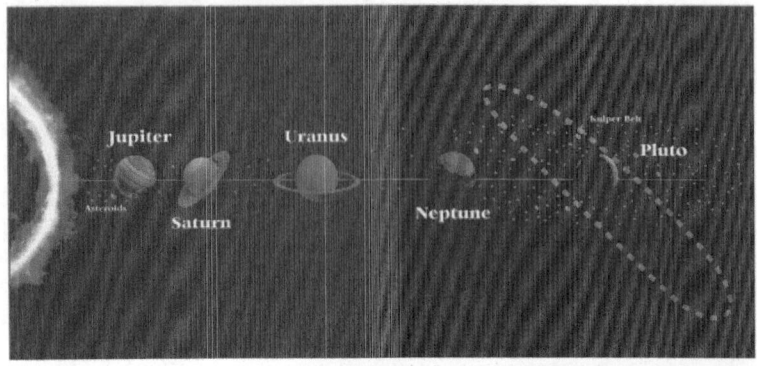

அந்தப் பட்டியில், 2000க்கும் மேலான குள்ளக் கோள்களுடன், 100 கிலோமீட்டருக்கும் அதிகமான பருமன் கொண்ட, ஒரு இலட்சத்துக்கும் கூடுதலான

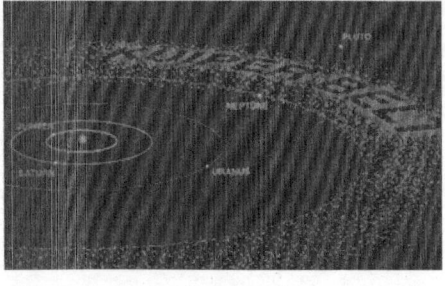

விண்கற்களும் இருக்கின்றன. அதுமட்டுமில்லை, பில்லியன் கணக்கில், ஒவ்வொன்றும் இரண்டு கிலோமீட்டர் அளவுடைய, ஐஸ்கற்களும் அங்கு காணப்படுகின்றன. ஆனால், அந்தப் பட்டியில் அவை அமைந்திருக்கும் விதம் சாதாரணமானதாக இருக்கவில்லை. அந்தப் பட்டிக்குப் பின்னால் மிகப்பெரிய கோளொன்று சுற்றிக்கொண்டிருப்பதற்கான சாத்தியத்தை அதுவே உறுதிப்படுத்துகிறது. கணிதமும் அதையே சொல்கிறது.

விண்வெளி தட்டையானது என்பதால், கய்பெர் பட்டியிலிருக்கும் பொருட்கள் அனைத்தும் சாதாரணமாகத் தட்டைவடிவ டிஸ்க்போலவே அமைந்திருக்க வேண்டும். கிட்டத்தட்ட சனிக்கோளின் வட்டத்தட்டுப்போல. ஆனால், கய்பெர் பட்டியோ, ஒரு பிரமாண்டமான 'டோனட்' (Donut) வடிவத்தில், உருளை வட்டமாகக் காணப்படுகின்றது. அதிலிருக்கும் பொருட்களெல்லாம், முகில்போல ஒன்றையொன்று

கண்டுபிடிப்போமா நிபிருவை?

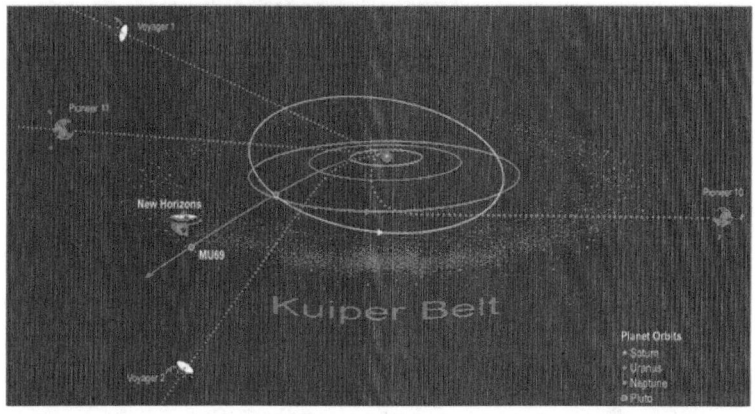

மேலும்கீழுமாகச் சூழ்ந்தபடி காணப்படுகின்றன. இயற்பியலின் அடிப்படையில் அப்படி இருக்க முடியாது. அப்படி இருப்பதானால், அதன் பின்னால் மிகப்பெரிய பருமனும், ஈர்ப்புவிசையும்கொண்ட கோளொன்று இருக்கவேண்டும். அப்படி இருந்தால் மட்டுமே அந்த வடிவம் கிடைக்கும். கணிதச் சமன்பாடுகள்மூலம் உருவாக்கிய கணினி மாதிரிச் செயலியில், அப்படியானதொரு கோள் நிச்சயம் இருப்பதாகவே காட்டுகிறது. அந்தக் கோள்தான் நாம் அனைவரும் தேடிக் கொண்டிருக்கும், 'ஒன்பதாம் கோள்' (Planet Nine). 170 ஆண்டு காலமாக ஒன்பதாம் கோள் இருப்பதாக நம்பப்பட்டு வந்தாலும், அதுவொரு கட்டுக்கதையென்றே எப்போதும் சொல்லப்பட்டது. ஆனால், அது கட்டுக்கதையல்ல, நிஜமானதென்று, California institute of technology (Caltech) இன் வானியல் பேராசிரியரான, 'காண்ஸ்டண்டின் படிஜின்' (Prof.Konstantin Batygin) அடித்துச் சொல்கிறார். அதைக் கண்டுபிடிக்கும் பணியிலும் அவர் இறங்கிவிட்டார். ஒன்பாதாம் கோள், பூமியைப்போல பத்து மடங்கு எடை கொண்டதெனவும், சூரியனைச் சுற்றிவருவதற்கு 17000 ஆண்டுகள் எடுக்குமெனவும் கணித்திருக்கிறார்கள். ஆனால், 300 AU இலிருந்து 900 AU தூரத்தில் அது இருக்குமென்றும் சொல்கிறார்கள். இது வைக்கோல் போரில் ஊசியைத் தேடுவது போலில்லாமல், இந்து சமுத்திரத்தில் போட்ட மொபைல்

என்ன ஒளிந்திருக்கிறது அங்கே?

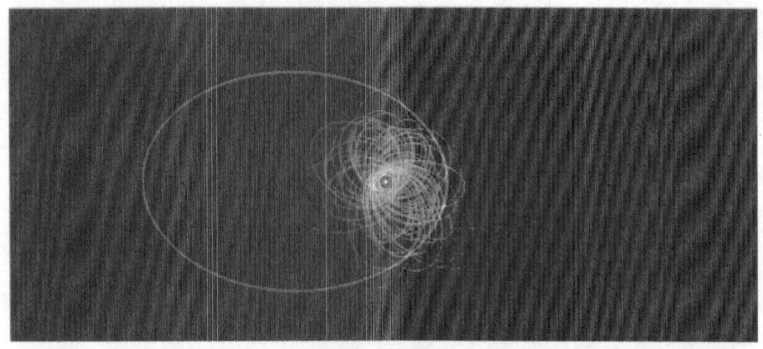

போனைத் தேடுவது போன்றது. ஆனாலும், இன்னும் ஒருசில ஆண்டுகளில் அதை நிச்சயம் கண்டுபிடிப்போமென்று சொல்கிறார் பேராசிரியர் படிஜின்.

சுமேரியர்களின் ஒன்பதாவது கோளான நிபிருவும் இதுதானா என்னும் மர்மம் தெளிவாக இன்னும் காலமிருக்கிறது.

அத்தியாயம் 22

என்ன சொல்கிறான் விண்வெளிவீரன்?

மிகப்பெரிய அளவில் பரந்துவிரிந்து காட்சியளிக்கும் மர்மமொன்றை நோக்கி உங்களை அழைத்துச் செல்லப்போகிறேன். இதுபற்றி ஏற்கனவே நீங்கள் அறிந்திருக்கக்கூடும். ஆனால், நவீன கருவிகள்கொண்டு சமீபத்தில் கண்டுபிடிக்கப்பட்டவை ஆச்சரியமானவை. அதன் தேவையை முன்னிட்டே அவற்றை நாம் பார்க்கப் போகிறோம். அந்த ஆச்சரியங்கள் ஐந்நூறு சதுரகிலோமீட்டர் பரப்பளவான நிலப்பகுதியில் பரவியிருக்கிறது. அங்கு என்ன ஒளிந்திருக்கிறது என்று பார்த்துவிடலாம் வாருங்கள்.

நாம் தென்னமெரிக்கா நோக்கிச் செல்லப்போகிறோம். உலகிலேயே அதிக அளவு மர்மங்களையும், விந்தைகளையும் உள்ளடக்கியவை, மத்திய/தென் அமெரிக்கப் பிரதேசங்கள். அப்பிரதேசங்களில் பழமைவாய்ந்த மாயா *(Maya)*, இங்கா *(Inca)*, அஷ்டெக் *(Aztec)*, ஒல்மெக் *(Olmec)* மற்றும் 'பரகாஸ்'

என்ன ஒளிந்திருக்கிறது அங்கே?

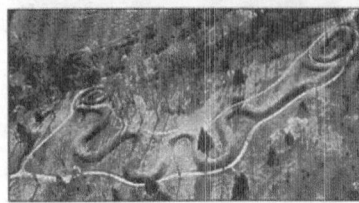

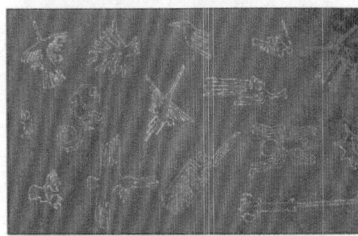

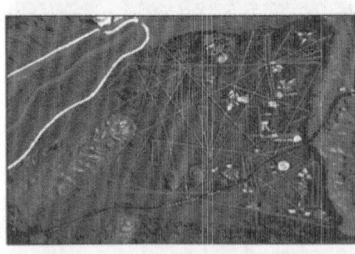

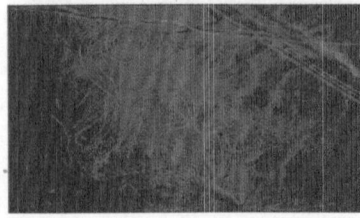

(Paracas) இனத்தவர்கள் வாழ்ந்தார்கள். அங்கிருக்கும் புராதனச் சின்னங்கள், இன்றும் நம்மை வாய்பிளக்க வைப்பவை. 2012இல் உலகம் அழியுமென அச்சம்தந்த மாயன்களின் காலண்டரை நீங்கள் மறந்திருக்க மாட்டீர்கள். இந்த ஐந்து இனத்தவர்களின் புராதன அடையாளங்களாக, 'சிச்சேன் இட்ஷா' (Chichen Itza) பிரமிட்டும், 'டெயோடிஹுவாகான்' (Teotihuacan) பிரமிடும், 'பாம்பு மேடு' (Serpent Mound) என்னும் அமைப்பும், 'டிகால்' (Tikal) பிரமிட்டும், 'மச்சு பிச்சு' (Machu Picchu) புராதன மலை நகரமும், 'நாஷ்கா கோடுகள்' (Nazca) என்னும் வரைவுகளும், இன்றுவரை கண்முன்னே காட்சியளிக்கின்றன. ஆயிரம் ஆண்டுகளிலிருந்து, நாலாயிரம் ஆண்டுகள்வரை பழமையானவை. இவற்றில், நாஷ்கா கோடுகள் நோக்கித்தான் நாம் போகப்போகிறோம். அதற்குமுன், ஒஹயோவில் (Ohio) அமைக்கப்பட்டிருக்கும் பாம்பு மேட்டை ஒருதடவை பார்த்துவிடலாம்.

ஒஹயோ மாநிலத்தின்

ஆடம்ஸ் கௌண்டியில் விசித்திரமான அமைப்பொன்று இருக்கிறது. ஆயிரம் ஆண்டுகளுக்கு முன்னர் உருவாக்கப்பட்ட மிகப்பெரிய பாம்பு அது. 411 மீட்டர் நீளத்துடனும், ஒரு மீட்டர் உயரத்துடனும் செயற்கையாக உருவாக்கப்பட்ட மேடொன்று, பாம்பின் உருவத்துடனே அமைக்கப்பட்டிருக்கிறது. அருகிலிருந்து பார்த்தால், என்னவென்றே கண்டுபிடிக்க முடியாதளவு பெரிய உருவத்துடன் இருக்கிறது. அந்தப் பாம்புருவம் இன்றுவரை அழியாத வகையில் அமைந்துள்ளது. சுருண்ட வாலும், வித்தியாசமான தலையுமாக அந்தப் பாம்பு காணப்படுகிறது. அன்றைய மக்கள் இதை ஏன் உருவாக்கியிருப்பார்கள் என்னும் கேள்வி முக்கியமானதுதான் என்றாலும், புராதன மக்கள் பாம்புக்கு முன்னுரிமை அளித்தது உலகெங்கும் நடந்திருக்கிறது. அதுவொரு பாம்பு என்பதை, நிலத்திலிருந்து பார்ப்பவர்களால் எளிதில் புரிந்துகொள்ள முடியாது. உயரத்திலிருந்து பார்த்தால் மட்டுமே தெரியும். அவ்வளவு பெரியது. அக்காலங்களில் உயரமென்றால் மலைகளாகவோ, மரங்களாகவோதான் இருக்கமுடியும். மனிதர்கள் மரங்களில் ஏறி, அதைப் பார்க்கவேண்டும் என்பதற்காக உருவாக்கப்பட்டிருக்கிறது என்னும் காரணம் நம்பும்படியாக இல்லை. மலையிலிருந்து பார்ப்பதற்காக உருவாக்கப்பட்டதென்று எடுத்துக் கொண்டால், அந்த உருவமே

என்ன ஒளிந்திருக்கிறது அங்கே?

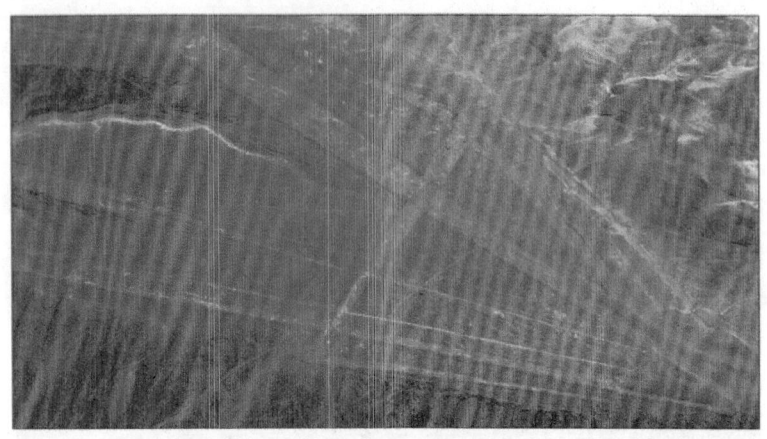

மலையுச்சியின் மேட்டில்தான் அமைக்கப்பட்டிருக்கிறது. அதையும்மீறி மேலே செல்ல வேறு மலைகள் அங்கில்லை. அப்படியென்றால், யார் பார்ப்பதற்காக அந்தப் பாம்பு உருவாக்கப்பட்டது? மனிதர்களுக்காகவோ, கடவுளுக்காகவோ இல்லை; வானத்தில் பறக்கக்கூடிய வேறு யாருக்காகவோதான் அது உருவாக்கப்பட்டிருக்க வேண்டும். வானத்திலிருந்து கடவுள் பார்ப்பதற்காக உருவாக்கியிருக்கலாம். இல்லை, பாம்பே அவர்களுக்கான கடவுளாகவும் இருந்திருக்கலாம். ஆனால், அப்படி இருக்க முடியாதென நாஷ்கா கோடுகள் சொல்கின்றன. அங்கு சென்று பார்த்தால், வேறொரு ஆச்சரியம் நம்மைத் திகைக்கச் செய்கிறது. பாம்பு மட்டுமல்ல, பலவகையான உயிரினங்கள் அங்கு காணப்படுகின்றன. அவற்றைக் காணப் பெருநாடு நோக்கிச் செல்லவேண்டும்.

தென்னமெரிக்காவின் மேற்குக் கரையோரத்தில், ஈக்வடோருக்கும், பொலிவியாவுக்கும் இடையேயுள்ள நீளமான நாடுதான் பெரு. தன்னுள் நம்பமுடியாத புராதன மர்மங்களை உள்ளடக்கியது. இங்குள்ள 'நாஷ்கா' (Nazca) நகரின் புறப்பகுதியெங்கும், மலைகள் சூழ்ந்தவெளி காணப்படுகிறது. சிஞ்சா (Chincha) மற்றும் 'யாவ்கா' (Yauca) பள்ளத்தாக்குகளின் இடையே அமைந்திருக்கும் மிகப்பெரிய சமவெளி. கிட்டத்தட்டப் பாலைவனமென்று சொல்லிவிடலாம். வெப்பம் அதிகமான, கற்தரைகொண்ட பகுதி.

என்ன சொல்கிறான் விண்வெளிவீரன்?

அந்தத் தரையெங்கும், 15செமீ ஆழங்கொண்ட கோடுகளால், பலவகைச் சித்திரங்கள் வரையப்பட்டிருக்கின்றன. சித்திரம் வரைந்ததில் என்ன விசேஷம் இருந்துவிட முடியும்? புராதன மக்கள் எழுத்துகளைக் கூடச் சித்திரமாகத்தான் வரைந்திருக்கிறார்கள். ஆனால், இங்குள்ள சித்திரங்களோ வேறுவகையானவை. பிரமாண்டமான உருவம் கொண்டவை. பாம்பைக்கூட, அதன் வளைவுகளிலிருந்து கண்டுபிடித்து விடலாம். ஆனால், அருகே நின்று இவற்றைப் பார்க்கும்போது, அவை என்ன உருவங்கள் என்பதைக் கண்டுபிடிக்கவே முடியாது. அதிகபட்சமாக 370 மீட்டர்வரை சித்திரங்கள் வரையப்பட்டிருக்கின்றன என்றால் சிந்தித்துப் பாருங்கள். ஒரு சாதாரண மனிதனால், அருகிலிருந்து இனம்காண முடியாத பிரமாண்டம். மிருகங்கள், பறவைகள், தாவரங்கள் ஆகிய உயிரினங்களும், ஜியோமெட்ரி வடிவங்களும், நேர்கோடுகளுமாக, மூன்றுவகைகளாக அச்சித்திரங்களைப் பிரிக்கலாம். 800 நேர்கோடுகளும், 300

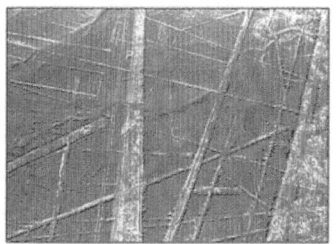

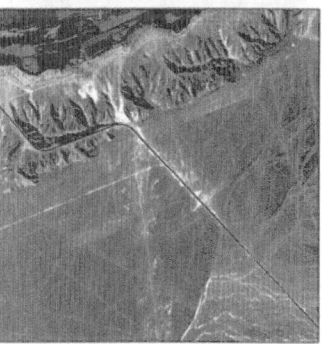

என்ன ஒளிந்திருக்கிறது அங்கே?

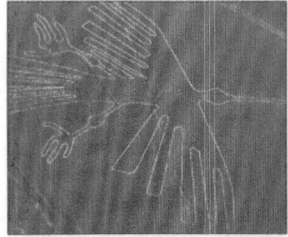

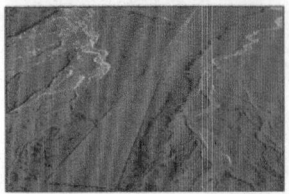

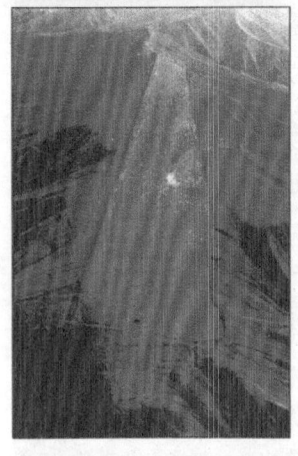

ஜியோமெட்ரி வடிவங்களும், 70 உயிரினங்களும் காணப்படுகின்றன. ஒன்றைத் தெளிவாகப் புரிந்து கொள்ளுங்கள். அவைபோன்ற பிரமாண்டமான வடிவங்களை, நிலத்தில் அவ்வளவு நேர்த்தியாக யாராலும் வரைந்துவிட முடியாது. வரைவுகள் எங்கு தொடங்குகின்றனவோ, அங்கேயே முடிகின்றன. சிறிய மாடலொன்றைக் கைகளில் வைத்தபடி மட்டுமே அப்படியான பெரிய உருவங்களை வரைய முடியும். அதுவெல்லாம் நவீன மனிதனின் வரையும் யுக்தி. சிறிய படமொன்றை உருவாக்கி, அதன் அளவீடுகளை மடங்குகளாக்கிப் பெரிய படங்களை உருவாக்குவது. அதையே, இவர்களும் பயன்படுத்தியிருக்க முடியுமா? இதை நான் சொல்வதற்கு ஒரு காரணமுண்டு. அங்கே வரையப்பட்டிருக்கும் பறவையொன்று, கிட்டத்தட்ட இரண்டு கிரிக்கெட் மைதானங்களின் அளவுகொண்டது. அவ்வளவு பெரிய, சிக்கலான உருவத்தைக் கணித அளவீடுகள் இல்லாமல் ஒருவரால் எப்படி வரைய முடியும்?

நாஷ்கா வரைவுகளில் நம்மைத் தலைசுற்ற வைப்பவை நேர்கோட்டு வரைவுகளே. அங்கு காணப்படும் நேர்கோடுகள் அனைத்தையும், துல்லியமான கருவிகள் பயன்படுத்தாமல் வரைந்திருக்கவே முடியாது. எந்த இடத்திலும் சிறிது வளைவோ, முறிவோ இல்லாமல் அச்சில் வார்த்த நேர்கோடுகளாக இருக்கின்றன. அவற்றின் நீளங்களைச் சொன்னால், நிச்சயம் உங்களால் நம்பவே முடியாது. 800 நேர்கோடுகளில், 370

மீட்டரிலிருந்து 20 கிலோமீட்டர்வரை நீளம் கொண்டவை காணப்படுகின்றன. சரியாகக் கவனியுங்கள், 20 மீட்டர்கள் கிடையாது. 20 கிலோமீட்டர்கள். அவ்வளவு நீளமான நேர்கோடுகளை மலையடிவாரத்தினூடாக அவர்களால் எப்படி வரைய முடிந்தது? ஒருவேளை அப்படி வரைந்திருந்தாலும், அவ்வளவு நீளக் கோடுகளை வரைவதற்கான காரணம் என்ன? எந்தக் கடவுளுக்காக நேர்கோடுகளை வரையவேண்டும்? அதிக உயரத்தில் பறக்கும் விமானத்திலிருந்துகூட அந்தக் கோடுகளைப் பார்க்க முடிகிறதென்றால், அவற்றின் பிரமாண்டத்தை யோசனை செய்துபாருங்கள். இன்னுமொன்றைச் சொன்னால், 'ராஜ்சிவா பொய் சொல்கிறார்' என்றுகூட நினைப்பீர்கள். ஒரு மலையின் உச்சியில், நீளமான விமான ஓடுபாதை (Runway) போன்ற அமைப்பொன்றும் காணப்படுகிறது. அந்த மலைப்பகுதி சீரான சமதளப் பாதையாக எப்படி மாற்றப்பட்டிருக்கும்? அது நிஜமாகவே விமானங்களின் ஓடுபாதைதானா? இல்லை, வேறு ஏதாவது காரணங்களுக்காக அமைக்கப்பட்டவையா? இல்லை, இயற்கையாகவே தோன்றியவையா? நிச்சயம் இயற்கையாகத் தோன்றவில்லை. அவர்களே அமைத்திருக்கிறார்கள். ஆனால், ஏன் என்னும் காரணம் மட்டும் யாருக்கும் தெரியாது. எதற்காக மலையுச்சியில் அப்படியானதொரு பாதையை அமைக்கவேண்டும்? இந்த இடத்தில் இன்னுமொன்றையும்

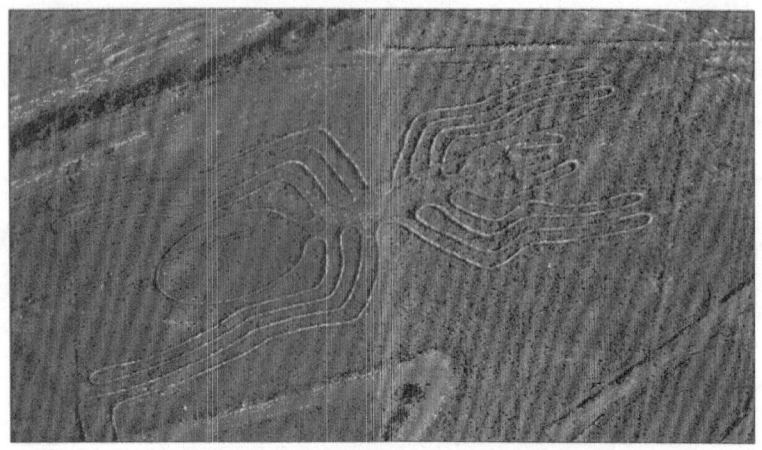

சொல்லிவிடுகிறேன். அருகேயிருக்கும் மலையில் மேல்நோக்கிக் கையை உயர்த்திக் காட்டிக் கொண்டிருக்கும் மனிதனின் சித்திரமொன்றும் அங்கு காணப்படுகிறது. ஆனால், அவர் மனிதனா என்னும் சந்தேகமும் வருகிறது. அவர் மேலே யாரைக் காட்டுகிறார்? கடவுளையா? இல்லை, வானிலிருந்து வந்திறங்கிய வேறு யாரோவையா? இந்தக் கேள்விகளால், ஏலியன்கள் என்னும் கருத்தை நான் விதைப்பதாக நீங்கள் நினைக்கலாம். அப்படியில்லை. அந்த மனிதனுக்கு, ஆராய்ச்சியாளர்கள் வைத்த பெயரே, 'விண்வெளி வீரன்' *(The Astronaut)* என்பதுதான்.

மலையடிவாரத்தில் அமைக்கப்பட்ட நாஷ்கா வரைவுகள் மனிதன் பார்ப்பதற்காக வரையப்படவேயில்லை. அந்த வெப்பம் தகிக்கும் மலையுச்சியில் மனிதனுக்கு வேலையே கிடையாது. அதைப் பார்ப்பதற்கான உயரம்கூட அருகில் இல்லை. மலைகள் தொலைவில் காணப்படுகின்றன. மரங்களும் அங்கில்லை. கடவுள் அல்லது வானில் பறந்து வரக்கூடிய யாரோ ஒருவரால் மட்டுமே அவற்றைப் பார்க்க முடியும். ஒஹயோவில் உருவாக்கப்பட்டது, பாம்புக் கடவுளுக்காக என்று வைத்துக் கொண்டால், நாஷ்காவில் காணப்படும் மிருகங்களும், பறவைகளும் எந்தக் கடவுளாக இருக்க முடியும்? ஒருவேளை, தாங்கள் கண்ட மிருகங்களை கடவுளாக வணங்குபவர்களென்று

என்ன சொல்கிறான் விண்வெளிவீரன்?

நீங்கள் நினைத்தால், இன்னுமொரு ஆச்சரியமும் உங்களைத் தாக்கும். அங்கு வரையப்பட்டிருக்கும் பெரும்பாலான உயிரினங்கள், அந்தப் பிரதேசத்திலேயே இல்லாதவை. மழைப் பிரதேசங்களில் மட்டுமே வாழக்கூடியவை. அந்த உயிரினங்களை எங்கு கண்டிருப்பார்கள்? சில உயிரினங்களை வினோதமான முறையிலும் வரைந்திருக்கிறார்கள். அவற்றில் முக்கியமாகக் கவனிக்கப்பட வேண்டியது, ஒருசில விலங்குகளுக்கு ஒரு கையில் நான்கு விரல்களும், மறு கையில் ஐந்து விரல்களுமாக வரையப்பட்டிருக்கின்றன. அவை தற்செயலாக நடந்தவையா, இல்லை ஏதுமொரு காரணத்தை முன்னிட்டு வரையப்பட்டதா, தெரியவில்லை.

இதுவரை நான் சொன்ன நாஷ்கா வரைவுகள் அனைத்தும், பல ஆண்டுகளுக்கு முன்னரே கண்டுபிடிக்கப்பட்டவை. ஆனால், நவீன ஆராய்ச்சியாளர்களின் தேடல்கள் அத்துடன் நின்றுவிடவில்லை. ட்ரோன்களை, நாஷ்கா வரைவுகளைச் சுற்றியிருக்கும், யாருமே ஏறியிருக்க முடியாத மலைத் தொடர்கள் நோக்கி அனுப்பிப் படமெடுத்தார்கள். அதைப் பார்த்தவர்கள் அதிர்ந்தே போய்விட்டார்கள். மலைகளெங்கும், சிறியவை, பெரியவையென்று மேலும் பல உருவங்கள் வரையப்பட்டிருக்கின்றன. ஒரு அடி நீளம்கொண்ட சிறிய வரைவுகள்கூட அங்கே காணப்படுகின்றன. மேலும் வரைவுகள் கண்டுபிடிக்கப்பட்டுக்கொண்டே இருக்கின்றன. நாஷ்கா மக்கள் மலைகளெங்கும் சித்திரங்கள் வரைவதிலேயே தங்கள் காலத்தை நகர்த்தியிருக்கிறார்கள் என்றே சிந்திக்க வைக்கிறது. ஆனாலும் யாருக்காக, எதற்காக அப்பிரமாண்ட வரைவுகளை உருவாக்கினார்கள் என்பது தெரியவில்லை. அப்படி இருக்கலாம். அல்லது, இப்படி இருக்கலாம் என்னும் சந்தேகங்களை மட்டுமே வெளிப்படுத்துகிறார்கள். ஆனால், உண்மை மட்டும் எங்கேயோ ஒளிந்திருக்கிறது.

அத்தியாயம் 23

மோவாய்கள் நடந்தது நிஜமா?

இந்தக் கட்டுரையை நீங்கள் படிக்க ஆரம்பிப்பதற்கு முன்னர் ஒரு உண்மையை நான் சொல்ல வேண்டும். கடந்த வாரம் நான் எழுதியிருந்த, 'பிரமிட் கற்கள் நகர்ந்த' கட்டுரையை எழுதுவதற்குக் காரணமே, இப்போது சொல்லப்போகும் இந்தக் கட்டுரையின் மர்மத்தைச் சொல்வதுதான்! இதன் தொடக்கப் புள்ளியாகவே பிரமிடைத் தொட்டேன். பிரமிடின் ஆச்சரியங்களை மேலோட்டமாகச் சொல்லிவிட்டு, இதை இணைத்துச் சொல்ல நினைத்தேன். ஆனால், பிரமிட் கட்டுரையை இடையில் நிறுத்த முடியாமல் நீளமாகிவிட்டது. அதனால், தனித்து எழுதும்படி ஆகிவிட்டது. இன்று சொல்லப்போகும் மர்மம், 24 கிலோமீட்டர் நீளமும், 12 கிலோமீட்டர் குறுக்களவுமுள்ள மிகச்சிறிய தீவொன்றில் நடந்தது. உலக மர்மங்களில், முக்கிய இடத்தில் இதுவும் இருக்கிறது. அந்தத் தீவில் வாழ்ந்த மக்கள், மொத்தமாகவே 3000 பேர்தான். ஆனால், ஆயிரத்துக்கும் அதிகமான சிலைகளை அவர்கள் உருவாக்கியிருக்கிறார்கள்.

மோவாய்கள் நடந்தது நிஜமா?

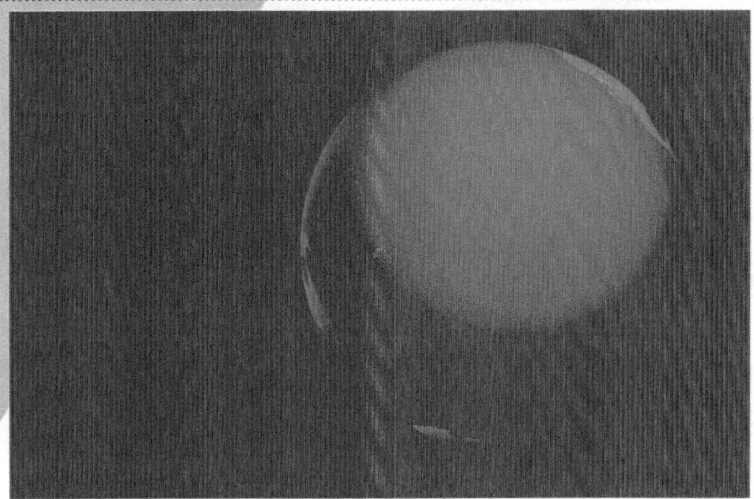

'ஆயிரம் சிலைகளைச் செய்வதில் அப்படியென்ன மர்மம் இருந்துவிடப் போகிறது?' என்றுதான் நினைப்பீர்கள். ஆனால், அந்தச் சிலைகள் பற்றியோ, அவை உருவாகிய இடம் பற்றியோ தெரிந்தால், மலைத்துப் போவீர்கள். அவை சாதாரண சிலைகளல்ல. ஒவ்வொன்றும் 80 டன்களுக்கு அதிகமான எடையும், பத்து மீட்டர்வரை உயரமும் கொண்டவை. இதுகூட சரிதான் எனச் சொல்லிவிடலாம். ஆனால், அவை 22 கிலோமிட்டர் தூரத்திற்கு மேடும், குன்றுகளும் நிறைந்த இடத்தில் நகர்த்தப்பட்டிருக்கின்றன. 'இல்லை இல்லை அவை நகர்த்தப்படவில்லை. நடந்தே சென்றன' என்கிறார்கள் அந்தத் தீவுக்குச் சொந்தமான மக்கள். என்ன பிரமிப்பாக இருக்கிறதா? மர்மத்தை முழுமையாகத் தெரிந்துகொள்ள, அந்தத் தீவின் கதையைக் கேளுங்கள். சொல்கிறேன்.

தொடங்குவதற்கு முன், ஒரு சிறிய தகவலையும் சொல்லவேண்டும். சிலரின் மனதை இது புண்படுத்தலாம். ஆனால், யாரையும் காயப்படுத்தும் நோக்கம் எனக்கில்லை. கட்டாயம் தெரிந்துகொள்ள வேண்டிய தகவலென்பதால் சொல்கிறேன். உலக மக்கள் பலரிடம் ஒரு நம்பிக்கையிருக்கிறது. 'எங்கள் வழிபாட்டுத்தலம் பூமியின் மையப் புள்ளியில் அது

என்ன ஒளிந்திருக்கிறது அங்கே?

அமைந்திருக்கிறது' என்பதுதான் அது. ஒரு பேச்சுக்காக அப்படிச் சொல்வதில் தப்பேதுமில்லை. ஆனால், அதை அறிவியல்கொண்டு நிறுவுவதாக நினைத்து காந்தப்புலம், ஈர்ப்புவிசையென அனைத்தையும் இழுப்பார்கள். இன்றுள்ள சமூகவலைதளங்களில், இப்படியானவை பெருமளவில் பகிரப்படுகின்றன. எந்தவொரு எதிர்பார்ப்பும் இல்லாமல், கடவுளை வழிபடும் மக்களுக்கு இவையெதுவும் தேவையில்லை. பூமி, தட்டையான வட்டமாக இருக்கும் பட்சத்தில், அதற்கு மையம் நிச்சயமாக இருக்கும். ஆனால் பூமி கோள வடிவமானது. கோளத்தின் மையம் அதனுள்ளே ஆழத்திலிருக்கும் கோளத்தின் மேற்பரப்பிலிருக்கும் அனைத்துப் புள்ளிகளும், ஆழ்மையத்தை நோக்கியே இருக்கும். அதனால், கோள மேற்பரப்பின் ஒவ்வொரு புள்ளியும் அதன் மையம் நோக்கியதே! பூமியை எடுத்துக் கொண்டாலும், அதன் ஒவ்வொரு இடமும் மையப் புள்ளியை நோக்கியதுதான். அதனால், விசேஷமாக எந்த இடத்தையும் மையமென்று சொல்வதில் அர்த்தமில்லை. இப்போது, இதை எதற்காக இங்கு நான் சொல்கிறேன்? காரணமேயில்லாமல் சொல்லவேண்டிய அவசியம் இல்லையல்லவா? உண்மைதான். இதைச் சொல்வதற்குக் காரணம், வேறெதுவுமில்லை. நான் மேலே சொன்ன அந்தத் தீவையும், 'பூமியின் மையம்' என்றுதான்

மோவாய்கள் நடந்தது நிஜமா?

அழைத்தார்கள். இன்றைய மர்மம் நோக்கி நம்மை அழைப்பதும் அதுவே. அங்கு என்ன ஒளிந்திருக்கிறதெனப் பார்த்துவரலாம், வாருங்கள்.

'ரப்பா நூய்' (Rapa Nui) மொழியில் 'Tepito ote Henua' என்றால், 'பூமியின் மைய இடம்' என்று அர்த்தம். பசிபிக் சமுத்திரத்திலிருக்கும் ஒரு தீவையே இந்தப் பெயர்கொண்டு அழைத்தார்கள். 165 மில்லியன் சதுர கிலோமீட்டர் நீர்ப்பரப்பைக் கொண்ட, உலகின் ஆழமானதும், மிகப்பெரியதுமான சமுத்திரம் பசிபிக். பூமியைக் குறித்த கோணத்தில் பார்த்தால், கிட்டத்தட்ட பசிபிக் கடல்நீர் முழுவதும் அதை மறைத்திருக்கும். அவ்வளவு பெரியது பசிபிக். அவுஸ்ரேலியாவின் கிழக்குப் புறத்திற்கும், தென்னமெரிக்காவின் மேற்குப்புறத்திற்கும் இடையேயுள்ள கடல் பிரதேசம். 25,000 தீவுகளை உள்ளடக்கியது. அவற்றில் பெரும்பாலானவை, சமுத்திரத்தின் அடியேயிருந்த எரிமலைகள் வெடித்ததால் மேலெழுந்த லாவாக் குழம்புகள், கடல் மட்டத்திற்கு மேலே இறுக்கமடைந்து தீவுகளாகியவை. அப்படி உருவாகிய தீவுதான், ஈஸ்டர் தீவு (Easter Island). 'பெரு' நாட்டிலிருந்து மேற்காக 3200 கிலோமீட்டர் தொலைவில் அத்தீவு இருக்கிறது. அண்மையில் எந்த நிலப்பரப்பையும் கொண்டிராத தனித்தீவு. 1722ஆம்

என்ன ஒளிந்திருக்கிறது அங்கே?

ஆண்டு, பசிபிக் சமுத்திரத்தினூடாக அவுஸ்ரேலியாவைத் தேடிக்கொண்டிருந்த, 'ஜாகோப் ரொகவீன்' (Admiral Jacob Roggeveen) என்னும் ஹாலந்துக் கடலோடி, தற்செயலாகச் சென்றடைந்த தீவுக்கு, 'ஈஸ்டர் தீவு' என்று பெயரிட்டார். அந்தத் தீவை அவர் அடைந்தது ஈஸ்டர் தினத்தில். நான்கு இலட்சம் ஆண்டுகளுக்கு முன்னர், 'டெரவாக்கா' (Terevaka) என்னும் மிகப்பெரிய எரிமலை வெடித்ததால் உருவான முக்கோணத் தீவு. மூன்று கப்பல்களில், 134 சகமாலுமிகளுடன், ரொகவீன் சென்றடைந்த அந்தத் தீவையே அவுஸ்ரேலியாவென்று முதலில் நினைத்துக் கொண்டார். தீவுக்கு மிகவும் சமீபமாகச் சென்றதும், கரையின் மேட்டில் நின்றுகொண்டிருந்த ராட்சச மனிதர்களைக் கண்டு ஒருகணம் தடுமாறிப் போனார். அவ்வளவு உயரமான மனிதர்கள் அங்கிருப்பார்களென்று அவர் எதிர்பார்க்கவேயில்லை.

கரையை அடைந்த ரொகவீனுக்கு, வரிசையாய் நின்றவர்கள் மனிதர்களல்ல, சிலைகளென்ற உண்மை புரிந்தது. பத்து மீட்டர்வரை உயரமான பதினைந்து சிலைகள் அங்கே வரிசையாய் நிறுத்தப்பட்டிருந்தன. அங்கு வாழ்ந்த மக்கள் ரொகவீனையும், அவரது சகாக்களையும் நன்கு வரவேற்று அழைத்துச் சென்றதாக, அவரே குறிப்புகளில் எழுதியிருக்கிறார். அவரின் குறிப்புகளிலிருந்துதான் அந்த மக்கள் பற்றி உலகமே தெரிந்து கொண்டது. அது தவிர்த்து, அங்கு நுழைந்த

மோவாய்கள் நடந்தது நிஜமா?

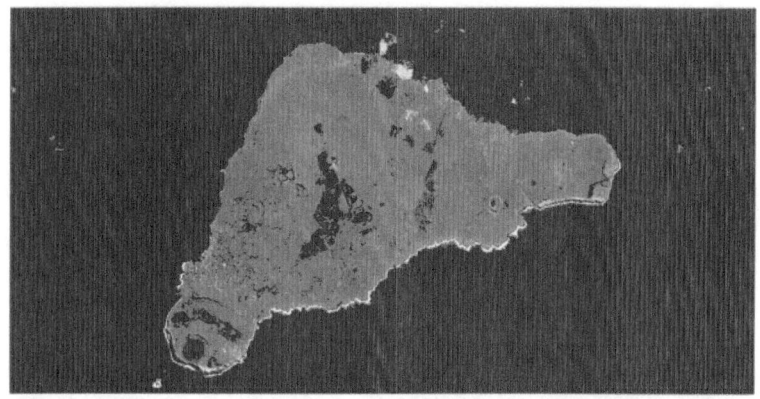

ரொகவீனின் சகாக்கள் சுட்டதினால், பன்னிரண்டு தீவினர் இறந்துபோன கதையையெல்லாம் இங்கு நான் விளக்கப் போவதில்லை. சொல்ல விரும்புவது மீண்டும் நீளமாகிவிடலாம். அதனால், முக்கியமான சிலைகளின் மர்மத்துடனேயே நகர்ந்து செல்வோம்.

அந்தத் தீவுக்கு, ஈஸ்டர் தீவென்று பெயரிடப்பட்டாலும், அதன் நிஜப் பெயர் 'ரப்பா நூய்' (Rapa Nui) என்பதாகும். கிபி 800 ஆண்டுகளில் ஏதோவொரு தீவிலிருந்து, சில மக்களுடன் புறப்பட்டுவந்த 'ஹொட்டு மட்டுவா' (Hotu Matua) என்னும் தலைவன், இந்தத் தீவில் குடியேறினான். எரிமலைக் குழம்புகளால் உருவான தீவென்பதால், பெரும்பாலும் குன்றுகளையும், மேடுகளையுமே கொண்டிருந்தது. மரங்களுடனான சில பசுமையான இடங்களும் காணப்பட்டது. ஹொட்டு மட்டுவா, அந்தத் தீவுக்கு வரும்போது கோழிகள், எலிகள், உருளைக்கிழங்கு, கரும்பு, வாழை போன்றவற்றைக் கொண்டு வந்திருக்கிறான். அவற்றை அந்தத் தீவில் பயிரிட்டுப் பெருக்கியுமிருக்கிறான். அவை தவிர்ந்து வேறெந்த உயிரினமும் அந்தத் தீவில் இருக்கவில்லை. பாம்புகள்கூட இல்லையென்றால் பார்த்துக் கொள்ளுங்கள். தீவெங்கும் தென்னை மரம்போல ஆனால் உயரமான ஒருவித மரமும் இருந்திருக்கிறது. பின்னாட்களில் ரொகவீன் சென்ற சமயத்தில், 3000 மக்கள்வரை பெருகியிருக்கிறார்கள். அவர்கள் உருவாக்கிய ஒருவகைச்

சிலைகளே இன்று ஆச்சரியமாகப் பேசப்பட்டு வருகின்றன. அந்தச் சிலைகளை 'மோவாய்' (Moai) என்றழைக்கிறார்கள். அவை எப்படி உருவாக்கப்பட்டன? அவற்றை எவ்வாறு மலைப் பிரதேசத்தில் நெடுந்தூரத்திற்கு நகர்த்தினார்கள் என்பதுதான் மர்மமாக இருக்கிறது. ரொகவீன் வந்து சென்ற சில ஆண்டுகளில், தீவிலிருந்த மொத்த மக்களும் காணாமல் போனார்கள். அதுவும் மர்மமாகவே இருக்கின்றது.

தீவின் கரைகளின் பல இடங்களில், மோவாய்ச் சிலைகள் வரிசையாக நிறுத்தி வைக்கப்பட்டிருக்கின்றன. அவை தவிர்த்து மோவாய்களின் தலைகள் மட்டும் தீவெங்கும் பல இடங்களில் காணப்படுகின்றன. தீவின் ஒரு எல்லையில் இருக்கும் எரிமலை லாவா சிறுமலையிலேயே அந்தச் சிலைகள் வெட்டியெடுக்கப்பட்டிருந்தன. 700 மீட்டர் அகலமும், 160 மீட்டர் உயரமும் கொண்டதாக அச்சிறுமலை காணப்பட்டது. சிலைகள் வெட்டப்பட்டு, அவ்விடத்திலிருந்து நகர்த்தும்போதே சேதமடைந்ததால், 397 சிலைகள் கைவிடப்பட்டு, மலையடிவாரத்திலேயே கிடக்கின்றன. அங்கிருந்த சிலையொன்றின் பிரமாண்டம் நம்பவே முடியாதது. 22 மீட்டர்

உயரமும், 270 டன் எடையும் கொண்ட சிலையையும் அவர்கள் வெட்டியிருக்கிறார்கள். அதை, 'எல் ஜிகாண்டெ' (El Gigante) என்றழைக்கிறார்கள். சரியாகக் கவனியுங்கள். அந்தச் சிலை கிட்டத்தட்ட ஆறடுக்கு மாடியின் உயரம் கொண்டது. அதன் எடையோ மிகவும் அதிகம். அதை உருவாக்கிய சமயத்தில், ஆயிரம் பேர் அளவில்தான் அங்கு மக்கள் வாழ்ந்திருக்கிறார்கள். பின்னாட்களில் ரொகவீன் வந்தபோதுதான், மூவாயிரமாகப் பெருகியிருந்தார்கள். ஆயிரம் பேர்களில், குழந்தைகள், பெண்கள் தவிர்த்து, எத்தனை ஆண்கள் இருந்திருக்க முடியும்? அவர்களில் முதியவர்கள் எத்தனை பேர்? ஆண்களில், தொடர்ச்சியாகச் சிலைகளை மலையிலிருந்து வெட்டிக் கொண்டிருந்தவர்களே அதிகம். அதை அங்கிருந்து நகர்த்துவதற்கு எஞ்சியவர்களாக எத்தனை பேர் இருக்க முடியும்? அந்தத் தீவில் கோழிகளையும், எலிகளையும் தவிர்த்து வேறு எந்தப் பிராணிகளும் இல்லை. குதிரைகளோ, மாடுகளோ, ஆடுகளோகூடக் கிடையாது. எதன் உதவிகொண்டு நகர்த்தியிருப்பார்கள்? அங்கிருந்த தென்னை மரத்தினால், உருவாக்கிய கயிற்றைக்கொண்டே, அந்தச் சிலைகளை நிமிர்த்தியிருக்க வேண்டும். அதற்கு நெம்பாக முட்டுக் கொடுப்பதற்கு அதிகபட்ச உயரமான

என்ன ஒளிந்திருக்கிறது அங்கே?

மரங்களும் அங்கிருக்கவில்லை. இருந்தவையெல்லாம், கரும்பு, உருளைக்கிழங்கு, வாழை உட்பட, இருபத்தியொரு விதமான தாவரங்கள் மட்டுமே! மரங்களை உருளைகளாக வெட்டி, அவற்றின்மேல் மோவாய்களை வைத்து நகர்த்தியிருக்கலாம். ஆனால், அந்த இடமே ஏற்றமும் இறக்கமும் கொண்ட மலைப் பிரதேசம். எகிப்தில் கற்கள் நகர்ந்ததற்கான காரணமாக எதையாவது சொல்லி, நம்மைச் சமாதானம் செய்து கொள்ளலாம். ஆனால், இங்கு எந்த வசதிகளும் அடியோடு இல்லை. "மோவாய்களை எப்படி நகர்த்தினார்கள்?" என்று ரப்பா நூய் முதியவர்களிடம் கேட்டபோது, அவர்கள் சொன்ன பதில் அதிர்ச்சியின் உச்சம். "மோவாய்கள் நடந்து சென்றன" என்று சொன்னதுமில்லாமல், அவை எப்படி நடந்தன என்று நடந்தும் காட்டுகிறார்கள்.

'என்ன, சிலைகளாவது, நடப்பதாவது?' என்று வியக்கிறோம். ஆனால், சிலைகள் நடந்து சென்றது உண்மைதான் என்று ஆராய்ச்சியாளர்களும் கண்டுபிடித்திருக்கிறார்கள். மொத்தத்தில் எதையும் நம்பமுடியவில்லை. ஆனாலும், காரியம் ஒன்று நடந்திருந்தால், அதற்குக் காரணம் நிச்சயம் இருந்தேயாகுமல்லவா? மோவாய்கள் எப்படி நடந்தன என்று அடுத்த பகுதியில் சொல்கிறேன்.

அத்தியாயம் 24

கர்ப்பிணிப் பெண்ணின் கல் தெரியுமா?

'எல் ஜிகாண்டெ' என்னும் 22 மீட்டர் உயரமும், 270 டன் எடையும் கொண்ட மோவாய்ச் சிலையை 'ரப்பா நூய்' மக்கள் உருவாக்கியிருந்தார்கள். அதைத் தூக்கி நிறுத்தவும், நகர்த்தவும் அவர்களுக்கு நிச்சயம் தெரிந்திருந்தது. அதனாலேயே அந்தச் சிலையை அவர்கள் உருவாக்கியிருக்கிறார்கள். அம்மக்கள் இயற்கையுடன் வாழ்ந்தவர்கள். இயற்கையின் ஒவ்வொரு கூறுகளையும் நன்கறிந்தவர்கள். அதனால், தங்களால் முடியாததைச் செய்வதற்கு முயலமாட்டார்கள். அது, அவர்களுடைய நம்பிக்கை சார்ந்த பணியாதலால், தவறு செய்வதை விரும்பவும் மாட்டார்கள். ஆனாலும், ரப்பா நூய் மக்கள், எந்த வசதியுமற்ற மிகச்சிறிய தீவிலிருந்துகொண்டு எப்படிச் சாதிக்க முயற்சின்றார்கள் என்பதே, அனைவரையும் வியப்பிற்குள்ளாக்குவது. அவர்களின் நம்பிக்கைகளின்படி, உருவாக்கிய மோவாய்களை, நிற்கவைத்தே வேறிடத்திற்குக்

என்ன ஒளிந்திருக்கிறது அங்கே?

கொண்டு சென்றிருக்கிறார்கள். கிடைநிலையில் வெட்டப்பட்ட சிலைகளை முதலில் நிமிர்த்த வேண்டும். யாரும் உதவிக்கு வரமுடியாதொரு தனித்தீவில், எந்த மிருகத்தின் துணையுமில்லாமல், சொற்பமான ஆண்களுடன், 270 டன் எடையைத் தூக்கவும், நகர்த்தவும் எப்படி முடியும்? அந்தச் சிலையின் உயரம் 22 மீட்டர்கள். அதை நிமிர்த்த வேண்டுமென்றால், அதைவிட உயரமான இடத்தில் கயிறுகளைக் கட்டி, பாரம் தூக்கிபோன்ற அமைப்பை உருவாக்க வேண்டும். ஈஸ்டர் தீவில் இருந்தது 'Paschalococos' என்னும் ஒருவகைத் தென்னை மரங்களே! எந்த முறையில் அவற்றைப் பயன்படுத்தி, சிலைகளை உயர்த்தியிருக்க முடியும்? அதற்கான பலமான கயிறுகளை எங்கிருந்து உருவாக்கியிருப்பார்கள்? ஒருவேளை உயர்த்தியிருந்தாலும், அதை எப்படி நகர்த்தியிருக்க முடியும்?

இப்படிப் பாருங்கள். மனிதனொருவனால் அதிகபட்சம் 500 கிலோவை நகர்த்த முடியுமென வைத்துக் கொள்வோம். இது மிகவும் அதிகப்படியான கணிப்பென்றாலும், பேச்சுக்கு வைத்துக்கொள்ளலாம். அப்படியெனில், 270 டன் சிலையை நகர்த்த, 520 நபர்கள் தேவைப்படலாம். அந்தத் தீவில் இருந்தவர்கள் ஆயிரத்துக்கும் குறைவானவர்கள். முதியவர்கள், பெண்கள், சிறுவர்கள் தவிர்த்து எஞ்சியவர்கள் எத்தனை பேர்? அந்தச் சிலையை நகர்த்துவது எப்படிச் சாத்தியமாகும்? 'நான் ஏன் இதைப் பெரிதுபடுத்திப் பேசுகிறேன். அது அவ்வளவு பெரிய அதிசயமா?' என்று நீங்கள் நினைப்பீர்கள். ஆதிகால மனிதர்களின் வரலாறுகளில், பிரமாண்டமான கற்களின் அமைப்புகள் முக்கியமானவையாகக் காணப்படுகின்றன. 'அவர்களால் எப்படி முடிந்தது?' என்று ஆச்சரியப்பட வைக்கிறார்கள்.

ஆனால், திருப்திகரமான பதில்கள் கிடைப்பதில்லை. இன்றும் நம்முன்னே பல ஒற்றைக் கற்கள் *(Monolith)* மர்மங்களை விழுங்கியபடி, நம்மைப் பார்த்துச் சிரித்துக் கொண்டிருக்கின்றன. உதாரணத்திற்கு ஒன்றைச் சொல்கிறேன். இதைத் தெரிந்துகொண்டால், ஏனையவை கால் தூசாகிவிடும்.

லெபனான் நாட்டிலிருக்கும் ஒரு நகரம், பால்பெக் *(Baal-bek)*. இந்த நகரில், ஜூபிடர் கடவுளுக்கான தேவலயமொன்று, 2000 ஆண்டுகளுக்கு முன்னர் கட்டப்பட்டது. அந்தக் கோவிலுக்கான தூண்களுக்கு, ஒரு கிலோமீட்டர் தொலைவில் கற்கள் வெட்டப்பட்டன. அவற்றில் மூன்று கற்கள், ஜெர்மன் தொல்லியல் ஆராய்ச்சியாளர்களால் கண்டுபிடிக்கப்பட்டன. அந்தக் கற்களில் என்ன விசேஷம் என்கிறீர்களா? மனிதனால் வெட்டப்பட்ட மிகப்பெரிய கற்கள் அவைதான். அவற்றின் எடை 1000, 1240, 1650 டன்களாகும். கனமான கிரனைட் கற்கள். கிட்டத்தட்ட 20 மீட்டர்கள் நீளமும், ஆறு மீட்டர் உயர, அகலமும் கொண்டவை. நகர்த்தவே முடியாத அவ்வளவு பெரிய கற்களை, எப்படி வெட்டினார்கள்? ஏன் வெட்டினார்கள்? எதுவும் தெரியாது. அக்கற்கள்பற்றி, அவ்வூர் மக்கள் சொல்லும் கதையொன்று இருக்கிறது. அவற்றை யாராலும் நகர்த்த முடியாமல் இருந்தபோது, "நகர்த்தும் இரகசியம் எனக்குத் தெரியும். அதைச் சொல்வதென்றால், நான் குழந்தை பெற்றுக்கொள்ளும்வரை, எனக்கு நீங்கள் உணவளிக்க வேண்டும்" என்று ஒரு கர்ப்பினிப் பெண் சொன்னாளாம். அவள் நிஜத்தில் பெண் கிடையாது. ஒரு பேய். அந்தக் கர்ப்பினிப் பேய்க்குக் கடைசிவரை அவர்களால் உணவளிக்க முடியவில்லை. அதனால், அக்கற்களும் இன்றுவரை

அங்கேயே கிடக்கின்றன என்று கதை போகிறது. அதனால், கற்களில் ஒன்றைக் 'கர்ப்பினிப் பெண்ணின் கல்' *(Stone of the Pregnant Woman)* என்று அழைக்கிறார்கள். பண்டைய ரோமானியர்கள், நகர்த்த முடியாமல் அங்கேயே விட்டுச் சென்றார்களா தெரியவில்லை. ஜூபிடர் ஆலயம் இதுபோன்ற கற்களைக் கொண்டே கட்டப்பட்டிருக்கிறது. கைவிடப்பட்ட அந்தப் பிரமாண்டமான கற்களை என்ன காரணத்திற்காக வெட்டியிருக்கிறார்கள்? 1640 டன் எடையென்பதை உங்களால் கற்பனை செய்ய முடிகிறதா? 1.64 மில்லியன் கிலோ எடை கொண்டவை. இரண்டாயிரம் ஆண்டுகளுக்கு முன்னர், அப்படியான கற்களைச் செதுக்கி எடுப்பதும், நகர்த்துவதும் எவ்வளவு சிரமமான காரியம். அவற்றை நகர்த்துவதற்கான வழிமுறைகள் அவர்களிடம் இருந்திருக்கிறது. கற்களின் மர்மங்களைச் சொல்லவேண்டுமெனின் சொல்லிக்கொண்டே போகலாம். ஆனாலும், நாம் மீண்டும் ஈஸ்டர் தீவுக்குச் செல்லலாம்.

ஈஸ்டர் தீவின் ஒரு கரையிலிருக்கும் மலையில் வெட்டப்பட்ட சிலைகள், எதிர்க்கரைக்குக் கொண்டு செல்லப்பட்டதை, பலவிதமாகச் சொல்கிறார்கள். உருவாக்கப்பட்ட சிலைகள், முதலில் மலையிலிருந்து கீழே தள்ளி விடப்படுகின்றன. பின்னர்

கர்ப்பினிப் பெண்ணின் கல் தெரியுமா?

தென்னை மரங்களினாலான உருளைகளில் வைத்து, உருட்டிச் செல்லப்படுகின்றன. அப்படி உருட்டிச் செல்லும்போது, தவறிக் கீழே விழுந்து உடையும் சிலைகளை அங்கேயே விட்டுவிடுகிறார்கள். அதனாலேயே, ஆங்காங்கே உடல்களற்றுத் தலைகள் தனியாகத் தீவெங்கும் காணப்படுகின்றன என்கிறார்கள். நூற்றுக்கணக்கான மோவாய்த் தலைகள், எல்லா இடத்திலும் இருப்பது உண்மைதான். மோவாய்ச் சிலைகளை நகர்த்திக்கொண்டு வரும்போது, விழுந்து உடைந்த சம்பவங்கள் நிறையவே நடந்திருக்கலாம். இந்தக் காரணம், ஓரளவுக்கு ஏற்றுக்கொள்ளக் கூடியதாகவே இருந்தது. ஆனால், சமீபத்தில் நடந்த கண்டுபிடிப்பு, எல்லாமே தப்பென்றது. தொல்லியல் ஆராய்ச்சியாளர்கள் தற்செயலாக அதைக் கண்டுபிடித்தார்கள். அந்தக் கண்டுபிடிப்பு, அனைத்தையும் தொடக்கத்திலிருந்து மீண்டும் ஆரம்பிக்க வைத்துவிட்டது.

தீவெங்குமிருந்த தலைகளில் ஒன்றைச் சும்மாதான் தோண்டிப் பார்த்தார்கள். திகைத்துப் போனார்கள். கழுத்துவரை இருக்கும் தலையென்று நினைத்தால், அங்கு முழுச்சிலையே புதைக்கப்பட்டிருந்தது. படிப்படியாக ஒவ்வொரு தலையைத் தோண்டியபோதும், முழுமையாக இருந்தன. அப்படியென்றால், மோவாய்கள் உடைந்ததால் தலைகள் அங்கு தனியாகக்

197

என்ன ஒளிந்திருக்கிறது அங்கே?

காணப்படவில்லை. தீவின் முழுப்பகுதிக்கும் சிலைகளைக் கொண்டுசென்று, ஆழக்கிடங்கு வெட்டிப் புதைத்திருக்கிறார்கள். இந்தக் கண்டுபிடிப்பு, அதுவரையிருந்த கணிப்புகளையெல்லாம் உடைத்தெறிந்தது. ஆயிரம் சிலைகளுக்கு மேல், நிற்கவைத்தோ, புதைத்துவைத்தோ தீவெங்கும் அலங்கரித்திருக்கிறார்கள். எப்படிப் பார்த்தாலும், இவற்றைச் செய்துமுடிக்க ரப்பா நூய் மக்களால் முடிந்திருக்கவே இயலாது. அங்கு என்ன மர்மம் ஒளிந்திருந்தது என்று கடைசிவரை தெரியவில்லை. அதே சமயத்தில், 'சிலைகளை யாரும் நகர்த்தவில்லை. அவை நடந்தே சென்றன' என்று ரப்பா நூய் மக்களின் முதியவர்கள் சொல்கிறார்கள். "சிலைகள் எப்படி நடக்க முடியும்?" என்று கேட்டபோது, இரண்டு கால்களையும் ஒன்றாகச் சேர்த்துப் பாதங்களை நிலத்திலிருந்து தூக்காமல், இடம் வலமாகத் திரும்பித் திரும்பி முன்னோக்கி நடந்து காட்டுகிறார்கள். மோவாய்களும் அப்படியே நடந்தன என்கிறார்கள். 'இவர்கள் சொல்வது எப்படி உண்மையாகும்' என்ற சந்தேகம் இருந்தாலும், ஒருதடவை செய்துபார்த்தால் என்னவென்று தோன்றியது. தொல்லியல் ஆராய்ச்சியாளர்கள், 3 மீட்டர் உயரமும், 5 டன் எடையுமுள்ள மாதிரி மோவாய்களை கணினி மூலம் உருவாக்கினார்கள். அதைக் கயிற்றினால் கட்டிப் பலவிதங்களில் நகர்த்துவதற்கு முயன்றார்கள். முடிவுகள் தோல்வியாகவே இருந்தன. பலரின் உதவியுடன் பலமுறை முயன்றபின்,

கர்ப்பினிப் பெண்ணின் கல் தெரியுமா?

இறுதியில் ஒரு வழியைக் கண்டுபிடித்தார்கள். மோவாயின் தலையில் கயிறுகளால் கட்டி, வலது, இடது, பின் புறங்களில் கயிறுகளைப் பிடித்தபடி, தலா பத்துப் பேர்கள்வரை நின்று, அந்த மோவாயை மெல்ல மெல்ல இடம் வலமாகத் திருப்பினார்கள். என்ன ஆச்சரியம், மோவாய் முன்னோக்கி நடந்தது. இது ஆராய்ச்சியாளர்களின் பிரமிப்பான கண்டுபிடிப்பு. எப்படி ரப்பா நூயிகள் நடக்க வைத்தார்களென்று கண்டுபிடிப்பதற்கு, கணினி வடிவமைப்புகளை உருவாக்கி, இறுதியில் வெற்றியும் கண்டார்கள். ஆனால், கணினியோ, கணிதமோ எதுவுமில்லாத ரப்பா நூய் மக்களுக்கு, சிலைகளை இப்படித்தான் நகர்த்த வேண்டுமென்று யார் சொல்லிக் கொடுத்தார்கள்? இவர்கள் செய்து பார்த்தது, வெறும் மூன்று மீட்டர் உயரமும், 5 டன் எடையும்கொண்ட மோவாய். அதற்கே நவீன விற்பன்னர்கள் இவ்வளவு கஷ்டப்பட்டால், பத்து மீட்டர் உயரமும், 80 டன் எடையும்கொண்ட மோவாய்களை, அவர்கள் எப்படி நடக்க வைத்திருப்பார்கள்? அவற்றிற்கான கயிறுகளும், ஏற்பாடுகளும் என்னவிதத்தில் தயார் செய்திருப்பார்கள்? ஐந்து டன்னுக்கு 30 பேர் தேவையெனின், 80 டன்னுக்கு எத்தனை பேர் தேவைப்பட்டிருப்பார்கள்? எதுவுமே தெளிவாகவில்லை. ஆனால், சிலைகளை நகர்த்துவதற்கு மரங்களை அழித்ததால், அந்தத் தீவின் பசுமைச் சமநிலை குலைந்துபோய், அங்குள்ள மனிதர்கள் ஒருவர் மிச்சமில்லாமல் அழிந்து போனார்களென்று

என்ன ஒளிந்திருக்கிறது அங்கே?

ஐரோப்பியக் கடலோடிகளின் குறிப்புகள் சொல்கின்றன. தங்கள் தவறினால், தாங்களே அழிந்து போனோமென்று குறிப்பிட்டார்கள். ஆனால், இந்த மர்மம் மட்டும் பின்னர் உலகிற்கு வெட்டவெளிச்சமானது. ரப்பா நூய் மக்கள் இயற்கையுடன் இணைந்து வாழ்ந்தவர்களென்று சொன்னேனில்லையா? அவர்களால் இயற்கையை அழிக்க முடியாது. அதனால், அந்த இனம் அழிந்து போகவுமில்லை. ரொக்கவீன் வந்தபின்னால், அங்குவந்த ஸ்பெயின், இங்கிலாந்து போன்ற ஐரோப்பியர்கள் அங்கு வந்து, அந்த மக்களில் ஆயிரக்கணக்கானவர்களை அடிமைகளாகக் கடத்திச் சென்றதாலும், அவர்கள் வந்ததால், தீவு மக்களுக்குப் பரிட்சயமில்லாத அம்மை நோய் பரவியதாலும். அந்த இனமே அத்தீவிலிருந்து மொத்தமாக அழிந்துபோனது. கடந்த தசாப்தங்களில் இந்த உண்மைகளெல்லாம் வெளிவந்து, அடிமைகளாகச் சென்ற அந்த மக்களின் பரம்பரையினர் மீட்கப்பட்டு, மீண்டும் ஈஸ்டர் தீவில் குடியமர்த்தப்பட்டிருக்கிறார்கள்.

இப்போது ஈஸ்டர் தீவு, சிலி நாட்டுக்குச் சொந்தமாகவும், சுற்றுலாப் பயணிகளின் இருப்பிடமாகவும் மாறிப்போயிருக்கிறது. அங்கு சின்னதாக ஒரு விமான நிலையமும் இருக்கிறது என்றால் பார்த்துக் கொள்ளுங்கள்.

அத்தியாயம் 25

தட்டைப் பூமியிலா வாழ்கிறோம்?

"ஒரு பொய்யைச் சொல்லி, மக்களை நம்பவைப்பது மிகவும் சுலபம். ஆனால், நம்பவைத்ததை இல்லாமல் அழிப்பது மிகவும் கடினம்". இதைச் சொன்னவர் 'மார்க் ட்வைன்'. நம்பிக்கையின் அடிப்படையில் சொல்லப்படும் கதைகள், மூடநம்பிக்கையை விதைப்பது உலகமெங்கும் காணக்கூடியதுதான். என்னதான் அறிவியலில் தெளிவுகள் கிடைத்தாலும், மூடநம்பிக்கைகளிலிருந்து மனிதனால் மீளமுடிவதில்லை. நம்பிக்கையென்பது நெருப்புப் போன்றது. அதைத் தாண்டுவதை யாரும் விரும்புவதில்லை. நாகரிகமடையும் மனிதன், நம்பிக்கைகளுடன், அறிவியல் கற்றுத்தந்த உண்மைகளையும் சேர்த்தெடுத்துக் கொண்டே பயணிக்கிறான். இயற்கையின் இருப்பிற்கு மாறாக உருவாக்கப்பட்ட கதைகள், உலகின் அனைத்து இனங்களிலும் காணப்படுகின்றன. ஆதிகாலங்களில் சூரியனும், கோள்களும் பூமியைத்தான்

என்ன ஒளிந்திருக்கிறது அங்கே?

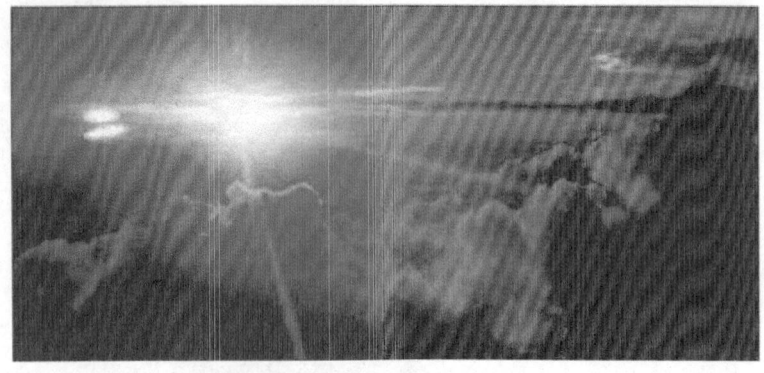

சுற்றுகின்றன என்னும் கருத்து பரவலாக நம்பப்பட்டது. அதற்கெதிராகப் பேசுபவர்கள், கடவுளின் விரோதிகள் என்று முத்திரை குத்தப்பட்டு, மரணத்தைத் தழுவியதும் நடந்தது. 'கலிலெயோ கலிலி', சூரியனே மையமானது என்னும் கருத்தைச் சொன்னபோது, 'பூமியை ஏனைய கோள்கள் சுற்றுகின்றன' என்று சொல்லும்படி மதபீடத்தினால் வற்புறுத்தப்பட்டார். இதுபோல 'பூமி தட்டையானது' என்ற நம்பிக்கையும் இருந்தது. வேதப் புத்தகங்களில் பெரும்பாலானவை அதைக் குறிப்பிடுகின்றன. ஆனால் மெல்ல நாகரிகமடைந்து, அறிவியல் வளர்ச்சியின்பின், பூமி, கோளமானதானென்று புரிந்துகொண்டோம். ஆனாலும், பூமி தட்டையென்பதை அடிப்படையாக வைத்து உருவான கதைகள் நம்மிடையே இப்போதும் மிச்சமிருக்கின்றன. ஆனால், இவ்வளவு முன்னேறிய நிலையிலும், 'பூமி தட்டையானது' என்று ஒரு பெருங்கூட்டமே சொல்லிக் கொண்டிருக்கிறது. அவர்கள், தனிப்பட்ட எந்த மதத்தையோ, இனத்தையோ, நாட்டையோ சார்ந்தவர்களல்ல. அப்படிச் சொல்பவர்கள் அனைத்துக் கண்டங்களிலும் வாழ்கிறார்கள். அவர்கள் தங்களைத் 'தட்டைப் பூமி' (Flat Earthers) என்று சொல்லிக் கொள்கிறார்கள்.

அறிவியல் அசுர வேகத்தில் வளர்ந்த இன்றைய நிலையில், பூமியின் வடிவம் கோளம் என்பதைப் பலவகைகளில் நிறுவியிருக்கிறது. நிலாவுக்கு விண்கலங்களை அனுப்பி அங்கிருந்து

தட்டைப் பூமியிலா வாழ்கிறோம்?

பூமியைப் படம்கூட எடுத்திருக்கிறார்கள். வானியற்பியலில் எத்தனையோ சாதனைகளைச் செய்துவிட்டார்கள். இதற்குப் பின்னரும், 'பூமி தட்டையானது' என்று எவராவது சொன்னால், உங்களுக்கு ஆச்சரியமாக இருக்காதா? 'அட! இவர்கள் என்ன படிக்காதவர்களா? இல்லை முட்டாள்களா?' என்றுதானே நினைப்பீர்கள். அவர்கள் நன்கு படித்தவர்கள். மிகவும் மரியாதைக்குரியவர்கள். சமூகத்தில் நல்ல நிலைகளில் இருப்பவர்கள். இப்படிச் சொல்பவர்கள் ஒருசிலர் கிடையாது. பல மில்லியன் மக்கள். இவர்கள் ஒன்றிணைந்து, 'தட்டைப் பூமியாளர்கள்' (Flat Earth Society) என்னும் அமைப்பையும் உருவாக்கியிருக்கிறார்கள். எந்த அறிவியல்கொண்டு பூமி தட்டையில்லை, கோளம்தானென்று நம்பவைத்தோமோ, அதே அறிவியலை வைத்து, பூமி தட்டையானதென்று இவர்களும் நிறுவுகிறார்கள். இவர்களின் விந்தையான சிந்தனை பற்றியே இம்முறை பார்க்கப் போகிறோம். இவ்வளவு பிடிவாதமாகக் கோளமான பூமியை இவர்கள் மறுப்பதன் பின்னணியில், என்ன காரணம் ஒளிந்திருக்கும் என்பதைப் பார்க்கலாம் வாருங்கள்.

"ராஜ்சிவா ரொம்ப நல்லவர்டா."

"யார் சொன்னா?"

"அவரே சொன்னார்டா."

இதுபோன்ற மொக்கை ஜோக்குகளை நீங்கள் படித்திருப்பீர்கள். ஆனால், இதுவே தட்டைப் பூமியாளர்களுக்கு அடிப்படையாகியது. "சந்திரனிலிருந்து பூமிக்கோளை, நாஸா படம் பிடித்திருக்கிறது." "யார் சொன்னா?" "அந்த நாஸாவே சொல்லிச்சு" இப்படிச் சொல்லி, அவர்கள் சிரிக்கிறார்கள். சந்திரனுக்குப் போய்வந்ததாக நாஸா தரும் படங்களை எப்படி நம்புவது என்று கேட்டு, பூமித் தட்டையாளர்கள், நாஸாவையே குற்றம் சாட்டுகிறார்கள். பூமி கோளமானது என்று, மனிதர்களை நம்பவைப்பதே இந்த நாஸாதான் எனக் கொதிக்கிறார்கள். போட்டோக்களைக் காட்டி நம்மையெல்லாம் நன்றாக ஏமாற்றிக் கொண்டிருக்கிறது நாஸா என்றும் சொல்கிறார்கள். 'நிலாவுக்கு மனிதன் சென்றது உண்மையில்லை' என்ற பேச்சுப் பரவலாகவே சந்தேகிக்கப்படுகிறது. அதை அமெரிக்க மக்களில் கணிசமானவர்களே நம்பவில்லை. நம்பாதவர்களை, 'கான்ஸ்பிரசித் தியரிஸ்ட்' என்று நாஸா முத்திரை குத்தும். ஆனால் இந்தத் தட்டைப் பூமியாளர்களோ, பொய்யான வீடியோக்களையும், போட்டோக்களையும் உருவாக்கி, மக்களிடையே பொய்களைப் பரப்பும் நிஜ கான்ஸ்பிரஸித் தியரிஸ்டுகள் நாஸாவினர்தான் என்கிறார்கள். இவ்வளவு திடமாக இவர்கள் தட்டைப் பூமியை நம்புவதற்கு என்ன காரணம் இருக்க முடியும்?

1800களில் சாமுவேல் ராபொதாம் *(Samuel Rowbotham)* என்பவரின் கருத்தின் அடிப்படையில், சாமுவேல் ஷெண்டன் *(Samuel Shenton)* என்பவரால் உருவாக்கப்பட்டதுதான், *Flat Earth Society*. பூமியானது கோளமாக இருப்பதால், ஐந்து கிலோமீட்டர்களுக்கு அப்பால், அதன் மேற்பரப்பு வளைந்து காணாமல் போய்விடும். கடற்கரையில் நின்று பார்க்கும்போது, கடல் எல்லை, ஒரு குறிப்பிட்ட தூரத்தில் முடிவடைந்து, வானத்தைத்

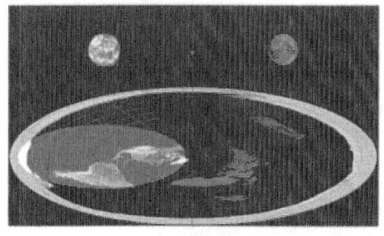

தொடுவதுபோலக் காட்சிதரும். அந்த தூரம் கிட்டத்தட்ட ஐந்து கிலோமீட்டர்களாக இருக்கும். அதுவே பூமியின் வளைவு எல்லையாகும். ஆனால், இது எதையும் தட்டைப் பூமியாளர்கள் ஏற்பதில்லை. இந்த அமைப்பை உருவாக்கியவர் ஒரு பரிசோதனையைச் செய்து பார்த்தார். நீளமான ஆறு ஒன்றில், படகில் அமர்ந்துகொண்டு, தனது நண்பனை இன்னொரு படகில், ஆற்றின் நெடுந்தூரம் செல்லவிட்டுத் தொலைநோக்கி ஒன்றினால் பார்த்தார். நண்பன் இருந்ததோ ஐந்து கிலோமீட்டருக்கும் அப்பால். ஆனால், அந்த நண்பரின் படகு அவரின் கண்களுக்குத் தெரிந்தது. சாதாரணமாகப் பூமி ஐந்து கிலோமீட்டர்களுக்கப்பால் வளைந்து, நண்பரின் படகு மறைந்திருக்க வேண்டும். ஆனால், மறையவில்லை. அப்படியென்றால், பூமி வளைகிறது என்று இவர்கள் சொல்வது பச்சைப் பொய் என்னும் முடிவுக்கு வந்தார். இதை அவர் ஒரு புத்தகமாக எழுதி வெளியிட்டதிலிருந்து ஆரம்பித்ததுதான் இந்தக் கொடுமைகளெல்லாமே. இந்தக் கேள்வியையும் அவர்கள் கேட்கிறார்கள். கடற்கரையிலிருந்து பார்க்கும்போது கடல் எல்லை முடிவடைவது உண்மைதான். ஆனால் இடம், வலமாக இரண்டுபக்கமும் பல கிலோமீட்டர்கள் பரந்திருக்கும் கடல்வெளி ஏன் வளையவில்லை. அதன் தட்டை மேற்பரப்பை கண்களால் நெடுந்தூரம் பார்க்க முடிகிறதே என்றும் கேள்வி எழுப்புகிறார்கள். இதற்குப் பதிலாக யார் எந்தப் பதிலைச் சொன்னாலும், அவர்கள் ஏற்றுக் கொள்வதாயில்லை. கீழிருந்து பார்க்கும்போது அல்லது விமானத்தில் முகில்களுக்கு மேல் பறக்கும்போது பார்த்தாலோ, முகில்கள் தட்டையான வெளியில்தானே அடுக்கப்பட்டிருக்கின்றன. அவையேன் வளைவாகக் காணப்படுவதில்லை என்று அடுத்த கேள்வியையும் கேட்கிறார்கள். விமானங்கள் பறக்கும்போது, பூமி வளைவதால், சில கிலோமீட்டர் தூரத்துக்குப்பின் அவை பூமிநோக்கி வளைய

என்ன ஒளிந்திருக்கிறது அங்கே?

வேண்டும்தானே. விமானத்தின் வேகத்திற்கு, அது பூமியின் வளைவைச் சீக்கிரம் தொட்டுவிடும். அதனால், எப்போதும் பூமியை நோக்கிப் பார்த்தபடிதானே விமானம் பறந்துகொண்டிருக்க வேண்டும். ஆனால், விமானங்கள் எப்போதும் நேராகவே பயணம் செய்கின்றனவே. அது எப்படி என்கிறார்கள். அதோடு விட்டு வைக்கவில்லை. விமானம் கீழ்நோக்கித் திரும்புவதில்லை என்பதை, நீர்மட்டம்கொண்ட அளவுகோலை, விமானத்தின் பயணம் முழுவதும் ஜன்னல் ஓரத்தில் வைத்துப் பரிசோதனை செய்து கண்டுபிடித்திருக்கிறார்கள். அந்த நீர்மட்டம் எப்போதும் சாயாமல் கிடையாகவே இருந்ததால், விமானம் வளைந்தபடி பிரயாணம் செய்யவில்லை என்கிறார்கள்.

இவர்கள் குறிப்பிடும் தட்டையான பூமி எப்படி இருக்கும், அதில் சூரியனும், சந்திரனும் எப்படி நகர்கின்றன என்று நான் இங்கு சொன்னால், என்னை அடிக்க வந்தாலும் வந்துவிடுவீர்கள். என் கட்டுரைகளை இனிப் படிக்கப் போவதில்லை என்னும் அளவுக்கு என்மேல் கோவப்படுவீர்கள். தட்டைப் பூமியாளர்களைப் பொறுத்தவரை, வட்டவடிவமான டிஸ்க் போன்ற தட்டின் அமைப்பில் பூமி இருக்கிறது. அதன் மையத்தின் வட துருவமும், அதற்குக் கீழே, வட்டமாக அனைத்து நாடுகளும் பரவி இருக்கின்றன. வட்டத் தட்டின் விளிம்பு எல்லையெங்கும் தென்துருவத்தின் ஐஸ் மலைகள் உயர்ந்து பாதுகாப்பாய்க் காணப்படுகிறது. அதனாலேயே கடல் நீர் வெளியே வழியாமல், தட்டினுள்ளேயே இருக்கின்றன. சூரியனும், சந்திரனும் இலட்சக்கணக்கான கிலோமீட்டர் தூரத்தில் இல்லை. சில ஆயிரம் கிலோமீட்டர் தூரத்தில்தான் இருக்கின்றன. அவை பூமிக்கு மேலே நின்று, டார்ச் வெளிச்சம் அடிப்பதுபோல வட்டமாகச் சுற்றிக் கொண்டு ஒளியைத் தருகின்றன. நட்சத்திரங்களும், சூரியனுக்கு மேலே இன்னும்

ஒரு ஆயிரம் கிலோமீட்டர் உயரத்தில் இருக்கின்றன என்கிறார்கள். இதற்கு அவர்கள் சொல்லும் காரணம், சூரியக் கதிர்கள் அவ்வப்போது, முகில்களினூடாக வரும்போது, பல கோணங்களில் பிரிந்து பூமியை வந்தடைவதை நாம் அவதானிக்கலாம். சூரியன் பல இலட்சம் கிலோமீட்டர் தூரத்தில் இருந்தால், அதன் ஒளிக்கதிர் சமாந்தரமாகத்தான் வரும், இப்படிக் கோணங்களாகப் பிரியாது. அதனால், சூரியன் ஆயிரம் கிலோமீட்டர்கள் மேலேதான் இருக்கின்றது என்கிறார்கள். அவர்கள் சொல்லும் இன்னுமொன்று மேலும் விபரீதமானது. புவியீர்ப்பு என்பதே இல்லை. பூமி, சூரியன், சந்திரன், நட்சத்திரங்கள் அனைத்தும், ஒரு வளைவான கூண்டுபோன்ற அமைப்பில் அடங்கியிருக்கின்றன. அவை ஒன்றாக 9.8 மீ/செ/செ என்னும் வேக முடுக்கத்தில் மேல்நோக்கி நகர்ந்து கொண்டிருக்கின்றனவாம். அதனால்தான், மேலேயுள்ள பொருட்கள் நிலத்தை நோக்கி விழுகின்றன என்றும் சொல்கிறார்கள். 'உஸ்ஸ்ஸ்ஸ்ஸப்பா' என்றுதானே மனதுக்குள் நினைக்கிறீர்கள். ஒவ்வொரு விஞ்ஞானியும் அப்படித்தான் நினைக்கிறான். அவர்களுக்குப் பலவிதங்களில் எடுத்தும் சொல்லியாயிற்று. யாரும் ஏற்கத் தயாராகவில்லை. அவர்கள் எண்ணிக்கையில் மேலும் மேலும் அதிகரித்துக்கொண்டே போகிறார்கள். அவர்களின் ஃபேஸ்புக் பக்கத்தின் அங்கத்தவர்கள் இரண்டு இலட்சத்துக்கும் அதிகம். யூடியூப், இன்ஸ்டாகிராம் என்று கலங்கடித்துக் கொண்டிருக்கிறார்கள். இவர்கள் அப்படியொன்றும் தீமையானவர்களோ, நாட்டிற்குப் பாதகமானவர்களோ கிடையாது. சொல்லப்போனால், நட்புடன் பழகும் நபர்களே. அதனால், யாரும் இவர்களை வெறுப்பதில்லை. சரியோ, தப்போ அறிவியலையே தங்கள் வாதத்திற்கான ஆதாரங்களாக இவர்களும் எடுத்து வைப்பதால், அதை ரசிக்கவும் செய்கிறார்கள்.

இவர்களின் நம்பிக்கையினால் ஒரு சோகமும் நடந்தது. அதுவே இதை நான் எழுதுவதற்கும் முக்கியக் காரணம். பூமி தட்டையானதுதான் என்பதை நிரூபிக்க 2018ஆம் ஆண்டு, சொந்தமாகச் சிறியரக ராக்கெட் ஒன்றைத் தயாரித்த,

என்ன ஒளிந்திருக்கிறது அங்கே?

'மைக் ஹியூஜ்' (Mike Hughes) என்பவர் அதில் அமர்ந்தபடி மேலே பறந்தார். கிட்டத்தட்ட 570 மீட்டர்கள் மேலேபோய் பாரசூட்மூலம் கீழே குதித்தார். ஆனால், உயரம் கம்மியாக இருந்ததால், நிலத்துடன் மோதியபடியே தரையைத் தொட்டார். நல்லவேளை உயிராபத்து எதுவும் ஏற்படவில்லை. அவர் மறுபடியும் 2020ஆம் ஆண்டு பெப்ரவரி மாதம் மீண்டும் ராக்கெட்டில் பறந்து சென்றார். எல்லாமே அவரது சொந்த முயற்சிதான். ஆனால், ராக்கெட் தரையில் மோதி வெடித்ததால், மரணமடைந்தார், அப்போது அவருக்கு வயது 64. பூமி தட்டையானதா, கோளமானதா என்பதை அவர் அறிந்தாரா இல்லையா தெரியாது. ஆனால், அந்தக் காரணத்தை ஏனோ அவரின் மனைவி மறுத்துவிட்டார்.

தட்டைப் பூமியாளர்களின் அமைப்பின் அங்கத்தவர்கள் தவிர்த்து, மதத்தின் அடிப்படையில், பூமியின் ஜனத்தொகையின் 33 சதவீதமானவர்கள் பூமி தட்டையானதென்றே நம்புகிறார்கள்.

அத்தியாயம் 26

வெளிவருமா பேர்க்ஷயர் உண்மைகள்?

நான் ஓர் அறிவியல் எழுத்தாளன். முன்னரும் இதைச் சொல்லியிருக்கிறேன். அறிவியலை, மிகவும் பொறுப்புணர்வுடன் எழுதவேண்டும். நம்பிப் படிக்கும் நம் தமிழ் இளைஞனுக்குச் சரியான அறிவியலைக் கொண்டு சேர்க்கவேண்டும். நான் வானியற்பியலையும், குவாண்டம் இயற்பியலையுமே அதிகம் எழுதுவேன். இயற்பியலில் கோட்பாடுகள் *(Theories)* உண்டு. கணிதத்தின்மூலம், இப்படித்தான் இருக்கவேண்டுமென்று முடிவுகள் எடுக்கப்பட்டுக் கோட்பாடுகளென வெளியிடப்படுகின்றன. பின்னாட்களில், அவை உண்மையென நிரூபிக்கப்படலாம். படாமலும் போகலாம். உதாரணமாக, 'ஹிக்ஸ் போஸான்' *(Higgs Boson)* என்னும் துகள்கள் இருக்கலாமென, 'பீட்டர் ஹிக்ஸ்' *(Peter Higgs)* என்பவர் 1960ஆம் ஆண்டில் கணித்திருந்தார். 'இத்துகள்களே, பேரண்டத்திலிருக்கும் அடிப்படைத் துகள்கள் அனைத்தின் எடைக்கும் காரணம்' என்றார். ஆனால், அடுத்த ஐம்பது ஆண்டுகளுக்கு அப்படியான

துகள் கண்டுபிடிக்கப்படவில்லை. கணித மேதையான, 'ஸ்டீஃபன் ஹாக்கிங்', அப்படியான துகள் இருப்பதாக நம்பவில்லை. 'ஹிக்ஸ் போஸானைக் கண்டுபிடிக்கவே முடியாது' என்று, சக இயற்பியலாளரான 'கோர்டன் கேன்' *(Gordon Kane)* என்பவருடன், நூறு டாலர்களுக்குப் பந்தயமும் கட்டியிருந்தார். ஆனால் 2012ஆம் ஆண்டு, ஹிக்ஸ் போஸான் கண்டுபிடிக்கப்பட்டது. கோட்பாடாகச் சொல்லப்பட்டது, நிஜமென நிரூபிக்கப்பட்டது. 'நூறு டாலர்களை நான் தோற்றுவிட்டேன்' என்று சிரித்துக்கொண்டே சொன்னார் ஹாக்கிங். ஐன்ஸ்டைனின் பல கோட்பாடுகளும் இதுபோலவே பின்னாட்களில் நிரூபிக்கப்பட்டன. விண்வெளியில் *(space)* 'ஈர்ப்பலைகள்' *(Gravitational waves)* உருவாகுமென்று அவர் கோட்பாடாகச் சொன்னது, நூறு ஆண்டுகளின் பின்னர் உண்மையென்று நிரூபிக்கப்பட்டது. நவீன இயற்பியலின் பல கோட்பாடுகள், இன்றுவரை நிரூபிக்கப்படவில்லை. அறிவியல் கோட்பாடுகளுக்கும், மர்மங்களுக்கும் *(Mysteries)* வித்தியாசம் இருக்கின்றது. மர்மங்களை உண்மையென்றும் சேர்க்கவோ, பொய்யென்று ஒதுக்கவோ முடியாது. இரண்டுக்கும் இடையே, தனக்கானதொரு நிஜத்தை மறைத்து வைத்திருக்கும். அது வெளிவரும்வரை, மர்மமாகவே தொடரும். மர்மங்களை, மாற்றான் தாய் மனப்பான்மையுடனே அறிவியல் அணுகும்.

வெளிவருமா பேர்க்ஷையர் உண்மைகள்?

இரண்டும் ஒன்றுக்கொன்று முரண்படுபவைதான். அப்படியென்றால், அறிவியலுடன் ஒத்துப்போகாத மர்மங்களை நான் எந்தவகையில் எழுத ஆரம்பித்தேன்? அதற்கொரு காரணமிருந்தது. அதுவே மர்மங்களை எழுதுவதற்கான ஆரம்பப் புள்ளியுமாகியது. அந்தக் காரணத்தை மையமாக்கியே, இந்தக் கட்டுரையும் இருக்கப்போகிறது. அந்தக் காரணம், ஏலியன்கள்.

ஏலியன்கள் இருப்பதாகச் சொல்லும்போது, தங்களை அறிவாளிகளாக நினைத்துக் கொள்பவர்கள் தமக்குள் சிரிப்பார்கள். பேய்கள், பிசாசுகள் இருக்கின்றன போன்ற மூடநம்பிக்கைகளாக, ஏலியன்களையும் நினைத்துச் சிரிப்பார்கள். ஆனால், அறிவியலின் முக்கிய இடத்தில் ஏலியன் ஆராய்ச்சிகள் இருக்கின்றன. உலகின் அதிசிறந்த விஞ்ஞானிகள், ஏலியன்களின் இருப்பை மறுத்ததில்லை. ஸ்டீபன் ஹாக்கிங் உட்பட, அனைத்து இயற்பியலாளர்களும் ஏலியன்கள் இருப்பதாக ஒத்துக்கொள்கிறார்கள். கோடிக்கணக்கான டாலர்களைக் கொட்டி, பிற கோள்களில் உயிரினங்கள் வாழ்கின்றனவா, என்பதை ஆராய்ந்து வருகிறார்கள். இதற்கென்றே சாட்டிலைட் தொலைநோக்கிகளும் விண்வெளிக்கு அனுப்பப்பட்டிருக்கின்றன. அதனால், ஏலியன்கள் இருக்கின்றன என்பதில் யாருக்கும் சந்தேகம் கிடையாது. ஆனால், பிரச்சனை அங்கில்லை. 'ஏலியன்கள் பூமிக்கு வந்திருக்கின்றனவா?' என்ற கேள்விதான் பிரச்சனையே. சரியாகக் கவனியுங்கள், பூமியைத் தாண்டி வேற்றுக் கோள்களில் ஏலியன்கள் இருக்கின்றன என்பது வேறு, அவை பூமிக்கு வந்திருக்கின்றன என்று சொல்வது வேறு. இரண்டும் வெவ்வேறான மாறுபட்ட விஷயங்கள். பிரபல இயற்பியலாளரான, 'நீல் டெகிராஸ் டைசன்' (Neil deGrasse Tyson) பறக்கும் தட்டுகளைப் பலமாக மறுப்பவர். ஆனால், ஏலியன்களின் இருப்பை மறுப்பதில்லை. ஏலியன்கள் இருக்கின்றனவா என்பதையும், ஏலியன்கள் பூமிக்கு வந்தனவா

என்ன ஒளிந்திருக்கிறது அங்கே?

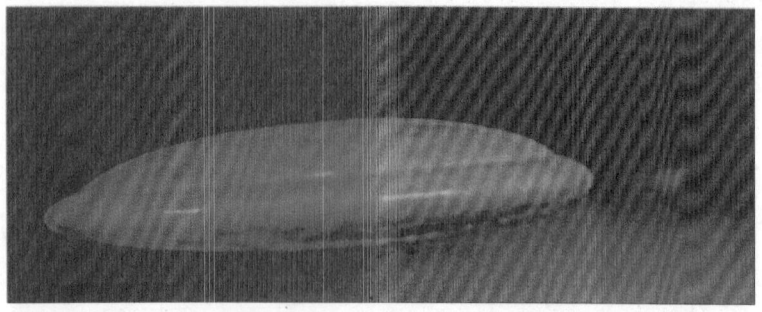

என்பதையும் தனித்தனியாக நாம் பார்க்கவேண்டும். இந்த இடத்தில் இன்னுமொன்றையும் பாருங்கள். பூமிக்கு, ஏலியன்கள் வருகை தருவதைப் பறக்கும்தட்டுகளை வைத்தே புரிந்துகொள்ள முடியும். அதனால், ஏலியன்கள் பூமிக்கு வருவதைப் பறக்கும்தட்டுச் சம்பவமாகவே எடுத்துக்கொள்கிறார்கள். இப்போது, பறக்கும்தட்டுகள் பூமிக்கு வந்தனவா என்பதை முதலில் பார்க்கலாம். இதில் என்னதான் ஒளிந்திருக்கிறது என்பதையும் தெரிந்துகொள்ளலாம்.

மீண்டும் ஒருமுறை சொல்கிறேன். ஏலியன் இருப்பதாகச் சொல்வது அறிவியல். மறுக்க முடியாத அறிவியல் உண்மை. அதுபற்றிப் பின்னர் விரிவாகப் பார்க்கலாம். ஆனால், பறக்கும்தட்டு அறிவியல் கிடையாது. அது மர்மம். உண்மையா, பொய்யாவென்று சொல்லமுடியாத மிஸ்டரி. ஒரு சாரார்களால் உண்மையில்லையென மறுக்கப்பட, இன்னொரு சாரார்களால், உண்மையான நிகழ்வுகளேதானென்று அடித்துச் சொல்லப்படுவது. இந்த இருவருக்குமிடையில், மர்மத்தின் உண்மை தூங்கிக் கொண்டிருக்கும். அப்படியான மர்மங்களைத்தான் நாம் பார்க்கப்போகின்றோம். தமிழில் இதுவரை வெளிவராத சம்பவங்கள் அவை. அவற்றைச் சொல்வதோடு, அவற்றிற்கான விளக்கங்களையும் தருகிறேன். அவை உண்மையா, இல்லையாவென முடிவெடுக்க வேண்டியது நீங்கள்தான். இந்தத் தொடரில் நான் சொன்னவை எல்லாமே அப்படியானவையே! என்னுடைய அபிப்பிராயத்தையோ, முடிவையோ உங்களிடம் நான் செலுத்தவில்லை. இப்படியாகச்

சம்பவங்கள் நடந்திருக்கின்றன எனச் சுட்டிக்காட்டுவது மட்டுமே என்வேலை. முடிவு உங்களுடையதே! இனிச் சம்பவத்திற்குள் போகலாம் வாருங்கள்.

ஸ்கை, அம்மார் இருவரும் நண்பர்கள். யூடியூப் சானல் ஒன்றைச் சக நண்பர்களுடன் சேர்ந்து நடத்தி வருபவர்கள். அம்மாரை அழைத்து, நெட்ஃபிளிக்ஸில் இருக்கும் மிஸ்டரித் தொடரைப் பார்க்கும்படி அம்மாருக்குச் சொன்னாள் ஸ்கை. கோவிட் காலமாதலால் வெளியே போகாத நிலையில், நெட்ஃபிளிக்ஸில் அந்தத் தொடரைப் பார்த்தான். மசாசுசெட்ஸில், 1969ஆம் ஆண்டு நடைபெற்ற உண்மைச் சம்பவத்தை அடிப்படையாகக்கொண்ட நிகழ்வாக இருந்தது. அதைப் பார்த்ததும், 'இதையேன் மீண்டும் ஆராயக்கூடாது?' என்று அம்மாருக்குத் தோன்றியது. தங்கள் சானல் சார்பாக இதைவைத்து டாக்குமெண்டரி எடுக்கலாமென முடிவெடுத்தார்கள். அதன்படி, தோமஸ், அம்மார், ஸ்கை, எரிக் *(Thomas Dajer, Ammar Kandil, Sky Cowans, Eric Tabach)* ஆகிய நால்வரும், மசாசுசெட்ஸில் இருக்கும் பேர்க்ஷயருக்குப் *(Berkshire)* புறப்பட்டுச் சென்றார்கள். புறப்பட்டுச் சென்றது 2020ஆம் ஆண்டு டிசம்பர் மாதத்தில். கொரோனாவின் உச்சகாலம். அவர்கள் பதிவுசெய்த சம்பவங்களின் கோர்வையையே நீங்கள் தெரிந்துகொள்ளப் போகிறீர்கள்.

அந்தச் சம்பவம் நடந்ததோ, 1969ஆம் ஆண்டு செப்டெம்பர் முதலாம் தேதி. பேர்க்ஷயர் கவுண்டியில் இருக்கும் சிறிய ஊரான பாரிங்டன் *(Barington)*. அந்த ஊரில், ஒருவருக்கொருவர் சம்பந்தமேயில்லாத பலருக்கு நடந்த சம்பவங்களின் உயிருள்ள சாட்சிகளாக இன்றும் வாழ்ந்து கொண்டிருப்பவர்களின் சாட்சியத்தைக் கேளுங்கள். நடந்த உண்மைகளைச் சொன்னபோது, அன்றே அவர்கள் அனைவரையும் பார்த்து

என்ன ஒளிந்திருக்கிறது அங்கே?

உலகம் முழுவதும் சிரித்தது. உண்மையைச் சொல்லப் போனால், நான்கூட இந்தச் சம்பவங்களை இளைஞனாக இருக்கும்போது கேள்விப்பட்டிருக்கிறேன். நக்கலாகவும் சிரித்திருக்கிறேன். அப்போது, இந்த அளவுக்கு யாருக்குமே உண்மை சொல்லப்படவில்லை.

உண்மைகளை எந்த மீடியாக்களும் சரிவர வெளியே கொண்டுவரவுமில்லை. அரசுகளும் அப்படியான செய்திகள் பரவுவதை விரும்புவதில்லை. ஆனால், அவ்வூர் மக்கள் மட்டும் அவர்களை முழுமையாக நம்பினார்கள். ஒருவகையில் அந்தச் சம்பவங்களுடன் தொடர்புள்ளவர்களாகவும் இருந்தார்கள். சம்பவங்களில் சம்மந்தப்பட்ட பத்துப் பேர்களை, அம்மார் குழுவினர் பேட்டியெடுத்தனர். அவர்கள் கூறிய உண்மைகள் அதிர்ச்சியின் உச்சரகம். சம்பவத்தில் சிக்கியவர்களில் பலர் இறந்துபோனார்கள். எஞ்சிய சிலர், இப்போதும் வாழ்ந்து கொண்டிருக்கிறார்கள். அறுபத்திமூன்று வயதுக்கு மேலான முதியவர்களாக மாறியிருக்கிறார்கள். இன்றும், அந்தச் சம்பவத்தைச் சொல்லும்போது, அவர்களின் உடல் நடுங்குவதை அவதானிக்க முடிகிறது. செப்டெம்பர் முதலாம் தேதி இரவு, அந்த ஊரில் பறக்கும் தட்டொன்று காட்சியளித்திருக்கிறது. அவ்வூரில் வசிக்கும் பெரும்பாலான மக்கள் அதைக் கண்டிருந்திருக்கிறார்கள். கண்டதுடன் இல்லாமல், வேறுசில விபரீதங்களும் நடந்திருக்கின்றன. நடந்தவற்றை ஒவ்வொருவரும் நடுக்கத்துடனே சொல்கிறார்கள்.

கண்கள் குருடாகுமளவுக்கு ஒளிவெள்ளத்தில் நிறைந்திருக்கிறது பறக்கும்தட்டு. அதன் ஒளி பட்டவர்களுக்கு என்ன நடைபெறுகிறதென்றே தெரியவில்லை. மேல்நோக்கி நகர்த்தப்பட்டிருக்கிறார்கள். குறிப்பாகச் சிறுவர்கள் பறக்கும்தட்டைச் சென்றடைந்திருக்கிறார்கள். பின்னர்

வெளிவருமா பேர்க்ஷையர் உண்மைகள்?

அனைவரும் நிலத்தில் விடப்பட்டிருக்கிறார்கள். மேலே சென்றதோ, திரும்பி வந்ததோ எதுவும் தெளிவான ஞாபகத்தில் இல்லாததுபோல நினைவுகள் குழம்பியிருந்தன. நடப்பது நிஜமா, கனவா என்று இன்றுவரை தெளிவாகச் சொல்ல முடியவில்லை. ஆனால், பறக்கும்தட்டில் அவர்கள் பார்த்தவை சில ஞாபகத்தில் இருக்கின்றன. உடலில் தாங்கமுடியாத வலியிருந்தது. குறிப்பாக வயிற்றில் பெரும்வலி. இதைப் படிக்கும்போது, நிச்சயம் சிரிப்பீர்கள். 'இதையெல்லாம் யாராவது நம்புவார்களா?' என்றும் நினைப்பீர்கள். சரியாகப் புரிந்துகொள்ளுங்கள்; உங்களைப் போலதான் இதைத் தெரிந்தவர்கள் அனைவருமே. யாருக்கும் இப்படியான நாடகக் கதைகளை நம்பி ஏமாந்துபோக விருப்பமில்லைத்தான். ஆனால், தெளிவாகத் தெரிந்த பின்னர்தான் ஒரு முடிவுக்கு வரவேண்டும். அந்தச் சம்பவத்தில் அகப்பட்டுச் சாட்சி சொல்பவர்கள், ஒருவருக்கொருவர் சொந்தமோ, தெரிந்தவரோ கிடையாது. அவர்களுக்கிடையில் எந்தவிதமான தொடர்பும் இல்லை. என்றோ நடந்த சம்பவத்தை, இன்றுவரை ஞாபகத்தில் வைத்து, அப்படியே சொல்வது சாத்தியம்தானா? எழுபது வயதுடையவர், 'இந்த வயதிலும் நான் ஏன் பொய் சொல்லவேண்டும்?

என்ன ஒளிந்திருக்கிறது அங்கே?

பிள்ளைகள், மனைவி, பேரப்பிள்ளைகளிடமுமா பொய் சொல்வேன்? சரி, இது பொய்யாகவே இருந்துவிட்டுப் போகட்டும், நாளைக்கே சாகப்போகும் எனக்கு அப்படியொரு பொய்சொல்ல மனச்சாட்சி இடம்கொடுக்குமா என்ன?' என்று கேட்கிறார். எப்படி அனைவரும் ஒரே பொய்யைச் சொல்லமுடியும்? 51 ஆண்டுகள் கழிந்த பின்னருமா, ஒரே மாதிரிப் பொய்யைச் சொல்கிறார்கள்? இல்லை, அவர்களின் கண்களில் பொய் இல்லை. அவர்கள் சொல்வதை யாராலும் மறுதலிக்கவும் முடியாது. ஏதோவொன்று நடந்திருக்கிறது. அது என்னவென்றுதான் தெரியவேண்டும். அங்கு நடந்தவற்றை முழுமையாகச் சொல்கிறேன். ஒவ்வொருவரின் சாட்சியத்தையும் தனித்தனியாகப் பார்க்கலாம். அதன்பின்னர், நீங்களும் தேடிப் பாருங்கள். உண்மை எது, பொய் எதுவெனத் தீர்மானியுங்கள்.

பேர்க்ஷயரில் நடந்த அந்தப் பயங்கரச் சம்பவத்தை அடுத்த இதழில் சொல்கிறேன். இனி உங்களால் நிம்மதியாகத் தூங்க முடியாது. நம்புங்கள்.

அத்தியாயம் 27

ஏதைச் சொல்ல மறுத்தார் ஒபாமா?

1980களிலென்று நினைக்கிறேன். அப்போது நான் மகா இளைஞன். பத்திரிகைகளில், 'ஏலியன்கள் ஒரு பெண்ணைப் பறக்கும்தட்டுக்குக் கொண்டுசென்று பரிசோதித்துப் பின்னர் விட்டுவிட்டார்கள். அந்தப் பெண்ணின் வயிற்றில் ஊசிகுத்திய அடையாளங்கள் காணப்பட்டன' என்னும் செய்தியைப் படித்திருந்தேன். அன்று மாலை, நண்பர்களுடன் சேர்ந்து அதுபற்றிப் பேசி விழுந்து விழுந்து சிரித்தோம். 'உலகில் எத்தனை விதமான மனநோயாளிகள் இருக்கிறார்கள். மனநோயுள்ளவர்களால் ஊசிகுத்தியதுபோல அடையாளங்களையும் உருவாக்க முடியுமாம். அப்படியான அடையாளத்தை, ஏலியன் குத்திவிட்டதாக நினைக்கிறார்கள்' என்று மனோவியல் படித்த டாக்டர்கள்போலக் கேலிபேசிச் சிரித்திருக்கிறேன். ஆனால், அன்று எனக்குத் தெரிந்திருக்கவில்லை, அதே பேர்க்ஷயர் சம்பவத்தை இன்று எழுதுவேனென்று. அச்சம்பவம் யாருக்கு, எப்படி, எங்கே நடந்ததென்ற எந்த

விவரமும் தெரியாமல், அறிவு ஜீவிகள்போல, அவற்றையெல்லாம் மறுத்தேன். செய்திகளை வெளியிடும் பத்திரிகைகளே, அதன் அவநம்பிக்கைப் பக்கங்களையும் சொல்லிவிடுகின்றன. எந்த அடிப்படை விபரங்களும் தெரியாமல், ஆராயப்பட வேண்டிய இன்னுமொரு பக்கமும் அங்கே இருக்கிறதென்று புரியாமல், பொறுப்பற்று நடந்திருக்கிறேனென்று இப்போது அவதானிக்க முடிகிறது. இப்படி எழுதுவதால், அந்தச் சம்பவம் நடந்துதான் இருக்கிறதென்று நான் சொல்வதாக அர்த்தமில்லை. இன்று அதைப் புரிந்துகொள்வதற்கான மறுபக்கம் திறக்கப்பட்டிருக்கிறது. திறந்து வைத்ததில், நெட்ஃபிளிக்ஸ் பெரும் பங்கெடுத்திருக்கிறது. நான் எழுதுவதைப் படித்துவிட்டு, அவர்கள் சார்ந்த அனைத்துக் காணொளிகளையும் நீங்களும் பாருங்கள். அவர்கள் சொல்வது உண்மையா, பொய்யாவென்று சொந்தமாக முடிவெடுங்கள். அங்கே ஏதோ ஒளித்திருக்கிறது என்று சொல்வது மட்டுமே என் பொறுப்பு.

மிகப்பெரிய நகரான நியூயார்க் சிட்டியிலிருந்து, மசாசுசெட்ஸ் கவுண்டியின் 'செஃபீல்ட்' *(Sheffield)* என்னும் சிறிய ஊருக்குத் 'தோமஸ் ரீட்' *(Thomas Reed)* குடும்பத்தினர் குடியேறினர். அப்போது, தோமஸுக்கு வயது ஆறு. அவருடன், அவரது தம்பி மாத்தியூ ரீட், அம்மா நான்சி ரீட், பாட்டி ஆகிய நான்குபேர் குடும்பத்தில் இருந்தார்கள். ஒரு சிறிய உணவகத்தை உருவாக்கிக் குடும்பத்திற்கான வரவுசெலவுகளை நான்சி கவனித்து வந்தார். பிரபலமான பேர்க்ஷயர் பறக்கும்தட்டுச் சம்பவம் நடந்தபோது,

எதைச் சொல்ல மறுத்தார் ஒபாமா?

தோமஸின் வயது ஒன்பது. 1969ஆம் ஆண்டு செப்டெம்பர் 1ஆம் தேதி இரவு, உணவகத்தை மூடிவிட்டு, நால்வரும் வீடுநோக்கிப் புறப்பட ஆயத்தமானார்கள். பின் இருக்கைகளில் தோமஸ், மாத்தியூ, முன்னிருக்கையில் பாட்டி, சாரதியாக நான்சி. வீட்டிற்குச் செல்லும் வழியில், ஆறு ஒன்றைக் கடக்கும் பாலம் இருந்தது. அந்தப் பாலத்தில் கார் செல்லும்போதுதான், ஆற்றுப் பக்கமிருந்து நகர்ந்துவரும் ஒளியை அவர்கள் கண்டார்கள். அங்குமிங்கும் அசைந்த ஒளி, மெல்ல மெல்லப் பிரகாசமாக மாறத்தொடங்கியது. கோளம்போல் தோன்றிய வெளிச்சம் ஒரு கட்டத்தில், அருகில் என்ன நடக்கிறதென்று அவதானிக்கவே முடியாத அளவு பிரகாசமாகியது. மேலும் காரைச் செலுத்த முடியாத நான்சி, பாலம் தாண்டிக் காரை நிறுத்தினார். ஆனாலும், மோட்டாரை நிறுத்தவில்லை. வெளியே எந்தச் சத்தமும் கேட்கவில்லை. அப்படியொரு அமைதி. சிறிய பூச்சிகளின் சத்தம்கூடக் கேட்கவில்லை. அது காடுபோன்ற பகுதியாதலால், எப்போதும் இரவுப் பூச்சிகளின் ரீங்காரம் கேட்டுக்கொண்டே இருக்கும். வெப்பமான காலம் வேறு. எதுவும் கேட்கவில்லை. அந்த ஒளி அவர்களை நோக்கி மெல்ல நகரத் தொடங்கியது.

இந்தச் சம்பவத்தில் பங்குகொண்ட நால்வரில், பாட்டியைத் தவிர்த்து, ஏனைய மூவர் இப்போதும் உயிரோடுதான் இருக்கிறார்கள். ஒளிவந்த திசையில், கண்களைச் சுருக்கியபடி பார்த்தான் தோமஸ். ஆமையோடொன்றின் வடிவத்தில்,

என்ன ஒளிந்திருக்கிறது அங்கே?

மிகப்பிரமாண்டமான பறக்கும்தட்டு அங்கே மிதந்து கொண்டிருந்தது. அதிலிருந்தே வெளிச்சக் கோளமும் வந்தது. வெளிச்சத்தின் கூர்மை தாங்கமுடியாமல், கண்களை இறுக மூடிக்கொண்டான். என்ன நடக்கிறதென்றே தெரியாமல், அவன் உடல் அசைய ஆரம்பித்தது. எதுவும் புரியவில்லை. கண்களைத் திறந்து பார்த்தான், ஏதோவொரு அறையில் நின்றோ, உட்கார்ந்தோ இருந்தான். கிட்டதட்ட அரைமயக்க நிலையில், அங்கிருப்பவற்றைப் பார்வையிட்டான். தம்பி மாத்தியூவும், வேறு சில சிறுவர்களும் அங்கே காணப்பட்டார்கள். எங்கோ பார்த்ததுபோன்ற சிறுமியும் இருந்தாள். உடம்பெல்லாம் வலியெடுத்தது. கைகளை நோக்கி, இயந்திரமொன்று நகர்ந்து வந்தது. அவனது வலது கையின் தோலின் பட்டது. வலியால் அலறினான். அவ்வளவுதான். விழித்துப் பார்க்கையில் காரில் அமர்ந்திருந்தான். நால்வருக்கும் ஒரே மாதியான சம்பவம் நடந்தது. நால்வரும் மீண்டும் காரில் இருந்தார்கள். 'எதுவும் நடக்கவில்லையோ, ஏதோ நடந்ததுபோலக் கனவு கண்டோமோ?' என்றுதான் நினைத்தார்கள். ஆனால், காரில் இருந்த ஆச்சரியம், அது நிஜம்தானெனப் புரியவைத்தது. பின்னிருக்கைகளில், தோமஸும், மாத்தியூவும் மீண்டும் தங்கள் இருக்கையிலேயேதான் இருந்தார்கள். ஆனால், சாரதியின் இடத்தில் பாட்டியும், பக்கத்து இருக்கையில் நான்சியுமாக மாற்றப்பட்டிருந்தார்கள். பாட்டிக்குக் காரோட்டத் தெரியாது.

அவர் எப்படி சாரதியின் இருக்கையில் இருந்திருக்க முடியும். இயங்கிக் கொண்டிருந்த காரின் மோட்டாரும் நின்று போயிருந்தது. நடந்தது நிஜம்தானெனப் புரிந்து கொண்டார்கள். திடீரென ஒளி விலகிப் பறக்கும்தட்டு மேலே உயர்ந்து, காணாமல் போனது. அதுவரை அமைதியாக இருந்த காட்டுப் பூச்சிகள் அனைத்தும், சத்தமிட ஆரம்பித்தன.

இதைப் படிக்கும்போது, ஒரு குடும்பமே ஒன்றுசேர்ந்து கதைவிடுகிறது என்றுதான் தோன்றும். 'ஊரின் ஒதுக்குப்புறமாக இருக்கும் பாழடைந்த பங்களாவில், யாரோ எப்போதோ தற்கொலை செய்துகொண்டார்கள். அதனால், அந்த வீட்டில் பேய் இருக்கிறது' என்று சொல்வதையெல்லாம், கேள்வியே கேட்காமல் சுலபமாக நம்புவோம். ஆனால், இதுபோன்ற சம்பவங்களை இலகுவில் நம்பிவிட மாட்டோம். ஒருவிதத்தில் அது சரியானதுதான். அந்தக் குடும்பத்தின் சிறியவர்களும், பெரியவர்களும் ஒன்றாகச் சேர்ந்து கதைவிடுவது உண்மையாகக்கூட இருக்கலாம். ஆனால் இதனால், அந்தக் குடும்பம் இழந்தது பெரிது. மன ரீதியாகவும், உடல் ரீதியாகவும் பாதிக்கப்பட்டவர்கள், அந்த நிகழ்வினால், இழக்கக்கூடாத ஒன்றையும் இழந்து நின்றார்கள். அதைக் கேள்விப்பட்ட பின்னரும் பரிதாபம் ஏற்படாமல் இருப்பதில் எந்தவித நியாயமுமில்லை. அப்படி எதை அவர்கள் இழந்தார்கள்? அதை இறுதியாகச் சொல்கிறேன்.

நால்வரின் உடலின் தோல் பகுதியிலிருந்து ஏதோ அகற்றப்பட்டதுபோல உணர்ந்தார்கள். ஆனால், என்னவென்று தெரியவில்லை. தோமஸின் வலக்கையின் தோல், வெட்டியெடுக்கப்பட்டதற்கான அடையாளம் காணப்பட்டது. மிகுந்த வலியும் இருந்தது. ஆனால், அந்த

இடத்தில் தோல் கட்டிப்பட்டு, காயங்களும் காணப்படவில்லை. வெட்டியெடுத்த அடையாளம் மட்டுமே இருந்தது. ஐம்பது ஆண்டுகளின் பின்னரும் தோமஸின் வலக்கையில் அந்த அடையாளம் காணப்படுகிறது. 'அட! அப்படியென்றால், இப்போதுள்ள மருத்துவ, அறிவியல் வசதிக்கு, கையில் என்ன நடந்திருக்குமென்று சுலபமாகக் கண்டுபிடித்து விடலாமே!' என்று புத்திசாலிகளாக நாம் சிந்திப்போமல்லவா? 'அதன்மூலம் நடந்த உண்மைகளும் வெளிவரும். அனைத்தையும் நிரூபித்துவிடலாம்' என்றும் நினைப்போம். உண்மைதான். நம்மால் இதைச் சுலபமாகச் சொல்லிவிட முடிகிறது. ஆனால், தோமஸ் குடும்பம், அந்தச் சம்பவம்பற்றி யாரோடும் பேசத் தயாராக இல்லை. பேசவருபவர்கள், பேட்டியெடுக்க வருபவர்கள் பக்கமே திரும்பாமல் ஒளிந்து கொள்கிறது குடும்பம். காரணம், அதைப் பேசியதால், மாபெரும் இழப்பை அவர்கள் சந்தித்தார்கள். தொடரை உருவாக்கிய நெட்ஃபிளிக்ஸூம், அந்த இழப்புச் சம்பவங்களை நீக்கித்தான் வெளியிட்டது. அந்த அளவுக்கு அவர்கள் இழந்தது என்ன தெரியுமா? தோமஸின் அப்பாவை. ஆம்! தோமஸின் அப்பா மர்மமான முறையில் கொல்லப்பட்டார். 'அப்பாவின் கொலைக்குக் காரணமானவர்கள் இவர்கள்தான்' என்று தோமஸ் நேரடியாகவே குற்றம் சாட்டுவது யாரைத் தெரியுமா? அமெரிக்க அரசை. இது என்ன புதுக்கதை? புதிதாக எங்கிருந்து வந்தார் அப்பா? ஆம்! எல்லாமே நம்பமுடியாத கதைகள்தான். அந்தக் கதைகளுக்குள் இறங்கினால், அலீஸின் வொண்டர்லாண்ட் மாதிரி நம்மைச் சுற்றவைக்கும். இந்தச் சம்பவத்துடன் தொடர்பான ஏனைய கதைகளையும் இன்னும் நான் சொல்லவில்லை. தோமஸின் கதையே, ரொம்ப ஆழத்துக்குள் இழுத்துச் செல்கிறது.

இங்கு நான் சொல்லும், சொல்லப்போகும் அத்தனை கதைகளுக்குமான ஆதாரங்களையும், இணையத் தொடர்புகளையும், இந்தக் கட்டுரைகளின் முடிவில் தருவேன். ஆதாரமில்லாமல் எதுவும் சொல்லப்படவில்லை. அமெரிக்க அரசால், தன் தகப்பன் கொல்லப்பட்டாரென்று தோமஸ் சொன்னதற்கான காணொளி ஆதார்த்தையும் தருவேன்.

இத்தொடரில் இதுவரை எழுதிய கட்டுரைகள்போல இல்லாமல், ஏலியன்கள் சற்று அதிகப் பகுதிகளைக் கொண்டிருக்கும். முடிந்தவரை, அவை சார்ந்த நியாயமான, புதிய தகவல்களை உங்களுக்குத் தரப்போகிறேன். பொறுமையாகப் படியுங்கள். நீங்கள் வேண்டாம் என்று சொல்லும் பட்சத்தில், வேறு தளத்திற்குள் நுழையலாம். சரி, அமெரிக்க அரசு தன் தகப்பனைக் கொன்றுவிட்டதாக தோமஸ் ஏன் சொல்கிறார் என்பதை நாம் பார்க்கவேண்டும்.

அதைப் பார்ப்பதற்கு முன்னர், சில விபரங்களைத் தருகிறேன். முடிந்தவரை, கூகிளில் தேடிச் சரிபார்த்துக் கொள்ளுங்கள். 'ஸ்டீஃபன் கொல்பேர்ட்' *(Stephen Colbert)* என்பவர் நடத்தும் பின்னிரவு நிகழ்ச்சி *(Late show)*, அமெரிக்காவில் மிகவும் பிரபலமானது. அந்த நிகழ்ச்சியில், அமெரிக்காவின் பிரதமராக இருந்த 'பராக் ஒபாமா' அவர்கள், கடந்த *2020*ஆம் ஆண்டு நவம்பர் *30*ஆம் தேதி பங்குகொள்வதற்காக அழைக்கப்பட்டிருந்தார். நிகழ்ச்சியில் பல விஷயங்கள் நகைச்சுவையாகவும், ஆழமாகவும் பேசப்பட்டன. திடீரென, ஸ்டீஃபன் கொல்பேர்ட், பறக்கும்தட்டுகள்பற்றி ஒபாமாவிடம் கேட்கிறார். அப்போது ஒபாமாவின் முகம் இறுக்கமாகிறது. "என்னால் சொல்ல முடியாது. மன்னித்துக் கொள்ளுங்கள்" *(I can't tell you. Sorry)* என்கிறார். அந்தக்

கணத்தில், ஒபாமாவின் சிரிப்பெல்லாம் உறைந்துபோய் கண்களும், முகவும் உணர்ச்சியற்றுக் காணப்படுகின்றன. சிறிது நேரம்தான். “இதை ஆமோதிப்பாக எடுத்துக் கொள்கிறேன்” என்று கொல்பேர்ட் சொல்ல, இறுக்கம் தளர்ந்து பழைய சிரிப்புக்கு வருகிறார். நகைச்சுவயாகவும் பேச ஆரம்பிக்கிறார். கேட்ட கேள்விக்கு, ஆம் அல்லது இல்லை என்று நேரடியாகவே ஏன் பதில் சொல்லவில்லை அவர்? இல்லாத ஒன்றை இல்லையென்று சொல்வதில் என்ன தயக்கம்? எதற்கு முகத்தில் அடித்தால்போலச் ‘சொல்ல முடியாது’ என்று சொன்னார்? இந்தக் காணொளி இனையத்தில் இருக்கிறது பாருங்கள். நீங்கள் பார்க்க வேண்டுமென்பதற்காகவே, தேதி முதற்கொண்டு தந்திருக்கிறேன். இதை எதற்குச் சொன்னேன்? அமெரிக்க அரசு தோமஸின் அப்பாவைக் கொன்றதா? என்னும் கேள்விகளுக்கான பதில்களுடன் அடுத்த அத்தியாயத்தில் சந்திக்கிறேன்.

இனி வரப்போகும் எலியன் மர்மங்கள் உங்களை நிச்சயம் பதறவைக்கும்.

அத்தியாயம் 28

ஐஃபோவா, எஃபோவா?

நீல் டிகிராஸ் டைசன் (*Neil deGrasse Tyson*) என்னும் இயற்பியலாளரை உங்களுக்குத் தெரிந்திருக்கலாம். வானியற்பியலில், முதன்மையானவர்களில் இவரும் ஒருவர். அற்புதமான அறிவாளி. எனக்கு ரொம்பப் பிடித்தவர். இவர் தயாரித்து வெளியிட்ட, 'காஸ்மோஸ்' தொலைக்காட்சித் தொடர் உலகப் பிரசித்தம். வேற்றுக் கோள்களில் ஏலியன்கள் இருப்பதை இவர் மறுத்ததேயில்லை. ஆனால், 'பறக்கும்தட்டுகள் பூமிக்கு வந்தன' என்றால் போதும், கொலைவெறியாகிவிடுவார். கேலியாகச் சிரிப்பார். பறக்கும்தட்டுகளை அவரால் ஏற்றுக்கொள்ளவே முடிவதில்லை. 'யூஃபோ' (*UFO*) என்றுதான் பறக்கும்தட்டை அழைக்கிறார்கள். அதன் அர்த்தம், '*Unidentified Flying Object*' என்பதாகும். அடையாளம் காணப்படாத பறக்கும் பொருள். 'பறப்பது என்னவென்றே தெரியாவிட்டால், அதை ஏலியனின் விண்கலமென்று எப்படிச் சொல்லலாம்?' என்பதே டைசனின் கேள்வி. சரியான கேள்விதான் இல்லையா?

The New York Times

On the Trail of a Secret Pentagon U.F.O. Program

WASHINGTON – Our readers are plenty interested in unidentified flying objects. We know that from the huge response to our front-page Sunday article (published online just after noon on Saturday) revealing a secret Pentagon program to investigate U.F.O.s. The piece, by the Pentagon correspondent Helene Cooper, the author Leslie Kean and myself — a contributor to The Times after a 45-year staff career — has dominated the most emailed and most viewed lists since.

So how does a story on U.F.O.s get into The New York Times? Not easily, and only after a great deal of vetting, I assure you.

The journey began two and a half months ago with a tip to Leslie, who has long reported on U.F.O.s and published a 2010 New York Times best seller, "UFOs: Generals, Pilots and Government Officials Go on the Record." At a confidential meeting Oct. 4 in a Pentagon City hotel with several present and former intelligence officials and a defense contractor, she met Luis Elizondo, the director of a Pentagon program she had never heard of: the Advanced Aerospace Threat Identification Program.

ஆனாலும், யூஃபோக்களை கிமு1440 இலேயே எகிப்தில் கண்டதாகப் பதிவுகளுள்ளன. அப்போதிருந்து இப்போதுவரை பல இலட்சம் பதிவுகள் காணப்படுகின்றன. பறக்கும்தட்டை முதலில் புகைப்படம் எடுத்தவர், 'வில்லியம் ரோட்ஸ்' *(William Rhods)* என்னும் பீனிக்ஸ் நகரவாசி. *7* ஜூலை *1947*இல் எடுத்தார். டிஜிட்டல் கேமராக்களும், கம்யூட்டரும் இல்லாத காலத்தில், புகைப்படங்களை வெட்டுதல், ஒட்டுதல் அறியாத சாதாரண மனிதர். தற்செயலாக வானத்தில் தெரிந்த பறக்கும் பொருளை, அவர் எடுத்த புகைப்படம் அமெரிக்காவின் பிரபலப் பத்திரிகைகளில் வெளியாகியது. இரண்டு நாட்களின் பின்னர், வில்லியமின் வீட்டுக்கதவு தட்டப்பட்டது. வாசலில் இரண்டு *FBI* உளவாளிகள், தங்களின் அடையாள அட்டையைக்காட்டி அறிமுகப்படுத்திக்கொண்டார்கள். வில்லியம் எடுத்த புகைப்படத்தையும், நெகட்டிவையும்

ஐஃபோவா, ஈஃபோவா?

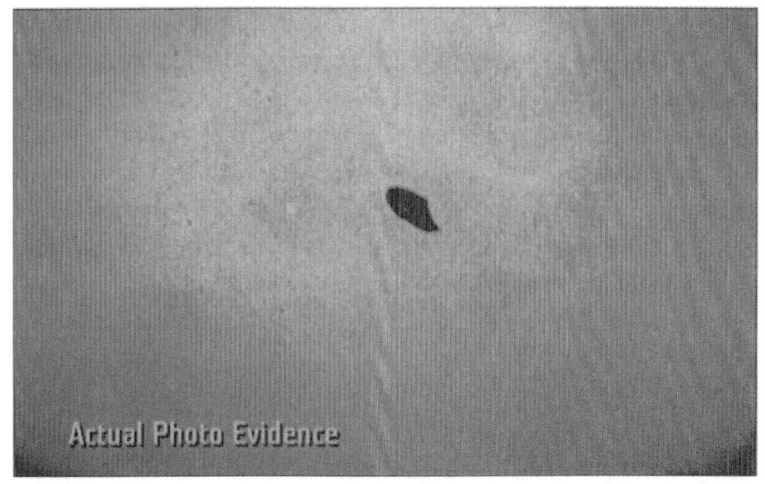

வாங்கிக்கொண்டார்கள். போய்விட்டார்கள். அடுத்த சில தினங்களில், FBI காரியாலயத்துக்குத் தொலைபேசி செய்து கேட்டபோது, அப்படி யாரையும் அனுப்பவில்லையெனப் பதில் வந்தது. அந்தச் சம்பவம் நடப்பதற்கு இரண்டு வாரங்களின் முன்னர் (24.06.1947), 'கென்னத் ஆர்னால்ட்' (Kenneth Arnold) என்னும் விமானி, விமானத்தில் பறந்து கொண்டிருந்தபோது, பறக்கும்தட்டைக் காண்கிறார். அதன் வடிவத்தை வரைந்து, குறிப்புகளுடன் அரசுக்கு அனுப்பிவைக்கிறார். ஆனால், கிணற்றில் போட்ட கல்தான். இரண்டு வாரங்களின் பின்னர், வில்லியம் எடுத்த புகைப்படத்தைப் பத்திரிகையில் பார்த்தபோது, 'இதேதான் நான் கண்ட பறக்கும்தட்டு' என்று பத்திரிகையாலயத்துக்கு அறிவித்தார். அத்துடன், வில்லியம் படமெடுத்த அதே தினத்தில், ரோஸ்வெல் (Roswell) என்னும் இடத்தில் பறக்கும்தட்டொன்று நிலத்தில் விழுந்து நொறுங்கியது. அதுவே, இன்றுவரை உலகெங்கும் ஆச்சரியத்தில் ஆழ்த்தி வைத்திருக்கும் ரோஸ்வெல் பறக்கும்தட்டு மர்மம். இந்த மூன்று சம்பவங்கள் நடந்த இடங்களுக்கும், மனிதர்களுக்கும் எந்தவிதத்திலும் சம்பந்தமேயிருக்கவில்லை.

இப்போது நீங்கள், 'பேர்க்ஷயர் பறக்கும்தட்டுச் சம்பவத்தையும்,

தோமஸ் ரீட்டின் தந்தையின் இறப்பையும், ஒபாமாவின் பேட்டியையும் சொல்லிவிட்டு, அவற்றைத் தொடராமல், எதற்காக வேறு சம்பவங்களை இவர் சொல்கிறார்" என்று குழம்பியிருப்பீர்கள். ஆனால் இதுவரை நான் சொன்ன சம்பவங்களும், சொல்லப்போகும் சம்பவங்களும் ஒற்றைப் புள்ளியில் சந்திப்பவைதான். எல்லாமே தனித்தனியாக நடந்ததுபோல அமுக்கப்பட்டுத் திட்டமிட்டு மறைக்கப்பட்டவைதான். ஐம்பது ஆண்டுகளுக்கு முன்னர் நடந்ததாகச் சொல்லப்பட்ட பறக்கும்தட்டுச் சம்பவங்கள், மீண்டும் புதிதாக மேலே கொண்டுவரப் பட்டிருக்கின்றன. கோவிட் பெருந்தொற்றின் இறுக்கமான காலத்திலும், உலக ஊடகங்கள் அவைபற்றியே பேசுகின்றன. நம் நாடுகளில் மட்டும் அவ்வளவாகக் கண்டு கொள்ளப்படவில்லை. பேர்க்ஷயர் பறக்கும்தட்டுச் சம்பவத்தை, ஜூலை 2020இல் நெட்ஃபிளிக்ஸ் வெளியிட்டதும் அதன் தொடர்ச்சியே. அதிலிருந்து உலகம் பூராவும் பறக்கும்தட்டுச் செய்திகள் பற்றியெரிந்து கொண்டிருக்கின்றன. ஐம்பது ஆண்டுகளுக்கு முன்னர் நடந்தவற்றிற்கு இப்போது எதற்காக இவ்வளவு வெளிச்சம்? அனைத்துப் பறக்கும்தட்டுச் சம்பவங்களும் ஏன் திடீரெனத் தோண்டியெடுக்கப்படுகின்றன? இவற்றிற்கெலாம் மூலகாரணமாக இருப்பது, அமெரிக்காவின் பெண்டகன் வெளியிட்ட காணொளிகளே!

ஏப்ரல் 27, 2020 அன்று, மக்களின் பார்வைக்காக, மூன்று காணொளிகளை பெண்டகன் வெளியிட்டது. அவற்றில் இருப்பவை உண்மையானவையென்றும் அறிவித்தது. அமெரிக்கக் கடற்படையினரின் விமானிகளால் பதிவுசெய்யப்பட்ட அந்தக் காணொளிகளில், பறக்கும்தட்டுகள் படமாக்கப்பட்டிருக்கின்றன. 2004, 2015 ஆண்டுகளில் எடுக்கப்பட்ட காணொளிகள். 2004ஆம் ஆண்டு, பசிபிக்கடலின் மேற்பரப்பில், 160 கிலோமீட்டர் தூரத்தில், மிதந்தபடியிருந்த பறக்கும்தட்டை ராடார் காணொளிமூலம் படம்பிடித்திருந்தனர். இரண்டு போர் விமானங்களின் விமானிகள், பறக்கும்தட்டைக் கண்டதும் பேசிக்கொண்ட உரையாடல்களும் தெளிவாகவே

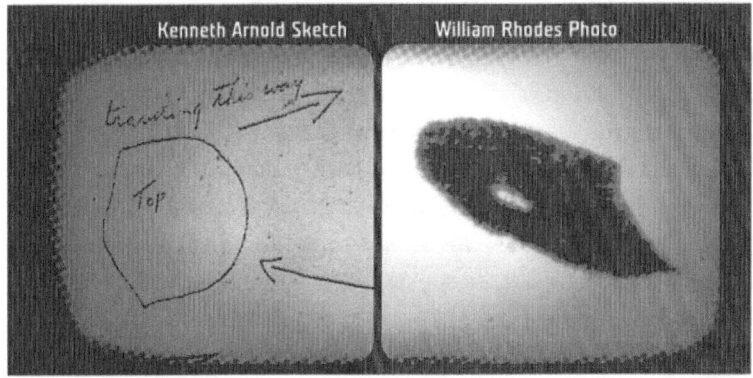

பதிவாகியிருக்கிறது. 2015ஆம் ஆண்டுக் காணொளிகளில், பறக்கும்தட்டுகள் பறக்கும் வேகம், சுழலும் அதிசயம், இரு சம்பவங்களாகப் படம் பிடிக்கப்பட்டிருக்கின்றன. அப்போதும் விமானிகளின் உரையாடல்களும், ஆச்சரியக் கூச்சல்களும் பதிவாகியிருக்கின்றன. அந்த மூன்று காணொளிகளையுமே பெண்டகன் வெளியிட்டு, அவை உண்மையானவையென்று உறுதியும் செய்திருக்கின்றது. ஆனால், இதுவரைக்கும், மில்லியன் காணொளிகளையும், புகைப்பட ஆதாரங்களையும் சாதாரண மக்கள் பூமியெங்கும் வெளியிட்டிருக்கிறார்கள். அதில் ஒன்றைக்கூட உண்மையென்று எந்த அரசும் ஒத்துக்கொள்ளவில்லை. இவையெல்லாம் பொய். சதிக் கோட்பாட்டாளர்களின் (Conspirasy theorist) வேண்டாத வேலை. சதிக் கோட்பாட்டாளர்களென்றாலே இப்படித்தானென்று சொல்லி, அவர்களைக் கேலிக்குரியவர்களாக்கினார்கள். இப்போது, தாங்கள் கொடுக்கும் காணொளி உண்மையானதென்று வழிகிறார்கள். உண்மையைச் சொல்லும் அளவுக்கு அவ்வளவு நல்லவர்களாக எப்படி மாறினார்கள்? அந்த அளவுக்கு ஒன்றும் நல்லவர்கள் இல்லையே! காரணமில்லாமல் அவர்கள் வெளியே சொல்லவில்லை. சொல்லவேண்டிய நிர்பந்தம் ஏற்படுத்தப்பட்டது. அதை ஏற்படுத்தியது அமெரிக்காவின் பிரபலப் பத்திரிக்கையான நியூயார்க் டைம்ஸ் (The New York Times).

2017ஆம் ஆண்டில், நியார்க் டைம்ஸுக்கு இரகசியமாக, இந்தக் காணொளிகள் கிடைத்தன. உடனடியாக அவற்றைப் பத்திரிகையில் வெளியிட்டார்கள். அப்போது பிடித்தது சனியன். உலகெங்கும் பெருந்தலைவர்கள் ஏலியன்களின் இருப்பை உறுதிப்படுத்துமாறு பேசிக்கொண்டார்கள். கனடாவின் முன்னாள் அமைச்சர், இஸ்ரேல் அமைச்சர் ஆகியோர் வெளிப்படையாகவே ஏலியன்கள் பூமிக்கு வந்தது உண்மைதான் என்றார்கள். அமெரிக்க அதிபர் ஒபாமாவிடம் கேள்வி கேட்கப்பட்டதற்கும் அதுவே காரணம். அமெரிக்க அதிபர்களுக்கு ஏலியன் சார்ந்த உண்மைகள் தெரிந்திருக்கின்றன. சில அதிபர்கள், ஏலியன் சம்பவங்களுடன் சம்பந்தப்பட்டுமிருக்கிறார்கள். ஏலியனுடன் நேரடியான தொடர்புடன் இருந்தார்களென, அதிபர் ட்ரூமனையும், அதிபர் ஐசன்ஹோவரையும் சொல்கிறார்கள். இவைபற்றி விளக்கமாக எழுதுவதென்றால் தொடர் மிகவும் நீண்டுவிடும். அமெரிக்க அதிபர்களுக்கு அந்த உண்மைகள் தெரிந்தாலும், பொதுமக்களுக்குத் தெரியாமல் பார்த்துக் கொண்டார்கள். பொதுமக்களில் எவராவது ஏலியன் சம்பவங்களில் தொடர்புபடுத்தப்பட்டால், அவர்கள் கண்காணிக்கப்பட்டார்கள். அச்சுறுத்தப்பட்டார்கள். ஏனென்று தெரியாமல் சிலர் உயிரிழக்க வேண்டியுமிருந்தது. தோமஸ் ரீட்டின் தந்தையும் அப்படித்தான் இறந்துபோனார்.

தோமஸ் ரீட், அம்மா நான்ஸி, தம்பி மாத்தியூ, பாட்டி ஆகிய நால்வரும் பறக்கும்தட்டிலிருந்து மீண்டும் காரில் விடப்பட்டார்கள் அல்லவா? பாட்டியே முதலில் சுயநினைவுக்கு வந்தார். பின்னர் எல்லாரும் பழைய நிலைக்கு வந்தார்கள். சில நிமிடங்கள்தான் பறக்கும்தட்டில் இருந்ததாக ஒவ்வொருவரும் நினைத்தார்கள். ஆனால், மூன்று மணிநேரம் பறக்கும்தட்டில் இருந்திருக்கிறார்கள். ஒருவழியாக வீடுவந்து சேர்ந்தவர்கள், நடந்தவற்றை பரஸ்பரம் பரிமாறிக் கொண்டார்கள். விடிந்ததுதான் தெரிந்தது, சுற்று வட்டாரத்திலிருக்கும் பலருக்கு அந்த அனுபவம் கிடைத்திருந்தது. 'டொம் வார்னர்' *(Tom Warner)*, 'மெலனி கிர்ஹ்டோர்பர்' *(Melanie Kirchdorfer)*, 'ஜேன் கிரீன்' *(Jane Green)* ஆகிய மூவரும்

ஐஃபோவா, ஈஃபோவா?

இதில் முக்கியமானவர்கள். அங்கிருந்த போலீஸ் நிலையம், வானொலி நிலையம் ஆகியவற்றிற்கும் அறிவிக்கப்பட்டது. பலர் தங்களிடம் முறையிட்டதாக வானொலி நிலையத்தினரும் சொல்லியிருந்தார்கள். மசாசூசெட்ஸ் முழுவதும் செய்திகள் பரவின. வழமைபோல யாரும் நம்பவில்லை. அந்தச் சம்பவத்தைச் சொல்பவர்கள் கேலியாகப் பார்க்கப்பட்டனர். ஊர் மக்கள் மட்டுமே அவர்களை நம்பியும், துணையாகவும் இருந்தவர்கள். போலீஸ் நிலையத்திலும், வானொலி நிலையத்திலும் இருந்த பதிவுகள் நீக்கப்பட்டன. இதுபற்றிப் பேசுவதில் பயனேதுமில்லையென்று சம்பந்தப்பட்டவர்கள் நிறுத்திக்கொண்டார்கள். ஆனால், அவர்களைச்சுற்றி ஏதோ நடந்துகொண்டிருந்தது. குறிப்பாக தோமஸ் ரீட் குடும்பம் எங்கு சென்றாலும் சிலரால் அவதானிக்கப்பட்டார்கள். சம்பவம்பற்றிப் பேசவேண்டாமென அறிவுறுத்தப்பட்டார்கள். அமெரிக்க அரசின் உளவுப் பிரிவினர் என்பது தெரிந்தது. பயத்தில் பேசுவதை நிறுத்திக் கொண்டார்கள். ஆனால், நான்ஸியைப் பிரிந்திருந்த தோமஸின் அப்பாவுக்கு அந்தச் சம்பவம் முழுவதும் தெரியவந்தது. அவரொரு வக்கீலாக இருந்தார். நடந்த சம்பவத்தை புத்தகமாக எழுதி வெளியிட ஆயத்தமானார். சிலரால் அதுவும் தடுக்கப்பட்டது. அவரோ அதை விடுவதாக இல்லை. ஒருநாள் ஆபீஸில் இறந்து கிடந்தார். அவரின் இரத்தத்தில் பங்கஸ்கள் பரவியிருந்ததாக மரண அறிக்கை தெரிவித்தது. ஆபீஸிலிருக்கும் குளிரூட்டியிலிருந்து பங்கஸ் பரவியதாகத் தெரிந்தது. அதன்கீழே உடைந்துபோன பரிசோதனைக் குழாயின் சிறுதுண்டுகள் கண்டெடுக்கப்பட்டன. அத்தோடு நின்றிருந்தால்கூட இந்த அளவுக்குச் சந்தேகம் வந்திருக்காது. மறுநாள் அரசு அதிகாரிகளெனச் சொல்லிக்கொண்டு, தோமஸின் தந்தை அதுவரை சேகரித்திருந்த அனைத்து ஆவணங்களையும் துடைத்தெடுத்துக் கொண்டு சென்றனர். காரணமேயில்லாமல், மனைவி நான்ஸிக்கு 25,000 டாலர்களை அரசு கொடுத்தது. இவையெல்லாம் தோமஸ் ரீட், ஒரு தொலைக்காட்சிக்குக் கொடுத்த வாக்குமூலம். அதன்பின்னர் யாருடனும் அதுபற்றிப் பேசுவதற்கு தோமஸ்

குடும்பம் தயாராக இருக்கவில்லை. யாருடன் மோதுகிறோம், யார் எதிரியென்றே தெரியாமல் என்னதான் செய்வது? தற்செயலாக பறக்கும்தட்டைச் சந்தித்தது அவ்வளவு தவறான காரியமா? ஐம்பது ஆண்டுகளின் பின்னர், முதன்முறையாக வாய் திறந்திருக்கிறார்கள். அது நடந்துவிட்ட பல சம்பவங்களின் திறவுகோலானது.

பெண்டகன் வெளியிட்ட காணொளிகளின் தொடர்ச்சியால், மூடிமறைக்கப்பட்ட பல பறக்கும்தட்டுச் சம்பவங்கள், உண்மையானவையென்றே இப்போது உறுதியாவதாகப் பலர் கருதுகிறார்கள். பொய்யென்று அரசுகளால் தட்டிக்கழித்து, மறைக்கப்பட்டவை எல்லாமே நிஜமானவை என்கிறார்கள். குறிப்பாக, 1947க்கும் 1970க்குமிடையே நடந்த சம்பவங்களைச் சொல்லலாம். அவற்றில் பெரும்பான்மையானவை திடமான சாட்சிகளைக் கொண்டவை. அவை அனைத்தையும் சொல்ல முடியாவிட்டாலும், உண்மைக்கு அருகிலிருக்கும் இரண்டொரு சம்பவங்களை அடுத்த பகுதிகளில் சொல்கிறேன். பேர்க்ஷயர் சம்பவத்தைவிடப் பல மடங்குகள் மர்மமானவை. இன்றைய நிலையில் அவற்றை நிச்சயம் நீங்கள் தெரிந்திருக்க வேண்டும். நான் எப்போதும், ஆங்கில வார்த்தைகளுடன்தான் சம்பவங்களைத் தருகிறேன். அதனால், படித்தபின்னர் நீங்களும் இணையத்தில் தேடிப் பாருங்கள். நான் சொல்வது ஒருசதவீதம்கூட பொய் இல்லையென்பதை அறிவீர்கள். அங்கு என்ன ஒளிந்திருக்கின்றன என்பதைச் சுலபமாக தெரிந்துகொள்வீர்கள்.

இப்போது சிலரால் கேட்கப்படும் கேள்வி முக்கியமானது. பறப்பது என்னவென்று தெரியாததால், அதை 'யூஃபோ' என்று குறிப்பிட்டோம். இப்போதுதான் அவற்றை இனம் கண்டுவிட்டோமே. அதனால், அவற்றை 'யூஃபோ' என்று சொல்லாமல் 'ஐஃபோ' (IFO- Identified Flying Object) என்று சொல்லலாமே?' என்கிறார்கள். நீல் டிகிராஸ் டைசன் போன்ற விஞ்ஞானிகளும் அப்படிச் சொல்லும்போது மறுத்துப் பேசமுடியாதல்லவா?

அத்தியாயம் 29

லௌரா சொல்வது உண்மையா?

1969ஆம் ஆண்டு ஜனவரி 6ஆம் தேதி, ஜார்ஜிவாவிலிருக்கும் (Georgia) சிறிய நகரொன்றின் உணவகத்தில், இரவு உணவருந்திவிட்டு நண்பர்கள் சிலர் வெளியே வந்தனர். அவர்கள் மொத்தமாக இருபத்தியாறு பேர்கள் இருந்தார்கள். உணவகத்துக்கு வெளியேவந்து சிறிது நேரம் உரையாடினார்கள். அப்போது ஒரு நண்பன், "அங்கே பாருங்கள்!" என்று வானத்தைக் காட்டி அலறினான். அவன் காட்டிய திசையில், பிரகாசமான வெளிச்சத்துடன் ஒரு பொருள் மிதந்துகொண்டிருந்தது. இவர்களை நோக்கி மெல்லக் கீழேவரவும் ஆரம்பித்தது. சற்றுத் தூரத்திலிருந்த பைன் மரங்கள்வரை வந்தபின் அசையாமல் நின்றுகொண்டது. அசையும்போதும், மிதந்தபடி நிற்கும்போதும் அதிலிருந்து எந்தவித ஒலியும் வரவில்லை. தங்களுக்கு முன்னால் ஒரு பறக்கும்தட்டு நிற்கிறது என்பதை நண்பர்கள் அனைவரும் புரிந்துகொண்டார்கள். பறக்கும்தட்டையே எல்லோரும் பார்த்துக் கொண்டிருந்தார்கள். அப்போது, அதிலிருந்துவந்த

என்ன ஒளிந்திருக்கிறது அங்கே?

வெள்ளைநிற வெளிச்சம் திடீரென நீலமாக மாறியது. பின்னர் சிவப்பாக மாறி, மீண்டும் வெள்ளைநிற ஒளியாகியது. பத்து நிமிடங்கள்வரை அது வானில் நின்றிருக்கலாம். திடீரென வேகமெடுத்து மறைந்துபோனது. என்ன நடக்கிறதென்றே அவர்களுக்குப் புரியவில்லை. அவர்கள் கண்டது அந்த ஊர் முழுவதும் பேசப்பட்டாலும், வெளியே அதுபற்றிப் பெரிதாகத் தெரியவில்லை. அங்கிருந்த இருபத்தியாறு பேர்களில் ஒருவர், 1970ஆம் ஆண்டு ஜார்ஜிவின் கவர்னரானார். அமெரிக்காவில் கவர்னர் என்பது மிகப்பெரியதொரு பதவி. அதன் பின்னர், 1973ஆம் ஆண்டு ஜார்ஜியாவில் மீண்டும் பறக்கும்தட்டுகள் தோன்றியதைப் பலர் பார்த்தார்கள். பத்திரிகைகளில் பரபரப்பாகப் பேசப்பட்டது. வழக்கம்போலப் பார்த்தவர்களுக்கும், மற்றவர்களுக்குமிடையில் விவாதப் பொருளாகியது. பார்த்தவர்களில் இராணுவத் தளபதி ஒருவரும், சில மதிக்கத்தக்க பிரஜைகளும் இருந்தார்கள். அதுவரை, தனக்கு நடந்த சம்பவத்தை எவருக்கும் சொல்லாமலிருந்த கவர்னர், முதன்முதலாக வாயைத் திறந்தார். "பறக்கும்தட்டைப் பார்த்ததாக அவர்கள் சொல்வது உண்மைதான். மூன்று ஆண்டுகளுக்கு முன்னர் நானும் ஒரு பறக்கும்தட்டைக் கண்டிருக்கிறேன்" என்று வெளிப்படையாகத் தெரிவித்தார். தன் கைப்பட எழுதிய கடிதத்திலும் அதுபற்றிக் குறிப்பிட்டார். அந்தச் சமயத்தில் நடைபெற்ற லயன்ஸ்கிளப் கூட்டமொன்றில், பறக்கும்தட்டைப் பார்த்ததாகப் பேசியிருந்தார். அவர் பேசியதும், அவர் கைப்பட எழுதியதும் இன்றுவரை உயிர்ப்புடன் இருக்கும் சாட்சியங்கள். ஆனால் அந்தக் கவர்னருக்கு, தான் அமெரிக்காவின் மிகப்பெரிய பதவியை வகிக்கப்போகிறாரென்பது தெரிந்திருக்கவில்லை. தனது ஊரின்

மக்களைப் பொய்யர்களாக்கக்கூடாது என்னும் எண்ணத்துடன், தனது சாட்சியத்தை அன்று பதிவுசெய்திருந்தார். அதுவே பின்னாட்களில் வினையாகுமென்று நினைக்கவில்லை.

பறக்கும்தட்டைக் கண்ட இருபத்தியாறு பேரில் ஒருவராக இருந்தவர், *1977*ஆம் ஆண்டு அமெரிக்காவின் *39*வது அதிபராகத் தேர்ந்தெடுக்கப்பட்ட ‘ஜிம்மி கார்ட்டர்’ *(Jimmy Cartet)*. பறக்கும்தட்டைக் கண்டதாக ஜிம்மி கார்ட்டர் தெளிவாகவே பதிவுசெய்திருந்தார். ஆனால், வெள்ளிக்கோள் மின்னுவதைப் பார்த்துத்தான் அப்படிச் சொல்லிவிட்டார் என்றும், காலநிலையைக் கணிக்கும் பலூனைக் கண்டு, தவறிச் சொன்னாரென்றும் வரிசையாகக் கதைகள் அமெரிக்க அரசின் சார்பில் அடுக்கப்பட்டன. அமெரிக்க அதிபரே பறக்கும்தட்டு இருக்கிறது என்று சொல்லமுடியுமா? அவரின் வாக்குமூலங்களிலிருந்து அவரையும், அமெரிக்காவையும் காப்பாற்ற வேண்டுமல்லவா? கார்ட்டரும் அப்படித்தான் இருக்கவேண்டுமென்று சொல்லித் தன் குரலைத் தாழ்த்திக் கொண்டார். "வெள்ளிக்கோள் எது, வெதர் பலூன் எதுவெனத் தெரியாத ஒருவரையா அமெரிக்காவின் அதிபராக்கினோம்?" என்று சொல்லிச் சிரிக்கிறார்கள். என்னவொரு முட்டாள்தனமான காரணம் இது? எதையெடுத்தாலும் வெதர் பலூனென்று சொல்லிவிடுவதா? வெள்ளிக்கோள் கூடவா ஜிம்மி கார்ட்டருக்குத் தெரியாது? அவருக்குத்தான் தெரியவில்லையென்றால், கூடவிருந்த நண்பர்களும் முட்டாள்களா என்ன? பறக்கும்தட்டைக் கண்டவர்களைவிட, அதை மறுப்பதற்கு அமெரிக்க அரசு மிகவும் பதற்றம் காட்டுகிறது. மறுப்பதற்காக எதையும்

என்ன ஒளிந்திருக்கிறது அங்கே?

செய்யவும் தயாராகவிருக்கிறது. எதற்காகப் பதற்றப்படுகிறது அமெரிக்க அரசு? எதை மறைக்க இவ்வளவு பாடுபடுகிறது? இந்தக் கேள்விகளுக்கான பதிலைச் சொன்னால், நீங்கள் சிரிப்பீர்கள். விழுந்து விழுந்து சிரிப்பீர்கள். 'இதையெல்லாமா நம்புகிறார்கள்?' என்றும் கேட்பீர்கள். பறக்கும்தட்டுகள் பூமிக்கு வந்தன என்பதைக்கூட நம்பிவிடுவீர்கள். ஆனால், இதை உங்களால் நம்பவேமுடியாது. நீங்கள் மட்டுமல்ல, நானும் நம்பமாட்டேன். ஹாலிவுட் சினிமாக்களையே மிஞ்சிவிடும் கதைகள் அவை. அதைச் சொல்கிறேன், நம்புவதும் நம்பாததும் உங்கள் முடிவு. என்னாலும் இதில் சரியான முடிவை எடுக்க முடியவில்லை. நானே சந்தேகிக்கும் ஒன்றை எதற்குச் சொல்லவேண்டும்? சொல்வதற்குக் காரணம், அந்தச் சம்பவத்திற்குச் சமீபத்தில் கிடைத்த பலமான சாட்சியம்தான். அந்தச் சம்பவத்திற்குரியவரும் ஒரு அமெரிக்க அதிபர்தான்.

மீண்டும் ஒருமுறை சொல்லிவிடுகிறேன். இனி நான் சொல்பவை, அவநம்பிக்கையின் உச்சம். எவற்றிற்கும் என்னால் உத்தரவாதம் தரமுடியாது. உலகம் முழுவதும் பேசப்படுவதையும், அறிந்தவற்றையும் சொல்கிறேன். 1954ஆம் ஆண்டு அமெரிக்க அதிபராக இருந்தவர் ஐசன்ஹோவர் (Dwight Eisenhower). ஓய்வுக்காகக் குடும்பத்துடன் 'பாம்ஸ்பிரிங்' (Palmspring California) என்னும் இடத்திற்குச் சென்றார். பாதுகாப்புப் பலமாக

இருந்தது. அந்தப் பாதுகாப்புகளையும் மீறிக் காணாமல் போனார். 1954ஆம் ஆண்டு பிப்ரவரி 20ஆம் தேதி மாலை காணாமல் போனவர், அடுத்தநாள் மதியமே திரும்பிவந்தார். 18 மணிநேரம் அமெரிக்க அதிபரைக் காணவில்லையென்பது பலவிதங்களில் பேசப்பட்டது. அவர் திரும்பிவந்ததும், கோழி இறைச்சியைச் சாப்பிடும்போது பல்லில் பிரச்சனை ஏற்பட்டு, உடனடியாகப் பல் மருத்துவரைச் சந்திக்கச் சென்றாரென்று தெரிவிக்கப்பட்டது. சொல்லப்பட்ட காரணத்தை யாரும் நம்பவில்லை. அவர் ஏன் மறைந்தார், எங்கு சென்றார் என்னும் மர்மம், பல ஆண்டுகளின் பின்னரே கசிந்தது. வேற்றுக்கோள்வாசிகளான ஏலியன்களையே, அமெரிக்க அதிபர் ஐசன்ஹோவர் சந்திக்கச் சென்றாரென்று சொல்லப்பட்டது. கலிபோர்னியாவில் இருக்கும் அமெரிக்க வான்படைக்குச் சொந்தமான எட்வார்ட் விமானப் படைத்தளத்தில் *(Edward Air Force base)* அந்தச் சந்திப்பு நடந்ததாம். அதுபற்றிப் பலவிதமான கதைகள் உலாவருகின்றன. அவற்றில் எது உண்மை, எது பொய்யென்று என்னால் உறுதியாகச் சொல்ல முடியாததால், அனைத்தையும் சொல்லாமல் சுருக்கமாகச் சொல்கிறேன்.

அந்தச் சந்திப்பின்போது, ஐசன்ஹோவருடன் மிக முக்கியமான நான்குபேர் கலந்துகொண்டார்கள். இயற்பியல் ஆராய்ச்சியாளரான 'ஜெரால்ட் லைட்' *(Ger-*

என்ன ஒளிந்திருக்கிறது அங்கே?

ald Light), பொருளாதார மேதையான 'எட்வின் நர்ஸ்' (Edwin Nourse), லாஸ் ஏஞ்சலிஸின் கத்தோலிக்க பிஷப்பான 'ஜேம்ஸ் பிரான்சி மக்கின்டயர்' (James Franci Macintyre), பிரபல ஊடகவியலாளரான 'பிராங்ளின் விண்ட்ரொப் அலென்' (Franklin Winthrop Allen) ஆகிய நால்வரும் அந்தச் சந்திப்பில் இருந்தார்கள். இவர்கள், இரண்டு ஏலியன்களுடன் பேச்சுவார்த்தை நடத்தியதாகச் சொல்லப்படுகிறது. 'நோர்டிக்ஸ்' (Nordics) எனப்படும் ஒருவகை ஏலியன்கள். மனிதர்கள்போலவும், உயரமான உருவத்துடனும், நீலநிலக் கண்கள், வெள்ளைநிற தலைமுடியும் கொண்டவர்களாகக் காணப்பட்டார்கள். டெலிபதிமூலம் உரையாடல்கள் நடந்ததாகவும் சொல்கிறார்கள். தங்களால் மனிதர்களுக்கு எந்தவித ஆபத்தும் வராதெனவும், கிரே ஏலியன்களிடம் (Greys Alien) அவதானமாக இருக்க வேண்டுமெனவும் அவர்கள் சொன்னார்களாம். அவர்களின் பறக்கும்தட்டை ஆராய்வதற்கும் அனுமதியளித்திருக்கிறார்கள். பேச்சுவார்த்தைகள் அந்த வகையிலேயே நடைபெற்றிருக்கின்றன. அதிபர் ஐசன்ஹோவர் மூன்று தடவைகள் ஏலியன்களுடன் சந்திப்பை நடத்தியதாகச் சொல்லப்படுகிறது. அவர் இரண்டுவகையான ஏலியன்களைச் சந்தித்ததாகவும் சொல்லப்படுகிறது. யாராலும் இலகுவில் இந்தக் கதைகளை நம்பமுடியாது. யாரோ சதிக்கோட்பாட்டாளர்கள் கட்டிவிட்ட கதைகளையெல்லாம் எப்படி நம்புவது என்றே தோன்றும். ஆனாலும், ஒருசில முக்கிய சாட்சியங்கள் இவற்றை நம்பவைப்பதாகவே அமைந்திருக்கின்றன. அந்தச் சந்திப்பில், ஐசன்ஹோவருக்குப் பாதுகாப்பிற்காக நின்றவர், 'சார்லஸ் சக்ஸ் சீனியர்' (Charles Suggs Sr.) என்னும் கடற்படைத் தளபதி. பேச்சுவார்த்தைகளில் பங்குகொள்ளாது தள்ளி நின்றிருக்கிறார். அவர், தன்னுடைய மகனான சார்லஸ் சக்ஸ் ஜூனியருக்கு (Charles Suggs Jr.) அந்தச் சந்திப்பில் நடந்தவற்றைச் சொல்லியிருக்கிறார். தகப்பன் கூறியவற்றை, ஜூனியர் சக்ஸ் பேட்டியொன்றில் வெளியிட்டிருக்கிறார். கிட்டத்தட்ட அந்தச் சம்பவத்தை நேரில் பார்த்த சாட்சியாக அதை எடுத்துக் கொள்ளலாம். அதுதவிர்த்தும் வேறுபல இராணுவத்

தளபதிகளும் உண்மையென உறுதிப்படுத்தியிருக்கிறார்கள். இல்லாத ஒன்றை இந்த அளவுக்கு வடிவமைத்துப் பலரால் ஒரேமாதிரி சொல்லமுடியாது. நிச்சயமாக ஏதோவொன்று நடந்துதான் இருக்கிறது. ஆனாலும், எந்த விபரமும் சரியாகத் தெரியவில்லை. நம்புவதா, விடுவதாவென்று இருந்தபோது, இன்னுமொரு முக்கியமானவர், அந்தச் சம்பவங்களெல்லாம் உண்மையானவைதான் என்று சமீபத்தில் கூறியிருக்கிறார். என்றோ நடந்த அந்தச் சம்பவம், இன்று உயிர்கிடைத்து வெளியே வந்ததற்கும், நான் இப்போது எழுதுவதற்கும் அந்த நபரின் கூற்றே காரணம். அப்ப்டிச் சொன்னவர் வேறுயாருமில்லை. ஐசன்ஹோவர் குடும்பத்தின் அங்கத்தவர் ஒருவர்.

அமெரிக்க அதிபர் ஐசன்ஹோவரின் மகன், ஜானின் மகள்தான், சூசன் ஐசன்ஹோவர். சூசனின் மகள் லௌரா ஐசன்ஹோவர் *(Laura Eisenhower)*. அதிபர் ஐசன்ஹோவரின் குடும்பம், அமெரிக்காவில் மிகவும் சக்திவாய்ந்த, புகழ்மிக்க, பாரம்பரியமான குடும்பமாகும். அவரின் கொள்ளுப் பேத்திதான் லௌரா. இவர் ஒரு வானியற்பியலாளர். 2018ஆம் ஆண்டு ஜனவரியில் மாநாடொன்றில் கலந்துகொள்வதற்காக அவுஸ்ரேலியா சென்றிருந்தார். அச்சமயம் தொலைக்காட்சி நிறுவனமொன்றிற்கு, தனது அம்மாவின் பாட்டனான அதிபர் ஐசன்ஹோவர் ஏலியன்களைச் சந்தித்தது உண்மைதான் என்று பேட்டி கொடுத்தார். அவர் கொடுத்த வாக்குமூலத்தால் உலகமே மிரண்டுபோனது. அதுவரை உண்மையா, பொய்யா என்று சந்தேகப்பட்ட சம்பவத்துக்கு, அந்தக் குடும்பத்தைச் சேர்ந்த ஒருவரே சாட்சி சொன்னது, மாபெரும் அதிர்ச்சிதான். ‘இதைவிட அந்தச் சம்பவத்துக்கு வேறென்ன சாட்சி வேண்டும்?’ என்று கேள்வி கேட்க ஆரம்பித்திருக்கிறார்கள். ‘லௌரா உளறுகிறார்’ என்று சொல்பவர்களும் உண்டு. ஆனால், இணையமெங்கும் லௌராவின் பல காணொளிகள் காணப்படுகின்றன. பல விஷயங்கள்பற்றி வெளிப்படையாகப் பேசியிருக்கிறார். அந்தக் காணொளிகளைப் பார்த்தவர்கள், அவரை உளறுபராகக் கருதமாட்டார்கள். மிகவும் படித்த புத்திசாலியான பெண் அவர். மிகுந்த துணிச்சலுமுடையவர்.

என்ன ஒளிந்திருக்கிறது அங்கே?

இல்லாவிட்டால், அனைவரும் மறைத்து வைத்திருந்த சம்பவத்தைப் போட்டுடைத்திருக்க மாட்டார். எது எப்படியானாலும், கடந்த மூன்றாண்டுகளாக ஏலியன்கள் சம்பந்தமான பல சம்பவங்களின் உண்மைத்தன்மைகள் வெளிவரத் தொடங்கியிருக்கின்றன. இந்தத் தசாப்தத்தில், ஏலியன்களின் இருப்பை நிச்சயம் கண்டுபிடித்துச் சொல்வோம் என்று விஞ்ஞானிகள் சொல்லியிருப்பதும் ஒருவித நெருடலைத் தருகிறது.

ஐசன்ஹோவர் ஏலியன்களைச் சந்திப்பதற்கு அடிப்படைக் காரணமாக இருந்தது, 1947இல் ரோஸ்வெல் என்னும் இடத்தில் நடந்த சம்பவம்தான். அந்தச் சம்பவத்தைப் பார்த்துவிட்டு ஏலியன்களிடமிருந்து விலகி, வழமையான மர்மத் தேடல்களை நாம் ஆரம்பிக்கலாம்.

அத்தியாயம் 30

ஏன் மறைக்கிறார்கள்?

1947 ஜூலை 2ஆம் தேதி, நியூ மெக்சிகோவிலிருக்கும் ரோஸ்வெல் *(Roswell)* நகர், மழைக்கால இருளில் மூழ்கியிருந்தது. அப்போது, மிகப்பெரிய வெளிச்சக் கோளமொன்று தொலைவில் விழுந்ததை 'மாக் பார்ஸெல்' *(Mc Barzel)* என்னும் இளைஞர் அவதானித்தார். விண்கல் விழுந்திருக்கலாமென்று நினைத்து, அதிகாலையில்தான் சென்றுபார்த்தார். அதிர்ச்சியில் ஆடிப்போனார். விமானமொன்று விழுந்து சிதறியதுபோல, வெட்டவெளி நிலமெங்கும் உலோகத் துண்டுகள் சிதறியிருந்தன. துண்டொன்றைக் கையிலெடுத்துப் பார்த்தபோது, அதுவரை அப்படியான உலோகத்தைப் பார்த்ததில்லையெனத் தோன்றியது. உடனடியாக அருகிலிருந்த இராணுவத் தளத்துக்கு அறிவித்தார். இடத்தை ஆராய்ந்த இராணுவத் தளபதியான 'வில்லியம் பிராண்டி' *(William Brandy)*, 'பறக்கும்தட்டொன்று வீழ்ந்து சிதறியிருக்கிறது' என்று பத்திரிகைகளுக்குப் பேட்டிகொடுத்தார். அவ்வளவுதான். முடிந்தது கதை. ரோஸ்வெல் நகரமே

என்ன ஒளிந்திருக்கிறது அங்கே?

இராணுவத்தால் முற்றுகையிடப்பட்டது. அந்தச் சம்பவம் நடந்த அதேசமயம் ரோஸ்வெல்லின் வேறொரு இடத்தில், 'பார்னி பார்னெட்' (Barney Barnett) என்பவர் சாலையில் வந்து கொண்டிருந்தபோது, தூரத்தில் பெரிய பொருளொன்று விழுந்துகிடந்ததைக் கண்டிருக்கிறார். அருகில் சென்று பார்த்தவர் பயத்தில் அலறிவிட்டார். அங்கு பறக்கும்தட்டும், நான்கு ஏலியன்களும் விழுந்து கிடந்தன. அப்போது, அவ்வழியே வந்த நான்கு இளைஞர்களும் அதைப் பார்த்தார்கள். பின்னர், அங்குவந்த இராணுவத்தினர் விஷயத்தை அறிந்துகொண்டபின், எதையும் வெளியே சொல்லக்கூடாதென்று அறிவுறுத்தி அவர்களை அனுப்பிவைத்தனர். அடுத்தநாள், சம்பவ இடங்கள் தடயங்கள் இல்லாமல் சுத்தமாக்கப்பட்டன.

ரோஸ்வெல் இராணுவ மருத்துவமனையில் பணிபுரியும் நர்ஸ் ஒருவர் கொடுத்த வாக்குமூலத்தின்படி, ஏலியன்கள் மருத்துவமனைக்குக் கொண்டுவரப்பட்டதாகவும், அதிலொரு

Leased Wire Associated Press

Roswell Daily Record

RECORD PHONES Business Office 2288 News Department 2287

Claims Army Is Stacking Courts Martial

Indiana Senator Lays Protest Before Patterson

RAAF Captures Flying Saucer On Ranch in Roswell Region

House Passes Tax Slash by Large Margin

Security Council Paves Way to Talks On Arms Reductions

No Details of Flying Disk Are Revealed

Roswell Hardware Man and Wife Report Disk Seen

Ex-King Carol Weds Mme. Lupescu

Harassed Rancher who Located 'Saucer' Sorry He Told About It

ஏலியன் உயிருடன் இருந்ததாகவும் தெரியவந்தது. என்ன பிரயோசனம்? எல்லாம் கட்டுக்கதைகளென்று மாற்றப்பட்டன. எதற்கும், எவரிடமும் சாட்சியம் இல்லாததால், எல்லாமே பொய்யாக்கப்பட்டன. சாட்சிகளும், தடயங்களும் மறைக்கப்பட்டு மாயமாகின. ஒருவருக்கொருவர் சம்பந்தமேயில்லாத சாட்சியங்கள் கேலிக்குள்ளாகினர். இராணுவத் தளபதி 'வில்லியம் பிராண்டி' கொடுத்த பேட்டியும் தவறென்று சொல்லப்பட்டது. காலநிலையை அளக்கும் 'வெதர் பலூன்' வெடித்ததையே பறக்கும்தட்டென்று தவறாகச் சொல்லிவிட்டார்களென்று கதை முடிக்கப்பட்டது. ரோஸ்வெல் நகர மக்கள் பறக்கும்தட்டை வைத்து விளம்பரம் தேடுவதாகக் கதை பரவியது.

ஆனால், மக்கள் எதையும் மறக்கவில்லை. ரோஸ்வெல்லில் கைப்பற்றப்பட்ட ஏலியனையும், ஐசன்ஹோவர் சந்தித்த ஏலியன்களையும் தொடர்புபடுத்திப் பேச்சுகள் எழுந்தன. பறக்கும்தட்டு எதுவும் வெடித்துச் சிதறவில்லை. இரண்டுவகை ஏலியன்களுக்கிடையே நடந்த சண்டையினால், பறக்கும்தட்டு நொறுங்கியது என்றும் சந்தேகம் எழுப்பப்படுகிறது. எதற்கும் சாட்சியில்லை. நம்பவும் முடியவில்லை. அதேசமயம், சமீபத்தில் வெளிவரும் தகவல்களை அறியும்போது நம்பாமலும் இருக்கமுடியவில்லை. எதற்கும், இவற்றையெல்லாம் இணையத்தில் தேடிப்பார்த்துத் தெரிந்துகொள்ளுங்கள்.

என்ன ஒளிந்திருக்கிறது அங்கே?

அதன்பின்னர் இவற்றை நம்புவதா, விடுவதாவென நீங்களே முடிவெடுக்கலாம். ஏலியன் சம்பவங்கள் இன்னும் நூற்றுக்கணக்காக இருக்கின்றன. அனைத்தையும் இங்கே சொல்ல முடியவில்லை.

இப்போது, நாம் கொஞ்சம் சீரியஸாகப் பேசிக் கொள்வோமா? ஏலியன்கள் பூமிக்கு வந்தனவா, இல்லையா என்பது ஒரு பக்கத்தில் வைத்துவிடுவோம். உண்மை எதுவாகவும் இருக்கட்டும். எந்தப் பக்கத்தையும் நாம் எடுக்கத் தேவையில்லை. ஆனால், சில உண்மையான விபரங்களை முழுமையாகப் பார்க்கலாம். இதன்மூலம், பறக்கும்தட்டுச் சம்பவங்களை எப்படி எடுத்துக் கொள்வதென்னும் முடிவுக்கு நீங்கள் வரமுடியும். என்ன ஆயத்தம்தானே!

'Project Sign' என்னும் திட்டத்தை 1947ஆம் ஆண்டு, அமெரிக்க வான்படை (USAF) ஆரம்பித்தது. அந்தத் திட்டத்தின் நோக்கம், வானில் பறக்கும் அடையாளம் தெரியாத பொருட்களை இரகசியமாக ஆராய்வது. 'கென்னெத் ஆர்னோல்ட்' (Kenneth Arnold) என்னும் விமானி, 1947 ஜூன் 24 வாசிங்டனில் ஒன்பது பறக்கும்தட்டுகள் வரிசையாகப் பறந்து சென்றதைக் கண்டதாக அறிக்கை கொடுத்ததுதான் அந்தத் திட்டத்திற்கான ஆரம்பப்புள்ளி. அந்த ஒன்பது பறக்கும்தட்டுகளைப் பொதுமக்களும் பார்த்திருந்தார்கள். வான்படை ஜெனரல் 'நேதன் ட்வினிங்' (Nathan Twining) என்பவரால் திட்டம் ஆரம்பிக்கப்பட்டது. அதன்மூலம் பறக்கும்தட்டுகள் சம்பந்தமான முழுமையான விபரங்களும் சேகரிக்கப்பட்டன. பறக்கும்தட்டுகளால் அமெரிக்க அரசிற்கு

ஏன் மறைக்கிறார்கள்?

ஆபத்து உண்டாவென்று அறிவதே முக்கிய நோக்கமாக இருந்தது. அந்தத் திட்டம் ஆரம்பித்ததிலிருந்து பல பறக்கும்தட்டுச் சம்பவங்கள் பதிவுசெய்யப்பட்டன. எல்லாமே உண்மையாக இருப்பதுபோலவே தோன்றின. அதை அரசினால் ஜீரணிக்க முடியவில்லை. அப்படியே போனால், ஏலியன்கள் பூமிக்கு வந்ததை ஒத்துக்கொள்வது போலாகிவிடும். அதனால், பொதுமக்கள்மூலம் வரும் சம்பவங்களைத் தவறென்று நிரூபிக்கவேண்டிய நிலைக்குத் தள்ளப்பட்டார்கள். உடனடியாக, 'Project Sign' என்பது 'Project Grudge' என்னும் பெயருக்கு 1949இல் மாற்றப்பட்டது. வான்படையின் கேப்டனான 'எட்வார்ட் ருப்பெல்ட்' (Captain Edward Ruppelt) அப்புதிய திட்டத்திற்குப் பொறுப்பாக நியமிக்கப்பட்டார். புதுத்திட்டத்தின் குறிக்கோள், அனைத்தையும் முடிந்தளவுக்கு நிராகரிப்பதே! காரணமேயில்லாமல் நிராகரித்தால், மக்கள் ஏற்றுக்கொள்ள மாட்டார்கள். அதனால், அறிவியல் ரீதியாக நிராகரிக்கப்பட வேண்டுமென முடிவுசெய்தார்கள். திட்டத்தை நடத்திச் செல்வதற்கு வானியற்பியல் விஞ்ஞானி ஒருவரையும் இணைத்துக் கொண்டார்கள். அவர் பெயர், 'ஜோசப் அலென் ஹைனெக்' (Joseph Allen Hynek). அப்போதிருந்த சிறந்த வானியற்பியலாளர்

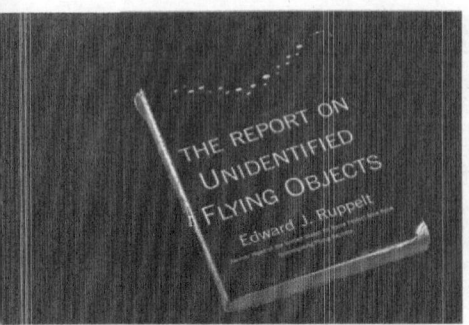

அவர். அந்தத் திட்டத்தின் பெயர் காரணமோ அல்லது வேறு காரணமோ தெரியவில்லை. 1951ஆம் ஆண்டு அத்திட்டம் நிறுத்தப்பட்டது. ஆனாலும், 1952ஆம் ஆண்டு மீண்டும், 'நீலப் புத்தகத் திட்டம்' *(Project Blue Book)* என்னும் பெயரில் அதே கேப்டன் ருப்பெல்ட் மற்றும் விஞ்ஞானி ஹைனெக் ஆகியோரைக்கொண்டு புதிதாக ஆரம்பிக்கப்பட்டது. பறக்கும்தட்டு விவகாரங்கள் சமீபத்தில் வெளிவந்து பேசப்படுவதற்கு இந்த நீலப் புத்தகமும் ஒரு காரணம்.

நீலப் புத்தகத் திட்டம் 1947 இலிருந்து 1969 வரை அமலில் இருந்தது. அந்தக் காலங்களில் நடைபெற்ற 12,618 பறக்கும்தட்டுச் சம்பவங்கள் திட்டத்தில் பதிவாகியிருக்கிறது. சாட்டிலைட்டுகள், விண்கற்கள், நவீனரகப் போர்விமானங்கள், வானிலை பலூன்கள் ஆகியவற்றைப் பார்த்துப் பறக்கும்தட்டுகளென நினைக்கிறார்கள் எனக்கூறிப் பல ஆயிரம் சம்பவங்கள் நிராகரிக்கப்பட்டன. ஆனாலும், 1700 சம்பவங்களை எந்தவிதத்திலும் நிராகரிக்க முடியவில்லை. அவற்றிலும் 701 சம்பவங்கள் உண்மையென்றே நம்பும்படி, மறுக்க முடியாத சாட்சியங்களுடன் இருக்கின்றன. உண்மைக்கு 701 சம்பவங்கள் வேண்டியதில்லை. ஒரேயொரு சம்பவமே போதுமானது. அதுவே, ஏலியன்கள் பூமிக்கு வந்தவையென உறுதிப்படுத்திவிடும். வரும் சம்பவங்களையெல்லாம் ஏதோவொரு அறிவியல் காரணம் சொல்லி நிராகரிக்கவே விஞ்ஞானி ஹைனெக் பாடுபட்டார். நிராகரிக்கவும் செய்தார். ஆனால், ஒரு கட்டத்தின் பின்னர் அவரால் நிராகரிக்க முடியவில்லை. தர்க்க ரீதியாகவும், சாட்சி பலத்தாலும் அவற்றை ஏற்கவேண்டிய சூழ்நிலைக்குள்ளானார். பின்னாட்களில் அவரது ஏலியன் எதிர்ப்புக் குரல் மிகவும் பலஹீனமானது. எஞ்சிய 701 சம்பவங்களையும் எப்படி நிராகரிப்பதென்று அவருக்கே தெரியவில்லை. அவை

அமெரிக்காவில் மட்டுமே நடந்த சம்பவங்கள். இப்போது, என்னிடம் வாசகர்கள் சிலர் கேட்ட கேள்விகள் முக்கியத்துவம் பெறுகின்றன.

ஏலியன் சம்பவங்களைப் படிக்கும் வாசகர்கள் கேட்கும் பொதுவான கேள்விகள் இவை. 'ஏன் பறக்கும்தட்டுகள் அமெரிக்காவில் மட்டும் தோன்றுகின்றன?', 'பேய்கள்போல, மனித நடமாட்டமில்லாத இடங்களுக்கு மட்டுமே அவை ஏன் வருகின்றன?' அருமையான கேள்விகள். பறக்கும்தட்டுகள் அமெரிக்காவில் மட்டுமில்லை. ரஷ்யா, ஸ்பெயின், இங்கிலாந்து, பிரேசில், சீனா, ஈரான், சிம்வாப்பே, தென்னாப்பிரிக்கா, சவுதி அரேபியா, அவுஸ்ரேலியா, நியூசிலாந்து, ஜெர்மனி என உலகம் பூராவும், ஏன் இந்தியாவில்கூட வந்ததாகப் பதிவுகள் இருக்கின்றன. ஆனால், அவற்றைப் பெரிதாக யாரும் கணக்கிலெடுப்பதில்லை. அவை சார்ந்து அந்த நாடுகளும் பெரிதாக ஆராய்ந்ததில்லை. ஸ்பெய்னிலும், பிரேசிலிலும் மக்கள் அதிகமாகக் கூடியிருந்த இடங்களில் பறக்கும்தட்டுகள் தோன்றிய சம்பவங்கள் நடைபெற்றிருக்கின்றன. இணையத்தில் தேடிப் பாருங்கள். உண்மைக்கும் பொய்க்கும் இடையில் பல சம்பவங்களைக் கண்டடைவீர்கள். ரஷ்யாவில் நீலப் புத்தகம்போன்ற ஒரு திட்டம் உருவாக்கப்பட்டு, 3000 பறக்கும்தட்டுச் சம்பவங்கள் பதிவுசெய்யப்பட்டன. அவற்றில் 300க்கும் மேற்பட்ட சம்பவங்கள் மறுக்க முடியாதவையாக இருக்கின்றன. அதனால், அமெரிக்காவில் மட்டும் பறக்கும்தட்டுச் சம்பவங்கள் நடப்பதாகச் சொல்வதில் எந்த

CONFIDENTIAL

STATUS REPORT

PROJECT BLUE BOOK - REPORT NO. 8

AIR TECHNICAL INTELLIGENCE CENTER

CONFIDENTIAL

உண்மையுமில்லை. அமெரிக்காவில் தொலைக்காட்சிகளும், பத்திரிகைகளும் இப்படியான செய்திகளுக்கு முதலிடம் கொடுத்து விவாதிக்கின்றன. அதனால், அரசுக்கும் அழுத்தம் கிடைக்கிறது. அந்த அழுத்தங்களால் உருவானதே நீலப் புத்தகத் திட்டம்.

விஞ்ஞானியான அலென் ஹைனெக்கால் பறக்கும்தட்டுச் சம்பவங்களைத் தட்டிக்கழிக்க முடியாததால், நீலப் புத்தகத் திட்டம் 1969ஆம் ஆண்டு முடிவுக்குக் கொண்டுவரப்பட்டது. ‘பறக்கும்தட்டுச் சம்பவங்களில் எந்த உண்மையும் கிடையாது. எல்லாமே வேறு பொருட்களைப் பார்த்து ஏமாந்த தவறான முடிவுகள்’ என்று சொல்லப்பட்டு மூடப்பட்டது. ஆனால், 1977ஆம் ஆண்டு ஸ்டீஃபன் ஸ்பீல்பேர்க் அவர்களால் *Close Encounters of the Third Kind* என்னும் திரைப்படம் உருவாகிச் சக்கைபோடு போட்டது. படம் பறக்கும்தட்டை மையமாக வைத்து எடுக்கப்பட்டிருந்தது. அந்தப் படத்தை எடுப்பதற்கு உடனிருந்து, கதைக்கான ஆலோசனைகளை வழங்கியவர் யார் தெரியுமா? அவர் வேறு யாருமில்லை. அதே இயற்பியல் விஞ்ஞானியான அலென் ஹைனெக்கேதான். கொஞ்சம் சிந்தித்துப் பாருங்கள். எந்த விஞ்ஞானி பறக்கும்தட்டுச் சம்பவங்களை நிராகரிப்பதற்காக நீலப் புத்தகத் திட்டத்தில் சேர்க்கப்பட்டாரோ, அவரே அப்படியானதொரு படத்தை உருவாக்க உதவியிருக்கிறார். படத்தில் அவரைப்போல ஒரு விஞ்ஞானியின் கேரெக்டரும் உருவாக்கப்பட்டிருந்தது என்று நினைக்கிறேன். மறந்துவிட்டேன். வேடிக்கையாக இல்லையா? அமெரிக்காவின் தகவல் அறியும் சட்டங்களினால், பொதுமக்கள் படிக்கக்கூடியவாறு இப்போது நீலப் புத்தகத் திட்டம் இணையத்தில் வெளியிடப்பட்டிருக்கின்றது. *The Black Vault* என்னும் பெயரில், ஒரு இலட்சத்து முப்பதாயிரம்

பக்கங்களைக் கொண்ட மிகப்பெரிய ஆவணக் கிடங்கா அது காட்சியளிக்கிறது. அதை அடிப்படையாக வைத்து, 08.01.2019இல் *The Project Blue Book* என்னும் தொலைக்காட்சி டாக்குமெண்ட் தொடரும் உருவாக்கப்பட்டிருக்கிறது. அனைத்தும் கடந்த இரண்டாண்டுகளில் நடந்திருக்கின்றன. இவையெல்லாம் உண்மையா. பொய்யாவென அறியவிரும்புபவர்களுக்கென, ஆங்கில வார்த்தைகளையும் சேர்த்தே கொடுத்திருக்கிறேன். தேடிக் கண்டெடுத்துக் கொள்ளுங்கள்.

ஏலியன்கள் சம்பந்தமாக எழுத ஆரம்பிக்கும்போது, பறக்கும்தட்டு பூமிக்கு வந்ததென்பது ஒரு மர்மம்தான். அது உண்மையா இல்லையா தெரியாது. ஆனால், ஏலியன் பூமிதாண்டி இருப்பதை யாராலும் மறுக்கமுடியாது. அது அறிவியல் உண்மையெனச் சொல்லியிருந்தேன். அந்த ஏலியன்கள்பற்றி வேறொரு பகுதியில் உங்களுக்கு நிச்சயம் சொல்வேன்.

அத்தியாயம் 31

நேரம் என்பது மாயையா?

ஏலியன் பற்றித் தொடர்ச்சியாகப் பேசியதால் சற்று இறுக்கமாகிவிட்டோம். அதனால், இறுக்கத்தைத் தளரவைக்க வித்தியாசமானதொரு விந்தையை இம்முறை பார்த்துவிடலாம். 'நேரம்' (Time) என்றால் என்ன?' என்பதை எப்போதாவது சிந்தித்திருக்கிறீர்களா? மனிதன் அறிந்தவற்றில் ஆச்சரியமானதும், மர்மமானதும் நேரமென்றால் உங்களால் நம்பமுடிகிறதா? 'நேரத்தில் என்ன மர்மம் இருக்கமுடியும்?' அப்படித்தான் நினைப்பீர்கள். ஆனால், நேரம் பற்றிய நிஜம் தெரிந்தால் ஆச்சரியப்படுவீர்கள். நீங்கள் அதைச் சிந்திக்கும் விதமே மாறிவிடும். நேரம்பற்றி அறிவியல் என்ன சொல்கிறது தெரியுமா? 'நேரம் ஒரு மாயை' (Time is an Illusion) என்கிறது. ஆனால், அது மாயையில்லை என்பதுதான் உங்கள் புரிதல். கடிகாரத்தின் ஒவ்வொரு நொடியின் டிக்டிக் ஒலியும் நிஜமானது. காலை, மாலை, நாளை என்பவற்றை நீங்கள் உணர்ந்துதான் இருக்கிறீர்கள். அப்படியென்றால், நேரம் எப்படி மாயையாக முடியும்? அறிவியல் தப்பாகச் சொல்லாது

என்பதும் உங்களுக்குத் தெரியும். அதையே நாம் விரிவாகப் பார்க்கப்போகிறோம். அங்கு என்ன ஒளிந்திருக்கிறதென்பதைத் தெரிந்துகொள்ளப் போகிறோம்.

நீங்களே இப்படியான அனுபவங்களைச் சந்தித்திருப்பீர்கள். உங்களுக்கு நடந்திருக்கக்கூடிய சில எளிமையான சம்பவங்களையே உதாரணமாகச் சொல்லப் போகிறேன். ஒரு இளைஞன், 6 மணிக்கு வருவதாகக்கூறிய காதலிக்காகக் கடற்கரையில் காத்திருக்கிறான். கைக்கடிகாரத்தில் மணி 5:50. அவனால் இருக்கவே முடியவில்லை. ஒவ்வொரு நொடியும், வருடங்களாகக் கடக்கின்றன. பதினைந்து நிமிடங்கள் கழித்து மீண்டும் கடிகாரத்தைப் பார்க்கிறான். மணி 5:53. ‘வெறும் மூன்றே நிமிடங்கள்தானா?’ என்று சலித்துக்கொள்கிறான். ஒருவழியாகப் பல ஆண்டுகளின் பின்னர் ஆறு மணிக்குக் காதலி வருகிறாள். அப்புறம் நேரம்போவதே தெரியவில்லை. பதினைந்து நிமிடங்கள் கழித்துக் கடிகாரத்தைப் பார்க்க, மணி பத்தாகியிருந்தது. என்ன இது, இப்போதானே வந்தாள், அதற்குள் நான்கு மணிநேரம் முடிந்துவிட்டதா? மீண்டும்

என்ன ஒளிந்திருக்கிறது அங்கே?

சலித்துக் கொள்கிறான். இந்தச் சம்பவத்தில் பாதிக்கப்பட்டவன் ஒருவனே. காத்திருப்பின் அவதியில் நேரம் மெதுவாகக் கடந்தது. மூன்று நிமிடங்கள், பதினைந்து நிமிடங்களாகத் தெரிந்தன. ஆனால், அவன் மகிழ்வுடன் இருக்கும்போது கடப்பதே தெரியாமல் நகர்ந்துவிடுகிறது. நான்கு மணிநேரம், பதினைந்து நிமிடங்களாகத் தெரிந்தது. இது எப்படி? மகிழ்ச்சியின்போது விரைவாகவும், கவலையின்போது மெதுவாகவும் நேரம் நகருமா? இப்போது நீங்கள் என்ன சொல்ல வருகிறீர்களென்று எனக்குத் தெரியும். 'நேரம் எப்போதும் ஒரே அளவில்தான் நகர்கிறது. அவனின் உணர்வுகளைப் பொறுத்து, நேரத்தை மாற்றிப் புரிந்துகொள்கிறான்' என்பீர்கள். சரி, இந்த உதாரணத்தையும் பார்த்துவிடுங்கள்.

நீங்கள், ஏழு அல்லது எட்டு வயதுச் சிறுவனாக இருக்கும்போது, பாடசாலையிலிருந்து வீடுவந்ததும், புத்தகப் பையைத் தூக்கியெறிந்துவிட்டு நண்பர்களுடன் விளையாடச் சென்றுவிடுவீர்கள். விளையாட்டு... விளையாட்டு... அப்படியொரு விளையாட்டு. இருட்டாவதற்கு வெகுநேரமெடுக்கும். மாலைப்பொழுது நீண்டதாக இருக்கும். அதே மாலைப்பொழுது, உங்கள் நாற்பது வயதில் வெகு சீக்கிரமாக முடிந்துவிடும். சிறுவனொருவனுடைய நாள் நீண்டதாகவும், ஒரு வயோதியருடைய நாள் குறுகியதாகவும் இருக்கும். இது உண்மைக் கணிப்பு. கணிதச் சமன்பாட்டாலும் இதை நிறுவியிருக்கிறார்கள். உங்கள் வாழ்விலும் இதை உணர்ந்திருப்பீர்கள். 'அட! முந்தாநாள்தானே புதுவருசம் பிறந்தது. அதற்குள் பெப்ரவரி வந்தாச்சா?' என்று அங்கலாய்ப்பீர்கள். அப்படியென்றால், சிறுவர்களின் நேரம் மெதுவாகவும், பெரியவர்களின் நேரம் வேகமாகவும் ஓடுகிறதா? இதற்கும் நீங்கள், 'சிறுவர், பெரியவர் அனைவருக்கும் நேரம் ஒன்றுதான். அவரவர் பார்க்கும் விதத்தில்தான் வித்தியாசம் தெரிகிறது' என்பீர்கள். ஆனால் பாருங்கள், சிறுவர்கள் விளையாட்டுகளில் ஈடுபட்டு, மகிழ்ச்சியாக இருப்பார்கள். பெரியவர்களுக்கு அவை குறைவாகவே இருக்கும். மேலே பார்த்த இளைஞனின் உதாரணத்தின்படி, மகிழ்ச்சியாக இருப்பவர்களுக்குத்தானே நேரம்

252

நேரம் என்பது மாயையா?

விரைவாக நகரவேண்டும்? முதியவர்களுக்கு மெதுவாகத்தானே நகரும். இங்கு தலைகீழாகவல்லவா நேரம் நகர்ந்திருக்கிறது. அது எப்படி? மனிதனுக்கு மனிதன், சூழ்நிலைக்கேற்ப நேரம் மாறுகிறதென்று எடுத்துக்கொள்ளலாமா? இதனால்தான், நேரம் ஒரு மாயையென்று அறிவியல் சொன்னதா? இல்லை, அறிவியல் சொன்னது இதையல்ல. அது வேறு. ஒரு நொடியில், ஒரு நொடியைக் கடந்து செல்வதே நேரம் என்பது உங்களுக்கு நன்கு தெரியும். அதன்படிதான் கடிகாரங்கள் நேர்த்தியான நேரத்தைக் காட்டிக் கொண்டிருக்கின்றன. 24மணியில், ஒரு நாளையும் கடக்கிறோம். அப்படியே மாதம், வருடம் எல்லாம் கடக்கின்றன. ஆனால், இவையெல்லாம் சரியான கணிப்பீடுகள்தானா? நேரம் என்பது கடிகாரமென்னும் ஒரு இயந்திரம் கணிக்கும் கால அளவீடு மட்டும்தானா?

கடிகாரம் 24 மணி நேரத்தைக் காட்டுகிறது. 24 மணி எப்படி வந்தது? பூமி தன்னைத்தானே ஒருதடவை சுற்றிவருவதை ஒரு நாள் என்றும், அதற்கு 24மணியும் தேவையாகிறது என்றும் சொல்கிறோம். பின்னர் அதை வகுத்து, நிமிடங்கள், நொடிகளைப் பெறுகிறோம். கடிகாரமென்னும் இயந்திரமும் அந்த அளவீட்டின்படிதான் உருவாக்கப்பட்டிருக்கிறது. அப்படிப் பார்த்தால் நேரம், பூமி சார்ந்ததாகிவிடும். வெள்ளிக்கோள் தன்னைத்தானே சுற்றுவதற்கு 243 பூமியின் நாட்கள் ஆகின்றன. வெள்ளியின் ஒருநாள், பூமியின் 243 நாட்களுக்குச் சமம். ஒவ்வொரு கோளுக்கும் தனித்தனியே வெவ்வேறு நாட்கள் இருக்க முடியாதல்லவா? பிரபஞ்சம் முழுவதற்குமான பொதுவான நேரத்தை எப்படி எடுத்துக்கொள்வது? ஒரு பேச்சுக்கு, பூமியின் நேரத்தைப் பிரபஞ்சத்திற்குப் பொதுவானதாக எடுத்துக்கொண்டாலும், பூமி தன்னைத்தானே சுற்றி, ஒருநாளை முடிப்பதற்கு 24மணி நேரம் என்பதே தப்பான கணிப்பு. 23 மணி 56 நிமிடங்கள் 4 நொடிகளில் பூமி ஒருதரம் சுற்றுகிறது. 3 நிமிடம் 56 நொடிகள் குறைவான நேரம். நமது நாள் மணி நேரக் கணக்கீடே மொத்தமாகத் தவறாகிறதல்லவா? ஒருநாள் 24 மணி என்பதே தப்பாகும்போது, ஏனைய காலக் கணக்குகள் எப்படிச் சரியாக அமையமுடியும்? நேரம், பூமிக்கு மட்டும்

253

சொந்தமானதல்ல, மொத்தப் பிரபஞ்சத்துக்கும் பொதுவானது. பிங்பாங் பெருவெடிப்பு, 13.8 பில்லியன் ஆண்டுகளுக்கு முன்னர் ஆரம்பமாகியது என்னும் காலக் கணிப்புகள், மொத்தப் பிரபஞ்சத்துக்கும் சொந்தமானது. அதனால், சரியான அளவீட்டைத் தரக்கூடிய 'சீசியம் அணுக்கடிகாரம்' *(Cesium atomic clock)* கண்டுபிடிக்கப்பட்டது. அதன்மூலமே தற்சமயம் சரியான நேரத்தைக் கணிக்கிறோம். சீசியம் அணுவுக்குள் ஏற்படும் அதிர்வுத் துடிப்புகளைக் கணக்கிட்டு, அந்தக் கடிகாரம் இயங்குகிறது. ஒரு நொடிக்கு, மிகச்சரியாக 9,192,631,770 துடிப்புகளை சீசிய அணு கொண்டிருக்கிறது. இதுவே இன்றிருக்கும் மிகத்துல்லியமாக நேரத்தை அள்விடும் கடிகாரமாகும். நேரத்தைத் துல்லியமாக அளக்க முடியும்போது, எதற்காக அதை மாயையென்று சொல்லவேண்டும்? இந்த இடத்தில்தான் ஐன்ஸ்டைன் வந்து எட்டிப் பார்க்கிறார். என்னால், முடிந்தளவுக்குக் கடுமையான அறிவியலை எழுதி உங்களைப் பயமுறுத்துவதைத் தவிர்க்க விரும்புகிறேன். அதனால், மேலோட்டமாக அறிவியலைத் தொட்டுச் செல்வோம்.

'ஒவ்வொரு நொடிக்கும் ஒரு நொடியாக, ஒரே இடைவெளியில் கடப்பதுதான் நேரமென்று நாம் நம்புகிறோம். நிஜத்தில் அது அப்படியல்ல. நேரம் ஒவ்வொரு மனிதனுக்கும் தனித்துவமானது' என்று ஐன்ஸ்டைன் கூறினார். நீங்கள் அசையாமல் நிற்கும்போது, உங்கள் நண்பர் வேகமாகக் கடந்து சென்றால், உங்கள் கடிகாரத்தின் நேரத்திற்கும், அவரது கடிகாரத்தின் நேரத்திற்கும் வித்தியாசம் இருக்குமென்றார். மேலே நான் கூறியிருக்கும் உதாரணங்கள்போல, நேரத்தை உணர்ந்துகொள்ளும் கணிப்பல்ல ஐன்ஸ்டைனுடையது. அணுக் கடிகாரங்களைக்கொண்டு பெறப்படும் நிஜமான கணிப்புகளால் பெற்றுக்கொண்ட முடிவுகள். இயங்கும் மனிதனின் வேகத்தைப் பொறுத்து, அவனது நேரமும் மாறிக்கொண்டிருக்கும். விரைவாகச் செல்பவனின் கடிகாரம் மெதுவாக ஓடும். வேகம் அதிகரித்துச் செல்லச்செல்ல, நேரமும் குறைந்துகொண்டே வரும். பிரபஞ்சத்தில் அதிகவேகமாகச் செல்வது ஒளியென்பது உங்களுக்குத் தெரியும் ஒளியின்

வேகத்தை ஒருவன் அடைந்துவிட்டால், அவனுக்கான நேரமும், பூச்சியத்தை அண்மித்துவிடும். இதிலிருந்து, கடிகாரமென்னும் இயந்திரத்தில் நேரம் தங்கியிருக்கவில்லையென்பது புரிகிறதல்லவா? ஒவ்வொருவனின் இருத்தலும், அசைவையும் பொறுத்து இயங்குவதே நேரம். உதாரணமாக, ஒரே வயதுடைய இரட்டைச் சகோதரர்களை எடுத்துக்கொள்வோம். ஒருவர் போர்விமானத்தின் விமானியாகவும், மற்றவர் கண்ட்ரோல் டவரில் பணிபுரிபவராகவும் இருக்கிறார்கள். விமானி எப்போதும் பறந்துகொண்டே இருப்பார். இறுதிக் காலத்தில் அந்த இருவருக்குமான வயதைக் கணித்தால், விமானிக்கு, மற்றவரைவிட வயது கம்மியாக இருக்கும். வித்தியாசம் ரொம்பக் கம்மியாக இருந்தாலும், வித்தியாசம் இருப்பது உண்மையாகும். காரணம், விமானியின் கடிகாரம் வேகத்தின் காரணமாக மெதுவாக நகர்ந்ததே! ஐன்ஸ்டைன் இன்னுமொன்றையும் சொன்னார். ஈர்ப்புவிசையாலும் நேரம் மாற்றமடைகிறது என்றார்.

கடல் மட்டத்தில் வசிக்கும் ஒருவரின் கடிகாரத்தைவிட, மலை உச்சியில் வசிப்பவரின் கடிகாரம் மெதுவாகவே நகரும். ஈர்ப்புவிரை குறையக் குறைய நேரமும் மெதுவாகும். உயரம் மேலே போகப்போக ஈர்ப்புவிசை குறைய ஆரம்பிக்கிறது. 20,000 கிலோமீட்டர் உயரத்தில் பறக்கும் ஜிபிஎஸ் சாட்டிலைட்டுகளின் கடிகாரங்கள், இந்த நேரவித்தியாசங்களைக் கணக்கில்கொண்டே அமைக்கப்பட்டிருக்கின்றன. எங்கெல்லாம் ஈர்ப்புவிசை அதிகமோ அங்கெல்லாம் நேரம் அதிகமாக மாறிவிடும். இதன்படி, பூமியில் கடிகாரத்துக்கும், வியாழன்கோளின் கடிகாரத்துக்கும் அதிக வித்தியாசம் காணப்படும். பிரபஞ்சத்தின் ஒவ்வொரு இடமும் வெவ்வேறு ஈர்ப்புவிசையைக் கொண்டவை. பிரபஞ்சவெளியின் ஈர்ப்புவிசைக்கேற்ப அதன் வெளியும் வளைகிறது. அதனால், நேரமும் மாறுகிறது. சர்ரியலிச ஓவியரான சல்வடோர் டாலியின் *(Salvador Dali)* கடிகார ஓவியம்போல நேரமும் வளைகிறது எனலாம்.

நேரம் என்பது நிலையானது அல்லவென்பது புரிகிறதா? அது

என்ன ஒளிந்திருக்கிறது அங்கே?

ஒரு மாயையென்று சொல்வதற்கு இன்னுமொரு காரணமும் இருக்கிறது. நிகழ்காலம், எதிர்காலம், இறந்தகாலம் என்ற எதுவுமே இல்லை என்கிறது நவீன இயற்பியல். இறந்தகாலத்திலிருந்து இந்தக் கணம்வரை, இந்தக் கணத்திலிருந்து எதிர்காலம்வரை. ஒவ்வொரு பிளாங்க் நொடிகளும், தனித்தனிப் படமாகப் பிரபஞ்ச வெளியில் பதிவுசெய்து வைக்கப்பட்டிருக்கிறது என்கிறார்கள். புரிவதற்குச் சற்றுக் கடினமானது. சினிமாப் படச்சுருளின் தனித்தனி ஃபிலிம்போல ஒவ்வொரு கணமும் உறைந்திருக்கிறது. அந்தக் காட்சிகளை வரிசையாகக் கிரகிப்பதால், வாழ்ந்து கொண்டிருப்பதாக மூளை புரிந்துகொள்கிறது. ஆற்றுநீர் ஒரு திசைநோக்கிப் பாய்வதுபோல, இறந்தகாலத்திலிருந்து, எதிர்காலத்துக்கு வாழ்க்கையும் நகர்வதாக நினைத்துக் கொள்கிறோம். சினிமாப் படச்சுருளின் ஒவ்வொரு ஃபிலிமையும் குறித்த வேகத்தில் நகரவைப்பதால், நகரும் காட்சியுடைய திரைப்படமாக நினைக்கிறோமல்லவா? அதுபோல. என்றாவது ஒருநாள் ஆற்றின் திசைக்கு எதிராகப் பயணம் செய்யும் படகொன்றை மனிதன் உருவாக்குவான். அப்போது அவன், நிகழ்காலத்திலிருந்து இறந்தகாலம் நோக்கிப் பயணத்தைத் தொடங்குவான்.

இந்த அடிப்படைகளை வைத்தே, 'நேரம் ஒரு மாயை' என்று அறிவியல் கூறுகிறது. ஆனாலும், இது இன்னும் ஆழமானது. அவற்றைச் சொல்வதால், நம்மை ஆழமான அறிவியலுக்குள் இறக்கிவிடும். அதனால், அதை முடிந்தவரை தவிர்த்துச் சற்று மேலோட்டமாகச் சொல்லியிருக்கிறேன்.

அத்தியாயம் | 32

மரணமே மனிதனின் எல்லையா?

"மரணத்தின் பின்னர் மனிதனுக்கு என்னவாகும்?" என்னும் கேள்வி, மிகவும் அடிப்படையானதும், அர்த்தமுள்ளதுமாகும். ஆனால், இதுவரை யாருமே பதில் சொல்லாத கேள்வியும் அதுதான். உலகில் மிகப்பெரிய மர்மம் உண்டென்றால், அதுவும் இதுவாகத்தான் இருக்கும். மரணத்தின் மர்மமுடிச்சை அவிழ்ப்பதற்குப் பலர் முயன்றிருக்கிறார்கள். இன்றுவரை எவராலும் அவிழ்க்கப்படவில்லை. மதங்களும், தத்துவங்களும் தம்வழியே பலவித விளக்கங்கள் கொடுத்தாலும், மரணத்தின் வாசல்கதவிற்கு அப்பால் என்ன இருக்கிறதென்பது யாருக்குமே தெரியாது. நசிகேதனுக்கு அதுபற்றி யமன் கூறியதாகப் புராணக் கதைகள் சொல்கின்றன. மதங்கள் அதன்வழியேதான் மனிதர்களை அணுக முயல்கின்றன. 'நீ வாழ்வதன் அர்த்தம், மரணத்தின் பின்னரான அடுத்த நிலையை உயர்த்துவதாக இருக்கவேண்டும்' என்னும் அடிப்படைக் கருத்துகளுடன்தான், மனிதன் மதங்களினூடாக அழைத்துச் செல்லப்படுகிறான்.

என்ன ஒளிந்திருக்கிறது அங்கே?

அதனால் மரணத்தின் பின்னிலையை, ஒவ்வொரு மதமும் ஆணித்தரமாகப் பதிவுசெய்கின்றன. வெவ்வேறு விதங்களில் விளக்குகின்றன. சொர்க்கம் அல்லது நரகம், மறுபிறப்பு, நித்திய மோட்சம், உயிர்த்தெழுதல், எழுபிறப்பு என்று பலவகைகளில் கற்பிக்கின்றன. ஆனால், மரணத்தின் இரகசியத்துக்கான தெளிவான பதில் எவரிடமும் இல்லை. மதநம்பிக்கை இல்லாதவர்களோ வேறுவிதமான பதிலைச் சொல்கிறார்கள். 'மரணத்தின் பின்னர் என்ன?' என்னும் கேள்விக்கு, 'எதுவும் இல்லை' என்கிறார்கள். 'சுவிட்சை ஆஃப் செய்ததுபோல உயிரடங்கிவிடும். அப்புறம் வெறும் இருட்டு. அவ்வளவுதான்' என்கிறார்கள். அப்படிப் பார்த்தாலும், இவர்கள் சொல்வதற்கும் எந்த ஆதாரமும் இல்லையென்றுதான் சொல்லவேண்டும். இவர்களில் யார் சொல்வது சரி? இல்லை, யாருமே சரியாகச் சொல்லவில்லையா?

மத நம்பிக்கை உள்ளவர்கள், இல்லாதவர்கள், இருவரும் தங்களுக்குத் தெரியாததொன்றைப் பற்றியே கருத்துகளைச் சொல்கிறார்கள். ஆனால், தங்கள் கருத்துகளில் திடமாக இருக்கிறார்கள். அவற்றின்மூலம் அடுத்தவர்களைக் காயப்படுத்தவும் செய்கிறார்கள். இதன் மத்தியில்தான் மரணத்தின் உண்மையை நாம் தேடவேண்டும். மரணத்தின் பின்னரை நிச்சயமாகச் சொல்ல முடியாதென்றாலும், மரணம் நிச்சயமானதென்று அனைவருக்கும் தெரியும். அந்த மரணத்தில் என்னதான் ஒளிந்திருக்கிறது என்பதைத் தூரநின்று பார்க்கப் போகிறோம். இறப்பின் பின்னர் என்ன நடக்குமென்பதை, இறந்தவர்கள் நமக்குச் சொல்லமுடியாது. ஆனால், இறப்பின் எல்லைக் கதவைத் தட்டிவிட்டு, எட்டிப்பார்த்துத் திரும்பியவர்கள் பலர் இருக்கிறார்கள். அப்படி இறப்பின் விளிம்புவரை சென்றவர்களின் அனுபவங்களை (Near death experience), அந்தத் துறையின் வல்லுனர்கள் சிலர் ஆராய்ந்திருக்கிறார்கள். நரம்பியல் துறையில் வல்லுனர்களான, 'ஜிம் டக்கர்' (Jim Tucker - Prof of Psychiatry and Nuerobehavior), 'புரூஸ் கிரேசன்' (Bruce Greyson - Prof Emeritus of Psychiatry), 'எட்வார்ட் கெல்லி' (Edward Kelly - Prof of Psychiatry and Nuerobehavior) ஆகிய

மூவரும், அதில் முக்கியமானவர்கள். அவர்களின் கூற்றையே உங்களுடன் பகிரப்போகிறேன். அவர்களின் அனுபவங்கள் அமானுஷ்யம் நிறைந்தவை. ஆனாலும், ஆச்சரியமானவை. அவற்றில் சில சம்பவங்களைப் பார்க்கலாம் வாருங்கள்.

ஜேம்ஸ், 25 வயதுடைய ஆண் தாதி. ஏதோவொரு காரணத்தினால், மிகவும் மனவுளைச்சலுக்கு உள்ளானார். பணிபுரியும் மருத்துவமனையிலிருந்து மருந்துகளைக் கொண்டுவந்து தற்கொலைக்கு முயன்றிருக்கிறார். ஆனால், மரணம் சீக்கிரம் அவரை நெருங்கவில்லை. எடுக்கப்பட்ட மருந்துகளினால், வலியால் துடித்துப் படிப்படியாக வலுவிழந்து கொண்டிருந்தார். ஒருநிலையில் மரணத்தின் விளிம்பைத் தொட்டார். அவருக்கு மாயக் காட்சிகள் (Hallucination) தோன்றுவதாக அவரே உணர்ந்தார். உடலிலிருந்து மெல்லக் கிளம்பி மேலே மிதக்க ஆரம்பித்தார். அவரது உடல் கீழே படுத்திருப்பதை அவரே உயரத்தில் இருந்தபடி அவதானிக்கத் தொடங்கினார். 'நான் இப்போது காண்பது நிஜமல்ல, மாயக் காட்சிகள்' என்று தானே எண்ணிக்கொண்டார். அப்போது அவருக்கு எந்த வலியும் இருக்கவில்லை. சில கணங்கள்

என்ன ஒளிந்திருக்கிறது அங்கே?

தன்னையே பார்த்துக் கொண்டிருந்தவர், மருத்துவமனையில் விழித்திருக்கிறார். தனது உடல் கட்டிலில் இறந்துபோய் இருப்பதை அவரே கண்டதை மருத்துவர்களிடம் சொன்னார். இந்தச் சம்பவம்போலத் தங்கள் உடலைத் தாங்களே கண்டதாகப் பலர் சொல்லியிருக்கிறார்கள். இது எப்படி சாத்தியம்? ஒன்றைத் தெளிவாகப் புரிந்து கொள்ளுங்கள். இங்கு 'ஆன்மா', 'ஆன்மீகம்' எதையும் நான் முன்வைத்துப்பேசவோ, கலக்கவோ விரும்பவில்லை. இதை ஆராய்பவர்களுக்கும் அந்த எண்ணம் கிடையாது. அவர்கள் ஆன்மீகவாதிகளும் இல்லை. ஜேம்ஸின் உடலைவிட்டு, அவரின் உணர்வு (Concious) பிரிந்து நின்றதாகவே அவர்கள் எடுத்துக் கொள்கிறார்கள். இது சாத்தியம்தானா என்பதே நம்முன்னே இருக்கும் கேள்வி. 'நீங்கள் உணர்வு என்று சொல்வதைத்தான் நாங்கள் ஆன்மா என்கிறோம்' என்று உங்களில் எவராவது சொல்ல வரலாம். ஆனால், சற்றுப் பொறுத்திருங்கள். அனைத்தையும் முழுமையாகப் படியுங்கள். உணர்வுக்கான அர்த்தத்தை என்னவென்று பார்த்துவிட்டு இறுதியில் ஒரு முடிவுக்கு வந்துவிடலாம். இந்த ஒன்றையும் மனதில் வைத்துக்கொள்ளுங்கள். பார்ப்பதற்குக் கண்கள் தேவை. உணர்வுக்குக் கண்கள் கிடையாது. அது எப்படிப் பார்த்திருக்க முடியும்? இப்போது, அவர்களின் ஆராய்ச்சியில் சம்பந்தப்பட்ட இன்னுமொரு நபரின் கதையைக் கேளுங்கள்.

அல்பேர்ட் ஒரு லாரி ஓட்டுனர். திடீரென இதயக் கோளாறினால் மருத்துவமனையில் அனுமதிக்கப்பட்டார். நிலைமை மோசமாக இருந்ததால், ஆபரேசன் தியேட்டருக்கு பைபாஸ் செய்வதற்காக கொண்டு செல்லப்பட்டார். ஆபரேசனும் ஆரம்பமாகியது. ஆபரேசன் நடந்துகொண்டிருக்கும் வேளையில், அல்பேர்ட் தனது உடலைவிட்டுப் பிரிந்து மேலே மிதக்க ஆரம்பித்தார். கீழே பார்த்தபோது, அவரின் உடல் பச்சைத் துணியால் மூடியிருக்க, டாக்டர்கள் அவரைச் சூழ்ந்திருந்தார்கள். அவருக்கு ஆபரேசன் செய்யும் சர்ஜனையும் பார்த்தார். அப்போது சர்ஜன் செய்த நூதனமானதொரு செயலையும் அவதானித்தார். சர்ஜன் அடிக்கடி இரண்டு கைகளையும் மடித்தபடி பறப்பதுபோல செய்துகொண்டிருந்தார். அவரும்

மரணமே மனிதனின் எல்லையா?

தன்னைப்போல மிதக்க விரும்புகிறாரோ என்றுதான் அல்பேர்ட் நினைத்தார். ஆபரேசன் வெற்றியாக முடிந்தது. அல்பேர்ட்டும் மரணத்தின் விளிம்பிலிருந்து உயிர்பிழைத்து, மயக்கத்திலிருந்து மெல்ல விழித்துக் கொண்டார். தனக்கு நடந்தவற்றை மருத்துவர்களிடம் அவர் கூறினார். அவர் சொன்னவை சாதாரணமாகத் தோன்றினாலும், சர்ஜன் பறக்க முயன்றதாகச் சொன்னது தவறாக இருந்தது. ஆனால், இதை ஆராய்ச்சி செய்தவர்கள் சர்ஜனிடம், "நீங்கள் பறப்பதுபோலக் கைகளை அசைத்தீர்களா?" என்று கேட்டபோது, அவர் "ஆமாம்" என்று பதிலளித்திருக்கிறார். 'கைகளில் கையுறைகள் அணிந்த நிலையில், ஸ்டெரிலைஸ் செய்யப்பட்ட கையுறைகள் எங்கும் பட்டுவிடக்கூடாது என்பதற்காக, கைகளை மடித்து, முழங்கைகளால் அங்கும் இங்கும் அசைத்து சக வைத்தியர்களுக்கு ஆணையிடுவேன்' என்று சர்ஜன் விளக்கியிருக்கிறார். அல்பேர்ட் ஒருவித மயக்கநிலையில்தான் ஆபரேசன் தியேட்டருக்கே கொண்டு செல்லப்பட்டார். அங்கிருந்தவர்களை அல்பேர்ட்டால் காணவே முடியாது. ஆபரேசன் நடந்தபோதும், முடிந்து வெளியே வரும்வரையிலும் மயக்கத்திலேயே இருந்தார். அவரால் எப்படி அந்த சர்ஜனைப் பார்த்திருக்க முடியும்? மேலேயிருந்து பார்த்த ஒருவரால் மட்டுமே அவரின் செய்கைகளைச் சொல்ல முடியுமல்லவா? இந்தச் சம்பவமும் முதல் நடந்த சம்பவம்போல இருந்தாலும், சற்று நம்பமுடியாத கட்டுக்கதைபோல இருக்கிறது. நம்புங்கள்

என்ன ஒளிந்திருக்கிறது அங்கே?

அல்பேர்ட் சொன்னவை உண்மையானவையே! அல்பேர்ட் குருட்டாம் போக்கில் அடித்துவிட்டதாக வேண்டுமானால் விளக்கம் கொடுக்கமுடியும். ஆனால், அந்தளவு துல்லியமாக குருட்டாம் போக்கில் அடிக்க முடியாதில்லையா? இங்கும் உடல் கீழேயிருக்க, உணர்வு மட்டும் மேலெழுந்து பார்த்திருக்கிறது. அப்படியென்றால், உணர்வால் பார்க்கமுடிகிறது என்று எடுக்க வேண்டுமா? நம்பும்படி எதுவுமே இல்லையே. அடுத்த சம்பவத்தைச் சொன்னால், என்னை அடிக்கவே வருவீர்கள். 'அறிவியலை எழுதுவதாகச் சொல்லிவிட்டு, மூடநம்பிக்கைகளை விதைக்கப் பார்க்கிறார்' என்று கோபிப்பீர்கள். ஆனால், இந்தச் சம்பவங்களுக்கும் எனக்கும் எந்தச் சம்பந்தமும் இல்லை. மிகவும் நம்பிக்கையான தரவுகளிலிருந்து தேர்ந்தெடுத்து உங்களுக்குச் சொல்கிறேன். இந்தத் தரவுகள் எதுவும் சாதாரண மக்களின் வழியே கேட்டுத் தெரிந்தவையல்ல. இவற்றைவிடவும் மிகவும் ஆச்சரியமான கதைகள் நம்மவர்களிடையே உண்டு. அவற்றிற்கான ஆதாரங்கள் என்னிடமில்லாததால், இவர்கள் கூறுவதைச் சொல்கிறேன். அடுத்த சம்பவத்தையும் பார்த்துவிடுவோம் வாருங்கள்.

ஒன்பது வயதுப் பையனான எடி, மூளைக் காய்ச்சலால் கோமா மயக்கத்திற்குச் சென்றான். கிட்டத்தட்ட 36 மணி நேரம் மயக்கத்திலிருந்தான். இறந்துவிடுவானென்று நம்பப்பட்ட எடி, கடைசி நிமிடங்களில் காய்ச்சல் குறைந்து, சகஜ நிலைக்கு வர ஆரம்பித்தான். அப்போது மணி, அதிகாலை மூன்று. அவனது குடும்பத்தினர் அனைவரும் கட்டிலைச் சுற்றி நின்றுகொண்டிருந்தனர். எடி மெல்லக் கண் திறந்தான். தான் சொர்க்கத்துக்குப் போய்வந்ததாகச் சுற்றியிருந்த பெற்றோர்களிடம் சொன்னான். சொர்க்கத்தில் இறந்துபோன தனது தாத்தாவைக் கண்டதாகச் சொன்னான். அதையெல்லாம் அவர்கள் பெரிதாக எடுத்துக் கொள்ளவில்லை. கடுமையான காய்ச்சலால் பாதிக்கப்பட்டிருந்த அவனுக்கு இப்படியான குழப்பக் காட்சிகள் தோன்றுவது சகஜமானது என்றுதான் நினைத்தார்கள். ஆனால், சற்றுத் தாமதித்து அவன் சொன்னதுதான் அவர்களை நடுங்க வைத்தது. நான் என் அக்கா

தெரேசாவையும் அங்கு கண்டேன் என்றான். அனைவருக்கும் தூக்கிவாரிப் போட்டது. 'அவர்கள் என்னைத் திரும்பிப் போய்விடும்படி சொன்னார்கள்' என்றான். பெற்றோர்களுக்குப் பதற்றம் அதிகரித்தது. தெரேசா காலேஜில் தங்கிப் படிப்பதற்கு அடுத்த ஊருக்குச் சென்றிருந்தாள். அவள் திடமான தேக ஆரோக்கியத்துடனும் இருந்தாள். பதற்றத்துடன் அதிகாலை வீடுவந்த பெற்றோர்கள், காலேஜுக்குத் தொலைபேசியில் தொடர்புகொண்டார்கள். அப்போதுதான், 'அதிகாலை 12:30 மணியளவில் ஒரு கார் விபத்தில் தெரேசா இறந்துபோனதாக' அவர்களுக்குச் சொல்லப்பட்டது. எடிக்கு தெரேசா இறந்தது எப்படித் தெரியும்? ஒரு சினிமாக் கதையைக் கேட்பதுபோல இருக்கிறதல்லவா? இதை என்னவகையில் சேர்ப்பது? சொர்க்கம் என்பதை அந்தச் சிறுவன் எப்படிப் புரிந்துகொண்டிருக்கிறான் என்பது தெரியாது. ஆனால், இறந்தவர்களை அவன் பார்த்ததை மட்டும் தெளிவான கருத்தாகவே எடுக்கவேண்டும். இறந்த பின்னர் ஆன்மாக்கள் இருக்கலாமென்று எடுத்துக் கொண்டாலும், அவை அதே உருவத்துடன் இருக்குமென்று எப்படிச் சொல்லமுடியும்? ஒருவர் இறந்துவிட்டால், அவரின் உருவத்துக்குச் சொந்தமான உடல் அழிந்துவிடுகிறதே! எப்படி அதே உருவத்துடன் அந்த ஆத்மா வேறெங்கோ இருக்க முடியும்? இந்தக் குழப்பங்களுக்கு எப்படித் தீர்வைக் கொடுப்பது? இவற்றிற்கான விளக்கங்கள் ஏதும் இருக்க முடியுமா? இல்லையென்றால், இவர்கள் அனைவரும் மனப்பிராந்தியில் உளறிய கதைகளென்று சுலபமாக ஒதுக்கிவிடலாமா?

மொத்தச் சிக்கலையும் ஒருவேளை அறிவியல் தீர்த்து வைக்கலாம். இல்லை, திருப்தியான கருத்துகளையாவது சொல்லலாம். மேலும் ஆச்சரியமான சம்பவங்களுடன் அடுத்த பகுதியில் சந்திக்கிறேன்.

அத்தியாயம் 33

உயிரெழுத்துகள் எங்கே பதியப்படுகின்றன?

கடந்த பகுதியில் சொல்லப்பட்ட ஜேம்ஸ், ஆல்பேர்ட், எடி ஆகியோரின் கதைகளை நீங்கள் சுலபத்தில் மறந்திருக்க மாட்டீர்கள். அவற்றைப் படிக்கும்போது, ஏற்கனவே கேள்விப்பட்ட எத்தனையோ கதைகள் உங்கள் ஞாபகத்திற்கு வந்துபோகும். படித்த, பார்த்த, அயலில் நடந்ததாக அந்தச் சம்பவங்கள் இருக்கலாம். அவற்றை, 'மரணத்தின் அருகிலான அனுபவம்' *(Near death experience)* என்று ஆராய்ச்சியாளர்கள் சொல்கிறார்கள். அவை உண்மையா, பொய்யா என்று கேட்டால், பொய்யென்று சொல்வது சுலபமானது. கனவுபோன்ற காட்சிகளைக் கண்டிருக்கலாம் அல்லது அவர்கள் பொய் சொல்லியிருக்கலாமென்று சொல்லி, அதிலிருந்து விலகிவிடலாம். அதற்குமேல் அதுபற்றிப் பேச அவசியமேயிருக்காது. ஒருவேளை, அவர்கள் சொல்வது உண்மையாக இருக்கும் பட்சத்தில், முடிந்தவரை அதற்கான காரணத்தைத் தெரிந்து கொள்வது நம் கடமையாகிறது. உண்மையென்று எடுத்துக் கொண்டாலும், ஆன்மா, ஆன்மீகம், கடவுள் என்று சிக்கலில்லாத பதிலைச்

சொல்லியும் கணக்கை முடித்துக் கொள்ளலாம். யாருக்கும் எந்தப் பிரச்சனையும் இருக்காது. இவை அனைத்தையும் தாண்டி, உண்மை வேறெங்கோ ஒளிந்திருக்கலாமல்லவா? அதையே நாம் கண்டுபிடிக்க வேண்டும். உண்மைக்கு மிக நெருக்கமான பதிலாக அது இருக்கலாம். அதைப் பார்ப்பதற்கு முன்னர், கடந்த பகுதியில் சொல்லாமல் விட்டுப்போன ஜாக்கின் கதையையும் சொல்லிவிடுகிறேன்.

மின்னியல் பொறியாளரான ஜாக்கின் வயது இருபத்திஐந்து. நிமோனியாவினால் மருத்துவமனை ஒன்றில் அனுமதிக்கப்பட்டான். மருத்துவமனையில் பணிபுரியும் 'ஆன்னி' என்னும் இளம்தாதி, அவனது படுக்கையின் தலையணையைச் சரிசெய்தபடி அவனுடன் பேசிக்கொண்டிருந்தார். அந்த வாரக் கடைசியில் தனக்குப் பிறந்ததினம் வருகிறது என்று பேச்சின் மத்தியில் சொன்னார். அதன் பின்னர் தன் பணியை முடித்துக்கொண்டு ஆன்னி வீட்டுக்குப் புறப்பட்டார். மறுநாள் காலை ஜாக்கின் நிலைமை மிகவும் மோசமானது. காய்ச்சல் அதிகமாகிச் சுயநினைவை இழந்தான். இறப்பின் விளிம்புவரை

என்ன ஒளிந்திருக்கிறது அங்கே?

சென்றான் என்றுதான் சொல்லவேண்டும். மருத்துவர்களின் போராட்டத்தின் பின்னர் மீட்டெடுக்கப்பட்ட ஜாக், மெல்ல மெல்லச் சுயநிலைக்கு வந்தான். தான் ஏதோவொரு இடத்திற்குச் சென்றதாகவும் அங்கு ஆன்னியைக் கண்டதாகவும் சொன்னான். அத்தோடு, "என் பெற்றோர்களிடம் சிவப்புக் காரைப் பரிசாகப் பெற்றுக்கொள்ள முடியாமல் ஏமாற்றியதற்கு மன்னிப்பு கேட்டதாகவும் சொல் என்று ஆன்னி சொன்னாள்" என்றான். அதைக் கேட்ட அங்கிருந்த இன்னுமொரு தாதி வாய்விட்டு அழ ஆரம்பித்தார். முதல்நாள் இரவுதான் கார் விபத்தில் ஆன்னி இறந்திருந்தாள். அவளது பெற்றோர்கள் அவளுக்கே தெரியாமல் பிறந்தநாள் பரிசாகச் சிவப்புநிறக் காரொன்றை வாங்கி வைத்திருந்தார்கள் என்பதும் பின்னர் தெரியவந்தது. அந்த விபரங்கள் ஜாக்குக்கு எப்படித் தெரிந்தன? இதை எப்படி நாம் புரிந்துகொள்வது? ஆன்னியை ஜாக் பார்த்திருக்க முடியுமா? அவளுக்கான சிவப்பு நிறக் காரை எவ்வாறு அவன் அறிந்துகொண்டான்? எதுவுமே தெரியவில்லை. அமானுஷ்யமாகத்தான் தோன்றுகிறது. உண்மையிலேயே இது அமானுஷ்யம்தானா? அதைத் தெரிந்துகொள்ள நாம் வேறொரு வழியாகச் செல்ல வேண்டும். சரி, சற்று நிமிர்ந்து உட்கார்ந்து கொள்ளுங்கள். இதிலிருந்து நம்முடைய பாதை மாறப்போகிறது. இனி வருவதைப் படிக்க ஆரம்பிக்கும்போது, சற்றுத் தலை சுற்றுவதுபோல இருக்கும். அதெல்லாம் ஒரு நிமிடம் மட்டுமே இருக்கும். தொடர்ந்து படிக்கும்போது தெளிவாகிவிடும். எல்லாம் புரிய ஆரம்பிக்கும். அதனால், எந்தப் பயமும் இல்லாமல் படிக்க ஆரம்பியுங்கள்.

உலகத்தை அல்லது பிரபஞ்சத்தை எடுத்துக் கொள்ளுங்கள். இவை இரண்டும், இரண்டு வகைப் பொருட்களால்தான் கட்டப்பட்டிருக்கின்றன. பொருட்கள் என்று சொல்ல முடியாது. அவற்றை விளக்குவதற்கு வேறு வழியில்லாததால், பொருட்கள் என்கிறேன். அடிப்படைத் துகள்கள் (Fundamental particles), தகவல்கள் (Information) ஆகிய இரண்டுமே அந்தப் பொருட்கள். பிரபஞ்சத்திலுள்ள எல்லாம் உருவாகக் காரணமான பிரிக்கவே முடியாத மிகமிகச்சிறிய துகள்களையே, அடிப்படைத் துகள்கள்

உயிரெழுத்துகள் எங்கே பதியப்படுகின்றன?

என்கிறார்கள். அணுதான் மிகச்சிறிய துகளென்று ஆரம்பத்தில் நம்பினார்கள். பின்னர், அணுவைப் பிரித்து, அதற்குள் எலெக்ட்ரான், புரோட்டான், நியூட்ரான் இருக்கின்றன என்று கண்டுபிடித்தார்கள். பின்னர், புரோட்டான், நியூட்ரான் ஆகியவையும் பிரிக்கப்பட்டன. அவற்றினுள் குவார்க்குகளும் (Quark), குளுவான்களும் (Gluon) இருக்கின்றன என்று கண்டுபிடித்தார்கள். குவார்க்குகளும், குளுவான்களும், மேலும் சில துகள்களும், அடிப்படைத் துகள்கள் எனப்படுகின்றன. ஒரு வீட்டைக் கட்டுவதற்குச் செங்கல்லே அடிப்படையாக இருப்பதுபோல, பிரபஞ்சக் கட்டடத்தின் செங்கற்கள் (Building blocks), இந்த அடிப்படைத் துகள்தான். இப்போது அடிப்படைத் துகள்கள் என்றால் என்னவென்று உங்களுக்குத் தெரிந்திருக்கும். பிரபஞ்சம் முழுவதும் இப்படியான அடிப்படைத் துகள்கள் கொண்டே கட்டப்பட்டிருக்கிறது. வீடொன்று கட்டுவதற்கு செங்கல்தான் அடிப்படைப் பொருளென்று சொன்னேனல்லவா? செங்கல் இருந்தால் வீட்டைக் கட்டிவிட முடியுமா? வீடு கட்டப்பட வேண்டிய வடிவ அமைப்பும் தேவையல்லவா? வீடு கட்டுவதற்காக ஒரு வரைபடத்தை உருவாக்குவார்கள். அந்த வரைபடத்தை அடிப்படையாக வைத்துத்தான் செங்கற்களால்

என்ன ஒளிந்திருக்கிறது அங்கே?

வீட்டைக் கட்டுவார்கள். வரைபடம் இல்லாவிட்டால், அழகியதொரு வீடோ, கட்டடமோ கட்ட முடியாது. அந்த வரைபடம், வீட்டைக் கட்டுவதற்கான தகவல்களைக் (Information) கொண்டிருக்கும். வரைபடத்தின் தகவல்களும், அடிப்படை மூலப்பொருளும் இருப்பதால், கட்டடங்கள் கட்டப்படுகின்றன. இதுபோலவே, பிரபஞ்சத்திலுள்ள பொருட்களும், அவை எப்படி அமைக்கப்பட வேண்டுமென்ற தகவல்களைக்கொண்டு அமைக்கப்பட்டிருக்கின்றன. நவீன இயற்பியலின்படி அடிப்படைத் துகள்களும், தகவல்களும் அழிக்கவே முடியாதவை. பேரண்டப் பெருவெளியில் நிரந்தரமாக எப்போதும் அவை இருந்துகொண்டே இருக்கும்.

உங்களுக்கு முன்னால் இருக்கும் ஒரு பொருளை எடுத்துக் கொள்ளுங்கள். அந்தப் பொருள் மனிதனால் செய்யப்பட்டதென்றால், அதை யாரோ ஒருவன் டிசைன் செய்திருக்க வேண்டும். பொருளைத் தயாரிக்கும் மூலப்பொருளுடன், அதன் வடிவமைப்புக்கான டிசைனும் அதன் தயாரிப்புக்கு வேண்டும். இல்லையெனில், அப்படியொரு பொருளை உருவாக்கவே முடியாது. தகவல் எவ்வளவு முக்கியமானது என்பது உங்களுக்குப் புரிந்திருக்கும். செயற்கையாய் உருவாக்கும் பொருட்களுக்கு ஒரு டிசைனர் இருக்க முடியும். இயற்கையான பொருட்களுக்கு யார் டிசைனர்? ஒரு ஆப்பிளை எடுத்துக் கொள்ளுங்கள். அந்த ஆப்பிள், உயிர்க் கலங்களால் (Cells) உருவானது. அந்தக் கலங்கள் எதை அடிப்படையாக வைத்துக்கொண்டு, ஆப்பிளின் உருண்டை வடிவத்தில் அடுக்கப்படுகின்றன? யார் அவற்றிற்கு அப்படி அடுக்கப்பட வேண்டுமென சொல்லிக் கொடுத்தது? அழகான நிறத்துடன் இருக்க வேண்டுமென்று ஆப்பிள் எங்கே கற்றுக்கொண்டது. பதில், ரொம்ப சிம்பிள். ஆப்பிளின் கலங்களினுள் மரபணுக்கள் என்று சொல்லப்படும் 'ஜீன்கள்' (Gene) இருக்கின்றன. அந்த ஜீன்களுக்குள் 'டிஎன்ஏ' (DNA) ஏணிச்சுருள்கள் காணப்படுகின்றன. அவற்றில்தான் ஆப்பிளுக்கான குறியீடுகள் எல்லாமே பதிவு செய்யப்பட்டிருக்கின்றன. A, G, C, T என்னும் நான்கு ஆங்கில எழுத்துகளைக் கொண்டு ஆப்பிளுக்கான

உயிரெழுத்துகள் எங்கே பதியப்படுகின்றன?

குறியீடுகள் உருவாக்கப்பட்டிருக்கின்றன. இவை மூலமாகவே ஒரு ஆப்பிள், தன்னை ஆப்பிளாக உருவாக்கிக் கொள்கிறது. இப்போது உங்களையே எடுத்துக் கொள்ளுங்கள். நீங்கள் இவ்வளவு அழகாக இருப்பதற்கும், காதின் நுனியின் சிறிய மடிப்பு இருப்பதற்கும், உங்கள் கலங்களுக்குள் பொதிந்திருக்கும் மரபணுக்களின் ஜெனடிக் குறியீடுகள்தான் (Genetic codes) காரணம். கட்டடமோ, மனிதனோ, மரங்களோ, மானோ, மீனோ, உலகில் இருக்கும் எந்தப் பொருளானாலும், அவற்றைக் கட்டமைக்கத் தேவையானவை, அடிப்படைத் துகள்களும், அதற்கான இன்பர்மேசனும்தான் இவை இரண்டையும் யாராலும் அழிக்க முடியாது என்கிறது அறிவியல்.

அடிப்படைத் துகள்களாலும், தகவல்களாலும் ஒரு மனிதன் உருவாக்கப்படுகிறான் என்று நான் கூறியது, உங்களுக்குப் புரிந்திருந்தால் நான் அதிர்ஷ்டம் செய்தவன். மனிதன் இரண்டு வகையான தகவல்களைக் கொண்டவன். ஒன்று அவனது உருவத்தின் கட்டமைப்பிற்கான தகவல்கள், ஜீன்களில் பதிவு செய்யப்பட்டிருப்பது. இன்னுமொன்று, வாழ்க்கையில் அவன் கற்றுக்கொண்ட அனுபவங்கள் ஞாபகத் தகவல்களாக மூளையில் பதிவு செய்யப்பட்டிருப்பது. பார்த்தது, கேட்டது, நுகர்ந்தது, உணர்ந்தது, அனுபவித்தது என்று பல தகவல்களை, மூளை பதிந்து வைத்திருக்கின்றது. இவையும் ஒருவிதத் தகவல்களே! அவனது உடலெங்கும் காணப்படும் கலங்களில் பதிவு செய்யப்பட்டிருக்கும் தகவல்கள் மற்றும் அவன் மூளையில் பதிவு செய்யப்பட்டிருக்கும் தகவல்களான இரண்டுவகைத் தகவல்களாலும், அடிப்படைத் துகள்களாலும் மனிதன் உருவாகியிருக்கிறான். அந்த மனிதன் ஒருநாள் மரணமடைகிறான் என்று வைத்துக் கொள்ளுங்கள். அதன் பின்னர் என்ன நடைபெறும்? இதற்கான பதில்தான், நம்மை ஆரம்பக் கட்டத்திற்குக் கொண்டுசெல்லப் போகிறது.

ஒருவன் இறந்த பின்னர், எரிக்கப்படுகிறான் அல்லது புதைக்கப்படுகிறான். புதைத்த சில நாட்களின் பின், உடலானது அணுக்களாகிப் பின்னர் அடிப்படைத்

துகள்களாகச் சிதைவுறுகின்றன. எரிக்கப்படும்போதும் அவனது ஒவ்வொரு பாகமும் துகள்களாக மாறிக் காற்றில் கலக்கின்றது. மனிதனை உருவாக்கிய அந்தத் துகள்கள் பிரபஞ்ச வெளியில் அழிக்கப்படாமல் சங்கமமாகின்றது. தகவல்களும் அழிக்கப்பட முடியாது என்று சொன்னேனல்லவா? அந்த மனிதனை உருவாக்கிய தகவல்களும், அவனுள் உருவான தகவல்களும் பிரபஞ்சவெளியின் ஏதோவொரு இடத்தில் பதிவாகின்றன. இப்போது, நான் சொல்வது, கதையோ, கற்பனயோ கிடையாது. அறிவியல் கோட்பாடுகளின் அடிப்படையைக் கொண்டது. நாம் ஆரம்பித்த இடத்துக்கு மீண்டும் வருகிறோம் என்பதை நீங்கள் புரிந்து கொண்டிருப்பீர்கள். இதைச் சுருக்கமாக என்னால் புரியவைக்க முடியவில்லை. மரணத்தை விளக்குவது, கத்தியில் நடப்பது போன்றது. சரியாக எடுத்துச் செல்லவேண்டும். நான் தொட்டிருக்கும் அறிவியல் மிகவும் கடினமானது. அதை உங்களுக்கு இலகுவில் புரியவைப்பதில் நிறைய சிக்கல்கள் இருக்கின்றன. அதனால்தான் சுருக்கமாகச் சொல்ல முடியவில்லை.

மரணத்தில் ஒளிந்திருக்கும் மர்மத்தை அடுத்த அத்தியாயத்தில் பார்க்கலாம்.

அத்தியாயம் 34

இறப்பு இன்னுமொரு தொடக்கமா?

மரணத்தின் பின்னர் மனிதனுக்கு என்னவாகும் என்பதைப் புரிந்து கொள்வதற்கு, 'உயிர் என்றால் என்ன?' என்னும் கேள்வி முக்கியம். இந்தக் கேள்விக்கு இதுவரை யாரும் பொருத்தமான பதிலைச் சொன்னதில்லை. தர்க்கமாகவும், தத்துவார்த்தமாகவும், ஆன்மீகமாகவும், அறிவியலாகவும் பலவிதமான கருத்துகள் சொல்லப்பட்டிருக்கின்றன. முழுமையாக ஏற்றுக்கொள்ளும்படியான தெளிந்த விளக்கம் எதிலும் இல்லை. உயிருடன் வாழ்வதும், உயிரிழந்து மரணிப்பதும், மனிதன் சந்திக்கும் இருநிலைகள். இந்த இரண்டு நிலைகளுக்கும் 'உயிர்' என்பதே அடிப்படையாகிறது. உயிர் இருக்கும்போது வாழ்க்கை. இல்லாதபோது மரணம். அந்த உயிர், நம் உடலின் எந்தப் பகுதியில் இருக்கிறது என்பதுதான் மில்லியன் டாலர் கேள்வி. இதயத்திலா, மூளையிலா, உடலிலா, ஞாபகத்திலா, எங்கே இருக்கிறது? இவை எவற்றிலும் இல்லை, 'உணர்வுதான்' (Conciousness) மனிதனின் உயிரென்று ஆராய்ச்சியாளர்கள் கருதுகிறார்கள்.

21ஆம் நூற்றாண்டில் இந்த ஆராய்ச்சிகள் நிறையவே நடக்கின்றன. நரம்பியல் மற்றும் மனோவியல் நிபுணர்கள் இந்த விஷயத்தைக் கொஞ்சம் தீவிரமாகவே எடுத்துக் கொண்டிருக்கிறார்கள். மரணத்தின் விளிம்புக்குச் சென்ற மனிதர்கள், ஏற்கனவே இறந்துபோனவர்களைக் கண்டதாகச் சொல்லியிருக்கிறார்கள். அப்படிச் சொன்னவர்கள் ஒருவரோ, இருவரோ கிடையாது. பல ஆயிரக் கணக்கானோர் சொல்லியிருக்கிறார்கள். அவர்கள் சொல்வது ஒருவேளை உண்மையாக இருக்கும் பட்சத்தில், உடலைப் பிரியும் ஒவ்வொரு மனிதனின் உணர்வும் பிரபஞ்ச வெளியின் ஏதோவொரு இடத்தில் பதிந்திருக்க வேண்டும். அந்த உணர்வுகள் உருவங்களாகவோ, உடல் கொண்டதாகவோ இருக்க முடியாது. ஆனால், அவை ஒவ்வொன்றும் தம்மையும், அடுத்தவர்களையும் ஏதோவொரு வகையில் அடையாளப்படுத்திப் புரிந்துகொள்கின்றன என்றுதான் எடுத்துக்கொள்ளலாம். இதற்குமேல் அங்கு விளக்கம் கொடுக்க முடியாது. ஆனால், அந்த உணர்வுகள் தகவல்களாகவே *(Informations)* இருக்க முடியும். நவீன இயற்பியலின்படி, பிரபஞ்ச வெளியானது அடிப்படைத் துகள்களின் அதிர்வுகளால் *(Vibration)* துடித்துக் கொண்டிருக்கிறது. மின்சார அதிர்வினால் இயங்கும் கணினியின் தகவல்கள்போல, அந்தப் பிரபஞ்ச அதிர்வுகளால் உணர்வுகளும் தம்மை உயிர்ப்புடன் வைத்திருக்கலாம். இவையெல்லாம் ஒருவித அனுமானங்கள் மட்டுமே. உண்மையானவை என்று சொல்ல முடியாதவை. இவற்றிற்கு அறிவியல் சார்ந்து ஏதாவது விளக்கம் இருக்கலாம். அப்படியொரு விளக்கத்தை தேடியே நாம் செல்லப் போகிறோம். அங்கு என்ன விளக்கம் இருக்கிறதென்று கண்டுபிடிக்கலாம் வாருங்கள்.

இயற்பியலில் நோபல் பரிசுபெற்ற, 'கெராட் எட் ஹோஃப்ட்' *(Gerard 't Hooft)* என்னும் டச்சு இயற்பியலாளர், குவாண்டம் *(Quantum)* இயங்கியலில் மிகவும் பிரபலமானவர். அவர் ஆச்சரியமானதொரு கோட்பாட்டை வெளியிட்டார். 'நாம் வாழ்ந்து கொண்டிருப்பதாக நம்புகிறோம். ஆனால், அதுவொரு ஹோலோகிராம் காட்சியே. நாம் ஒரு ஹோலோகிராம்

இறப்பு இன்னுமொரு தொடக்கமா?

பிரபஞ்சத்தில் (Holographic Universe) வாழ்ந்து கொண்டிருக்கிறோம்' என்றார். அதாவது, பிரபஞ்ச வெளியில் எங்கோவொரு இடத்தில் ஒளிபரப்பப்படும் ஹோலோகிராம் காட்சியை, வாழ்வதாக நாம் நம்பிக் கொண்டிருக்கிறோம். எட் ஹோஃப்டின் கோட்பாடு உண்மையாக இருக்கும் பட்சத்தில், வாழ்க்கையில் நாம் புரிந்துகொண்ட அனைத்தும் தாறுமாறாகிவிடும். 'அவர் வெளியிட்ட கோட்பாட்டைப் பலரால் ஏற்றுக்கொள்ள முடியவில்லை. எல்லாமே மாயை என்ற முகத்திலறையக்கூடிய ஒரு விஷயத்தை யாரால் ஏற்றுக்கொள்ள முடியும்? ஆனால், அவர் பரிந்துரைத்த கோட்பாடு சரியானதுதான் என்று, இன்னுமொரு இடத்திலிருந்து ஆதரவுக் குரல் எழுந்தது. குரல் கொடுத்தவர் சாதாரண ஆள் கிடையாது. குவாண்டம் இயற்பியலில் இன்னுமொரு மைல்கல்லாகக் கருதப்படுபவர். 'ஸ்ட்ரிங் தியரி' (String theory) என்னும் புதுமையான கோட்பாட்டின் தந்தையென வர்ணிக்கப்படும் அமெரிக்கரான, 'லெயனார்ட் சஸ்கைண்ட்' (Leonard Suskind), ஹோலோகிராம் கோட்பாட்டை ஆதரித்ததோடு, அதை விரிவாக ஆராய்ந்து மேலும் பிரபலப்படுத்தினார். இவர்கள் இருவரும் குருட்டாம்

போக்கில் அந்தக் கோட்பாட்டைச் சொல்லவில்லை. முறையான கணிதச் சமன்பாடுகளினால், இயற்பியல் ரீதியாகக் கணித்தபின் பெறப்பட்ட முடிவுகளின் பின்னரே ஹோலோகிராம் கொள்கையை வெளியிட்டார்கள். அந்தக் கோட்பாடு எதைச் சொல்கிறது என்பதைத் தெரிந்துகொண்டால் நீங்கள் மிகவும் ஆச்சரியப்படுவீர்கள். அதற்கு, கொஞ்சமாகக் கருந்துளைபற்றிப் பார்க்க வேண்டும். பொறுமையாகப் படியுங்கள்.

கருந்துளைகளை *(Blackhole)* நீங்கள் நிச்சயம் அறிந்திருப்பீர்கள். நம்பமுடியாதளவு அதிகமான ஈர்ப்புவிசையைக் கொண்டது கருந்துளை. தன்னருகே வரும் அனைத்தையும் உள்ளேயிழுத்து, மைய ஒருமைப் புள்ளிக்குள் சங்கமிக்க வைத்துவிடும். பிரபஞ்சத்தில் அதிக வேகத்துடன் பயணம் செய்யும் ஒளியையே வெளியே செல்லவிடாமல் உள்ளே இழுக்கக் கூடியது. அதனாலேயே, அதற்குக் கருந்துளை என்று பெயரும் கிடைத்தது. நட்சத்திரங்கள் எத்தனை பெரிதாக இருந்தாலும் அதற்குக் கவலையில்லை. அதன் ஈர்ப்பினால் யாரும் தப்பமுடியாமல் விழுங்கப்படுவார்கள். கருந்துளையில் ஒரு பொருள் அகப்பட்டால், நூடுல்ஸ்போல இழுக்கப்பட்டு அதன் அணுக்களெல்லாம் சிதறடிக்கப்படும். பின்னர் அந்த அணுக்கள், அடிப்படைத் துகள்களாகச் சிதைக்கப்படும். எந்தப் பொருளானாலும், அது அடிப்படைத் துகள்களாலும் *(Fundermental particles)*, தகவல்களாலும் *(Information)* உருவாக்கப்பட்டது என்று கடந்த பகுதியில் சொல்லியிருந்தேன். அவை இரண்டும் எப்போதும் அழிக்க முடியாதவை என்றும் சொல்லியிருந்தேன். கருந்துளையின் மையத்தை நோக்கிப் பொருட்களின் அடிப்படைத் துகள்கள் ஈர்க்கப்பட, அந்தப் பொருளின் தகவல்கள், கருந்துளையின் சுவர்களில் பதிவாகின்றன. கருந்துளையில் அகப்படும் ஒவ்வொரு பொருளின் தகவல்களும் கருந்துளைச் சுவரில் படிகின்றன. உதாரணமாக, நமது சூரியன், கருந்துளை ஒன்றுக்குள் அகப்பட்டால், கூடவே பூமியும் பிறகோள்களும் அதற்குள் செல்லும். அப்போது, பூமியிலுள்ள அனைத்துப் பொருட்களின் தகவல்களும் கருந்துளைச் சுவரில் பதிவாகும். அங்கே நானும், நீங்களும், பக்கத்து வீட்டு நாயும்

இறப்பு இன்னுமொரு தொடக்கமா?

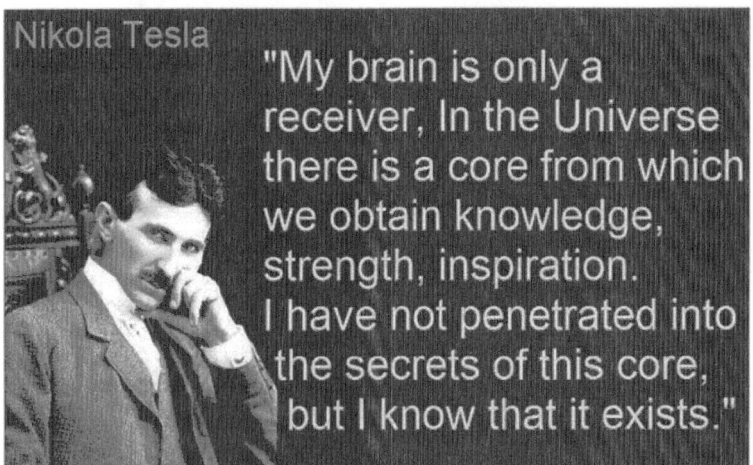

தகவல்களாகப் பதிந்திருப்போம். கணினியின் வன்தகட்டில் தகவல்கள் எப்படிப் பதிவாகின்றனவோ, அப்படிக் கருந்துளைச் சுவரில் தகவல்கள் பதிவாகின்றன. மில்கிவே காலக்ஸியின் மையத்தில் மிகப்பெரிய இராட்சசக் கருந்துளையொன்று இருக்கிறது. அத்துடன் பல இலட்சம் கருந்துளைகளும் மில்கிவேயில் இருக்கின்றன. அவை ஒவ்வொன்றும், தம்முள் இழுத்த பொருள்களின் தகவல்களைப் பதிந்து வைத்திருப்பதாக 'ஹோலோகிராம் கொள்கை' (Holographic principle) சொல்கிறது. பதிந்து வைத்திருப்பதோடு முடிந்திருந்தால், இந்தக் கட்டுரைக்கே அவசியம் இருந்திருக்காது. அந்தக் கோட்பாடு சொல்லும் இன்னுமொரு கருத்துதான் அதிர்ச்சியானது. தன் சுவரில் பதிந்திருக்கும் தகவல்களைப் பிரபஞ்ச வெளியில் தெறிக்க விட்டுக் கொண்டிருக்கிறது அந்தக் கருந்துளை. ஒரு திரைப்படம் எப்படி திரையில் காட்சியாக ஒளிபரப்பாகிறதோ, அப்படிப் பிரபஞ்ச வெளியில் தகவல்கள் ஒளிபரப்பப்படுகின்றன. அந்தக் காட்சிகளை கிரகித்துக் கொள்ளும் உணர்வுகள் (Conciousness), அதை நிஜமாக நடக்கும் வாழ்க்கையென்று புரிந்துகொள்கின்றன என்கிறது ஹோலோகிராம் கோட்பாடு. அதாவது, என்றோ நடந்து முடிந்துவிட்ட சம்பவங்கள், கருந்துளையில் பதியப்படுகின்றன என்றும், பின்னர் அவை ஒரு

என்ன ஒளிந்திருக்கிறது அங்கே?

திரைப்படம்போலப் பிரபஞ்ச வெளியில் ஒளிபரப்பாகின்றன என்றும், அதையே வாழ்க்கையாகவும், வாழ்க்கையின் சம்பவங்களாகவும் நம் உணர்வு எடுத்துக்கொள்கிறது. என்ன தலை சுற்றுகிறதா? யாருக்குத்தான் சுற்றாது? அறிவியல் சொல்வதாக நினைத்து கற்பனையாக ஏதோ உளறுகிறேன் என்று நினைக்கத் தோன்றுகிறதா? நவீன அறிவியல் மர்மக் கதைகளைவிட ஆச்சரியமானவற்றையெல்லாம் சொல்ல ஆரம்பித்துவிட்டது.

'இரண்டு பரிமாணத் திரையில் ஒளிபரப்பும் காட்சியை, முப்பரிமாணங்களில் காட்டுவதுதான் ஹோலோகிராம். அதில் இருப்பவை நிஜத்தில் இருபரிமாணங்களே. அவற்றை முப்பரிமாண உருவங்களாக மூளைதான் (உணர்வு) புரிந்துகொள்கிறது. பிரபஞ்ச வெளியும் இரண்டு பரிமாணமுடையதே. அதில் ஒளிபரப்பாவதை முப்பரிமாணமாக உணர்வுகள் எடுக்கின்றன' என்கிறார் லெயொனார்ட் சஸ்கைண்ட். இவர் அமெரிக்காவின் ஸ்டான்பேர்ட் பல்கலைக் கழகத்தின் பேராசிரியர். அங்கு கோட்பாட்டு இயற்பியலை ஆரம்பித்துவைத்த நிர்வாகியுமாவார் (Founding director of the Stanford Institute for Theoretical Physic). இவர் சொல்வதை சுலபத்தில் கட்டுக்கதையென்று தூக்கியெறிய முடியாது. ஒன்றைமட்டும் தெளிவாகச் சொல்லலாம். மரணத்தையோ, மரணத்தின் பின்னரான நிலையையோ ஹோலோகிராம் கொள்கை கூறவில்லை. இதில் சொல்லப்பட்ட சில அம்சங்களை, இறப்பின் முடிவுகளுக்கு எடுத்துக் கொள்ளப்போகிறோம். ஒருவர் இறந்தபின், அவரின் உடலை எரிப்பதால் அவர் உருவாக்கப்பட்ட அடிப்படைத் துகள்களும், அவரது தகவல்களும் பிரபஞ்ச வெளிக்குச் செல்கின்றன. எங்கு, எப்படியென்ற எந்த விபரமும் யாருக்கும் தெரியாது. ஆனால், மேலே சொல்லப்பட்ட கோட்பாடு அதற்கான ஒரு பாதையை நமக்குச் சொல்லித் தருகிறது. அதன்மூலம் எதையாவது நாம் புரிந்துகொள்ளலாம்.

மரணத்தின் பின்னரான நிலை, மூன்று விதங்களில் பார்க்கப்படுகிறது. இயற்பியலாளர்களின் பார்வையில்,

இறப்பு இன்னுமொரு தொடக்கமா?

இதுபோன்ற சிக்கலான விஷயங்களுக்கு அவர்கள், 'தெரியாது' என்று எந்தத் தயக்கமுமின்றிச் சொல்லிவிடுகிறார்கள். அவர்களுக்குச் சவாலாக இன்றுவரை இருக்கும், கருப்பாற்றல் (Dark energy), கருப்புப் பொருள் (Dark matter) ஆகியவற்றைச் சொல்லும்போது, 'அவை இருப்பது தெரியும். ஆனால், என்னவென்று தெரியாது' என்பார்கள். மரணத்தின் பின்னர் என்னவென்று கேட்டாலும், அவர்கள் பதில், 'தெரியாது' என்பதுதான். இயற்பியலைப் பொறுத்தவரை, ஒன்றை ஒப்புக்கொள்வதற்கு அதற்கான அடிப்படை ஆதாரம் இருக்கவேண்டும். குறைந்தபட்சம் கணிதரீதியாக கணித்துச் சொல்லும் கோட்பாடாவது வேண்டும். அதைத்தாண்டினால், அந்த விஷயம் இல்லையென்பதே அவர்களின் முடிவாகிவிடும். மிகச்சுலபமாகத் தெரியாது அல்லது இல்லை என்று ஒத்துக் கொள்வார்கள். ஆன்மீகவாதிகளின் பார்வை இதற்கு எதிர்மாறானது. அனைத்தையும் இறைவன், ஆன்மா என்று சொல்லிவிடுவார்கள். அவர்களின் பாதையும் சுலபமானதுதான். நம்பிக்கையின் அடிப்படையில் அனைத்தையும் ஏற்றுக் கொள்வார்கள். இந்த இருவருக்கும் இடையிலான இன்னுமொரு பார்வையும் இருக்கிறது. நரம்பியல் மற்றும் மனவியல் ஆராய்ச்சியாளர்களின் பார்வை. ஆன்மீகத்தின் கடவுள், ஆன்மா என்பதையும் எடுக்கமாட்டார்கள். இயற்பியலாளர்கள்போல இல்லையென்றும் மறுக்கமாட்டார்கள். இறப்பின் விளிம்பு நிலைக்குப் (Near death experience) போனவர்களை நிதானமாக ஆராய்ச்சி செய்கிறார்கள். இவர்களும் ஒருவகையில் அறிவியல் ஆராய்ச்சியாளர்கள்தான். ஆனால், மனம் சார்ந்து ஆராய்வதால், அங்கு 'அமானுஷ்யம்' (Paranormal) என்னும் அடையாளம் வந்துவிடுகிறது. அதனால் நம்புவதில் சிலர் நாட்டம் காட்டுவதில்லை. அதையெல்லாம் தாண்டியே இவற்றை விளக்கவேண்டியதாகிறது.

மனவியல் மற்றும் நரம்பியல் ஆராய்ச்சியாளர்கள் இறப்பின் விளிம்பு நிலைக்குச் சென்றுவருவதை ஒத்துக் கொள்கிறார்கள். பல ஆயிரக்கணக்கானவர்களிடம் எடுத்த விபரங்களிலிருந்து இந்த முடிவுக்கு வந்திருக்கிறார்கள். அதை மேலும்

ஆராய்ந்தும் வருகிறார்கள். அது உண்மையாக இருக்கும் பட்சத்தில், மரணத்தின் பின்னரும் மனிதனின் உணர்வுகள் முழுமையாக இருக்கிறது என்று எடுத்துக் கொள்ளலாம். அந்த உணர்வுகள் விண்வெளியில் ஏதோவொரு இடத்தில், தனக்கான ஞாபகங்களுடன் பதிவாகியிருக்கலாம்.

மரணத்தின் பின்னரான இரகசியத்தை, 'நிக்கோலா டெஸ்லா' *(Nikola Tesla)* கூறியதை வைத்தே நான் புரிந்துகொள்ள முயல்கிறேன். அது சரியோ, தவறோ எனக்குத் தெரியாது. நாம் செல்ல வேண்டிய தொலைவு இன்னும் பாக்கியிருக்கிறது. அதற்குள் ஏதாவது விடைகள் கிடைக்கலாம். கிடைக்காமலும் போகலாம். ஆனால், டெஸ்லா கூறியது இங்கு முக்கியமாகிறது. அறிவியலில் என்னை மிகவும் ஈர்த்தவராக டெஸ்லாவையே சொல்வேன். என்னை மட்டுமல்ல, உலகிலுள்ள பலரின் உள்ளங்களைக் கவர்ந்தவர் அவர். அவரின் வார்த்தைகளையே உங்களிடம் தருகிறேன். அதிலிருந்து, நீங்களும் ஒரு முடிவுக்கு வரலாம். டெஸ்லா சொன்னது இதுதான்.

'அறிவு, வலிமை, உத்வேகம் ஆகியவற்றைப் பெற்றுக்கொள்ளும் மையமொன்று பிரபஞ்ச வெளியில் அமைந்திருக்கிறது. அதிலிருந்து அனைத்தையும் பெற்றுக்கொள்ளும் ரிசீவராகவே என் மூளை இருக்கிறது. அந்த மையத்தின் இரகசியத்தை ஊடுருவி அறிய நான் முயலவில்லை. ஆனால், அப்படியொன்று இருப்பதை நிச்சயமாக நான் அறிவேன்.' - நிகோலா டெஸ்லா *(My brain is only a receiver, in the Universe there is a core from which we obtain knowledge, strength, inspiration. I have not penetrated into the secrets of this core, but I know that exists" - Nikola Tesla).*

அத்தியாயம் 35

தொலைவிலிருந்து வந்தது யார்?

இதுவரை பல மர்மங்களைப் பார்த்திருக்கிறோம். உண்மையாகவே நடந்தவையா, இல்லையா என்னும் கேள்விக்குறியுடனேயே அவற்றுடன் பயணித்துமிருக்கிறோம். ஆனால், நம் கண்முன்னே நடந்த நிஜமான மர்மமொன்றை இப்போது பார்க்கப் போகிறோம். மிகச்சமீபத்தில்தான் அது நடைபெற்றது. அந்த மர்மத்தால், இந்த நிமிடம்வரை அறிவியல் உலகமே இரண்டாகப் பிரிந்து குழாயடிச் சண்டையிட்டுக் கொண்டிருக்கின்றது. கேட்கையில் மிகச்சாதாரணமாகத் தோன்றும் அச்சம்பவம், இறங்கி ஆராயும்போது பெரும் திகைப்பை ஏற்படுத்தும். அந்த மர்மத்தின் ஆழத்தில் என்ன ஒளிந்திருக்கிறது என்பதையே நாம் பார்க்கப் போகின்றோம். தயார்தானே?

அச்சம்பவம் நடந்தது 2017ஆம் ஆண்டில். அந்தச் சம்பவத்தைச் சரியாகப் புரிந்துகொள்ள இந்த உதாரணத்தைப் பாருங்கள்.

என்ன ஒளிந்திருக்கிறது அங்கே?

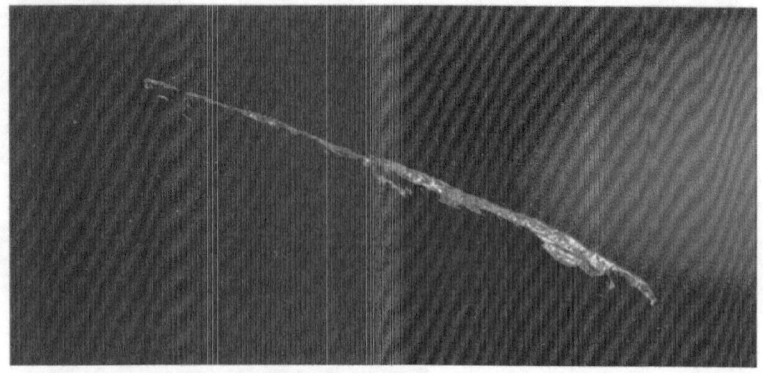

எந்தக் கட்டடங்களும் அருகிலில்லாத மிகப்பெரிய வெளியொன்றில், பெட்ரோல் ஸ்டேஷன் ஒன்றின் உரிமையாளர் நீங்கள். பலவிதமான கார்களும், மோட்டார் வாகனங்களும் அவ்வப்போது பெட்ரோல் நிரப்பிவிட்டுச் செல்லும். அன்றும் அப்படித்தான். தூரத்தில் வெகுவேகமாக வாகனமொன்று ஸ்டேஷனை நோக்கி வந்துகொண்டிருந்தது. வழக்கமாகவே பலவிதமான வாகனங்கள் வருவதால், அந்த வாகனத்தைப் பெரிதாக எடுத்துக்கொள்ளவில்லை. பணிசெய்யும் பையன் பெட்ரோலை நிரப்பிவிடுவானென்று அலட்சியமாக இருந்துவிடுகிறீர்கள். வேகமாய் வந்த வாகனம், பெட்ரோலை நிரப்பிக்கொண்டு மீண்டும் வேகமெடுத்துச் செல்ல ஆரம்பிக்கிறது. அப்போதுதான் அதை நீங்கள் கவனிக்கிறீர்கள். அதுவரை பார்த்தேயிருக்காத வாகனமது. உங்களால் கற்பனைகூடச் செய்யமுடியாத வடிவத்தில் இருந்தது. வடிவம் மட்டுமில்லை, அதன் நிறம், அதன் வேகம், செல்லும் திசை அனைத்தும் நீங்கள் எதிர்பார்க்காத விதத்தில் காணப்படுகின்றன. 'அட! அது என்னவகையான வாகனம்? எங்கிருந்து வருகிறது? வரும்போதே நிதானமாக அவதானித்திருக்கலாமே' என்று கவலைப்படுகிறீர்கள். இனி அப்படியொரு வாகனத்தை நீங்கள் காணவேமுடியாது. அதிவேகத்துடன் கண்ணிலிருந்து மறைந்துபோகிறது. இன்றுவரை உங்களைத் தூங்கவிடாமல் தவிக்கவைத்துக் கொண்டிருக்கிறது. இதுபோன்ற சம்பவமொன்றுதான் 2017,

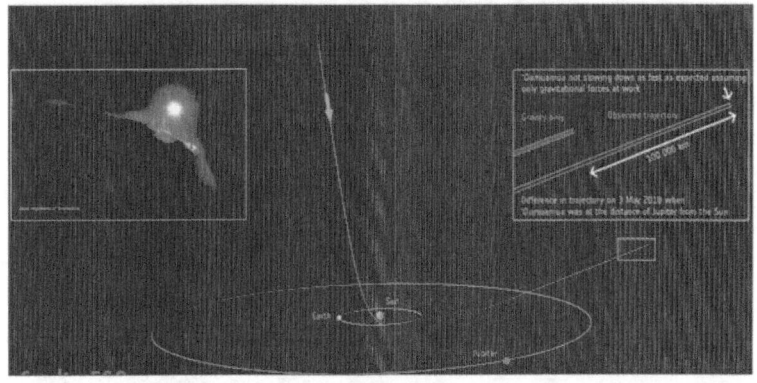

அக்டோபர் 19ஆம் தேதியில் நடைபெற்றது. அதை நீங்களும் கேள்விப்பட்டிருப்பீர்கள். ஆனால், அதன் தொடர்ச்சியை அறியமாட்டீர்கள்.

'ஓமூவாமூவா' *(Oumuamua)* என்னும் பெயரை எங்காவது கேள்விப்பட்டிருக்கிறீர்களா? ஹாரிஸ் ஜெயராஜின் பாடல் வரிகள் என்று நினைத்துவிட்டீர்களா? சேச்சே! நிஜமாகவே ஓமூவாமூவா என்னும் பெயர்கொண்ட பொருளொன்று விண்வெளியூடாகச் சூரியக்குடும்பத்தினுள் நுழைந்தது. நுழைந்து உள்ளே வரும்போது, பெட்ரோல் ஸ்டேஷனுக்கு வரும் வழமையான வாகனங்கள் போலவே அதையும் நினைத்துவிட்டார்கள். ஏதோவொரு வால்நட்சத்திரம் *(Comet)*, சூரியனின் ஈர்ப்பை நோக்கி நகர்கின்றது என்றுதான் அசட்டையாக இருந்தார்கள். வால்நட்சத்திரம் என்பதால், வழமைபோல அதற்குப் பெயரொன்றையும் கொடுத்தார்கள். சர்வதேச வானியல் கூட்டமைப்பு *(International Astronomical Union)*, விண்வெளிக்குள் பிரவேசிக்கும் பொருட்களுக்கு அவற்றின் தன்மையையும், ஆண்டையும் வைத்துப் பெயரிடுவார்கள். அதன்படி, ஓமுவாமுவாவுக்கு, *'C/2017 U1'* என்று பெயரிடப்பட்டது. அதிலுள்ள *'C'* எழுத்து, *Comet* என்பதைக் குறிக்கும். 'ரொபேர்ட் வெரிக்' *(Robert Weryk)* என்பவரே முதன்முதலாக அதை அவதானித்தவர். ஹவாய் நாட்டிலிருக்கும் வானியல் அவதானிப்பு நிலையத்திலிருந்து *(Pan STARRS Haleakala*

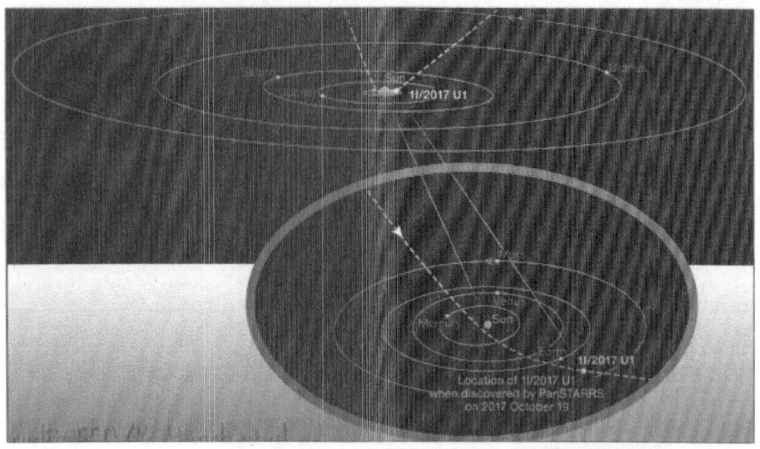

Observatory, Hawaii) முதல்முறையாக அதைக் கண்டுகொண்டார். பூமியிலிருந்து 33 மில்லியன் கிலோமீட்டர் தூரத்தில், சூரியனை நோக்கி அது நகர்ந்து கொண்டிருந்தது. அதைக் கண்டுபிடித்து நாற்பது நாட்களில், சூரியனின் மிகச்சமீபமான புள்ளியை நெருங்கியது. சூரியஒளியில் பளபளவென ஜொலிக்கவும் ஆரம்பித்தது. அப்போதுதான் அந்த ஆச்சரியத்தை அவர்கள் அவதானித்தார்கள். வால்நட்சத்திரங்கள், கல்லால் அல்லது இரும்பால் அல்லது ஏதோவொரு கனிமத்தினால் உருவானதாகக் காணப்படுபவை. அப்பாறைகளை தடித்த பனிக்கட்டிப்பாளங்கள் *(Eis)* சூழ்ந்து மூடியிருக்கும். அதனால் அவை பளபளத்து ஒளிரும். வால்நட்சத்திரங்கள் சூரியனை அணுகும்போது, பனிக்கட்டிகள் உருக ஆரம்பித்து, பாறையின் தூசுக்களுடன் வால்போல ஆகி, நீண்டு ஒளிரும். அதைக் 'கோமா' *(Coma)* என்பார்கள். அந்தக் கோமாவை வைத்தே வால்நட்சத்திரங்கள் அறியப்படுகின்றன. சூரியஒளியால் உருகிச் சிதறும் துகள்கள் கொடுக்கும் உந்துதலால், வால்நட்சத்திரம் முன்னோக்கி வேகமெடுக்கும். ஓமூவாமூவாவில், வால்நட்சத்திரங்களுக்கு நடக்கும் எதுவும் நடைபெறவேயில்லை.

ஓமூவாமூவா, சூரியனை நெருங்கும்போது, அதிலிருக்கும் பனிக்கட்டிகள் உருகிச் சிதறுமென்றுதான் நினைத்தார்கள்.

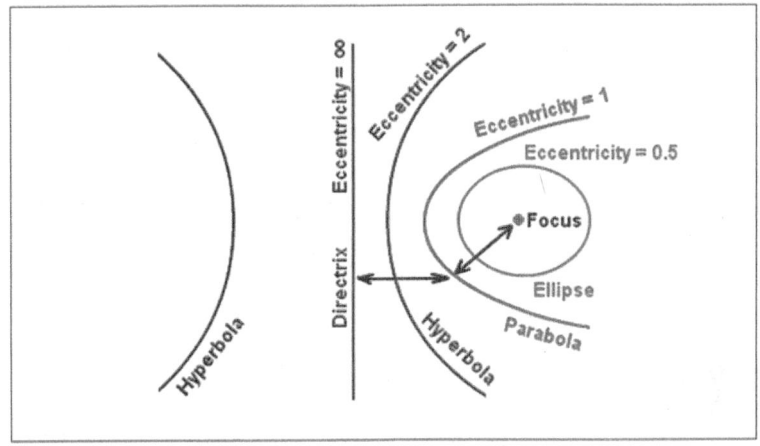

அப்படி நடக்கும்போது, வால்நட்சத்திரங்களின் பருமனும் குறைந்துவிடும். கிட்டத்தட்ட பத்து சதவீதத்துக்கும் அதிகமான உருவம் குறைந்துவிடும். எதுவும் நடக்கவில்லை. அப்போதுதான் 'அட! இது வால்நட்சத்திரமேயில்லை. நாம் தப்பாகப் புரிந்து கொண்டுவிட்டோம். இதுவொரு 'விண்கல்' *(Asteroid)* என்று முடிவுக்கு வந்தார்கள். உடனடியாக அதன் பெயரும் '*A/2017 U1*' என்று மாற்றப்பட்டது. இதிலிருக்கும் '*A*' எழுத்து *Asteroid* க்கானதென்று நான் சொல்லத் தேவையில்லை. நீங்களே புரிந்திருப்பீர்கள். இத்துடன் முடிந்திருந்தால் இந்தக் கட்டுரையை நான் எழுதவேண்டிய அவசியமே இருந்திருக்காது. வானியலின் மிகப்பெரிய மர்மமும் தொலைந்து போயிருக்கும். ஓமூவாமூவாவுக்கு மூன்றாவதாகப் பெயரையும் மாற்றவேண்டிய சூழ்நிலையும் உருவாகியது. அதுவே, தமக்குள் இரண்டாகப் பிரிந்து இன்றுவரை விஞ்ஞானிகள் விவாதித்து, முடிவுக்கு வரமுடியாத விஷயமாகியிருக்கிறது.

வானியற்பியல் தற்போது அட்டகாசமாக வளர்ந்துவிட்டது. பூமியிலிருந்து ஏவிவிடப்பட்ட விண்கலம், சொல்லி வைத்ததுபோலச் செவ்வாயின் கிரேட்டர் பள்ளத்தில் புள்ளியிட்டது போல இறங்கியிருக்கிறது. அவ்வளவு துல்லியமாக அறிவியல் வளர்ந்தாகிவிட்டது. சூரியஈர்ப்பு, புவியீர்ப்பு,

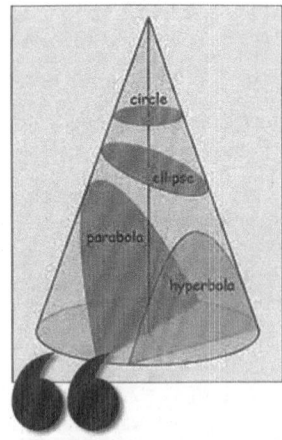

ஓமுவாமுவா, சூரியனை நெருங்கும்போது, அதிலிருக்கும் பனிக்கட்டிகள் உருகிச் சிதறுமென்றுதான் நினைத்தார்கள். அப்படி நடக்கும்போது, வால்நட்சத்திரங்களின் பருமனும் குறைந்துவிடும். கிட்டத்தட்ட பத்து சதவீதத்துக்கும் அதிகமான உருவம் குறைந்துவிடும். எதுவும் நடக்கவில்லை. அப்போதுதான் அட! இது வால் நட்சத்திரமேயில்லை. நாம் தப்பாகப் புரிந்து கொண்டுவிட்டோம். இதுவொரு 'விண்கல்' (Asteroid) என்று முடிவுக்கு வந்தார்கள்.

வேறு கோள்களின் ஈர்ப்புகள், அவை கொடுக்கும் தள்ளுவிசை *(trajoctory)* போன்றவற்றையெல்லாம் விரல்நுனியில் கணிக்கும் துல்லியமான அறிவியல் வந்துவிட்டது. அதன்படி ஓமுவாமுவா, சூரியனை நெருங்கியதும் அதுபெறும் விசையால் வேகமெடுத்துத் தள்ளப்பட வேண்டும். இயற்கையாக உருவான அனைத்தும் அப்படியான விசையுடன் நகர்த்தப்படுவதுதான் இயற்பியல் விதியும்கூட. ஆனால், ஓமுவாமுவா அந்த விதிகளையெல்லாம் பொய்யாக்கி, அனைவரையும் ஏமாற்றிவிட்டுத் தனக்கான தனிப்பாதையில், அதிகவேகத்தில் பயணிக்க ஆரம்பித்தது. சூரியக் குடும்பத்திலிருக்கும் விண்கற்களும், வால்நட்சத்திரங்களும், கோள்களும், நீள்வட்டமான *(Eclipse)* பாதையிலேயே சூரியனைச் சுற்றிவருகின்றன. ஒருசில பொருட்கள், விதிவிலக்காகப் பரவளைவுப் *(Parabolic)* பாதையில் நகரும். ஆனால், ஓமுவாமுவாவோ அதிபரவளைவுடைய *(Hyperbolic)* பாதையில் சூரியனைக் கடந்தது. சூரியஈர்ப்புக்குட்பட்ட எந்தப் பொருளும் பரவளைவாக நகர்வது கிடையாது. அப்படியொன்று நகருமாயின், சூரியக் குடும்பத்திற்குச் சம்பந்தமேயில்லாத தொலைதூர இடத்திலிருந்து வந்திருக்க வேண்டும். ஓமுவாமுவா, சூரியக் குடும்பத்திற்கானதில்லை.

வெகுதொலைவிலிருந்து அது வந்திருக்கிறது. மில்க்கிவே காலக்ஸிக்கு அப்பாலிருந்தும் வந்திருக்கலாமென்றும் இப்போது சந்தேகிக்கிறார்கள். அதனால், அதன் பெயரையும் *'1I/2017 U1'* என்று மாற்றினார்கள். *I* என்னும் ஆங்கில எழுத்து *Interstellar* என்பதையும், முதன்முதலாக சூரியக் குடும்பத்திற்கு வெளியேயிருந்து வந்ததால், *1I* எனவும் விசேஷப்பெயர் கொடுக்கப்பட்டது. இந்த இடத்தில் ஓமூவாமூவாபற்றிய விபரங்களைப் பார்த்துவிடலாம்.

ஹவாய் மொழியில், *Oumuamua* என்றால் 'தொலைதூரத்திலிருந்து வந்த தூதர்' என்ற அர்த்தம் கொள்ளலாம். அதன் நீளம் 200 மீட்டரிலிருந்து 1000 மீட்டர்வரை என்கிறார்கள் (சரியான நீளம் தெரியவில்லை). அதன் அகலமோ, நீளத்தின் பத்திலொரு பங்கு சிறியதாக இருக்கிறது. கிட்டத்தட்ட மிகநீண்டதொரு புகைக்கும் சுருட்டு வடிவத்தில் காணப்படுகிறது. அதன் மேற்பரப்பு, விண்கற்கள், வால்நட்சத்திரங்கள் போலப் பத்துமடங்கு அதிகமாகப் பிரதிபலிப்பதோடு, அழுத்தமான தரையையும் கொண்டிருக்கிறது. அதன் நிறம் கரும்சிவப்பாகக் காணப்படுகிறது. மொத்தத்தில் அதன் எந்த அமைப்பும், இயற்கையாக உருவான பிரபஞ்சப் பொருளை உணர்த்தவில்லை.

விண்வெளியில் உலாவரும் எந்தப் பொருளும், இந்தளவு குறைந்த அகலமும், அதிகளவு நீளமுமாக இருக்கவே முடியாது. வெகுதொலைவிலிருந்து பயணம் செய்யும் ஒரு விண்கல், இப்படியான நீள அகலத்துடன் காணப்பட முடியாது. ஓமூவாமூவா விண்வெளியில் சுழலும் விதமும் ஆச்சரியமானது. அடிப்பக்கமும், மேற்பக்கமும் எப்போதும் ஒரே நிலையிலிருக்க, நீளமான திசையில் அது மெதுவாகச் சுழல்கிறது. அதன் நடவடிக்கை எதுவுமே, சாதாரணமான அனுமானங்களுக்குள் அடங்கக்கூடியதாக இல்லை. அதன் இயல்பற்ற நடவடிக்கைகளால், அது இயற்கையாய் உருவான பொருளேயல்ல என்ற முடிவுக்குப் பலர் வந்திருக்கிறார்கள். அது ஏலியன்களால் உருவாக்கப்பட்ட விண்கலமென்று சொல்கிறார்கள். சூரியனை விட்டு ஓமூவாமூவா விலகியபோது அது எடுத்துக்கொண்ட வேகத்தைக் கண்டு திகைத்துப்போயிருக்கிறார்கள். இயற்கையான பொருளால் அப்படியொரு வேகத்தை எடுக்கவேமுடியாது. வால்நட்சத்திரமாக இருந்தாலாவது, பனிக்கட்டிகளின் உருகலால் ஏற்படும் உந்துவிசை, அந்த வேகத்தைக் கொடுத்திருக்கலாம் என்று சொல்லலாம். ஆனால், அதில் பனிக்கட்டிகளே இருக்கவில்லை. அதுபோன்ற நடவடிக்கைகளின் அடிப்படையில், ஓமூவாமூவா நிச்சயம் ஏலியன்கள் உருவாக்கிய விண்கலம்தானென்று ஹாவார்ட் பல்கலைக்கழகத்தின் வானியல் பேராசிரியரான 'ஆபிரஹாம் லோப்' *(Prof. Abiraham Loeb)* திட்டவட்டமாகச் சொல்கிறார்.

அமெரிக்க ஹாவார்ட் பல்கலைக்கழகத்தைப் பற்றியோ, அதன் வானியல் ஆராய்ச்சித்துறை பற்றியோ நான் அதிகம் சொல்லத்தேவையில்லை. உலகின் முதல்தரப் பல்கலைக்கழகங்களில் ஒன்று. அதன் பேராசிரியரான ஆபிரஹாம் லோப் அவர்கள் வகித்த பதவிகளையும், தலைமைப் பொறுப்புகளையும் சொல்ல வேண்டுமென்றால், ஒரு பக்கமளவுக்கு நீண்டிருக்கும். அவர் எவ்வளவு பிரபலமானவர், துறை சார்ந்த அவரது அறிவு ஆகியவற்றை இணையத்தில் தேடிப்பாருங்கள். திகைத்துப் போவீர்கள். அவரே ஓமூவாமூவா

ஏலியன்களால் அனுப்பப்பட்ட விண்கலம்தான் என்கிறார். அதற்காக அவர் கொடுக்கும் விளக்கங்களை எவராலும் மறுக்கமுடியாது என்பதும் உண்மை. லோப் அவர்களின் கருத்தையேற்றுப் பல விஞ்ஞானிகள், அது ஏலியன்களின் விண்கலம்தானென்று ஆதரவு தெரிவிக்கிறார்கள். அதுபோலவே, அது இயற்கையாக உருவான பொருள்தான் என்றும் பல விஞ்ஞானிகள் கருதுகிறார்கள். இருபகுதியின் கருத்துகளையும் யாராலும் தூக்கியெறிய முடியாது. லோப் அவர்களின் கடுமையான வாதத்தால், பல இயற்பியலாளர்கள் நழுவலான பதில்களைச் சொல்லி முடிக்கிறார்கள். எது எப்படியிருந்தாலும், இன்றுவரை ஓமூவாமூவா என்ன பொருளென்பது மர்மமாகவே இருக்கிறது. அந்த மர்மத்தை இனி எவராலும் தீர்க்கவும் முடியாது. காரணம் ஓமூவாமூவா நம்மைவிட்டுப் பிரிந்து மீண்டும் வரவோ, காணவோ முடியாத அளவு வெகுதொலைவுக்குச் சென்றுவிட்டது.

விஞ்ஞானிகளால் நிரூபிக்கவே முடியாதபடி ஒருபொருள் சூரியக் குடும்பத்தினுள் நுழைந்து அகன்றது, இதுவே முதல்தடவை. அவர்கள் அனைவரையும், கேள்விக்குறியின் வளைவுக்குள் தொங்க வைத்துவிட்டு, சனிக்கோளுக்கும், நெப்டியூனுக்குமிடையில் தனியாகப் பயணம் செய்துகொண்டிருக்கிறது. மணிக்கு 140,000 கிலோமீட்டர் வேகத்தில் நம்மைவிட்டு விலகிச்செல்லும் ஓமூவாமூவா, இனி மனித வரலாற்றிலேயே காணமுடியாதபடி மறைந்துபோகும்.

அத்தியாயம் 36

உணர்வுகளின் அதிர்வுதான் உயிரா?

'மரணத்தின் பின்னர் என்ன நடக்குமென்பதை ஏன் பாதியிலேயே நிறுத்திட்டீங்க. தொடர்ந்து எழுதுங்க ப்ளீஸ்.' "டெஸ்லா என்ன கூறினாரென்பதை விளக்கமாக நீங்கள் சொல்லவே இல்லையே! முதலில் அதைச் சொல்லுங்கள்." இப்படிப் பத்துக்கும் மேற்பட்ட மடல்கள் வந்தன. எல்லாமே மரணத்தைப் பற்றிச் சொல்லிவிட்டுப் பாதியில் நான் நிறுத்தியதாக அன்பாகக் கோபப்படும் கடிதங்கள். நிஜத்தில் மரணம்பற்றி எழுதுவதைப் பாதியிலேயே நிறுத்தினேனா? ஆம், உண்மைதான். அதன் தொடர்ச்சியாகச் சொல்ல வேண்டிய ஒரு முக்கிய விஷயத்தைத் தவிர்த்தது உண்மைதான். அதை எழுதுவதில் எனக்கு நிறையத் தயக்கம் இருந்தது. உங்களிடம் சொல்லக் கூடாது என்பதல்ல. அதைத் தொட்டால் நீண்டுவிடும் என்ற பயம் இருந்தது. அத்துடன் எனக்குச் சம்மந்தமேயில்லாத வேறொரு பரிமாணத்தில் அது பயணிக்கவும் ஆரம்பித்துவிடும். இந்த இரண்டு காரணங்களினாலேயே அதைச் சொல்வதைத் தவிர்த்தேன். ஆனால், உங்களுக்காக அதை மீண்டும்

தொடரலாமெனத் தீர்மானித்திருக்கிறேன். சொல்லாமல் நான் தவிர்த்துக் கொண்ட விஷயம், 'ஆகாயப் பதிவுகள்' *(Akashic records)* என்பதாகும். அதன் பரிமாணங்களும், தன்மைகளும் முற்றிலும் வேறுபட்டவை. அதனுள் ஒளிந்திருப்பதையே நாம் பார்க்கப் போகிறோம்.

இதுவரை பலவித மர்மங்களை உங்களுடன் பகிர்ந்திருக்கிறேன். அவற்றில் சில, நம்புவதா, கூடாதா என்னும் தடுமாற்றத்தை உங்களுக்குத் தந்திருக்கலாம். ஒருசில, மூடநம்பிக்கைக்கு அருகில் உங்களைக் கொண்டு சென்றிருக்கலாம். சாதாரணமாக, அறிவியல் அடிப்படை இல்லாத எதையும் வாசகர்களுக்குக் கொடுக்க நான் விரும்பியதில்லை. அறிவியல் விளக்கங்கள் இருப்பவற்றை மட்டுமே தொட்டுச் செல்வேன். ஆனால், ஆகாயப் பதிவுகள் அந்த வகைக்குள் வரமுடியாதவை. அதை ஆன்மீகமா இல்லை அறிவியலா என்று வரையறுப்பதில் குழப்பம் இருக்கிறது. அதுபற்றிப் பேசுவது, கடும்காற்று வீசுமிடத்தில் மதிலில் நடப்பதற்குச் சமனானது. கவனம் சிதறினால், ஏதோவொரு பக்கத்தில் விழுந்துவிடுவேன். அதை அறிவியலாக ஒதுக்கவும் முடியவில்லை. ஆன்மீகமாக ஏற்றுக்கொள்ளவும் முடியவில்லை. அதனால், எனக்கென ஒரு தனியான நிலைப்பாட்டிலிருந்து இதை எழுதுகிறேன்.

என்ன ஒளிந்திருக்கிறது அங்கே?

நான் எழுதப் போவதைப் படிக்கும் உங்களுக்கு, நம்புவதா, இல்லையாவென்ற குழப்பம் இருக்கும். நம்புங்களென்று திடமாகச் சொல்வதற்கு என்னிடம் எந்த ஆதாரங்களும் இல்லை. அறிவியல் பரிந்துரைக்கும் சில கோட்பாடுகள் மட்டுமே இருக்கின்றன. மரணத்தின் பின்னர் என்ன என்ற கேள்விக்கான பதிலையும், ஆகாயப் பதிவுகளையும் எவராலும் நிரூபிக்க முடியாது. இறந்த பின்னர்தான் அவற்றை அறிந்துகொள்ள முடியும். அதனால், நம்பிக்கையின் அடிப்படையில் மட்டுமே இதை அணுகமுடியும். நம்பிக்கை என்ற சொல்லையே நாம் தவறாகத்தான் புரிந்திருக்கிறோம். கடவுளையும் நம்பிக்கையென்ற அடிப்படையில்தான் பலர் அணுக முயல்கிறார்கள். மதங்களும் நம்பிக்கையென்றே அடையாளப்படுத்தப்படுகின்றன. ஜெர்மனியில் 'உங்கள் மதம் என்ன' என்ற கேள்வியை யாரும் கேட்பதில்லை. 'உங்கள் நம்பிக்கை (Glaube) என்ன?' என்றே கேட்பார்கள். நமது நாடுகளிலும் 'நீ கடவுளை நம்புகிறாயா?' என்றுதான் கேட்கிறார்கள். அந்தக் கேள்வியே தப்பென்று கேட்பவருக்கோ, பதில் சொல்பவருக்கோ தெரிவதில்லை. நம்பிக்கையென்பதே சந்தேகம் என்ற அர்த்தம் கொண்டது. 'நான் கடவுளை நம்புகிறேன்' என்று ஒருவர் சொன்னாலே, அது சந்தேகமான வார்த்தைகள்தான். என்ன குழப்புகிறேனா? சரி இப்படிப் பாருங்கள்.

"உங்களுக்கு அம்மா இருக்கிறார் என்று நம்புகிறீர்களா?" என்று உங்களிடம் யாராவது கேட்க முடியுமா? சிலருக்கு அம்மா இறந்துபோயிருந்தாலும், "உங்கள் அம்மா உங்களுடன் இருந்தார் என்பதை நம்புகிறீர்களா?" என்று அவர்களிடம் கேட்கலாமா? கேட்டால், சப்பென்று கன்னத்தில் அறைவிர்கள் இல்லையா? "என் கண்முன்னால் இருக்கும் அம்மாவை, இருக்கிறாரென்று நான் ஏன் நம்பவேண்டும்" என்று சட்டையைப் பிடித்து உலுக்க மாட்டீர்களா? உங்களுக்குக் கண்கள் இருப்பதை எப்போதாவது நம்பியிருக்கிறீர்களா? காதுகள் இருப்பதை நம்புவீர்களா? நம்மோடு இருப்பவற்றை ஏன் நம்ப வேண்டும்? அவைதான் இருக்கின்றனவே. இப்போது புரிகிறதா, இருக்கிறதா, இல்லையா என்று சந்தேகிக்கும் ஒன்றைத்தான், நாம் இருப்பதாக

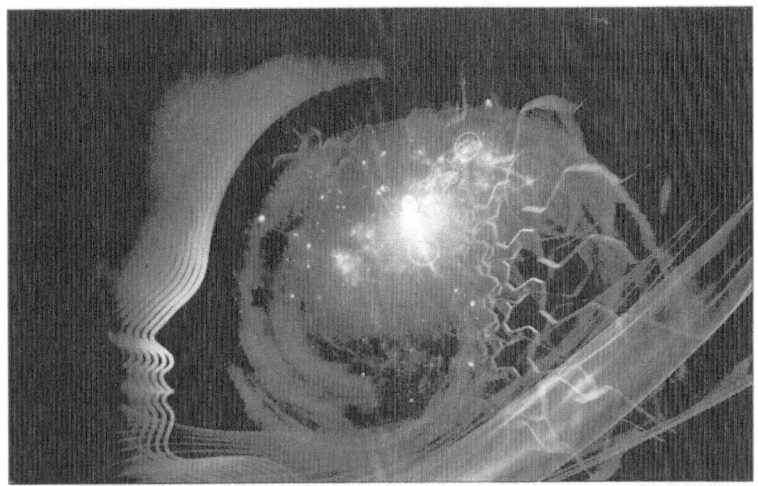

நம்பமுடியும். நூறு சதவீதம் இருப்பதை நம்புவது எப்படிச் சரியாகும்? அதனால், கடவுள் இருப்பதாக நம்புவது, அவரின் இருப்பைச் சந்தேகிப்பதாகும். அவர் இருக்கிறாரெனத் திடமாகத் தெரிந்தால், நம்பவேண்டிய அவசியமேயில்லை. அம்மாபோல அவரும் இருக்கிறார். அவ்வளவுதான். சாரி, எங்கோ சென்றுவிட்டோம். நாம் ஆகாயப் பதிவுகளுக்கு வருவோம்.

'ஆகாஷிக் ரெக்கார்ட்ஸ்' என்னும் வார்த்தைகளை அவதானிக்கும்போது, அதில் இந்தியச் சொல் இருப்பதும், ஒருவித ஆன்மீக அடையாளம் பதிந்திருப்பதையும் நீங்கள் கவனிக்கலாம். 'ஆகாஷா' அல்லது 'ஆகாயம்' என்பவை வடமொழிச் சொற்கள். ஆகாஷிக் ரெக்கார்ட்ஸ் என்னும் சொல், அவுஸ்ரேலியாவைச் சேர்ந்த மானுடவியலாளரான, 'ருடோல்ஃப் ஸ்டைனெர்' *(Rudolf Steiner)* என்பவரே முதன்முதலில் பயன்படுத்தியவர். 1904ஆம் ஆண்டுகளில் தனது லெமூரியா மற்றும் அட்லாண்டிஸ் சம்மந்தமான ஆராய்ச்சிகளின்போது, 'ஆகாஷிக் ரெக்கார்ட்ஸ்' என்னும் சொல்லைப் பயன்படுத்தினார். அதிலிருந்து இந்தச் சொல் எடுக்கப்பட்டது. இங்கு குறிப்பிடப்படும் 'ஆகாஷா', வானத்தைக் குறிக்கும் சொல் கிடையாது. விண்வெளியைக் *(Space)* குறிப்பது. 'ஒரு மனிதனின் மரணத்தின் பின்னர்,

அவனது உணர்வுகள் விண்வெளியில் எங்கோவொரு இடத்தில் பதிவாகிறது' என்று நான் கடந்த பகுதிகளில் சொல்லியிருந்தேன். அந்த உணர்வுகளையே *(Consciousness)*, உயிர் என்றும் புரிந்து கொள்கிறோம் என்றும் சொன்னேன். அதையே, ஆகாஷிக் ரெக்கார்ட்ஸும் வலியுறுத்துகிறது. பதியப்பட்டிருக்கும் உணர்வுகளின் அதிர்வுகளே *(Vibration)* பூமியிலுள்ள மனிதர்களை இயக்குகிறதாகவும் சொல்கிறது. அத்துடன் மேலும் சில கருத்துகளையும் சொல்கிறது. அங்குதான், நிக்கோலா டெஸ்லாவின் கூற்றும் வந்து இணைந்து கொள்கிறது.

'எனது பல கண்டுபிடிப்புகளுக்கான அடிப்படை ஆதாரங்களை, விண்வெளியிலிருந்து கிரகித்த சமிக்ஞைகள் மூலமாகவே நான் பெற்றுக்கொண்டேன்' என்று டெஸ்லா கூறியிருக்கிறார். அதிர்வுகளே, அவற்றின் மூலகாரணம் என்றும் சொல்லியிருக்கிறார். உணர்வுகளைப் பதிவு செய்வதற்கான மையப்புள்ளி, விண்வெளியில் இருப்பதாக அவர் நம்பினார். நினைக்கவே முடியாத எத்தனையோ கண்டுபிடிப்புகளுக்குச் சொந்தக்காரரான டெஸ்லாவை, இதனாலேயே விஞ்ஞானியாக ஏற்றுக்கொள்ளச் சில இயற்பியலாளர்கள் தயங்குகிறார்கள். இயற்பியலில் இருக்கும் முக்கியமான தன்மையே இதுதான். ஆதாரமில்லாத எதைச் சொன்னாலும் அப்படியே அதனால் ஏற்றுக்கொள்ள முடிவதில்லை. நம்பிக்கையின் அடிப்படையில் எந்த முடிவையும் அது எடுப்பதுமில்லை. ஆகாஷிக் ரெக்கார்ட்ஸையும் இயற்பியல் ஏற்றுக் கொள்ளவில்லை. இதை எழுதிக் கொண்டிருக்கும் நான் அதை நம்புகிறேனா என்று கேட்டால், 'இல்லை' என்ற பதிலைத்தான் என்னால் தரமுடியும். ஆனாலும், இதற்குள் ஏதோ ஒளிந்திருக்கிறது. அதை முறையான அறிவியலுக்குட்படுத்திக் கண்டுபிடிக்க வேண்டும் என்பதில் விருப்பமுள்ளவன். இதை நான் எழுதுவதற்கும் அறிவியல் சார்ந்து சில காரணங்கள் இருக்கின்றன. அவற்றை ஒவ்வொன்றாக உங்களுடன் பகிர்ந்து கொள்கிறேன். இந்த இடத்திலிருந்துதான் நமது பயணம் முறையாக ஆரம்பிக்கப் போகிறது. அந்த ஆரம்பத்தை மிக முக்கியமானதொரு மனிதரின் வரலாற்றிலிருந்து தொடங்குகிறேன்.

உணர்வுகளின் அதிர்வுதான் உயிரா?

'காட்பிரீ ஹரால்ட் ஹார்டி' (Godfrey Harold Hardy) என்னும் லண்டனைச் சேர்ந்த பிரபலமான கணிதவியலாளரிடம் ஒரு கடிதம் வந்து சேர்கிறது. அது நடந்த காலம் ஜனவரி 1913ஆம் ஆண்டு. 'நான் மதராஸில் ஆண்டு வருமானமாக இருபது பவுண்டுகளை மட்டுமே பெற்றுக்கொள்ளும் சாதாரண குமாஸ்தா' என்னும் வரிகளுடன் அந்தக் கடிதம் ஆரம்பமாகிறது. கூடவே சில காகிதங்களும் காணப்படுகின்றன. அந்தக் கடித உறையினுள் வைத்து அனுப்பப்பட்டிருக்கும் ஏனைய காகிதங்களைப் பார்த்த ஹார்டி மிரண்டே போய்விட்டார். கணிதத்தில் 'பிரதான எண்கள்' (Prime Numbers) என்பவை உண்டு. அவற்றை வைத்து, ஹார்டி சில ஆராய்ச்சிகளைச் செய்துவந்தார். அதனால், கணிதச் சமன்பாடுகளைக் கொண்ட கடிதங்கள் நாடெங்கிலிருந்தும் அவருக்கு வருவது வழமையானதுதான். அப்படியொரு கடிதமாகவே முதலில் அதையும் நினைத்தார். ஆனால், அவற்றை உற்றுக் கவனித்தபோதுதான் ஆடிப்போனார். பத்துப் பக்கங்களில், 'மேம்பட்ட கணித' (Advanced mathematic) சமன்பாடுகள், 120க்கும் அதிகமாக அதில் எழுதப்பட்டிருந்தன. அந்தச் சமன்பாடுகள் எதற்கானவை என்றே முதலில் அவரால் புரிந்துகொள்ள முடியவில்லை. தன்னுடன் பணிபுரியும் சக கணிதவியலாளருக்கு

என்ன ஒளிந்திருக்கிறது அங்கே?

அதைக் காட்டியபோது, "அந்தச் சமன்பாடுகள் நிச்சயம் உண்மையானவையாகவே இருக்கவேண்டும். காரணம், உண்மையில்லாத கணிதச் சமன்பாட்டை ஒருவரால் இப்படிக் கற்பனையாக உருவாக்க முடியாது" என்று சொன்னார். இருவருமே வியப்பின் விளிம்புக்குச் சென்றார்கள். மிகப்பெரியதொரு கணித மேதையான ஒருவரால் மட்டுமே இந்தக் கணிதச் சமன்பாடுகள் உருவாக்கப்பட்டிருக்கின்றன எனத் தீர்மானித்துக் கொண்டார்கள். யார் அந்த மர்ம மனிதன் என்று கேட்டும் கொண்டார்கள். மதராஸில், வெறும் இருபது பவுண்டுகளை மாதச் சம்பளமாகப் பெற்றுக்கொள்ளும் ஏழைக் குமாஸ்தாவால் அப்படியான கணிதச் சமன்பாடுகளை எப்படி உருவாக்க முடிந்தது?

1887ஆம் ஆண்டு, டிசம்பர் 22ஆம் தேதி, ஈரோட்டில் பிறந்த குழந்தைக்கு ராமானுஜன் என்று பெயர் வைக்கப்பட்டது. 13ஆம் வயதிலேயே எந்த ஆசிரியரின் உதவியும் இல்லாமல், திரிகோண கணிதத்தில் சிறந்து விளங்கினார் ராமானுஜன். அதன் பின்னர் அந்த வாலிபன் கணிதத்தில் செய்த சாதனைகளை ஒவ்வொன்றாய் நான் எழுத முடியாது. உலகின் முதல்தரமான கணித மேதையொருவரை உங்களால் கற்பனை செய்ய முடியுமெனில், அவர்தான் அந்த ராமானுஜன். மதராஸிலிருந்து அந்தக் கடிதத்தை அனுப்பி வைத்தவரும் அதே ராமானுஜன் சீனுவாசன்தான். அவர் ஒரு தமிழர் என்பதை நான் சொல்லவேண்டிய அவசியமேயில்லை. கணிதத்தில் மட்டும் தனித்துக் கவனம் செலுத்திய ராமானுஜனரால், ஏனைய பாடங்களைப் படிக்க முடியவில்லை. முடிவு, சாதாரண குமாஸ்தாவாகப் பணி கிடைத்தது. ஏழை வாழ்வு. ஆனால், அவர் அனுப்பிய கடிதத்தைப் பெற்றுக்கொண்ட ஹார்டி, அவரைக் கைவிடவில்லை. உடனடியாக ராமனுஜர் இங்கிலாந்துக்கு அழைக்கப்பட்டார். கேம்பிரிட்ஜ் பல்கலைக் கழகத்தில் இணைத்துக் கொள்ளப்பட்டார். அதன் பின்னர் நடந்ததெல்லாம் உலக அதிசயம். ராமானுஜர் உருவாக்கிய பல கணிதச் சமன்பாடுகளை நூறு ஆண்டுகளின் பின்னர்கூட விடுவிக்க முடியாமல் திணறினார்கள். அவர் மொத்தமாக

உணர்வுகளின் அதிர்வுதான் உயிரா?

3900 கணிதச் சமன்பாடுகளை உருவாக்கியிருக்கிறார். அனைத்தும் சரியானவை என்று நிறுவப்பட்டிருக்கின்றன. உலகம் முழுவதுமுள்ள பல துறைகளில் ராமானுஜரின் சமன்பாடுகள் பயன்படுத்தப்படுகின்றன. அவர் நிகழ்த்திய மிகப்பெரிய ஆச்சரியம் இன்றுவரை அனைவரையும் திகைக்க வைத்திருக்கிறது. அதுவே ராமானுஜரை இந்தக் கட்டுரைக்குள் நான் கொண்டுவரக் காரணமுமாகியது.

ராமானுஜர் வெகு இளைஞனாக 32 வயதிலேயே இறந்துபோனார். அவர் இறக்கும்போது அறிமுகமேயில்லாத கணினிகளுக்கும், மின்சார உபகரணங்களுக்கும் தேவையான சமன்பாடுகளை அன்றே உருவாக்கியிருந்தார் என்பதை உங்களால் நம்ப முடிகிறதா? அதுமட்டுமில்லை, கருந்துளை (Black hole) என்றால் என்னவென்றே தெரியாத காலத்தில், அதற்கான கணிதச் சமன்பாட்டையும் அவர் உருவாக்கியிருந்தார். அத்தனை சமன்பாடுகளையும் அவர் எப்படி உருவாக்கினார் என்று அவரிடம் கேட்டபோது, அவர் கூறிய பதிலின் அடிப்படை என்ன தெரியுமா? ஆகாஷிக் ரெக்கார்ட்ஸ்.

அத்தியாயம் 37

உயிரா, உணர்வா இல்லை அதிர்வா?

தமிழ்நாட்டைச் சேர்ந்த சீனிவாசன் இராமானுஜன் அவர்களை, இங்கிலாந்துக்கு அழைத்து, கேம்பிரிட்ஜ் பல்கலைக்கழகத்தில் இணைத்தார் கணிதப் பேராசிரியரான G.H.ஹார்டி. தனக்குத் தோன்றிய கணிதச் சமன்பாடுகளையெல்லாம் குறிப்பேடுகளில் எழுதுவதுதான் ராமானுஜரின் வழக்கம். கணிதத்தை முறையாக வடிவமைப்பது எப்படியென்று ஹார்டி கற்றுக்கொடுத்தார். ராமானுஜரின் கணிதத் திறமையைக்கண்டு, கேம்பிரிட்ஜ் பல்கலைக்கழகமே திகைத்துப் போயிருந்தது. அதனால், 'FRS (Fellowship of the Royal Society) விருதைக் கொடுத்துக் கௌரவித்தது. அதேபோன்ற விருதை, ட்ரினிட்டிக் காலேஜும் அவருக்கு வழங்கியது. ஆனால், துரதிர்ஷ்டவசமாக இளவயதிலேயே நோயால் பாதிக்கப்பட்டார் ராமானுஜன். நோய் தீவிரமாகியதால், தமிழ்நாட்டுக்கே திரும்பினார். அங்கு நோய்ப் படுக்கையில் இருந்தபோதும், கணிதச் சமன்பாடுகள் அவருக்குத் தோன்றிக்கொண்டே இருந்தன. 32 வயதில் அவர் இறந்தும் போனார். மரணப்படுக்கையில் அவர் எழுதிய

உயிரா, உணர்வா இல்லை அதிர்வா?

மூன்று குறிப்புப் புத்தகங்களில், நூற்றுக்கணக்கான கணிதச் சமன்பாடுகள் போடப்பட்டிருந்தன. அதில் ஆச்சரியம் என்னவென்றால், அந்தச் சமன்பாடுகளில் சிலவற்றை, ராமானுஜராலேயே சரிபார்த்துக்கொள்ள முடியவில்லை. அப்படியானவை அவருக்கு எப்படித் தோன்றியிருக்க முடியும்? இறப்பதற்கு முன்னர், 'நாமகிரித் தாயாரிடமிருந்து எனக்குக் கணிதங்கள் வந்துகொண்டே இருக்கின்றன. அவற்றைக் குறிப்பெடுத்துக் கொள்கிறேன்' என்று சொல்லியிருக்கிறார். அதைச் சரியாகப் புரிவதாயின், எங்கோவொரு இடத்திலிருந்து அனுப்பப்படும் கணிதச் சமன்பாடுகளை, அவர் கிரகித்துக் கொண்டிருக்கிறார். அதையே, குலதெய்வமான நாமகிரித் தாயினால் அனுப்பப்படுகிறது என்று சொல்லியிருக்கிறார். இது ஏற்றுக்கொள்ளக்கூடிய வாக்குமூலம் இல்லையென்று நீங்கள் நினைக்கலாம். சொந்தத் திறமையால் உருவாகும் கணிதத்தை, யாரோ அனுப்பியதாகச் சொல்கிறார் என்றும் நினைப்பீர்கள். இதுபோன்ற கூற்றுகளை ராமானுஜர் மட்டுமல்ல, வேறு பலரும் சொல்லியிருக்கிறார்கள்.

என்ன ஒளிந்திருக்கிறது அங்கே?

வேதியல் தனிமங்களை முறையாக அட்டவணைப் படுத்தியவர் 'மெண்டலீவ்' (Mendeleev preriotic table) என்னும் ரஷ்யர். தனிமங்களை எப்படி வரிசைப்படுத்துவது என்று திண்டாடியவருக்கு, தானாகவே அட்டவணை காட்சியாகத் தோன்றியது. அந்தச் சமயத்தில் கண்டுபிடிக்கப்படாத தனிமங்களையும் வரிசைப்படுத்தக் கூடியவாறு அட்டவணையை உருவாக்கினார். அந்த ஆச்சரியத்தை அவரே பதிவிட்டிருந்தார். அவரைப்போல, மைக்கேல் ஃபாரடே, ஐன்ஸ்டைன், நிக்கோலா டெஸ்லா, ஆப்பிள் நிறுவனத்தின் ஸ்தாபகர் ஸ்டீவ் ஜாப்ஸ் ஆகியோரும், அவர்களின் கண்டுபிடிப்புகளுக்கான தரவுகளைக் காட்சிகளாக எங்கிருந்தோ கிரகித்துக் கொண்டதாகச் சொல்லியிருக்கிறார்கள். அவை உண்மையா, பொய்யா என்பது எனக்குத் தெரியாது. ஆனால், பல காகங்கள் உட்கார்ந்து, பல பனம்பழங்கள் விழுந்தது நடந்திருக்கிறது. அவற்றில் நிக்கோலா டெஸ்லாவுக்கு நடந்தது வேறு லெவல்.

டெஸ்லா, தனது கண்டுபிடிப்புகளுக்கான அடிப்படைகள், பிரபஞ்ச வெளியிலிருந்து கிடைத்ததாகச் சொல்லியிருக்கிறார். கணிதத்தில் மிகத்திறமையானவராக இருந்திருக்கிறார். கல்லூரிப் படிப்பு முடிந்த சமயத்தில், அவருக்கு நடந்த சம்பவத்தைக் கேளுங்கள். டெஸ்லாவும், அவரது நண்பரும் புடாபெஸ்ட் நகரிலுள்ள பூங்காவில் நடந்து கொண்டிருந்தபோது, திடீரென அவருக்குள் விதவிதமான சிந்தனைகள் தோன்ற ஆரம்பித்தன. எங்கிருந்தோ அனுப்பப்படும் தகவல்கள் காட்சிகளாக அவருக்குத் தோன்ற ஆரம்பித்தன. அதற்கு முன்னர் பார்த்திருக்காத வடிவங்கள் அவை. பூங்காவின் மண் தரையில் அந்த வடிவங்களைக் குச்சியொன்றினால் வரைய ஆரம்பித்தார். முடிந்ததும் பார்த்தால், டெஸ்லாவினாலேயே நம்பமுடியவில்லை. அதுவொரு 'இண்டக்சன் மோட்டார்' (Induction motor) ஒன்றின் வரைபடமாக இருந்தது. அதை அப்படியே மனதில் பதித்துக்கொண்டார். பின்னர் அமெரிக்கா சென்று, முன்னர் தோன்றிய வரைபடத்துக்கு உயிர்கொடுத்து, இண்டக்சன் மோட்டாரை உருவாக்கினார். உலகமெங்கும் இண்டக்சன் மோட்டார் அறிமுகமானது. டெஸ்லா சாதாரண

உயிரா, உணர்வா இல்லை அதிர்வா?

ஒரு மனிதரல்ல. பல உபகரணங்களின் கண்டுபிடிப்புக்குச் சொந்தக்காரர். அமெரிக்காவில் அவரின் ஆரம்ப நாட்கள், தாமஸ் ஆல்வா எடிசனிடம், மாத ஊதியப் பணியாளராக்கியிருந்தது. 'மாறுதிசை மின்சாரம் (Altenating Current) மூலம் அமெரிக்கா முழுவதும் மின்சாரத்தை வழங்க முடியும்' என்று எடிசனுக்குக் கூறினார். அது சாத்தியமே இல்லையென்று, எடிசன் ஏற்றுக்கொள்ள மறுத்தார். "முடிந்தால், அதை உருவாக்கிக்காட்டு. நான் உனக்கு ஐம்பதினாயிரம் டாலர்கள் தருகிறேன்" என்று பந்தயமும் கட்டினார். சில நாட்களிலேயே டெஸ்லா அதை உருவாக்கினார். எடிசன் திகைத்துப் போனார். ஐம்பதினாயிரம் டாலர்கள் எங்கேயென்று டெஸ்லா கேட்டதற்கு, "உனக்கு அமெரிக்கர்களின் நகைச்சுவை புரியவில்லை" என்று அவரை வேற்று நாட்டவர் என்னும் விதத்தில் கிண்டலடித்தார் எடிசன் என்னும் மாபெரும் ஏமாற்றுக்கார முதலாளி. கடைசிவரை பணத்தைக் கொடுக்கவேயில்லை. அந்த மாறுதிசை மின்சாரத்தினால் உருவான வியாபாரம், அமெரிக்காவில் அப்போதே பல மில்லியன் டாலர்களைப் பெற்றுக்கொடுத்தது. டெஸ்லா 87 வயதில்தான் இறந்தார். தனிமனிதனாக, ஒரு ஹோட்டல் அறையில் வசித்து வந்தார். அவர் இறந்தபோது, அமெரிக்க அரசு அவருடைய அறையிலிருந்த அனைத்துப் பொருட்களையும் இரகசியமாகக் கைப்பற்றியது. டெஸ்லா, யாருக்கும் தெரியாமல் விதவிதமான ஆராய்ச்சிகளைச் செய்துவந்ததை, உளவாளிகள்மூலம் அரசு அறிந்திருந்தது. 700க்கும் அதிகமான கண்டுபிடிப்புகளை விவரமாகக் குறித்து வைத்திருந்தார் டெஸ்லா. அனைத்தும் நவீன உலகின் நம்பவே முடியாத கண்டுபிடிப்புகள். போருக்கு உபயோகப்படுத்தக்கூடிய நவீன ஆயுதங்களின் பொறிமுறைகளும் அவற்றில் அடக்கம். அவையெல்லாம் டெஸ்லாவுக்கு எப்படிச் சாத்தியமாயிற்று? ஒரு மனிதனால் இத்தனை கண்டுபிடிப்புகளை எப்படிக் கண்டுபிடிக்க முடியும்? டெஸ்லாவிடமிருந்த அற்புதமான குணம் உலகறிந்தது. தனது கண்டுபிடிப்புகளை இலவசமாக உலகமக்கள் பயன்படுத்த வேண்டுமென்று டெஸ்லா விரும்பினார். உலகம் முழுவதுக்குமான இலவச மின்சாரம்

மக்கள் பெறவேண்டுமெனப் பாடுபட்டவர். டெஸ்லாவின் கொள்கைகளைச் செயல்படுத்துவதாக இப்போது ஒருவர் முன்வந்திருக்கிறார்.

இன்று, டெஸ்லாவின் பெயரில் மிகப்பெரிய நிறுவனமொன்றை, 'எலான் மஸ்க்' *(Elon Musk)* உருவாக்கியிருக்கிறார். உலகம் முழுவதும் 'டெஸ்லா' என்னும் பெயரில் மின்சாரக் கார்கள் ஓடிக்கொண்டிருக்கின்றன. டெஸ்லாவின் கனவை நிறைவேற்றுவதாக, இலவசமாக இணைய இணைப்பை கொடுக்கக்கூடிய சாட்டிலைட்டுகளை வரிசையாக விண்வெளிக்கு அனுப்பிக் கொண்டிருக்கிறார். இவரின் 'ஸ்பேஸ் எக்ஸ்' *(Space X)* நிறுவனம், விண்வெளியில் பல சாதனைகளைப் புரிந்துகொண்டிருக்கிறது. இவற்றுடன், எலான் மஸ்க் செய்யும் நூதனமான ஆராய்ச்சிதான் இங்கு முக்கியமானது. 'நியூராலிங்க்' *(Neuralink)* எனப்படும் ஒரு ஆராய்ச்சித் திட்டத்தை அவர் உருவாக்கியிருக்கிறார். அதன்மூலம், ஒரு உயிரினத்தின் மூளைக்குள், கணினியிலிருக்கும் தகவல்களைக் கிரகிக்கும் அமைப்பை ஏற்படுத்துவது. கணினியால் கொடுக்கப்படும் தகவலின்படி அந்த உயிரினத்தை இயங்கவைப்பது. ஒரு பன்றியின் தலையில் மிகச்சிறிய அளவிலான சிப் *(Neuralink chip)* ஒன்றைப் பதித்து, அதை இயக்கிக் காட்டியிருக்கிறார் மஸ்க். அதுபோல, மனிதர்களுக்கும் சிப்களைப் பதித்து பலவித நன்மைகளைச் செய்ய முடியுமென்று கூறுகிறார். இந்தத் திட்டத்தைப்பற்றி எந்த விமர்சனத்தையும் முன்வைப்பதல்ல என் நோக்கம். ஆனால், டெஸ்லாவின் பல கனவுகளை நனவாக்குவதாகச் சொல்லும் எலான் மஸ்க்கின் இந்தத் திட்டத்தின் அடிநாதம் என்னவென்பதை உங்களுக்குப் புரியவைப்பதுதான். ஆகாஷிக் ரெக்கார்ட்ஸ் எப்படிச் செயல்படுகிறதென்று சற்றுச் சிந்தித்துப் பாருங்கள். நான் என்ன சொல்ல வருகிறேன் என்பது புரியும். ஒவ்வொரு மனிதனும் இறக்கும்போது, அவனது உணர்வுகள் (உயிரென்று நாம் நம்புவது) பிரபஞ்சவெளியில் சங்கமமாகின்றது. அப்படிப் பதிந்திருக்கும் உணர்வுகளைக் கிரகித்துக் கொள்வதே ஆகாஷிக் ரெக்கார்ட்ஸ். அதனடிப்படையில்தான், எலான் மஸ்கின் நியூரான்லிங்கும் செயல்படுகிறது என்பது புரிகிறதா?

உயிரா, உணர்வா இல்லை அதிர்வா?

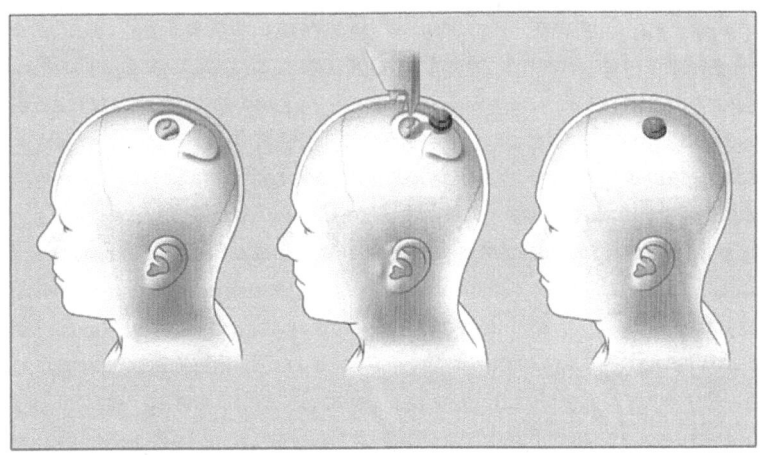

பிரபஞ்சவெளியில் பதிந்திருக்கும் தகவல்களுக்குப் பதில், கணினியில் பதிந்திருக்கும் தகவல்கள். அந்தத் தகவல்களை வயர்கள் இணைப்பின்றி, ஒரு சிப்மூலம் மனிதனை உணரவைக்க முயல்கிறார்கள். ஆகாஷிக் ரெக்கார்ட்ஸில் இயற்கையாக எது நடைபெறுகிறது என்று சொல்கிறார்களோ, அதைச் செயற்கையாக உருவாக்குகிறார் எலான் மஸ்க். இது உங்களுக்கு ஆச்சரியமாக இல்லையா? எலான் மஸ்க் இதை நடைமுறைக்குக் கொண்டுவர நினைப்பது உங்களுக்கு எதை உணர்த்துகிறது? இதுவும் ஒரு செயற்கை ஆகாஷிக் ரெக்கார்ட்ஸ்தான் அல்லவா? மரணத்தின் விளிம்புவரை சென்று திரும்புதல், உயிரென்னும் கான்சியஸ் உணர்வுகள், பிளாக்ஹோல் சுவர்களில் இன்பர்மேசன் பதிவுகள், ஆகாஷிக் ரெக்கார்ட்ஸ், எல்லாமே ஒரே விசயத்தையே தொட்டுச் செல்கின்றன.

மனித உணர்வுகள் (Conciousness), பிரபஞ்சவெளியில் எங்கோ பதிவாகியிருக்கின்றன, கணினியில் தரவுகள் பதிவுசெய்யப்பட்டிருப்பதுபோல. அவையனைத்தும் அலைகளாகப் பல்வேறு அதிர்வெண்களின் துடிப்புகளாக (Frequency) அதிர்ந்து கொண்டிருக்கின்றன. அத்துடிப்புகளைச் சிறப்புத்தன்மைகொண்ட மனிதர்கள் சிலரால் கிரகிக்க

முடிகிறது. அந்தச் சிறப்பைக் கொண்டவர்களே, அற்புதச் சாதனையாளர்களாக விளங்குகிறார்கள். ஒருசில மனிதர்களின் திறமைகளைப் பார்க்கும்போது, இவர்களால் எப்படிச் செய்யமுடிகிறதென்று அதிசயித்திருப்போம். நான்கு வயதேயாகாத சிறுவர்கள் சிலரின் அசாத்தியத் திறமைகளைப் பார்த்து வியப்பின் உச்சிக்கே போயிருப்போம். அந்தத் திறமைகள் ஒருசிலருக்கு மட்டும் எப்படிக் கிடைக்கின்றன? அவர்களே பிரபஞ்சவெளியின் துடிப்புகளைக் கிரகிப்பவர்கள் என்கிறார்கள். ஒவ்வொரு மனிதனுக்கும் அப்படியான உணர்சக்தி இருந்தாலும், ஒருசிலரால் மட்டும், அதிக அளவில் உணர முடிகிறது. கிட்டத்தட்ட ஆன்டெனாக்களின் தரத்தைப் பொறுத்தே அவற்றின் உணரும் தன்மை இருக்குமல்லவா, அப்படித்தான் இதையும் நாம் புரிந்துகொள்ள வேண்டும். ஆனால், ஜோஷ்யம் சொல்லும் சிலரும், கடவுளின் பெயரால் ஏமாற்ற நினைக்கும் சிலரும், தங்களுக்கும் இதுபோன்று ஆகாயத்திலிருந்து தகவல்கள் கிடைப்பதாகச் சொல்கிறார்கள். தங்களை அறிவியல்கொண்டு நிறுவ முயல்கிறார்கள். அவர்களில் வெகுசிலர் உண்மையானவர்களாக இருக்கக்கூடும். ஆனால், பண வரவிற்காக விசேஷத் தன்மை உள்ளதாக எவர் சொல்கிறாரோ, அவர் நிச்சயம் போலியானவராகவே இருக்கமுடியும்.

இதுவரை ஆகாஷிக் ரெக்கார்ட்ஸைப் படித்துவந்த உங்களுக்கு, அதை நம்பும்வகையிலேயே சொல்லியிருக்கிறேன். நான் சொன்னதால் அது உண்மையாகிவிடாது. நானும் அதை நம்புகிறேன் என்ற அர்த்தமுமில்லை. நீங்களும் முழுமையாக நம்பவேண்டியதில்லை. இப்படியான ஆச்சரியங்களும், மர்மங்களும் உலகத்தில் இருக்கின்றன என்பதைத் தெரிந்து கொள்வதுதான் முக்கியமானது. எனக்குத் தெரிந்ததை உங்களுடன் பகிர்ந்திருக்கிறேன். அதில் ஒளிந்திருக்கும் உண்மையைக் கண்டுபிடிப்பது உங்கள் கடமை. ஆனாலும், இத்துடன் இது முடிந்து போகவில்லை. அதிர்வுகளே பிரபஞ்சவெளியின் இயக்கத்தின் அடிப்படை என்று சொல்லப்பட்டதால், அறிவியலில் இவற்றிற்கான விளக்கம்

ஏதும் இருக்கிறதா என்று பார்த்தால், நவீன அறிவியலின் ஆச்சரியமான முடிவொன்று கொஞ்சம் திகைக்க வைக்கிறது. அதைத் தெரிந்து கொள்ளும்போது, 'அப்போ, இவையெல்லாம் உண்மைதானா?' என்ற திகைப்பு ஏற்படுகிறது. அதனால், அறிவியலின் அந்த ஆச்சரியத்தை அடுத்த பதிவில் பார்த்து விடுவோம். அத்துடன் உயிரைப் புரிந்துகொள்ளும் கட்டுரைகளை முடித்துக் கொள்வோம்.

அத்தியாயம் 38

எது உயிர்?

இயங்கிக் கொண்டிருக்கும் மனிதனை இயக்குவதே 'உயிர்' என்கிறோம். உங்களுக்குத் தெரிந்த ஒருவரை நேற்றுவரை பெயர் சொல்லி அழைத்திருப்பீர்கள். அவர் பெயரை 'எக்ஸ்' என்று வைத்துக்கொள்ளலாம். எக்ஸ் இறந்ததும், "பாடி எங்கே இருக்கிறது?" என்றுதான் கேட்பீர்கள். எக்ஸ் காணாமல்போய் பாடியாகியிருக்கும். 'எக்ஸின் உயிர் போய்விட்டது' என்றும் சொல்வீர்கள். மரணத்தில், உடலைவிட்டு உயிர் வெளியே போய்விடுகின்றதெனப் பலர் நம்புகிறார்கள். மதங்கள் அதையே வலியுறுத்துகின்றன. ஆனால், இயற்பியல் இதற்கு நேரெதிர் நிலையுடையது. உயிரென எதுவும் கிடையாதென்று திடமாகச் சொல்கிறது. வீட்டுக்கு வெளிச்சம்தரும் விளக்கு, மின்சாரம் துண்டிக்கப்பட அணைந்து போகிறது. வீடே இருட்டாகிறது. அதுபோலத்தான் மரணமும். உடலைவிட்டு எதுவும் வெளியே போவதில்லை என்கிறது இயற்பியல். ஆன்மீகமும், அறிவியலும் தெரியாத கேள்விக்குப் பதில்சொல்ல முயல்கின்றன. மரணத்தின்

எல்லையை, இரண்டும் தாண்டியதில்லை. அங்கு என்ன ஒளிந்திருக்கிறதெனக் கண்டுபிடிக்கவும் முடியாது. மரணத்தைத் தாண்டியவர் மீண்டுவந்தது கிடையாது. மரண விளிம்புவரை *(Near to death)* சென்று திரும்பியிருக்கிறார்கள். ஆனால், அதைத் தாண்டிச்சென்று திரும்பியவர்கள் யாருமில்லை. யேசுநாதர் மூன்று நாட்களில் உயிர்த்தெழுந்ததாகவும், பாம்பு கடித்து இறந்த பிள்ளை உயிர்த்தெழுந்ததாகவும், மதங்கள் வழியாகச் சொல்லப்படுகின்றன. உயிர்த்தெழுதல், மறுபிறப்பு, எழுபிறப்பு, சொர்க்கம், நரகம் அனைத்தையும் மதங்களே வலியுறுத்துகின்றன. இயற்பியலோ இவற்றை அடியோடு நிராகரிக்கிறது. அதற்குத் தேவையானவை ஆதாரங்கள். 'நான் நம்பவேண்டுமா? நிரூபித்துக்காட்டு' என்கிறது. ஒரே அடம். ஆனாலும், உயிர் பிரிவதை நிரூபித்துக் காட்டினார் ஒருவர்.

1901ஆம் ஆண்டு அமெரிக்க மருத்துவரான 'டங்கன் மாக்டுகால்' *(Duncan Macdougall)*, உயிர் 21 கிராம் எடையுடையதென்று ஆராய்ச்சிமூலம் நிரூபித்துச் சொன்னார். இறக்கும் தருவாயில் இருக்கும் சிலரைப் படுக்கையோடு, துல்லியமாக எடையளக்கும் கருவியுடன் இணைத்து, இறக்கும் தருணத்தில்

என்ன ஒளிந்திருக்கிறது அங்கே?

அவர்களின் எடை குறைவதைக் கணித்துக் கொண்டார். அந்த எடையிழப்பிற்கு சுவாசமோ, வியர்வையோ, வேறெந்தக் கழிவுகளோ காரணமில்லையென்பதையும் உறுதிப்படுத்தினார். அவர் பரிசோதித்த ஆறு நபர்களின் உயிரின் எடையும் 21கிராமாக இருந்தது. அதன்மூலம், உயிரின் எடை 21கிராமெனத் தெரிவித்தார். அதே ஆராய்ச்சியை நாய்களுக்குச் செய்துபார்த்ததில், எந்த எடையிழப்பும் ஏற்படவில்லை. அதனால், நாய்களுக்கு ஆன்மாவே கிடையாதென்றும் முடிவுக்கு வந்தார். இதைவைத்து, 2003ஆம் ஆண்டு '21 Grams' என்னும் திரைப்படமொன்று வெளியானது. பின்னர் வந்த விஞ்ஞானிகள், மாக்டுகாலின் முடிவை ஏற்றுக்கொள்ளவில்லை. 'மூளையின் செயலிழப்பா, இதயத்தின் செயலிழப்பா, எதைவைத்து அவர் இறப்பைக் கணித்தார்?' என்னும் கேள்வி எழுந்தது. அதனால், 21கிராம் உயிர்க் கொள்கை கைவிடப்பட்டது. அதே சமயத்தில் அறிவியலையும், ஆன்மீகத்தையும் இணைக்கும் புதிய கருத்து உருவானது. 'மரணத்தின்போது மனிதனிடமிருந்து உணர்வு (Consciousness) பிரிகிறது' என்று சொல்லப்பட்டது. ஆன்மீகத்துக்கு ஆதரவானதுபோல அந்தக் கருத்து இருந்தாலும், வெளியேறுவது ஆன்மாவோ, உயிரோ அல்ல உணர்வுதான் (Consciousness) என்பது, மாறுபட்ட கருத்தாகவே இருந்தது. நவீன இயற்பியலின் கோட்பாடுகளையும் அதற்கான ஆதாரங்களாகக் கொடுக்கவும் செய்தார்கள். இதனால் இயற்பியல் சற்றுத் தடுமாறிப் போனது உண்மைதான். இயற்பியலின் எந்தக் கோட்பாடுகளை ஆதாரமாகக் கொடுத்தார்கள் என்பதையே இந்தப் பகுதியில் நாம் பார்க்கப் போகிறோம்.

மனிதன் கலங்களாலும் (Cells), ஞாபகங்களாலும் (Memory) வடிவமைக்கப்பட்டவன். கலங்கள், அடிப்படைத் துகள்களால் (Fundamental particles) உருவாக்கப்பட்டவை. ஞாபகங்களோ, தகவல்களால் (Information) ஆனவை. மனிதன் இறந்தபின், இவையிரண்டும் பிரபஞ்சவெளியில் கலந்துவிடுகின்றன. அடிப்படைத் துகள்களையும், தகவல்களையும் அழிக்கவே முடியாதென்பது இயற்பியலின் அடிப்படை விதி. அதனால், அடிப்படைத் துகள்கள் பிரபஞ்சத்தில் கலந்துவிட, தகவல்கள்

பிரபஞ்சத்தின் ஏதோவொரு இடத்தில் பதியப்படுகின்றன. அந்த இடம், கருந்துளைகளின் சுவர்களாகவும் இருக்கலாம். ஒரு மனிதனுடைய ஞாபகத் தகவல்களையே, 'உணர்வுகள்' *(Consciousness)* என்கிறார்கள். இவற்றையெல்லாம் முன்னரே சொல்லியிருந்தேன். நீங்கள் மறந்திருக்க மாட்டீர்கள். இனிச் சொல்லப்போவதைப் புரிந்துகொள்வதற்கான மீட்டல் இது.

மனிதனுள் ஞாபகங்கள் பலவிதங்களில் பதியப்படுகின்றன. வாழ்நாள் முழுவதும் புலன்களால் அறிந்து கொண்டவற்றை நிரந்தரமான ஞாபகமாகவும், அவற்றை மீட்டெடுத்து அந்தந்த நேரத்தில் கணித்துக் கொள்ளும் தற்காலிக ஞாபகமாகவும் இருவகை அவனிடம் உண்டு. அத்துடன் ஞாபகங்கள் முடிந்துவிடுவதில்லை. உடலெங்கும் பரவியிருக்கும் ஒவ்வொரு கலங்களிலுள்ள 'டிஎன்ஏ' *(DNA)* களில் மரபுசார்ந்த ஞாபகங்கள் பதிக்கப்பட்டிருக்கின்றன. ஒவ்வொரு கலமும் மூன்றுமீட்டர் நீளமுள்ள டிஎன்ஏ களைக் கொண்டிருக்கும். சராசரி மனிதனொருவனின் உடலில், 37 ட்ரில்லியனுக்கும் அதிகமான கலங்கள் இருக்கின்றன. கிட்டத்தட்ட ஒருகிராம் டிஎன்ஏ, 215,000 டெராபைட் அளவுள்ள ஞாபகத்தைப் பதிந்துவைக்கக் கூடியவையென்றால் பார்த்துக் கொள்ளுங்கள். உடலில் மூளை மட்டுமே ஞாபகங்களைக் கொண்டிருப்பதில்லை. இவற்றுடன், ஆணின் விந்துகளிலும், பெண்ணின் முட்டைகளிலும்

ஒருவிதமான ஞாபகங்கள் பதிந்திருக்கின்றன. இவை அனைத்தும் ஒன்று சேர்ந்துதான், ஒரு மனிதனின் மொத்த ஞாபகங்களாகின்றன. இவை கணினியில் பதிவான தகவல்களாக பதிக்கப்பட்டிருக்கின்றன. இவையே, உணர்வாக ஒரு மனிதனை இயக்கிக் கொண்டிருக்கின்றன. அதையே உயிரென்றும் நாம் புரிந்து கொள்கிறோம். இந்த உணர்வுதான் மரணத்தின் பின்னர் பிரபஞ்சவெளிக்குச் சென்று பதிவாகிறது.

நவீன இயற்பியலின்படி, பிரபஞ்சவெளியில் இருக்கும் அனைத்தும் அதிர்வுகளாகத் *(Vibration)* துடித்துக் கொண்டிருக்கின்றன. வெவ்வேறுவிதமான அதிர்வெண்களுடைய *(Frequency)*, அலைகள் *(Waves)* அவை. அடிப்படைத் துகள்களெல்லாம் ஆற்றல்கொண்ட புலங்களாக *(Fields)*, பிரபஞ்சவெளியெங்கும் அதிர்ந்து கொண்டிருக்கின்றன. 'குவாண்டம் புலக்கோட்பாடு' *(Quantum field theory)*, இதையே சொல்கிறது. நுண்ணிய அளவுகொண்ட குவாண்டம் துகள்கள், நுண்ணதிர்வுகளைக் கொண்டுள்ளன. மனித உணர்வுகளும் அதிர்வுகளாகவே பிரபஞ்சவெளியில் பதிவாகின்றன. 'உணர்வுகள், அலைகளுடன் தொடர்பு கொண்டவை. உணர்வுகளால், அலைகள் பாதிக்கப்படுகின்றன' என்று குவாண்டம் இயங்கியலின் கோட்பாடொன்று சொல்கிறது. அந்தக் கோட்பாட்டை முன்வைத்துதான் ஆகாஷிக் ரெக்கார்ட்ஸ், உண்மையென நிறுவ முயல்கிறார்கள். அது என்ன கோட்பாடு என்பதைப் பார்க்கலாம் வாருங்கள்.

ஐன்ஸ்டைன், நீல்ஸ் போர் *(Niels Bohr)* இருவரும் இயற்பியலின் மிகப்பெரிய ஜாம்பவான்களென்று நான் சொல்ல வேண்டியதில்லை. ஒருநாள் இரவு, வீட்டு முற்றத்தில் இருவரும் அமர்ந்து பேசிக்கொண்டிருந்தார்கள். அப்போது வானத்தில் தெரிந்த நிலாவைக்காட்டி ஐன்ஸ்டைன் கேட்டார், "சந்திரன் வானத்தில் இருப்பதால் அதை நாம் பார்க்கிறோமா? அல்லது நாம் பார்ப்பதால், சந்திரன் வானத்தில் இருக்கிறதா?" இது என்ன இடக்குமுடக்கான கேள்வியென்று நீங்கள் நினைப்பீர்கள். ஆனால், அந்தக்

எது உயிர்?

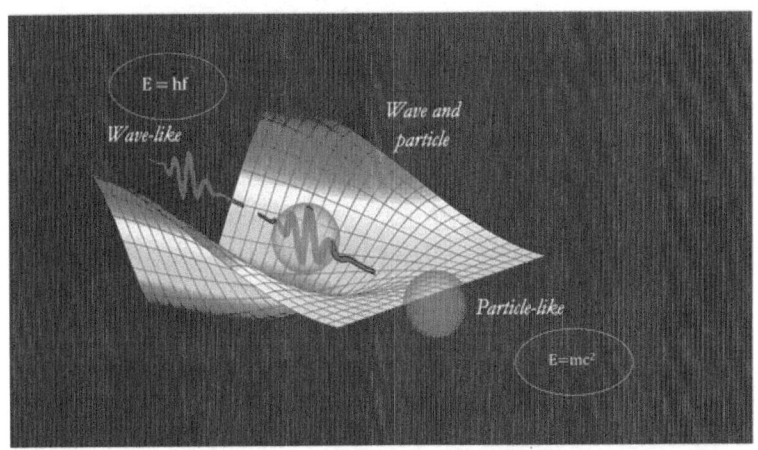

கேள்வியை ஐன்ஸ்டைன் ஏன் கேட்டாரென்பதை நீல்ஸ் போர் புரிந்துகொண்டார். கேள்விக்கான அடிப்படைக் காரணம் குவாண்டம் இயங்கியல். குவாண்டம் இயங்கியலின் சில முடிவுகளை ஐன்ஸ்டைனால் ஏற்றுக்கொள்ள முடியவில்லை. எலெக்ட்ரான்போன்ற அடிப்படைத் துகள்களின் விந்தைச் செயற்பாடுகளை, அவர் கடுமையாக விமர்சித்தார். குவாண்டம் இயங்கியல் சொல்வதுபோல இருக்கவே முடியாதென்று நம்பினார். ஐன்ஸ்டைன் சறுக்கிய இடமாக அதைச் சொல்லலாம். அணுக்களைவிட, மிகச்சிறிய நுண்ணிய குவாண்டம் துகள்களின் நடவடிக்கைகள், சாதாரண துகள்களைப்போல இருப்பதில்லை. சாதாரண துகள்கள், இயற்பியல் விதிகளுக்குட்பட்டவையாக இருக்கும். ஆனால், குவாண்டம் துகள்களோ சொல்கேளாக் குழப்படிப் பையன்கள் போன்றவை. அவற்றில் ஒரு செயல்பாட்டை விமர்சிப்பதற்கே ஐன்ஸ்டைன் அந்தக் கேள்வியை முன்வைத்தார். குவாண்டம் துகள்கள், உதாரணமாக எலெக்ட்ரான் துகள்கள், இரு நிலைகளைக் கொண்டிருப்பதாகக் குவாண்டம் இயங்கியல் சொல்கிறது. ஒரு சமயம் துகளாகவும், மறு சமயம் அலையாகவும் இருக்கும். துகள் என்பதன் அர்த்தமே, அதுவொரு பொருள் போன்றது என்பதாகும். அங்கே இருக்கிறது. அப்படி இருக்கிறது என்றெல்லாம் அதுபற்றிச் சொல்லமுடியும். ஆனால், அலைகள்

அப்படியானவையல்ல. அலைகளென்றாலே அதுவொரு பொருள் இல்லையென்றாகிவிடும். அனைத்து இடத்திலும் பரவிக் காணப்படும். கடலலைகளை நீங்கள் நினைத்துக்கொள்ள வேண்டாம். ஒலி அலைகள் கண்ணுக்குத் தெரியாதவை. எங்கிருக்கிறதெனத் தெரியாமல், இருக்குமிடமெங்கும் பரவிக் காணப்படும். ஒரு துகள் அலையாகவும் இருக்குமென்று சொல்வது, பொருளொன்று மாயமாக மறைவது போலாகிறதல்லவா? இத்துடன் துகள்களின் இன்னுமொரு தன்மையையும் குவாண்டம் இயங்கியல் சொல்கிறது. 'ஒரு துகளை, நமது புலன்களினூடாக அவதானித்துக் கொண்டிருக்கும்போது, அது துகளாகவே இருக்கும். அதை எவரும் அவதானிக்காத பட்சத்தில்தான் அது அலையாக மாறுகிறது' என்கிறது குவாண்டம் இயங்கியல்.

ஒரு துகளை யாராவது அவதானித்தால், அது பொருளாகவும், அவதானிக்காவிட்டால் அலைகளாகவும் மாறி மறைந்துவிடுகிறது. பிரபஞ்சத்திலிருக்கும் அனைத்துப் பொருட்களும் துகள்களால் ஆக்கப்பட்டவை. நீங்கள், நான், சந்திரன், சூரியன் எல்லாமே அடிப்படைத் துகள்களால் உருவானவைதான். அதனால், நிலாவை யாரும் அவதானிக்காவிட்டால், அது அங்கிருக்காது. அலைகளாக மாறிப் பிரபஞ்சவெளியெங்கும் பரவிக் கலந்துவிடும். அதை யாரும் பார்த்தாலோ, அவதானித்தாலோ மறுபடியும் நிலாவாகிவிடும். இது அம்புலிமாமா கதையல்ல. 'இரட்டைத்துளைப் பரிசோதனை' ***(Double slit experiment)*** மூலம் நிரூபித்துள்ளார்கள். இங்கு அவதானிப்பதென்பது, பார்த்தல் மட்டுமல்ல. அனைத்துப் புலன்களையும் இயக்கும் உணர்வைக் ***(Consciousness)*** குறிக்கிறது. அதனால்தான், ஐன்ஸ்டைனும் அப்படியொரு கேள்வியைக் கேட்டார். நீங்கள் தொலைக்காட்சி பார்த்துக் கொண்டிருக்கும்போது, உங்கள் மனைவி தேனீர்க் கப்புடன் உங்களுக்குப் பின்னால் நிற்கிறாரென்று வைத்துக்கொள்ளுங்கள். அவர் நிற்பதை எந்தவிதத்திலும் நீங்கள் உணராத பட்சத்தில், அங்கு உங்கள் மனைவி இருக்கமாட்டார். அவர் அலையாக அறை முழுவதும் பரவியிருப்பார். உங்கள் புலன்களில் ஏதாவதொன்றினால் அவரை உணர ஆரம்பித்த

எது உயிர்?

கணத்தில் மீண்டும் மனைவியாகிவிடுவார். 'என்னடா இது! இதுவரை படித்த மர்மங்களில் இதுவே மிகப்பெரிய மர்மமாக இருக்கிறதே!' என்று தோன்றுகிறதல்லவா? ஆம், இது மர்மம்தான். குவாண்டம் இயற்பியலில் துகள்களின் நடவடிக்கைகள் மர்மமானவைதான். நீங்கள் அறிவியல் விரும்பியாக இருக்கும் பட்சத்தில் அவற்றையும் நான் சொல்லலாம். முடிவு உங்கள் கையில். சரி, மனித உணர்வு, துகள்களின் நிலைகளை மாற்றுகிறதென்று அறிவியல் ஒப்புக்கொள்வதை முன்வைத்து, ஆகாஷிக் ரெக்கார்ட்ஸ் உண்மையென்று நிறுவ முயல்கிறார்கள். பணம் சம்பாதிக்க நினைக்கும் ஆன்மீகவாதிகள் இதைத் தங்கள் பிரச்சாரமாகவும் எடுத்துக்கொள்கிறார்கள். இவர்கள் சிலரின் அட்டகாசத்தைத் தாங்க முடியாத இயற்பியலாளர்கள், இரட்டைத்துளைப் பரிசோதனையில் சொல்லப்பட்ட உணர்வு என்பதே தப்பான கணிப்பு என்று நிரூபிக்கிறார்கள்.

மரணத்தின் பின்னரும், நாம் மரணிக்காமல் உணர்வுகளாக இருப்போம் என்று சிந்திப்பதை ஒருபுறம் வைத்துவிட்டு, நமக்காகத் தரப்பட்டிருக்கும் நிஜமான இந்த அற்புதமான வாழ்க்கையை ஜாலியாக வாழுங்கள்.

அத்தியாயம் 39

டவ்ரெட் போகலாம் வாரீர்களா?

உங்களுக்கு ஒரு கதை சொல்லட்டுமா? மனித வரலாற்றில் இதுவரை, இப்படியானதொரு மர்மச் சம்பவம் நடந்ததேயில்லை. உலகத்தில் நடைபெற்ற மர்மச் சம்பவங்களைச் சொல்லும்போது, அந்தச் சம்பவத்தைத் தவிர்த்துவிட்டு, யாரும் கடந்துசெல்ல முடியாது. அதனாலேயே, மிகவும் முக்கியமான 'டவ்ரெட்' மனிதனின் கதையை உங்களுக்குச் சொல்ல முடிவெடுத்தேன். அதைத் தெரிந்துகொள்ளாமல் நீங்களும் இருக்கக் கூடாது. அந்தச் சம்பவம், உண்மையாக நடந்ததா, இல்லையா என்பதற்கான எந்த ஆதாரமும் என்னிடம் கிடையாது. நடந்ததாகப் பலர் பல இடங்களில் பதிவுசெய்திருக்கிறார்கள். இந்தக் கதையை ஏற்கனவே இன்னுமொரு இடத்தில் சொல்லியிருந்தாலும், உங்களுக்காக மீண்டுமொருமுறை சொல்லிவிடுறேன். அது நிஜமாகவே நடந்திருக்கும் பட்சத்தில், அங்கு ஒளிந்திருப்பதன் விளக்கங்களை நாம் பார்க்கலாம். ஒருவேளை பொய்யாக இருந்தாலும் கவலைப்படத் தேவையில்லை. அதைவிட அதிகப் பொய்களை இனிவரும் நாட்களில் சந்திக்கப்போகிறீர்கள்.

டவ்ரெட் போகலாம் வாறீர்களா?

அதனால், பொய்களை எதிர்நோக்க உங்களை அது தயார்படுத்தும். இனி நாம் கதைக்குள் இறங்குவோம். சரி, இப்போது நாம் எங்கே போகிறோம் தெரியுமா? ஜப்பானுக்கு. சரியான கடவுச்சீட்டைக் கையில் எடுத்துக்கொள்ளுங்கள்.

1954ஆம் ஆண்டின் கோடைக் காலத்தில், உல்லாசப் பிரயாணிகளால் ஜப்பான் நிரம்பிக் கொண்டிருந்தது. இரண்டாம் உலகப்போர் முடிந்தநிலையில், தன்னை மீளக்கட்டமைக்க ஆரம்பித்த ஜப்பானுக்கு வியாபார ரீதியாகவும் பலர் வந்துகொண்டிருந்தனர். டோக்கியோவிலிருக்கும் 'ஹனேடா' விமான நிலையம் (Haneda airport, Tokyo) சுறுசுறுப்பாகவே இயங்கிக் கொண்டிருந்தது. மேற்கு ஐரோப்பாவிலிருந்து வந்த விமானமொன்று அப்போதுதான் தரையிறங்கியிருந்தது. விமானத்தின் பயணிகள் கடவுச்சீட்டைப் பரிசோதனையிடும் வரிசையில் நின்றுகொண்டிருந்தனர். நீண்ட நேரப் பயணத்தின் அயர்ச்சியால் பயணிகளிடம் பதற்றம் காணப்பட்டது. ஆனால், எந்தவிதமான அவசரமோ, பதற்றமோ இல்லாமல், கடைசியாக அவன் நின்றுகொண்டிருந்தான். இன்றைய காலம்போல, இறுக்கமான பரிசோதனைகள் அப்போது இல்லை. வெகுசீக்கிரத்தில் பரிசோதனைகள் முடிக்கப்பட்டு, ஒவ்வொருவராக அனுப்பப்பட்டார்கள். அவனுக்கான சமயமும்

என்ன ஒளிந்திருக்கிறது அங்கே?

வந்தது. ஜப்பானியர்களுக்கே உரித்தான பணிவுடனும், உபசரிப்புடனும் வணக்கத்தைத் தெரிவித்து, கடவுச்சீட்டை வாங்கிக்கொண்டார் சுங்க அதிகாரி. கடவுச்சீட்டைப் பார்த்தார். அவனையும் நிமிர்ந்து பார்த்தார். ஐரோப்பியர்களுக்கேயுரிய எடுப்பான தோற்றத்துடன் கோட், டை அணிந்து பயணக் களைப்பு எதுவுமில்லாமல், அவன் காணப்பட்டான். அதிகாரியைப் பார்த்துச் சினேகத்துடன் சிரித்தும் கொண்டான். ஆனால், சுங்க அதிகாரியின் முகத்திலிருந்த சிரிப்பு மெல்ல வடியத் தொடங்கியது. முகம் இறுக்கமாகியது.

அவனது கடவுச்சீட்டை உள்ளேயும், வெளியேயுமாகப் பலமுறை பார்த்துவிட்டு, "எங்கிருந்து வருகிறீர்கள்?" என்று கேட்டார். அடுத்த நொடியிலேயே "டவ்ரெட்" (Taured) என்ற பதில் அவனிடமிருந்து கிடைத்தது. தொடர்ந்து, "கடவுச்சீட்டில் அது இருக்கிறதே!" என்று சிரித்தபடி சொன்னான். அதிகாரியிடமிருந்து வந்த அடுத்த கேள்வியை அவன் எதிர்பார்க்கவேயில்லை. "டவ்ரெட் எங்கிருக்கின்றது?" என்றார் அதிகாரி. "என்ன?" என்ற ஒற்றைச் சொல்லைச் சற்று அழுத்தமாகவும், கோபத்துடனும் சொன்னான். 'என்ன முட்டாள் இவன்? விமான நிலையத்தில் பணிபுரியும் ஒருவனுக்கு, டவ்ரெட் எங்கிருக்கிறது என்பதுகூடவா தெரியாமல்போகும்?' என்று நினைத்துக் கொண்டான். "ஏன், ஏதாவது பிரச்சனையா?" என்று கேட்டான். அவனது கோபத்தையும், முகத்திலிருக்கும் தெளிவையும் கண்டு, அதிகாரி குழம்பிப்போனார். "சற்றுப் பொறுங்கள்" என்று சொல்லி, யாருக்கோ தொலைபேசினார். அடுத்தகணம் அவர்களை நோக்கி இரண்டு காவலதிகாரிகள் வந்தனர். இருவரும் சுங்க அதிகாரியிடம் சென்று மெல்லிய குரலில் பேசினார்கள். அவனது கடவுச்சீட்டைக் காட்டிச் சுங்க அதிகாரி ஏதோ சொன்னார். பின்னர், அவனிடம் வந்த காவல் அதிகாரிகள், 'எங்களுடன் வரமுடியுமா?' என்று, அவனது பதிலை எதிர்பார்க்காமல் தோளில் கைவைத்துச் சினேகித பாவனையுடன் அழைத்துச் சென்றார்கள். அழைத்துச் சென்றதில் சினேகித பாவனைதான் இருந்ததேயொழிய, கைகளின் அழுத்தம் கடுமையைத் தெரிவித்தது. நடக்கக்கூடாத ஏதோவொரு

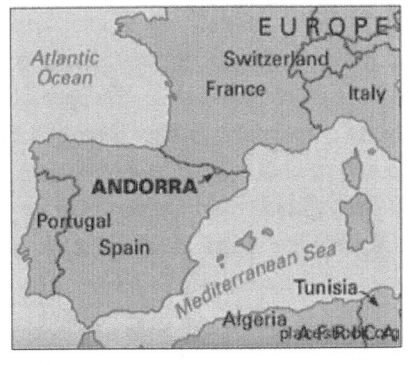

விபரீதம் நடந்துள்ளதாக அவன் புரிந்துகொண்டான். கையில் வைத்திருந்த பிரீஃப்கேஸுடன் அவர்களுடன் சென்றான்.

காவலதிகாரிகள் தங்களின் உயரதிகாரியின் அறைக்குள் அவனை அழைத்துச் சென்றார்கள். அதற்குள் நடந்த அனைத்தையும் உயரதிகாரி அறிந்திருக்க வேண்டும். அறைக்குள் நுழையும்போதே, அவனது பெயரைச் சொல்லி, மிகவும் மரியாதையுடன் அழைத்துக் கைகுலுக்கி நாற்காலியில் அமரச்சொன்னார். மரியாதைக்குரிய ஒருவன் அவனென அவர் புரிந்திருந்தார். அதனால், சினேகத்துடனே கேள்விகளைக் கேட்டார். "எங்கிருந்து வருகிறீர்கள்?". "டவ்ரெட்". அதே கேள்வி, அதே பதில். "டவ்ரெட் எங்கிருக்கிறது?". இப்போது அவன் மிகவும் குழம்பிப்போனான். 'இவருக்குமா டவ்ரெட்டைத் தெரியாது? இவரைப் பார்த்தால் பல ஆண்டுகள் பணிபுரியும் அனுபவஸ்தராகத் தெரிகிறதே! டவ்ரெட் எங்கிருக்கிறதென்று இவருக்கும் எப்படித் தெரியாமல் போகும்?' சிந்தித்ததால், பதில் சொல்லச் சற்றுத் தாமதமானது. அதற்குள், அதே கேள்வியை மீண்டும் கேட்டார். "சொல்லுங்கள் மிஸ்டர்... டவ்ரெட் எங்கிருக்கிறது?". "நிஜமாகவே டவ்ரெட் எங்கிருக்கிறதென்று உங்களுக்குத் தெரியாதா?". "இல்லை. அதனால்தான் உங்களை விசாரிக்கிறோம். உங்கள் கடவுச்சீட்டுப்போல இதுவரை நாங்கள் எதையும் கண்டதில்லை. அதில் குறிப்பிட்டிருக்கும் நாட்டையும் எங்களுக்குத் தெரியாது. அதோ பாருங்கள் (எதிர்ச் சுவரிலிருந்த உலக வரைபடத்தைக் காட்டி), அந்த வரைபடத்தில் இருக்கும் எல்லா நாடுகளுக்கும் நான் பயணம் செய்திருக்கிறேன். ஆனால், டவ்ரெட் நாட்டை நான் இதுவரை கேள்விப்பட்டதில்லை" முகத்தை அதே கனிவுடன் வைத்துக்கொண்டுதான் பேசினார். அப்போதுதான் தனக்குப் பின்னால் சுவரிலிருந்த உலகப்படத்தைப் பார்த்தான்.

அவனது முகம் பிரகாசமானது. அதை அதிகாரியும் கவனித்துக் கொண்டார். உலக மேப்பைநோக்கி அவன் சென்றான். அங்கே தன்னுடைய நாடிருக்கும் இடத்தை விரலால் சுட்டிக் காட்டினான். அவனும் அந்த நேரத்தில் அதிலுள்ளதையும் படித்தான். அவன் காட்டிய இடம், ஸ்பெயினுக்கும், பிரான்ஸுக்கும் இடையே 'அண்டோரா' *(Andorra)* என்னும் பெயருடன் காணப்பட்டது. மயக்கம் வராத குறையாகச் சோர்வுடன் நாற்காலியில் அமர்ந்துகொண்டான். 'இது என்ன, டவ்ரெட்டை அண்டோரா என்று குறித்து வைத்திருக்கிறார்கள்? ஓஓ... அதுதான் இவர்களுக்கு டவ்ரெட் என்று சொன்னது புரியவில்லையா?' என்று நினைத்தான். தனது பிரீஃப்கேஸிலிருந்த, அடையாள அட்டை, ஓட்டுனர் அனுமதி, வங்கிச் செக்குகள், ஜப்பானுக்குக் கொண்டுவந்த ஆவணங்கள் அனைத்தையும் வெளியேயெடுத்து, அதிகாரியிடம் கொடுத்துப் பரிசோதிக்கும்படி சொன்னான்.

ஆரம்பத்திலிருந்தே அவன் பொய் சொல்பவனாக அந்த உயரதிகாரிக்குத் தோன்றவில்லை. அவனொரு மதிக்கப்படக்கூடிய பிரஜை என்பதைப் புரிந்திருந்தார். அவன் கொடுத்த ஆவணங்களை ஒவ்வொன்றாகப் பார்த்தார். அனைத்தும் பக்காவாக இருந்தன. அவன் துளியும் பொய் சொல்லவில்லை. வியாபாரத்தில் ஈடுபடும் மிகப்பெரிய தொழிலதிபர் அவனென்பதை உறுதி செய்துகொண்டார். இப்போது அவருக்குகே சந்தேகம் ஏற்பட்டது. 'நிஜமாகவே டவ்ரெட் இருக்கிறதோ? நாம் அதை அண்டோரா என்று தப்பாகச் சொல்கிறோமோ?' என்ற தலைகீழ் சந்தேகம் உருவானது. அதையும் சரிபார்த்து விடலாமெனத் தீர்மானித்தார். ஸ்பெயின் விமான நிலையத்துக்கு நேரடியாகத் தொலைபேசியில் தொடர்பு கொண்டார். அங்கிருந்த அவருக்கிணையான உயரதிகாரியிடம் டவ்ரெட் பற்றி விசாரித்தார். 'அப்படி எந்தவொரு இடமும் ஐரோப்பாவில் இல்லை' என்று பதில் வந்தது. "சாரி" என்று சொன்னபடி அவனைப் பரிதாபமாகப் பார்த்தார். 'இவன் யார்?' 'இவன் எங்கிருந்து வருகிறான்?' 'இந்த அளவுக்கு ஒருவனால் பொய் சொல்லமுடியுமா?' 'பொய்

சொல்பவன் தவறான நாட்டுக் கடவுச்சீட்டுடன் விமான நிலையத்துக்கு வருவானா?' 'அப்படி வந்திருந்தாலும், எப்படி விமானத்தில் பயணம் செய்தான்?' 'பொய்சொல்லி இங்கு வரவேண்டிய அவசியமென்ன?' எத்தனை கேள்விகள். எதற்கும் பதில் கிடைக்கவில்லை. அனைத்தையும் அவனிடம் அப்படியே கேட்டார். அழும் நிலைக்குப் போய்விட்டான். அப்போது ஒரு ஆச்சரியம் நடந்தது. அதுவரை ஆங்கிலத்தில் உரையாடியவன், ஜப்பான் மொழியில் பேச ஆரம்பித்தான். திகைத்துப்போனார் அதிகாரி. ஐரோப்பியனொருவன் அந்த அளவுக்குத் தெளிவான உச்சரிப்புடன் ஜப்பான் மொழி பேசியதை அவர் இதுவரை கண்டதில்லை. அவ்வளவு சரளம்.

தான் ஜப்பான் தொழிற்சாலையொன்றுடன் செய்துகொண்ட வியாபார ஒப்பந்தக் கடிதம் கோப்பினுள் இருப்பதாகவும், அந்தத் தொழிற்சாலையின் விலாசமும், தொலைபேசி இலக்கமும் அதிலிருப்பதாகவும், அவர்களுடன் தொடர்புகொண்டு கேட்கும்படியும் ஜப்பான் மொழியில் சொன்னான். துள்ளியெழுந்தார் அதிகாரி. 'அப்பாடா! இந்த விசயத்துக்கு முடிவு கிடைக்கப்போகிறது' என்று ஒப்பந்தத்தை வாங்கிப் பார்த்தார். அவன் சொன்னதுபோல, அனைத்தும் இருந்தன. காவலர்களை அழைத்து, அந்த விலாசத்திலுள்ள தொழிற்சாலையில் விசாரிக்கக் கட்டளையிட்டார். தொலைபேசியை அவனிடம் கொடுத்து, அவர்களுடன் பேசவும் அனுமதித்தார். அவன் டயல்செய்த இலக்கம் கிடைக்கவேயில்லை. எதிர்ப்பக்கத்திலிருந்து எதுவும் கேட்கவில்லை. வெறும் காற்றின் சத்தம் மட்டும் கேட்டது. வெளியே சென்று போலீஸாருடன் தொடர்புகொண்டு விசாரித்த காவலதிகாரிகள் திரும்பி வந்தனர். அப்படியொரு கம்பெனியோ, அவர் கொடுத்த விலாசமோ இல்லையெனத் தெரிவித்தனர். இரவாகிவிட்டபடியால், அதற்குமேல் அந்த விஷயத்தில் அதிகாரியால் ஈடுபட முடியவில்லை. விமான நிலையத்திலுள்ள இடத்தில் அவனைப் பாதுகாப்பில் வைக்கச் சொன்னார். நாளை ஏதாவது முடிவெடுத்துப் போலீஸிடம் ஒப்படைக்கலாமெனத் தீர்மானித்தார். அவனிடம் ஒரு இரவுமட்டும் தங்கும்படி கேட்டுக்கொண்டார். கவலையுடன்

என்ன ஒளிந்திருக்கிறது அங்கே?

அவனும் சம்மதித்தான். ஏதோ தப்பு நடந்திருக்கிறதென்று தெரிந்திருந்தது. அது என்னவென்று மட்டும் தெரியவில்லை.

இரண்டு காவலர்களின் பாதுகாப்புடன் ஒரு அறையில் தங்க வைக்கப்பட்டான். அவனது பிரீஃப்கேஸை உயரதிகாரி வாங்கி வைத்துக்கொண்டார். அடுத்தநாள் வருவதாகச்சொல்லி அறையைப் பூட்டிக்கொண்டு வீட்டுக்குப் புறப்பட்டார். காலை சுடச்சுடக் காப்பியுடன் அவனது அறையைக் காவலாளிகள் மெல்லத் தட்டிவிட்டுத் திறந்தார்கள். அங்கே அவனைக் காணவில்லை. அந்த அறையில் வெளியே செல்வதற்கு வேறு ஜன்னல்களோ, கதவுகளோ இருக்கவில்லை. முன் கதவு பூட்டப்பட்டுக் காவலர்கள் இருவர் உட்கார்ந்திருந்தனர். அப்படியிருந்தும், புகைபோல அவன் காணாமல் போயிருந்தான். எங்கு தேடியும் அவனில்லை. சிறிது நேரத்தில் உயரதிகாரி வந்தார். நடந்தவையெல்லாம் சொல்லப்பட்டன. "அட! அவன் பிரீஃப்கேஸ் என்னிடம் இருக்கிறதே!" என்று சொல்லியபடி, விரைந்து அறையைத் திறந்து உள்ளே சென்றார். அலமாரிக்குள் வைத்த அவனது பிரீஃப்கேஸை எடுப்பதற்காக அலமாரியைத் திறந்தார். அங்கே அவனது பிரீஃப்கேஸ்.

அதையும் காணவில்லை.

என்னாச்சு...? சொல்கிறேன்... கொஞ்சம் பொறுத்துத்தான் இருங்களேன்.

அத்தியாயம் 40

காலமும் ஒரு பரிமாணமா?

'டெனிஸ் குவைட்' (Dennis Quaid) நடித்து, 2000ஆம் ஆண்டு வெளிவந்த 'ஃபிரீக்வென்ஸி' (Frequency) படத்தை நீங்கள் பார்த்திருக்கலாம். வித்தியாசமான அறிவியல் திரைப்படம். ஒருவேளை பார்க்காமலிருந்தால், பார்த்துவிடுங்கள். வெவ்வேறு காலங்களில் வசித்துக்கொண்டிருக்கும், ஒரு அப்பாவும், மகனும், ஹாம் (HAM Radio) கருவிமூலமாக ஒருவரோடு ஒருவர் தொடர்புகொண்டு உரையாடுவதாகப் படம் அமைந்திருக்கும். 1969ஆம் ஆண்டில் வாழ்ந்து கொண்டிருக்கும் அப்பாவும், 1999ஆம் ஆண்டு வாழ்ந்து கொண்டிருக்கும் மகனும், ஒரு வானொலித் தொலைத்தொடர்புக் கருவியுடன் பேசுகிறார்கள். 1969இல் மகனுக்கு வயது 6. அதே மகன் 36 வயதாகிய நிலையில் அப்பா இறந்து போயிருப்பார். அந்த இறந்துபோன அப்பாவும், பெரியவனாகிவிட்ட மகனும் அவர்கள் வாழ்ந்த ஒரே வீட்டில் அமர்ந்துகொண்டு பேசுவார்கள். ஒருவரையொருவர் பார்க்க முடியாது. குரல்வழிப் பேச்சு மட்டும்தான். அதாவது, மகன்

இறந்தகாலத்தில் வாழும் அப்பாவுடனும், அப்பா எதிர்காலத்தில் வாழும் மகனுடனும் நிகழ்காலத்தில் பேசுகிறார்கள். படத்தில் நடக்கும் சம்பவத்தின் தன்மை புரிவதற்குக் கடினமாக இருக்குமென்பதால், இந்த அளவுக்கு விளக்கிச் சொல்கிறேன். இது கொஞ்சம் தலையைச் சுற்றவைக்கும் விஷயம்தான். திரைப்படத்தைப் பார்க்கும்போது தெளிவாகப் புரியும். இரண்டு வெவ்வேறு காலப் பரிமாணங்களில் *(Dimension)* வாழ்பவர்கள் ஒன்றாக இணைக்கப்படுகிறார்கள். இப்படி நடப்பது சாத்தியம்தானா? இருவேறு காலங்களில் வாழ்பவர்களால் ஒரே சமயத்தில் தொடர்புகொள்ள முடியுமா? இன்றுள்ள அறிவியல் முடியுமென்றே சொல்கிறது. அது எப்படிச் சாத்தியமாக முடியும்? கேட்பதற்கு விந்தையாக இருக்கிறதல்லவா? இது சாத்தியமாகுமென்றால், என்றோ இறந்துபோன தாத்தா, பாட்டியுடன் இப்போதும் நாம் பேசலாம். இப்போது அவர்களுடன் பேசமுடியுமென்றால், அவர்கள் இறந்தகாலத்தில் இச்சமயத்திலும் வாழ்ந்து கொண்டிருக்கிறார்கள் என்று அர்த்தமாகுமே. அது எப்படி முடியும்? இன்றைய இயற்பியலில் இவையெல்லாமே சாத்தியமெனச் சொல்லும் கோட்பாடுகள் உள்ளன. அவற்றில் ஒன்றுதான் 'பல்பரிமாணக் கோட்பாடு' *(Multidimensional theory)*. 'ஹலோ ராஜ்சிவா! என்ன நீங்க, டவ்ரெட் மனிதனின் கதையைச் சொல்லிவிட்டு, அப்புறம் என்ன நடந்ததென்பதை விளக்காமல், ஃப்ரீக்வென்ஸி, பரிமாணம், அது இதுன்னு எதையெதையோ அளக்கிறீர்கள்?' இப்படித்தானே நீங்கள் நினைக்கிறீர்கள்? நானும் அங்கேதான் நிற்கிறேன். டவ்ரெட் மனிதனுக்கு என்ன நடந்தது என்பதைப் புரியவைக்கவே பரிமாணத்தை இழுத்தேன். சரி, கடைசியாக விட்ட இடத்திலிருந்தே ஆரம்பிக்கிறேன்.

டோக்கியோ விமான நிலையத்தின் உயரதிகாரி, டவ்ரெட்டிலிருந்து வந்ததாகச் சொன்ன மனிதன் மாயமாய் மறைந்து போனதைக் கேள்விப்பட்டதும், அவனது பிரீஃப்கேஸ் இருக்கும் அலமாரியைத் திறந்து பார்த்தார். அங்கு அதுவும் மாயமாக மறைந்து போயிருந்தது. ஒரு மனிதன் அனைவரையும் ஏமாற்றிவிட்டு மாயமாக மறைந்துவிட்டான் என்பதைக்கூட

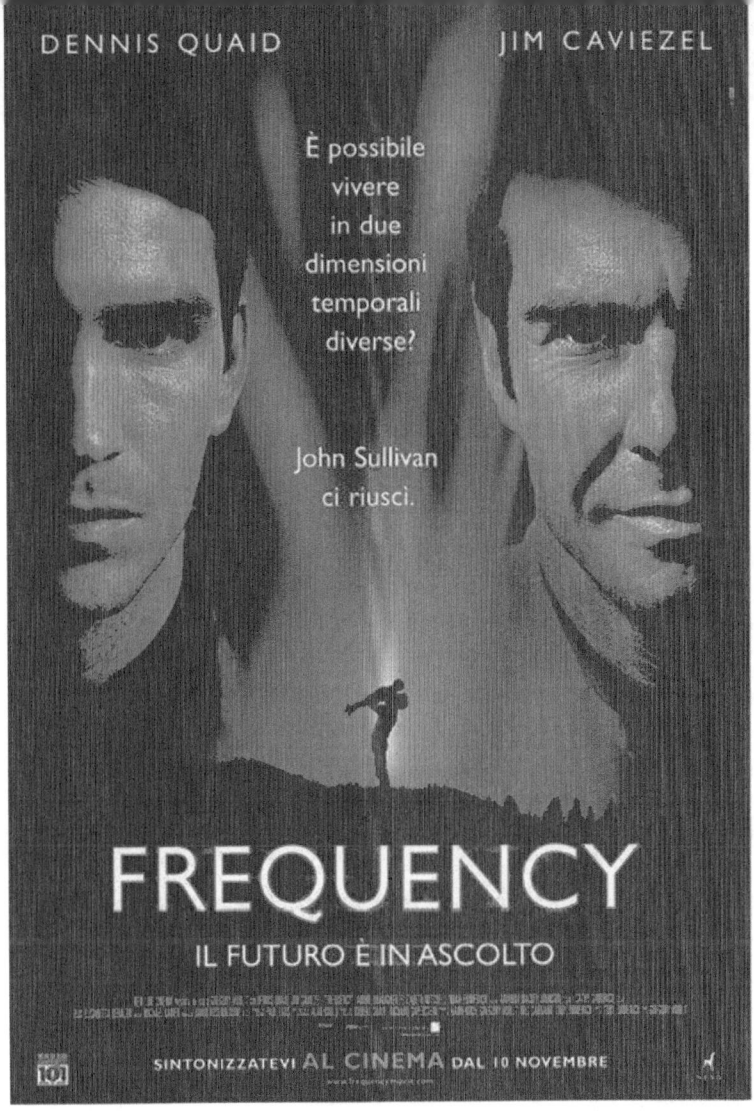

நம்பலாம். ஆனால், விமானநிலையக் காவலதிகாரியின் அறையைத் திறந்து பூட்டிய அலமாரிக்குள்ளிருக்கும் பெட்டியை அவன் எடுத்திருக்கலாமென்று சொல்வதை நம்பமுடியாது. ஒரே இரவில் பெட்டியுடன் எப்படி அவன் காணாமல் போனான்? அதற்கான பதில் யாரிடமும் இல்லை. சொல்லப்பட்ட மொத்தச் சம்பவங்களும், மாயாவியின் மர்மக் கதைபோலவே இருக்கின்றன. அப்படியொரு சம்பவம் நடந்திருக்கவே முடியாது என்றே பலர் சொல்கிறார்கள். 'பிரையான் அலஸ்பா'

(Briyan W.Alaspa) என்பவர் எழுதிய *The Man from Taured* புத்தகத்தின் கதையையே, நிஜமாக நடந்ததாகக் கதைகட்டி விட்டிருக்கிறார்கள் என்றும் சிலர் சொல்கிறார்கள். ஆனால், ஜப்பானில் நடந்த அந்தச் சம்பவத்தின் அடிப்படையில்தான் அந்தப் புத்தகமே எழுதப்பட்டிருக்கிறது என்று சொல்பவர்கள் இருக்கிறார்கள். எது எப்படியிருந்தாலும், அந்தச் சம்பவம் நடந்ததா இல்லையா என்பதை உறுதிப்படுத்த முடியவில்லை. இரண்டாம் உலகப் போரில் அதிக அளவில் அழிவைச் சந்தித்த இரு நாடுகள் ஜெர்மனியும், ஜப்பானுமே. ஆனால், அவ்வளவு அழிவுகளிலிருந்தும் தங்களை மிகவிரைவாக மீளக் கட்டியெழுப்பியதும் அந்த இரு நாடுகள்தான். 1954ஆம் ஆண்டுகளில் மிகவும் சுறுசுறுப்பாகத் தன்னை உருவாக்கிக் கொண்டிருந்த ஜப்பானில் அப்படியானதொரு சம்பவம் நடைபெற்றிருக்கலாம். இன்றுபோல கணினிப் பதிவுகள் இல்லாத காலமது. அதனால், நடந்தது உண்மைதானாவெனச் சரிபார்க்க முடியவில்லை. ஒருவேளை அந்தச் சம்பவம் நடந்திருந்தால், அங்கு என்ன மர்மம் ஒளிந்திருக்கும் என்பதையே நாம் பார்க்கப் போகிறோம்.

டவ்ரெட் மனிதன் பூமியின் இன்னுமொரு பரிமாணத்திலிருந்து வந்திருக்கலாமென்று சிலரால் நம்பப்படுகிறது. மூன்று பரிமாணங்களையே நாம் அறிந்திருக்கிறோம். அவைதாண்டி, மேலும் பல பரிமாணங்கள் உள்ளதாக இயற்பியல் சொல்கிறது. ஒரேயிடத்தில் இருவேறு பரிமாணங்கள் ஒன்றாகவே இணைந்திருக்கலாம். அவை இரண்டிலும் வெவ்வேறு நிகழ்வுகளும் நடந்து கொண்டிருக்கலாம். ஒன்றையொன்று அறியாமல், ஒன்றுக்கொன்று தொடர்பில்லாமல் அவை நடக்கலாம். இதைப் படித்துக் கொண்டிருக்கும் உங்கள் வீட்டின் இன்னொரு பரிமாணத்தில், சிங்கமொன்று மானைத் துரத்திக் கொண்டிருக்கலாம். அதையறியாமல், ஜாலியாகக் காப்பி அருந்தியபடி நீங்கள் ஜூவியைப் படிப்பவராய் இருப்பீர்கள். இயற்கையில் ஏற்படும் ஒரு தற்செயல் தவறினால் (கணினிகளில் ஏற்படும் *error* போல) அந்தப் பரிமாணத்திலிருக்கும் ஒருவர், இந்தப் பரிமாணத்திற்குள் நுழைந்து, மீண்டும் திரும்பிவிடுகிறார்.

அதுபோன்ற தவறொன்றினால், டவ்ரெட் மனிதன் தனது காலப் பரிமாணத்திலிருந்து, நமது காலப் பரிமாணத்துக்குள் நுழைந்திருக்கலாமல்லவா? நாம் பேய்களையும், தேவதைகளையும் இந்த அடிப்படைகளில்தான் காண்கிறோமோ தெரியவில்லை. இப்போது நீங்கள் மிகவும் குழம்பிப் போயிருப்பீர்கள். பரிமாணம்பற்றிய முழுமையாக அறிந்தால் மட்டுமே இதைப் புரியமுடியும். இல்லையெனில், அறிவியலும் மர்மக் கதைகள் போலாகிவிடும்.

பரிமாணங்களை நீங்கள் எந்தளவுக்கு அறிந்து வைத்திருக்கிறீர்கள்? பூமி முப்பரிமாணமுடையது என்பது உங்களுக்குத் தெரியும். ஒரு கறுப்புக் கண்ணாடியை அணிந்துகொண்டு முப்பரிமாணத் (3D) திரைப்படங்களைப் பார்த்திருப்பீர்கள். நாம் இயங்கக்கூடிய ஊடகமொன்றைப பரிமாணம் என்று சொல்லலாம். ஒரு நேர்கோட்டை எடுத்துக்கொண்டால், அதில் முன்பின்னாக நகரலாம். அதனால் அதை ஒரு பரிமாணம் என்று சொல்கிறார்கள். முன்பின்னாகவும், இடம்வலமாகவும் நகரக்கூடிய தட்டைவெளி, இரண்டு பரிமாணங்கள் கொண்டது. முன்பின், இடம்வலம், மேல்கீழாக நகர முடிந்தால், அது முப்பரிமாணம் ஆகிறது. பூச்சியப் பரிமாணம் என்ற ஒன்றும் இருக்கிறது. ஒரு பரிமாண நேர்கோட்டிலுள்ள ஒவ்வொரு புள்ளியும் பூச்சியப் பரிமாணம் எனப்படுகிறது. பிக்பாங்

என்ன ஒளிந்திருக்கிறது அங்கே?

பெருவெடிப்புக்கு முன்னர் பிரபஞ்சம் முழுவதும், பூச்சியப் பரிமாணமுள்ள ஒற்றைப் புள்ளியாகத்தான் *(Singularity)* ஒடுங்கியிருந்திருக்கிறது. பிக்பாங்கின் ஆரம்பக் கணத்தில் எந்தப் பரிமாணமும் இல்லை. அதன்பின்னர் ஏற்பட்ட பெருவெடிப்பால், ஒவ்வொரு கணம் கணமாகப் பிரபஞ்சம் பிரமாண்டமாக விரிவடைய ஆரம்பித்தது. காலமும், இடமும் சேர்ந்து பெரிதாகிக்கொண்டே வந்தன. காலம் இல்லாமல் இடமில்லை. இடமில்லாமல் காலமும் இல்லை. இரண்டும் ஒட்டிப்பிறந்த இரட்டைப் பிள்ளைகள்போல ஒன்றாகவே வளர ஆரம்பித்தன. இன்றும் வளர்ந்து கொண்டிருக்கின்றன. அதனாலேயே வெளியையும், காலத்தையும் வெவ்வேறாகப் பிரிக்காமல், 'காலவெளி' *(Space time)* என்னும் ஒற்றைச் சொல்லால் ஐன்ஸ்டைன் அடையாளப்படுத்தினார். நாம் இயங்கக்கூடிய ஊடகத்தைப் பரிமாணம் என்று எடுத்துக்கொண்டால், காலத்துக்கூடாகவும் நாம் இயங்கிக் கொண்டிருக்கிறோம் என்பது உங்களுக்குப் புரியும். பிக்பாங் ஆரம்பக் கணத்திலிருந்து 13.8 பில்லியன் ஆண்டுகள், காலத்தினால் பயணமாகியிருக்கிறோம். இப்போதும், நொடி நொடியாக நகர்ந்து கொண்டிருக்கிறோம். அதனால் காலமும் ஒரு பரிமாணமென்று ஐன்ஸ்டைன் தெரிவித்தார். மூன்று பரிமாணங்களுடன், நான்காவதாக, காலத்தைக் குறிப்பிடுகிறார். பலருக்குக் காலம் எப்படிப் பரிமாணமாகும் என்பது புரிவதில்லை. நேர்கோட்டையும், தட்டைப் பரப்பையும், மூடிய உருவத்தையும், மூன்று பரிமாணங்களாக மனிதனால் ஏற்கமுடிகிறது. அவன் விருப்பப்படி அப்பரிமாணங்களில் முன்பின்னாக நகரவும் முடிகிறது. ஆனால், காலம் அப்படியானதில்லை. அதற்கு மனிதனின் விருப்பம் முக்கியமில்லை. மனிதனுக்குக் கட்டுப்படாமல் தானாகவே எதிர்காலத்தின் திசைநோக்கி நகர்ந்து கொண்டிருக்கிறது. அதனால், காலத்தை நான்காவது பரிமாணமாக மனிதனால் நினைத்துப் பார்க்க முடியவில்லை.

காலம் என்னும் நான்காம் பரிமாணத்தை நீங்கள் இப்படிப் புரிந்து கொள்ளலாம். ஒரு இடத்திற்கு நீங்கள் தூரத்தினால் பயணம் செய்தால், நேரத்தினாலும் பயணம் செய்கிறீர்கள்

என்பதே உண்மை. ஒரு விமானப் பயணச் சீட்டை நீங்கள் பார்த்திருக்கலாம். அதில், நீங்கள் சென்றடையும் தூரம் குறிப்பிடப்படுவதில்லை. ஆனால், நேரம் குறிப்பிடப்பட்டிருக்கும். பெரும்பாலான நாடுகளில், வாகனப் பயணங்கள் தூரத்தில் சொல்லப்படுவதற்குப் பதிலாக, நேரத்திலேயே சொல்லப்படுகின்றன. ஒரு இடத்தைக் குறிப்பிட்டு, 'அது எவ்வளவு தொலைவில் இருக்கிறது?' என்று கேட்டால், ஒரு மணி நேரத்தில் இருக்கிறதென்றோ, 40 நிமிட நேரத்திலென்றோ பதில் சொல்வார்கள். காலத்தைப் பரிமாணமாக ஏற்றுக்கொண்டதன் விளைவுதான் இவை. ஆனாலும் ஒரு சந்தேகம் எப்போதும் உங்களிடம் இருக்கும். 'நாம் இருக்கும் இடத்தைவிட்டு நகராமல் ஒரே புள்ளியில் அமர்ந்திருந்தாலும், காலம் நகர்கிறதே. இந்த இடத்தில், அது இடத்துடன் சேர்ந்து நகர்வதில்லையே?" என்று நினைப்பீர்கள். காலம் பிரபஞ்சத்துக்குரியது. அதனாலேயே யாருக்கும் கட்டுப்படாமல், தன்னிச்சையாகவே எப்போதும் நகர்கிறது. இடமும் (வெளி) பிரபஞ்சத்துக்கானதே. நீங்கள் ஆடாமல் அசையாமல் நிலையாக உட்கார்ந்து இருந்தாலும், பூமி உங்களைச் சுமந்தபடி, சூரியனைச் சுற்றுவதற்காக ஓடிக்கொண்டே இருக்கிறது. அதனால் பூமியின் வேகத்தில் நீங்களும் வெகுதூரம் பயணம் செய்கிறீர்கள். பூமியையும், உங்களையும் சேர்த்துக்கொண்டு சூரியன், பால்வெளி மண்டலத்தைச் சுற்றி ஓடுகிறது. பால்வெளியோ பேரண்ட விளிம்பை நோக்கி விரைகிறது. பிரபஞ்சத்திலுள்ள அனைத்தும் காலத்துடன் இணைந்து நகர்ந்தபடியேதான் இருக்கின்றன. எதனாலும், அசையாமல் ஓரிடத்தில் இருக்கமுடியாது. காலத்தின் நான்காவது பரிமாணத்தை நீங்கள் ஓரளவுக்குப் புரிந்திருப்பீர்கள் என்று நம்புகிறேன். இறுதியாக ஃபிரீக்வென்ஸி படத்தில் என்ன நடந்தது என்பதையும் பார்த்துவிடலாம்.

ஒரு வீட்டில் அமர்ந்து கொண்டிருக்கும், இறந்தகால அப்பாவையும், எதிர்கால மகனையும் காலமென்னும் பரிமாணம் இணைக்கிறது. அவர்கள் இருவரும் முன்பின்னாக காலப் பரிமாணத்தில் இணைகிறார்கள். இருவரும் வாழும் முப்பரிமாண உலகை, அதிர்வுகள்மூலம் *(Frequency)* நாற்பரிமாணக்

என்ன ஒளிந்திருக்கிறது அங்கே?

காலம் இணைத்துக் கொள்கிறது. நம்பவே முடியாத மர்மக் கதையொன்றைப் படித்ததுபோல இருக்கிறதல்லவா? டவ்ரெட் மனிதனின் சம்பவமும் இதுபோல ஒரு நம்பமுடியாத மர்மக் கதைதான். நிஜமென நிறுவும்வரை எல்லாமே மர்மங்கள்தான். அவற்றைத் தேடுவதும் வியப்பதும்தான் மனித இயல்பு.

அத்தியாயம் 41

விடை சொல்லுமா வாவ்?

கண் உயர்த்திப் பார்க்கையில், விண்வெளியாய் விரிந்திருக்கும் ஓட்டுமொத்தப் பேரண்டமும், மர்மங்களினாலும், விந்தைகளினாலும் தன்னைப் போர்த்தியிருப்பது தெரியாமல், அந்த மர்மங்களைத்த் தேடி, உலகின் வரலாறுகளைக் கூறுபோட்டுக் கொண்டிருக்கிறோம். நாம் நினைப்பது, நமக்குக் கற்றுக் கொடுக்கப்பட்டது, நாம் கற்பிப்பது போன்ற அனைத்தையும் பொய்யாக்கிச் சிரித்தபடி இருக்கிறது பேரண்டம். அதன் ஒவ்வொரு புள்ளியும் மர்மம்தான். அதுபற்றித் தெரிந்து கொண்டிருப்பதில் பெரும்பகுதி உண்மையில்லை. அதன் உண்மைகளை அறிந்தால், இதுவரை மர்மங்களென்று நாம் பேசிக்கொண்டிருப்பவை, ஒன்றுமேயில்லை என்றாகிவிடும். அப்படிப்பட்ட பேரண்டத்தின் பெரும் விந்தைகளை நாம் ஒவ்வொன்றாகப் பார்க்கலாம். பேரண்டத்தில் ஒளிந்திருக்கும் ஒவ்வொரு மர்மமும் உங்களைத் திகைக்கச் செய்யும். அவற்றில் சிலதை நாம் அறிந்து கொள்வோமா? அங்கு என்ன ஒளிந்திருக்கிறது என்பதை நிதானமாகப் பார்க்கலாமா?

என்ன ஒளிந்திருக்கிறது அங்கே?

அறிவியல் உலகம் சமீபத்தில் சாதித்துக் காட்டிய சம்பவமொன்றை நீங்கள் மறந்திருக்க மாட்டீர்கள். கருந்துளையொன்றின் (Black hole) நிஜமான படத்தை, 2019 ஏப்ரல் 10ஆம் தேதி வெளியிட்டார்கள். எந்தவொரு பொருளை விண்வெளியில் காணமுடியாதோ, எந்தப் பொருள் கண்டுபிடிப்பதற்குக் கடினமானதோ, அந்தப் பொருளைப் படமெடுத்து, ஒட்டுமொத்த உலகையே மிரட்டியிருந்தார்கள். 'மெசியர் 87' (Messier 87 சுருக்கமாக M87) காலக்ஸியின் மையத்திலிருக்கும் பிரமாண்டமான கருந்துளையின் படம்தான் அது. அதைப் படமெடுப்பதற்கு முக்கியக் காரணமாயிருந்தவர் 'கேட்டி போமான்' (Katie Bouman) என்னும் பெண் வானியலாளர். M87 காலக்ஸி, 55 மில்லியன் ஒளியாண்டுகள் தூரத்தில் இருக்கிறது. பொதுவாக காலக்ஸிகள் எல்லாமே ராட்சசக் கருந்துளைகளை (Super massive black holes) மையமாகக் கொண்டவைதான். அப்படியிருக்கும் பட்சத்தில், நமது சொந்தக் காலக்ஸியான மில்கிவேயின் (Milky way galaxy) மையத்திலும், அதுபோன்ற ராட்சசக் கருந்துளையொன்று இருக்க வேண்டுமல்லவா? மில்கிவே காலக்ஸியின் மையத்திலும் பிரமாண்டமான கருந்துளை உண்டு. சூரியனைப்போல, அது 4மில்லியன் மடங்கு எடைகொண்டது. பூமியிலிருந்து வெறும் 26,000 ஒளியாண்டு தூரத்தில்தான் இருக்கிறது. 'இவ்வளவு அருகேயிருக்கும் கருந்துளையைப் படமெடுக்காமல், 55மில்லியன் ஒளியாண்டு

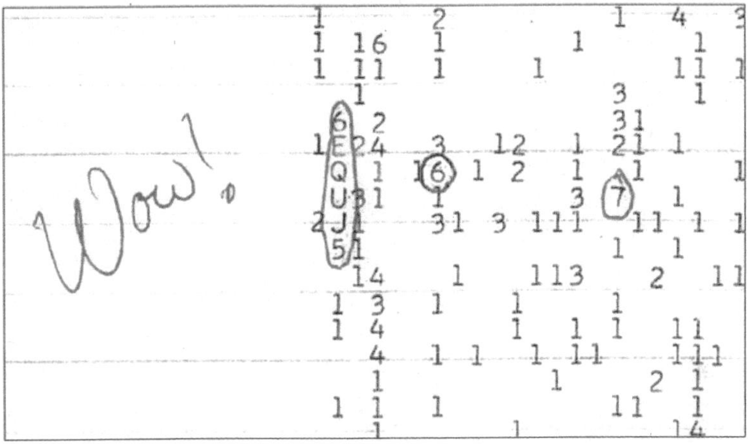

விடை சொல்லுமா வாவ்?

```
        1      2              1    4  3
      1 16  1            1       1
      1 11                     11  1
        1               3
       ⌢6⌐2            31
     1E 24    3   12  1 21  1
      Q  1   (6) 1  2  1  1     1
Wow! U  31           3 (7) 1
      J    3 1  3 1 1 1  11  1  1
     2 5
       14    1     113    2    11
     1  3    1      1      1
     1  4                  1     1
        4    1 1           1   111
        1           1      2   1
     1  1    1             11  1
        1                      14
```

தூரத்திலிருப்பதை ஏன் எடுத்தார்கள்?' என்ற கேள்வி எழுகிறதல்லவா? மில்கிவே காலக்ஸியின் மையக்கருந்துளையின் படத்தை எடுப்பதே ஆராய்ச்சியாளர்களின் விருப்பமும்கூட. சொந்த வீட்டிலிருப்பவர்களை விட்டுவிட்டு, எங்கோ இருப்பவர்களை எவராவது படமெடுப்பார்களா?அதை யார்தான் விரும்புவார்கள். ஆனால் அதற்கொரு நிர்பந்தம் ஏற்பட்டது. மில்கிவேயின் கருந்துளையைப் பார்ப்பதற்கு சில தடைகள் இருந்தன. 'சஜிட்டாரியஸ்' (Sagittarius Constelation) என்னும் நட்சத்திரத் தொகுதியைப் பூமியிலிருந்து நாம் பார்க்கமுடியும். அதை ஜோதிடர்கள், 'தனுசு ராசி' என்றழைக்கிறார்கள். கிரேக்க புராணங்களில் சொல்லப்படும் குதிரை உடலும், மனித் தலையும்கொண்ட 'குரோட்டோஸ்' (Krotos) என்னும் உபகடவுள், வில்லைப் பிடித்திருப்பதாகச் சஜிட்டாரியஸ் தொகுதி அடையாளப்படுத்தப்படுகிறது. சஜிட்டாரியஸினூடாக மட்டுமே மில்கிவேயின் மையப்பகுதியைக் காணமுடியும். தொலைநோக்கிகள் மூலமாக சிரமத்துடன் சஜிட்டாரியஸை ஊடுருத்துப் பார்த்தால், கருந்துளையைக் கண்டுபிடிக்கலாம். அதைப் பார்க்க முடியாதபடி, கருந்தூசிப்படலங்கள் மறைத்துக் கொண்டிருக்கின்றன. அவற்றைத் தாண்டிப் பார்ப்பதற்கு நவீனத் தொலைநோக்கிகள் தேவைப்படுகின்றன. அத்தோடு பார்வைக் கோணமும் சரியானதாக இல்லை. முழுமையான கருந்துளையைப்

என்ன ஒளிந்திருக்கிறது அங்கே?

பார்க்க முடிவதில்லை. ஆனாலும், அதைப் படமெடுத்தே தீருவோமென்று உறுதியாகச் சொல்கிறார்கள். அதனாலேயே மில்கிவேயின் மையக் கருந்துளைக்கு, சஜிட்டாரியஸ் A* (Sagittarius A*) என்று பெயருமிட்டிருக்கிறார்கள். அந்தக் கருந்துளைபற்றிச் சொல்ல வந்தேனென்று நினைத்தீர்களா? இல்லை, சஜிட்டாரியஸ் நட்சத்திரத் தொகுதியிலிருந்து பூமிக்கு வந்த செய்திபற்றியே சொல்லப் போகிறேன். இன்றுவரை வானியல் ஆராய்ச்சியில் விடைகிடைக்காத மர்மமாக, அந்தச் செய்தியே இருந்துவருகிறது.

1977 ஆகஸ்ட் 15ஆம் தேதியில் அந்தச் சம்பவம் நடந்தது. ஒஹையோ மாநிலப் பல்கலைக்கழக (Ohio state university) வானியல் அவதானிப்பு நிலையத்தில் (Big Ear radio telescope), பூமிக்கு வெளியேயுள்ள கோள்களில் புத்திசாலி ஜீவராசிகள் வசிக்கிறார்களா என்னும் ஆராய்ச்சிகள் நடந்துவந்தன. விண்வெளியிலிருக்கும் குறிப்பிட்ட நட்சத்திரத் தொகுதிகளுக்கு தொலைநோக்கி திருப்பப்பட்டு, அங்கிருந்து சமிக்ஞைகள் வருகின்றனவாவென்று உறுமீன் வருகைக்குக் காவலிருக்கும் கொக்காக, நிதானமாகக் காத்திருந்தார்கள். வேற்றுக்கோள்களில்

ஜீவராசிகளைத் தேடுவதற்கென்றே, *SETI (Search for ExtraTeresstrial Intelligence)* என்னும் மிகப்பெரிய அமைப்பு உருவாக்கப்பட்டிருந்தது. அவ்வமைப்பின் ஒருபகுதியாகவே ஓஹையோ பல்கலைக்கழகமும் இயங்கியது. யாருமே நம்பமுடியாத அந்தச் சம்பவம், ஆகஸ்ட் *15*ஆம் தேதி இரவு *10:16* அளவில் நடந்தேறியது. எதிர்பார்த்திருந்தாலும், எதிர்பார்க்காத சமயத்தில் விண்வெளியிலிருந்து ஒரு சமிக்ஜை *(Signal)* கிடைத்தது. அப்போது பணியிலிருந்தவர் 'ஜெர்ரி ஏமான்' *(Jerry Ehman)*. அங்கிருந்தது, இன்றைய அதிநவீனத் தொலைநோக்கி போன்றதல்ல. தான் கிரகிக்கும் சமிக்ஞைகளைத் தாள்களில் எழுத்துவடிவத்தில் பிரின்ட் செய்யும். விண்வெளியிலிருந்து கிரகித்த சமிக்ஞையினால், திடீரென அந்தப் பிரின்டர் இயங்க ஆரம்பித்தது. கிட்டத்தட்ட 72 நொடிகள் நீண்ட சமிக்ஞையாக இருந்தது. பிரின்ட் செய்யப்பட்ட காகிதத்தில் *'6EQUJ5'* எழுத்துகள் காணப்பட்டன. அதைப் பார்த்ததும் துள்ளிக்குதித்தார் ஏமான். உடனடியாகத் தனது பேனாவினால் சுற்றி வட்டமிட்டு, 'வாவ்! *(Wow!)* என்று எழுதினார். அதுவே, 'வாவ் சிக்னல்' என்று உலகம் முழுவதும் ஆச்சரியமாக கொண்டாடப்படுவது. 'அப்படியென்னதான் வாவ் சிக்னலில் விசேஷம் இருக்கிறது'

என்ன ஒளிந்திருக்கிறது அங்கே?

என்றுதானே கேட்கிறீர்கள்? சொல்கிறேன்.

நாம் கேட்கும் சத்தமென்பது, காற்றின் துகள்களின் அதிர்வுகள் நம் காதுவரை நுழைந்து செவிப்பறையைத் தட்டுவதினால் உணரப்படுவது. குரல்களாகவும், இயற்கையில் ஏற்படும் ஒலிகளாகவும் அதைக் கேட்கிறோம். ஆனால், ஒலியென்பது அதுமட்டுமல்ல. மின்காந்த அலைகள் ஏற்படுத்தும் அதிர்வுகள், ஒளியாகவும், ஒலியாகவும் கடத்தப்படுகின்றன. அவற்றை வானொலி அலைகளென்று (Radio waves) சொல்கிறோம். இந்த வானொலி அலைகளின் குறிப்பிட்ட சில அலைவரிசைகளை, இயற்கையாக உருவாக்கமுடியாது. கைத்தொலைபேசிகள், தொலைக்காட்சிகள், இராணுவத் தொலைத்தொடர்புகள் போன்றவை இந்த அலைவரிசைகளைள் மூலமாகவே அனுப்பப்படுகின்றன. இவை 'ஹேர்ட்ஸ்' (Hertz) அலகினால் அளக்கப்படுபவை. வாவ் சிக்னல், 1420 மெகாஹேர்ட்ஸ் (MHz) அளவுடையதாக இருந்தது. அது மிகக்குறுகிய அலையாகும். அதனை இயற்கையாக உருவாக்க முடியாது. சில காரணங்களினால் இந்த அலைவரிசையைப் பூமியில் பயன்படுத்தக்கூடாதென கட்டுப்பாடும் இருக்கிறது. அப்படியான நிலையில்தான் அந்தச் சமிக்ஞை வந்தது. அது வந்த இடம், சஜிட்டாரியஸ் நட்சத்திரத் தொகுதி. அடுத்த நாட்களில், உலகம் பூராவும் பரபரப்பாகியது. 'ஏலியன்களின் இருப்பிடத்தைக் கண்டுபிடித்து விட்டோம்' என்பதாகவே நினைத்தார்கள். அனைத்துத் தொலைநோக்கிகளும், சஜிட்டாரியஸ் நோக்கித் திருப்பப்பட்டன. 'இன்னொரு தடவை அந்த ஒலி கேட்காதா?' என்று தவமிருந்தார்கள். ஊஹூம், அதன்பின்னர் எந்தச் சத்தமும் அங்கிருந்து வரவேயில்லை. அந்த மர்ம ஒலியின் பின்னால் என்ன ஒளிந்திருந்தது என்பது தெரியவில்லை. ஆனால், 42 ஆண்டுகளின் பின்னர் அதற்கான பதில் வேறொரு இடத்திலிருந்து கிடைத்தது. பூமிக்கு மிக அருகிலிருந்தே சமிக்ஞை அனுப்பப்பட்டிருந்தது.

அவுஸ்ரேலியாவில் அமைக்கப்பட்டிருக்கும் 'பார்கெஸ் வானொலித் தொலைநோக்கி' (Parkes radio telescope)

2019ஆம் ஆண்டு ஏப்ரல், மே மாதங்களில் வலிமையற்ற ஒலிச் சமிக்ஞைகளைக் கிரகித்துக் கொண்டது. பூமிக்கு அருகாமையிலிருக்கும் 'புரொக்ஷிமா சென்டாரி' *(Proxima Centauri)* நட்சத்திலிருந்தே அந்த ஒலிச் சமிக்ஞை வந்திருந்தது. அந்தச் செய்தியை அவர்கள் உடன் வெளியிடவில்லை. ஆனால், எப்படியோ அதை அறிந்துகொண்ட கார்டியன் பத்திரிகை, மெல்லக் கசியவிட்டது. சூரியனுக்கு அடுத்து, *4.25* ஒளியாண்டு தொலைவில் மூன்று நட்சத்திரங்கள் ஒன்றாக ஒரேயிடத்தில் இருக்கின்றன. அல்ஃபா சென்டாரி *A*, அல்ஃபா சென்டாரி *B*, புரொக்ஷிமா சென்டாரி ஆகிய மூன்று நட்சத்திரங்கள். முதலிரண்டும் ஒன்றையொன்று சுற்றிக்கொண்டிருக்கும் இரட்டை நட்சத்திரங்கள் *(Binary stars)*. புரொக்ஷிமா சென்டாரி சிவப்புநிறக் குள்ள நட்சத்திரம் *(Red dwarf)*. இதைப் பூமிக்கு ஒப்பான கோளொன்று சுற்றிக்கொண்டிருக்கிறது. அந்தக் கோளிலிருந்துதான், புதிய சமிக்ஞை வந்ததாகச் சொல்கிறார்கள். பூமியைவிட 1.17 மடங்கு பெரிதாகவும், நீர் மற்றும் காற்றுவெளிமண்டலத்தையும் அது கொண்டிருப்பதாகச் சொல்கிறார்கள். அங்கிருந்து வந்த ஒலி, *982* மெகாஹேர்ட்ஸ் அளவுகொண்டது. கிட்டத்தட்ட 'வாவ் சிக்னல்' போன்றது. இந்த ஒலியையும் இயற்கையால் உருவாக்க முடியாது. நிச்சயமாகச் செயற்கையால் உருவாக்கப்பட்ட ஒன்றாகத்தான் இருக்க வேண்டும். அப்படியென்றால், யார் அதை உருவாக்கியிருப்பார்கள்? இப்படியொரு கேள்வி எழுந்தாலும், இம்முறை யாரும் அவசரப்படவில்லை. அந்த ஒலி பூமியிலிருந்தும் வந்திருக்கலாமென்று, அதற்கான சாத்தியக்கூறுகளை ஆராய்ந்தார்கள். அப்படி வரவில்லையென்பது புரிந்தது. ஒருவேளை, பூமியைச் சுற்றும் சாட்டிலைட்டிலிருந்து வந்திருக்கலாமென்றும் ஆராய்ந்தார்கள். அதற்கும் சாத்தியமில்லையென்றே தோன்றுகிறது. கிட்டத்தட்டப் பூமியிலிருந்து அந்தச் சமிக்ஞை வரவில்லையென்ற முடிவுக்கு இப்போது வந்திருக்கிறார்கள். ஆனாலும், எந்த இறுதி முடிவையும் எடுக்கவில்லை. ஏலியன்கள் உருவாக்கிய ஒலியதுவென்று சிலர் சந்தேகப்பட்டாலும், வெளிப்படையாக எந்த வானியல்

ஆராய்ச்சியாளரும் அப்படிச் சொல்லவில்லை. ஆனால், இந்த மொத்தச் சம்பவங்களையும் சரியாகப் புரிந்துகொண்டால், அங்கு ஏதோ மர்மம் புதைந்திருப்பது தெரியும். அந்த மர்மத்துக்கு காரணமானவர் ஒருவர்.

புரொக்ஷிமா சென்டாரி நட்சத்திர அவதானிப்பை, 'BLC1' (Breakthrough Listen Candidate 1) என்னும் திட்டம்மூலம் செயல்படுத்திக் கொண்டிருக்கிறார்கள். கார்டியன் பத்திரிகை கசியவிட்ட செய்தியை, 18 டிசம்பர் 2020 இல், உத்தியோகபூர்வமாக ஒப்புக்கொண்டு உலகத்துக்கு அறிவித்தது BLC1. அது, 100 மில்லியன் டாலர் செலவில் 2016ஆம் ஆண்டு உருவாக்கப்பட்டது. அதற்கு முதலீடு செய்தவர், ரஷ்யாவின் கோடீஸ்வரரான 'யூரி மில்னெர்' (Yuri Milner). இவர், ஃபேஸ்புக், ட்விட்டர், பிளிப்கார்ட், வாட்ஸப், அலிபாபா, ஷியோமி போன்ற உலகின் மிகப்பிரபலமான நிறுவனங்களுக்கு முதலீட்டாளராக இருக்கிறார். இவரை ஏன் முக்கியப்படுத்தி எழுதுகிறேன் தெரியுமா? மில்னெரும், பேஸ்புக் அதிபர் மார்க் சக்கர்பேர்க்கும், ஸ்டீபன் ஹாக்கிங் அவர்களும் இணைந்து ஒரு திட்டத்தை உருவாக்கியிருந்தார்கள். இந்தச் சமிக்ஞை புரொக்ஷிமா சென்டாரியிலிருந்து வருவதற்கு முன்னரே, புரொக்ஷிமா சென்டாரியுடன் தொடர்புபட்டிருந்தது அந்தத் திட்டம். நம்பவே முடியாத அந்த அதிசயத் திட்டம்பற்றி அடுத்த இதழில் சொல்கிறேன்.

அத்தியாயம் 42

இழைக்கிறதா புரோக்ஷிமா செண்டாரி?

கடந்த பகுதியில் எழுதியவற்றின் புரியவைப்பதற்காகச் சிறிய விளக்கம். அதிர்வுகள் (*Vibration*) உருவாக்கும் அலைகளே, நம்மை வந்தடைந்து ஒலியாகிறது. அந்த அலைகள், அதிர்வெண்களால் (*Frequency*) கணக்கிடப்படுகின்றன. அவை 'ஹேர்ட்ஸ்' (*Hertz*) என்னும் அலகினால் அளக்கப்படுகின்றன. மனிதனால், *20* ஹேர்ட்ஸிலிருந்து (*20Hz*), *20* கிலோஹேர்ட்ஸ் (*20KHz*) வரையுள்ள ஒலியைத்தான் கேட்கமுடியும். இது மிகமிகமிகக்குறைந்த ஒலிச்செறிவு. இயற்கையில் உருவாகும் அதிக அளவிலான ஒலிகளை மனிதனால் கேட்க முடிவதில்லை. ஆனால், விலங்குகளால் அவை உணரப்படுகின்றன. நடைபெறப்போகும் பூமியதிர்ச்சியை, இரண்டு வாரங்களுக்கு முன்னரே மிருகங்களும், பறவைகளும், பாம்புகளும் உணர்ந்து கொள்கின்றன. இதிலுள்ள சகிக்க முடியாத உண்மை என்னவென்றால், அந்த விலங்குகளின் வழியேதான் மனிதன் பரிணாமம் அடைந்திருக்கிறான். அவற்றிலிருக்கும் அனைத்து

என்ன ஒளிந்திருக்கிறது அங்கே?

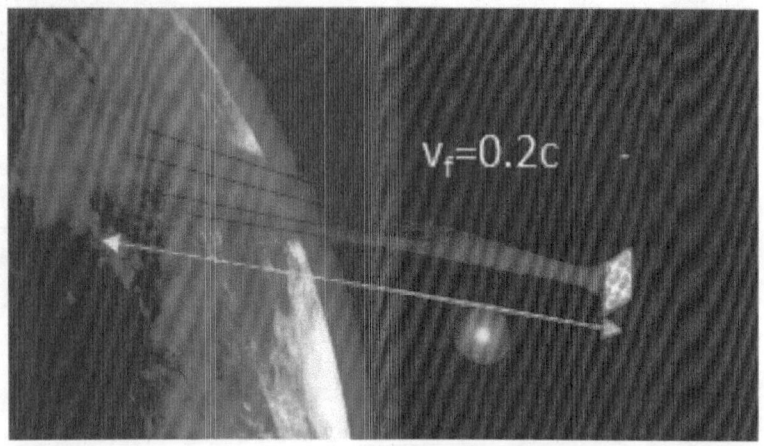

மரபணுக்களையும் மனிதனும் கொண்டிருக்கிறான். ஆனால், அவை தக்கவைத்துக் கொண்டிருக்கும் பல உணர்வுகளை, மனிதனால் உணர முடியவில்லை. அனைத்தையும் இழந்திருக்கிறான். போகட்டும், இப்போது அங்கு செல்ல வேண்டியதில்லை. இயற்கையில் வாழும் உயிரினங்களில், அதிகபட்ச ஒலியளவைக் கிரகிக்கக்கூடியது 'விட்டில்பூச்சி' (Moth) இனம்தான். அவற்றினால், 300 கிலோஹேர்ட்ஸ் (300KHz) அளவிலான ஒலியைக்கூட உணரமுடியும். மனிதன்போல 15மடங்கு அதிகமான ஒலியளவு. இயற்கையால் உருவாகும் ஒலிகள், அனைத்து ஊடகங்களினாலும் கடத்தப்படக்கூடியவை. ஆனால், வெற்றிடங்களில் அவற்றால் கடக்கமுடியாது. அந்த ஒலியலைகளை, 'இயந்திர அலைகள்' (Mechanical waves) என்பார்கள். இதற்கு நேர்மாறாக, அதிக அதிர்வெண்களையுடையவை, 'மின்காந்த அலைகள்' (Elecromagnetic waves) எனப்படுகின்றன. இவை வெற்றிடங்களிலும் பயணம் செய்யக்கூடியவை. இவற்றின் அலை நீளங்கள், மெகாஹேர்ட்ஸ் (MHz), கிகாஹேர்ட்ஸ் (GHz) அளவுகளில் காணப்படும். இந்த மின்காந்த அலைகள், வானொலி அலைகளெனவும்(Radio waves - RF) சொல்லப்படுகின்றன. வானொலி அலைகளில், குறுகிய அலைநீளம் கொண்டவை மனிதனால், செயற்கையாக உருவாக்கப்படுகின்றன. அதிகநீளமுடைய வானொலி

அலைகள், பேரண்டத்தில் நடைபெறும் தனித்துவமான இயற்கை நிகழ்வுகளினால் உருவாகுபவை. மனிதனால் செயற்கையாக உருவாக்கப்படும் வானொலி அலைகளே, கைத்தொலைபேசிகளிலும், வயர்லெஸ் உபகரணங்களிலும், வேறுபல தொடர்பு சாதனங்களிலும் பயன்படுத்தப்படுகின்றன. பேரண்டவெளியில் ஆங்காங்கே காணப்படும், நியூட்ரான் நட்சத்திரங்கள், கருந்துளைகள், குவேசார்கள், மாக்னெட்டார்கள் போன்ற பொருட்களின் சுழற்சிகளினாலும், மோதல்களினாலும் அதிக நீளமுடைய வானொலி அலைகள் உருவாகின்றன. ஓரளவுக்கு ஒலியலைகளின் தன்மைகளை விளக்கியிருக்கிறேன் என்று நம்புகிறேன். இனி மேலே செல்லலாம்.

செயற்கையாக உருவாக்கப்படும் வானொலியலையையே 1977ஆம் ஆண்டு வானியற்பியலாளர்கள் கண்டுகொண்டார்கள். அதுவே, 'வாவ் சிக்னல்' *(Wow signal)* ஆகும். அதற்கு 42ஆண்டுகளின் பின்னர், மீண்டும் செயற்கை வானொலியலையை, அவுஸ்ரேலியாவிலிருக்கும் பார்க்ஸ் விண்வெளி ஆய்வுமையம் *(Parkes Observatory)* கிரகித்திருக்கிறது. வாவ் சிக்னல், வெறும் 72 நொடிகளே இருந்தது. ஆனால், பார்க்ஸினால் மூன்று மணி நேரத்திற்குத் தொடர்ச்சியாக உணரப்பட்டது. அதனாலேயே, இப்போது முன்னணியில் வைத்துப் பேசப்படும்

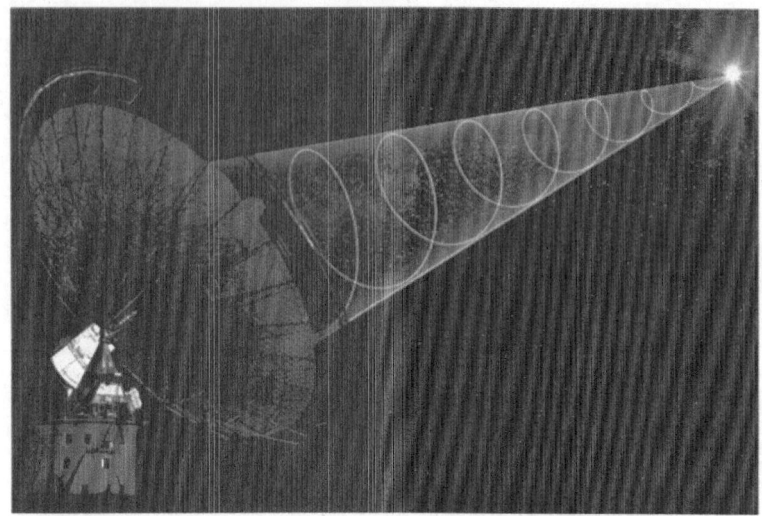

நிகழ்வாகியிருக்கிறது. செயற்கையாக உருவாக்கப்படும் வானொலி அலைகள், பூமியிலிருந்து வருவதில் ஆச்சரியமெதுவுமில்லை. ஆனால், விண்வெளியிலிருந்து வந்ததுதான் ஆச்சரியம். குறிப்பாக, சென்டாரி நட்சத்திரத் தொகுதியிலிருந்து *(Centaurus)* வந்திருக்கிறது. சூரியன்தான் பூமிக்கு மிக அருகிலிருக்கும் நட்சத்திரம். சூரியனுக்கு அடுத்ததாக அண்மையில் இருப்பவை சென்டாரி நட்சத்திரங்கள்தான். அவை மொத்தமாக மூன்று நட்சத்திரங்கள். அல்ஃபா சென்டாரி *A*, அல்ஃபா சென்டாரி *B* இரட்டை நட்சத்திரங்களுடன், புரொக்ஷிமா சென்டாரி நட்சத்திரமும் சேர்ந்த மூன்று நட்சத்திரத் தொகுதியது. அவற்றில் பூமிக்கு மிக அருகில் இருப்பது புரொக்ஷிமா சென்டாரி நட்சத்திரம்தான். *4.2* ஒளியாண்டுகள் தூரத்தில் இருக்கும் புரொக்ஷிமா சென்டாரி நட்சத்திரம், சூரியனைவிட எட்டுமடங்கு எடை குறைந்தது. சிவப்பு நிறத்திலிருக்கும் குள்ள நட்சத்திரம். அந்த நட்சத்திரத்தை, 'புரொக்ஷிமா சென்டாரி *b*' *(Proxima centauri b)*, 'புரொக்ஷிமா சென்டாரி *c*' *(Proxima Centauri c)* என்னும் இரண்டு கோள்கள் சுற்றிக்கொண்டிருக்கின்றன. அவற்றில் புரொக்ஷிமா சென்டாரி *b* என்னும் கோள், உயிர்கள் வாழக்கூடிய அமைப்புடன் இருப்பதாகக் கருதுகிறார்கள்.

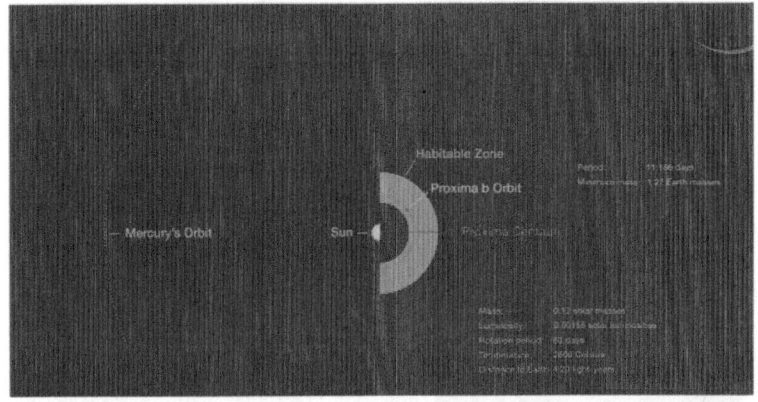

அங்கிருந்தே, வானொலியலைச் சமிக்ஞைகள் வந்ததாகவும் நம்பப்படுகிறது. அந்தச் சமிக்ஞைகளை *'BLC1'* என்று அழைக்கிறார்கள். அதாவது, *Breakthrough Listen Candidate 1* என்பதன் சுருக்கம். பூமிக்கு வெளியேயுள்ள கோள்களில் உயிரினங்களைத் தேடும் *BLC* திட்டத்தின் ஸ்தாபகராக இருப்பவர் ஜூரி மில்னெர் *(Yuri Milner)* என்னும் கோடீஸ்வரர் என்று கடந்த முறை சொல்லியிருந்தேன். அவரும், ஸ்டீபன் ஹாக்கிங்கும், மார்க் சக்கர்பேர்க்கும் இணைந்து, புதுமையான திட்டமொன்றை உருவாக்கினார்கள். அந்தத் திட்டத்தின் பெயர் *Breakthrough* என்றே ஆரம்பமாகிறது. அந்தத் திட்டம்பற்றி அறிந்தீர்களென்றால், ஆச்சரியத்தின் உச்சத்துக்கே போவீர்கள். அதில் என்ன ஒளிந்திருக்கிறது என்பதையே இப்போது பார்க்கப் போகிறோம்.

மனைவி ஜூலியா மில்னெருடன் இணைந்து, *2015*ஆம் ஆண்டு *Breakthrough Initiative* என்னும் அறிவியல் அமைப்பொன்றை உருவாக்கினார் ஜூரி மில்னெர். கணவனும், மனைவியும் கோடீஸ்வரர்களாக மட்டுமில்லாமல், இயற்பியல் அறிஞர்களாகவும் இருந்தார்கள். வெளிக்கோள் உயிரினங்களைத் தேடுவதற்கான திட்டங்களுக்கு விருதுடன்கூடிய பரிசும் அறிவித்திருக்கிறார்கள். *2016*ஆம் ஆண்டு, இயற்பியல் மேதையான ஸ்டீபன் ஹாக்கிங் மற்றும் ஃபேஸ்புக் அதிபர் மார்க் சக்கர்பேர்க் ஆகியோரை இணைத்து, *Breakthrough Starshot*

என்ன ஒளிந்திருக்கிறது அங்கே?

என்னும் புதுமையான திட்டம் உருவாகியது. ஆயிரத்துக்கும் மேற்பட்ட விண்கலங்களை, ஒரே சமயத்தில் புரொக்ஷிமா சென்டாரி B நோக்கி அனுப்புவதே அந்தத் திட்டத்தின் நோக்கம். அது எப்படி ஆயிரம் விண்கலங்களை ஒரே சமயத்தில் அனுப்ப முடியும்? அங்குதான் ஸ்டீபன் ஹாங்கிங் போன்ற இயற்பியல் மேதைகளின் புத்திசாலித்தனம் அடங்கியிருந்தது. இதுவரை மனித வரலாறு கண்டிருக்காத விந்தைத் திட்டம் அது.

ஆயிரம் விண்கலங்களை ஒன்றாக அனுப்புவது என்பது ரொம்ப அதிகப்பிரசங்கித்தனமென்று நீங்கள் யோசிக்கலாம். உண்மைதான். அந்த ஆயிரம் விண்கலங்கள் எப்படியானவையென்று தெரிந்தால் திகைத்துப் போவீர்கள். ஒவ்வொன்றும் தபாலுறைகளில் ஒட்டப்படும் முத்திரையின் (Stamps) அளவும், 3கிராமுக்குக் குறைவான எடையும் கொண்டவை அந்த விண்கலங்கள். இதுவரை அப்படியான மைக்ரோ விண்கலங்களை நீங்கள் கேள்விப்பட்டிருக்கவே முடியாது. அது மட்டுமல்ல ஆச்சரியம். ஸ்டார் ஷாட் விண்கலம் ஒவ்வொன்றும், துல்லியமாகப் படம் பிடிக்கக்கூடிய கேமராக்களையும், எடுத்த

படங்களையும், பெற்றுக்கொண்ட தகவல்களைப் பூமிக்கு அனுப்பும் தொடர்பு வசதிகளும், சிறிய அளவுக் கணினியும் கொண்டது. பூமியிலிருந்து அனுப்பப்படும் நுண்ணிய விண்கலங்கள், புரொக்ஷிமா சென்டாரி *B* கோளை அணுகியதும், அதைப் பலவிதங்களில் படமெடுத்து ஆராயும். பின்னர் அந்தத் தகவல்களைப் பூமிக்கு அனுப்பும். ஒரு அங்குல அளவுகொண்ட அந்த விண்கலங்களில் கேமராவும், கணினியும் பொருத்திக்கொள்வதைக்கூட ஏற்றுக்கொள்ளலாம். அவற்றில் உந்தித் தள்ளும் எரிபொருள் விசைக் கருவிகளை எப்படிப் பொருத்துவது? விண்கலமென்பது, பூமியிலிருந்து விசையுடன் ஏவப்பட வேண்டுமல்லவா? சந்திரனுக்கோ, செவ்வாய்க்கோகூட அல்ல. 40,208,000,000,000 கிலோமீட்டர் தொலைவில் இருக்கும் ஒரு கோளுக்கு. அவ்வளவு சக்திவாய்ந்த மோட்டாரையும், அதை இயக்குவதற்கேற்ற எரிபொருளையும் எங்கிருந்து பெறுவது? அறிவியல் சாதிக்கப்போகும் ஆச்சரியம் அதில் அடங்கியிருக்கிறது. ஸ்டீபன் ஹாக்கிங் உயிரோடு இருந்தபோது உருவாக்கப்பட்ட அந்தத் திட்டம், 2025ஆம் ஆண்டளவில் செயல்படுத்தப்படுமெனச் சொல்லப்பட்டிருந்தது. ஆனால், அவர் இறந்துபோனார். அப்படியிருந்தும் அதே வேகத்தில் தொடர்ச்சியாக முன்னெடுக்கப்பட்டுக் கொண்டிருக்கிறது. ஸ்டீபன் ஹாக்கிங் இருந்த இடத்தை நிரப்புவதற்காக, ஹாவர்ட் பல்கலைக்கழக

ஸ்டீபன் ஹாக்கிங் உயிரோடு இருந்தபோது உருவாகப்பட்ட்ட அந்தத் திட்டம், 2025ஆம் ஆண்டளவில் செயல்படுத்தப் படுமெனச் சொல்லப்பட்டிருந்தது. ஆனால், அவர் இறந்துபோனார். அப்படியிருந்தும் அதே வேகத்தில் தொடர்ச்சியாக முன்னெடுக்கப்பட்டுக் கொண்டிருக்கிறது. ஸ்டீபன் ஹாக்கிங் இருந்த இடத்தை நிரப்புவதற்காக, ஹாவார்ட் பல்கலைக்கழக வானியல் பேராசிரியரான 'ஆவி லோப்' (Abraham Loeb) அவர்கள் இணைந்திருக்கிறார்.

வானியல் பேராசிரியரான 'ஆவி லோப்' *(Abraham Loeb)* அவர்கள் இணைந்திருக்கிறார். இந்தத் தொடரைப் படித்துவரும் உங்களுக்கு, ஆவி லோப் பழக்கமானவர்தான். 'ஓமூவாமூவா' என்னும் விண்கல்பற்றிய ஆராய்ச்சியில் அவர் முக்கிய பங்காற்றியதாகச் சொல்லியிருக்கிறேன்.

ஸ்டார்ஷாட் விண்கலங்களை எப்படி விண்வெளிக்கு அனுப்ப இருக்கிறார்கள் தெரியுமா? வெவ்வேறு இடங்களிலிருந்து வெளிவரும் சக்திவாய்ந்த லேசர் கதிர்களில் பல ஒன்றாகக் குவிக்கப்பட்டு, 100 கிகாவாட் *(Gigawatt)* சக்தியை உருவாக்கும். அந்த ஒன்றுசேர்ந்த லேசர், மிகச்சிறிய விண்கலங்களின்மேல் பாய்ச்சப்பட்டு, அதிக வேகத்தில் விண்வெளியை நோக்கி உந்தப்படும். 100 கிகாவாட் சக்தியென்பது, மிகப்பெரிய அணுவுலையிலிருந்து பெறும் ஆற்றலுக்குச் சமமானது. அதிகபட்சமாக, ஐந்து நிமிடங்கள் தொடர்ச்சியாகப் பாய்ச்சப்படும் லேசர் கதிர்கள், அந்த விண்கலங்களை ஒளியின் வேகத்தின் ஐந்திலொரு மடங்கு வேகத்தில் இயங்க வைக்கும். அதே வேகத்தில் புரொக்ஷிமா சென்டாரி நோக்கிப் பயணமாகும். அப்படிப் பயணிக்கும் ஸ்டார்ஷாட் விண்கலங்கள், பத்து ஆண்டுகளில் தங்கள் இலக்கை அடையும். அதாவது, 2025இல் விண்கலங்கள் செலுத்தப்பட்டால், 2035இல் புரொக்ஷிமா சென்டாரி *B*யைச் சென்றடையும். அங்கு சேகரிக்கும் தகவல்களைப் பூமிக்கு அனுப்பினால், அவை நான்கு ஆண்டுகளில் பூமியை வந்தடையும். அனுப்பப்படும் தகவல்கள் ஒளியின் வேகத்தில் பூமிக்கு விரையும். நான்கு ஒளியாண்டு தூரத்தை, நான்கு ஆண்டுகளில் கடக்கும். *Breakthrough Starshot* திட்டம், மொத்தமாகப் பதினைந்து ஆண்டுகளுக்கானது. ஒவ்வொரு நுண் விண்கலத்துக்கும் தனித்தனியாக லேசர் கற்றைகள் பாய்ச்சப்பட்டு, விண்வெளிநோக்கி வீசப்படும். ஆயிரம் கலங்களும் மொத்தமாக இலக்கை நோக்கி அடையாவிட்டாலும், பெரும்பான்மையானவை இலக்கை அடையும். அந்தத் திட்டம் 100 மில்லியன் டாலர்களில் ஆரம்பிக்கப்பட்டிருக்கிறது. மில்னெரும், சக்கர்பேர்க்கும் உலகக் கோடீஸ்வரர்கள் என்பதால் அந்தத் திட்டத்திற்கான

செலவுபற்றிக் கவலையே இல்லை. அதையும்மீறிப் பல கோடீஸ்வரர்கள் அந்தத் திட்டத்திற்கு உதவத் தயாராக இருக்கிறார்கள். ஆனால், இதில் ஒளிந்திருக்கும் மர்மச் செய்தியொன்றை நீங்கள் அவதானித்திருக்க மாட்டீர்களென்றே நான் நினைக்கிறேன். அது என்ன தெரியுமா?

2019ஆம் ஆண்டு ஏப்ரலில்தான் புரொக்ஷிம சென்டாரியிலிருந்து முதன்முதலாகச் சமிக்ஞை வந்தது. அது இயற்கையில் உருவானது இல்லையென்று நம்பப்படுகிறது. அப்படியென்றால் அது எங்கிருந்து வந்ததோ அங்கே, இப்படியான ஒலியை உருவாக்கக்கூடிய உயிரினங்கள் வாழலாமெனச் சந்தேகிக்கிறார்கள். இவையெல்லாம் கடந்த ஒரு ஆண்டுக்குள் நடைபெற்றிருக்கும் சம்பவங்கள். ஆனால், வேற்றுக்கோளில் உயிரினங்களைத் தேடி, ஸ்டார்ஷாட் திட்டம் 2016ஆம் ஆண்டிலேயே உருவாக்கப்பட்டுவிட்டது. சனிக்கோளின் சந்திரன்கள், வியாழக்கோளின் சந்திரன்கள் போன்றவற்றில் உயிரினங்கள் வாழலாமென்ற சந்தேகங்கள் வலுவாக இருந்தபோதும், அங்கே எந்த விண்கலங்களையும் அனுப்பாமல், சொல்லி வைத்ததுபோல, அல்ஃபா சென்டாரி மற்றும் புரொக்ஷிமா சென்டாரி நோக்கி விண்கலங்களை அனுப்பும் திட்டத்தை பல ஆண்டுகளுக்கு முன்னரே உருவாக்கிய தீர்க்கதரிசனம், கொஞ்சம் ஆச்சரியத்தையும், நிறைய மர்மத்தையும் தருகிறதல்லவா?

அத்தியாயம் 43

கணித்துச் சொல்லுமா இன்டிகிதேரா?

கிமு 2ஆம் நூற்றாண்டில் சிசிலியின் ‘சிராகுஸ்’ (*Syracuse*) நகரை ‘ஹியரோ’ (*Hiero*) மன்னன் ஆண்டுவந்தான், மணிமுடியொன்றைக் கடவுளுக்கு அர்ப்பணிக்க அவன் விரும்பினான். தன்னிடமிருந்த தங்கக் கட்டிகளை, ஆபரண வடிவமைப்பாளன் ஒருவனிடம் கொடுத்து, மணிமுடியைத் தயாரிக்கும்படி பணித்தான். தங்கக் கட்டிகளை உருக்கி, அழகானதொரு மணிமுடியை அவனும் உருவாக்கி முடித்தான். அரசனிடம் கையளித்தபோது, அரசனுக்கு மணிமுடி பிடித்துப் போயிருந்தது. ஆனாலும், மனதில் ஏதோவொரு நெருடலும் இருந்தது. தான் கொடுத்த தங்கம் அனைத்தையும் அவன் பயன்படுத்தாமல் ஏமாற்றிவிட்டதாக எண்ணினான். தங்கத்துடன் வெள்ளியைக் கலந்திருக்கிறானெனச் சந்தேகப்பட்டான். ஆனால், அதை ஆபரணத் தயாரிப்பாளனிடம் கேட்கத் தயங்கினான். கடவுளுக்கு அர்ப்பணிக்க நினைத்ததால், மணிமுடியில் வேறு உலோகங்களின் கலவை இருப்பதையும் அரசன் விரும்பவில்லை. அந்தப் பிரச்சனையை எப்படித் தீர்ப்பது என்றும் அவனுக்குப்

புரியவில்லை. அப்போதுதான், அதைத் தீர்க்கக்கூடிய ஒருவர் இருக்கிறாரென்று அரசனுக்குத் தெரியவந்தது. அந்த ஒருவர் வேறு யாருமல்ல. கிரேக்க தேசத்தில், கிமு 2ஆம் நூற்றாண்டுகளில் வாழ்ந்த கணிதவியல், இயற்பியல், வானியல் ஆகியவற்றில் சிறந்தவரான 'ஆர்கிமெடெஸ்' (Archimedes). இந்தப் பெயரைக் கேட்டதும் உங்கள் மனதில் ஒரு விஷயம்தான் தோன்றும்.

என்ன ஒளிந்திருக்கிறது அங்கே?

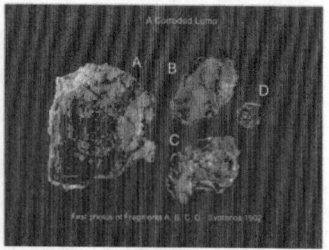

'ஓய்ரேகா... ஓய்ரேகா...' (*eureka* – யூரேகா என்பது தப்பு) என்று கத்தியபடி, குளித்துக்கொண்டிருந்த நீர்த்தொட்டியிலிருந்து நிர்வாணமாக ஓடிய கோமாளி மனிதனின் உருவம் தோன்றும். ஆனால், அவர் அப்படியொன்றும் கோமாளி கிடையாது. அற்புதமான புத்திஜீவி. நம்பவே முடியாத கண்டுபிடிப்பாளன். அன்றைய கிரேக்கத்தில் அவர் சாதித்த பல விஷயங்கள் உலகமறியாதவை. இன்றைய தினத்தில் நிஜமான மர்மமாகப் பார்க்கப்படும் ஒரு பொருளின் சூத்திரதாரி அவர். அந்தப் பொருள் என்னவென்று சொல்வதற்கு முன்னர், ஹியரோ மன்னனின் பிரச்சனையை முடித்துவிடுவோம்.

ஆர்கிமெடெஸ் மன்னனால் அழைக்கப்பட்டார். பிரச்சனையை மன்னன் விளக்கமாகக் கூறினான். அதற்கான பதிலை உடனடியாக ஆர்கிமெடெஸால் சொல்ல முடியவில்லை. அதற்கான தீர்வுடன் மறுநாள் வருகிறேனென மன்னனிடம் விடைபெற்று வீட்டிற்கு வந்தார். பிரச்சனையை எப்படித் தீர்ப்பது என்ற யோசனையுடன் குளியலறையின் நீர்த்தொட்டியில் இறங்கினார். நிரம்பியிருந்த தொட்டியிலிருந்து நீர் வழிய ஆரம்பித்தது. அப்போதுதான், 'கண்டுபிடித்துவிட்டேன், கண்டுபிடித்துவிட்டேன்' (ஓய்ரேகா, ஓய்ரேகா) என்று கத்தியபடி அரண்மனை நோக்கி ஓடினார். அதன்பின்னர் நடந்தவையெல்லாம் நீங்கள் எட்டாம் வகுப்பிலேயே படித்தவைதான். ஆர்கிமெடெஸின் கண்டுபிடிப்பாக நாம் அறிந்துவைத்திருப்பவை அவ்வளவுதான். ஆனால், நாம் அறிந்திருக்காதவை பல. அவர் கண்டுபிடித்ததாக நவீன ஆராய்ச்சியாளர்கள் கணித்துச் சொல்லும் ஒன்றை பற்றித்தான் இப்போது பார்க்கப்போகிறோம். அண்டவெளி மர்மங்களைத்

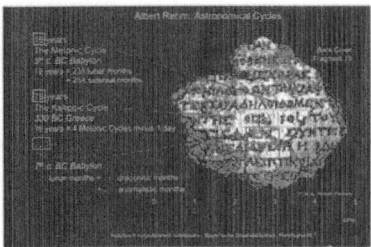

தொடர்ச்சியாகச் சொல்லப் போவதாகக் கூறியிருந்தேன். ஆனாலும், இப்படியான மர்மத்தை இடையே சொல்லிச் செல்வது, படிக்கும் உங்களுக்கும் ஒரு மாறுதலைக் கொடுக்கும். இந்த மர்மம், எகிப்தின் மம்மிகள்போலவோ, பிரமிட் போன்ற புராதனக் கட்டடக் கலைகள்போலவோ, சந்தேகங்களுக்கு உட்பட்ட மர்மங்களைக் கொண்ட ஒன்றல்ல. நூறு விழுக்காடு அறிவியல் அடிப்படைகொண்ட உண்மையான மர்மம். இன்றுவரை தீர்க்கப்படாமல் புதிராகவே இருக்குமொன்று. அதில் என்ன ஒளிந்திருக்கிறது என்பதையே நாம் பார்க்கப் போகிறோம்.

கடலடியில் வாழும் ஒருவகை உயிரினத்தைப் 'பஞ்சுயிரி' *(Sponge)* என்பார்கள். அவற்றைச் சேகரித்து விற்பனை செய்யும் சுழியோடிகள் இருக்கிறார்கள். *1900*ஆம் ஆண்டு, கிரேக்க தேசத்தின் கீழேயிருக்கும் கடற்பகுதியில் பஞ்சுயிரிகளைச் சேகரிப்பதற்காகக் கப்பலில் சென்ற சுழியோடிகள் சிலர் நீரில் மூழ்கினார்கள். அவர்களில் ஒருவன் திடீரென மேலெழுந்து கடல்மட்டம்வந்து கப்பல் தலைவனிடம், 'கீழே கை கால்கள் வெட்டப்பட்டு உடற்பாகங்கள் சிதறியபடி மனித உடல்கள் கிடக்கின்றன' என்று திகிலுடன் சொன்னான். கப்பலின் தலைவனான, 'டிமிட்ரியோஸ் கொண்டோஸ்' *(Dimitrios Kondos)* கடலில் மூழ்கிப் பார்த்தான். அங்கே கிடந்தவை மனித உடலுறுப்புகள்தான். ஆனால், அனைத்தும் சிலைகளின் உடைந்த பாகங்கள். மேலும் தேடியபோது, அங்கே பெரிய கப்பலொன்று உடைந்து, பலவிதமான புதையல்கள் கடலடியெங்கும் சிதறிக் காணப்பட்டன. உடனடியாக கிரேக்க அரசின் கடற்படைக்கு அறிவித்தான். அங்குவந்த

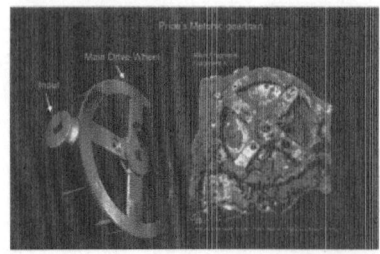

கடற்படை, புராதனப் பொருட்களையெல்லாம் சேகரித்து, ஏதென்ஸின் தொல்பொருள் அருங்காட்சியகத்துக்கு அனுப்பிவைத்தார்கள். இரண்டாயிரம் ஆண்டுகளுக்கு முன்னர், கிரேக்கத்திற்குக் கீழேயிருந்த சிறுதீவொன்றுக்கு அருகில் கப்பலொன்று கடற் கொந்தளிப்பில் அகப்பட்டுப் புதைந்து போயிருந்தது. விலைமதிக்க முடியாத பொருட்களை ஏற்றி வந்திருக்கிறது. அக்கப்பல் அமிழ்ந்த தீவின் பெயர் 'அன்டிகிதேரா' *(Antikythera)*. பெறுமதிவாய்ந்த பொருட்களை வழமையாகக் காட்சிப்படுத்துவதுபோல, அந்தப் பொருட்களும் அருங்காட்சியகத்தில் வரிசையாக அடுக்கிவைக்கப்பட்டிருந்தன. முடிந்தது விஷயம். இரண்டாண்டுகள், அங்கு எடுக்கப்பட்ட சிலைகள், பாத்திரங்கள், விலைமதிக்க முடியாத பொருட்கள் அனைத்தையும் மக்கள் பார்வையிட்டு மகிழ்ந்தனர். ஆனால், யாருமே சீண்டாமல், ஒரு பக்கத்தில் துருப்பிடித்திருந்த உடைந்த துண்டுகளும் அங்கு காணப்பட்டன. அப்போது யாருக்கும் தெரிந்திருக்கவில்லை, 'பல மில்லியன் டாலர்கள் செலவுசெய்து அவற்றை ஆராயப் போகிறார்கள்' என்பது. இன்று 'அன்டிகிதேரா பொறிமுறை' *(Antikythera Mechanism)* என்ற பெயரில் உலகமே வியந்தது, புராதனக் கணினியென்று ஆச்சரியப்படும் கருவியின் உடைந்த பாகங்களே அவை.

*1902*ஆம் ஆண்டு அருங்காட்சியகத்துக்குப் பார்வையாளராக வந்த முன்னாள் அமைச்சரான, 'வலரியோஸ் ஸ்டெய்ஸ்' *(Valerios Stais)*, அந்தப் பாகங்களை உன்னிப்பாகக் கவனித்தார். அதிலிருந்த பெரிய பாகத்தில் பற்களுள்ள சக்கரங்கள் *(Gear wheels)* இருப்பதுபோல அவருக்குத் தோன்றியது. 'இரண்டாயிரம்

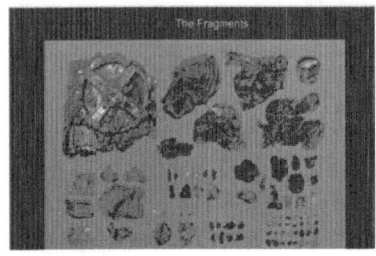

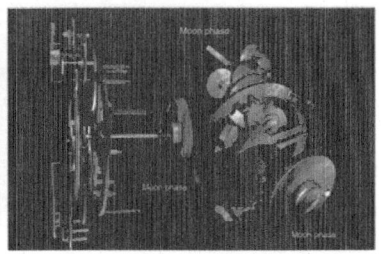

ஆண்டுகளுக்கு முன்பான பொருட்களில் பற்சக்கரங்களா?' என்று வியந்தார். அன்று பற்றிக்கொண்டதுதான், இன்றுவரை எரிந்துகொண்டிருக்கிறது. அதைக் கேள்விப்பட்ட ஜெர்மன் ஆராய்ச்சியாளரான 'அல்பேர்ட் ரேம்' (*Albert Rehm*) என்பவர் வந்தார். அதைப் பார்வையிட்டு, அதுவொரு வானிலையைக் கணிக்கும் கருவியென்று அறிக்கை கொடுத்தார். அக்கருவியை இனி அன்டிகிதேரா என்று நாமும் அழைக்கலாம். 1957ஆம் ஆண்டளவில், இங்கிலாந்தைச் சேர்ந்த 'டெரெக் பிரைஸ்' (*Derek Price*) அன்டிகிதேராவைத் தொடர்ச்சியாக ஆராயும் பொறுப்பை ஏற்றுக்கொண்டார். நான்கு பெரிய துண்டுகளையும், பல சிறிய துண்டுகளையும், அதன் பாகங்களாகக் கண்டெடுத்திருந்தார்கள். அவற்றில் பெரியபாகத்தில் வளைவுடனான பற்சக்கரங்களும், வரிசைகொண்ட கோடுகளிலான அளவுகளும் காணப்பட்டன. இரண்டாயிரம் ஆண்டுகள் கடலடியிலிருந்ததால், துருப்பிடித்த பாகங்களினுள்ளே என்ன இருக்கின்றன என்பது தெரியவில்லை. பிரைஸ் பல ஆண்டுகளாக அவற்றை ஆராய்ந்தார். அன்டிகிதேரா சிக்கலான பொறிமுறைகொண்டதெனத் தெரிந்தது. அதற்குமேல் எதுவும் செய்யமுடியவில்லை. 1970ஆம் ஆண்டு, லேசர் கதிர்களைக்கொண்டு ஆராய்ந்ததில், அதன் ஆச்சரியங்கள் மெல்ல மெல்ல விலகின. பல சக்கரங்கள் அதனுள் பொருத்தப்பட்டிருந்ததற்கான அடையாளங்கள் கண்டுபிடிக்கப்பட்டன. அன்டிகிதேரா கருவியின் முன்பகுதியெனக் கணிக்கப்பட்ட பாகத்தில் பல குறிப்புகள் எழுதப்பட்டிருந்தன. அவற்றில், வெள்ளி, புதன், செவ்வாய், வியாழன், சனி ஆகிய கோள்களின் பெயர்கள் எழுதப்பட்டிருந்தன. அந்தக் குறிப்புகளிலிருந்தும், சக்கரங்களின்

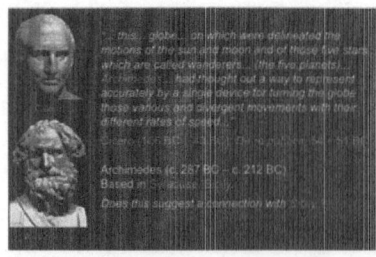

அடையாளங்களிலிருந்தும், சந்திரன், சூரியன் ஆகியவற்றின் வருட சுழற்சிகளையும், கிரகணங்களின் நாட்களையும் அளக்கக்கூடியவாறு கருவி அமைக்கப்பட்டிருப்பது தெரிந்தது. அத்துடன் ஏனைய ஐந்து கோள்களின் விபரங்களும் இருக்கின்றன என்றும் தெரிந்தது. அதனடிப்படையில், அன்டிகிதேராவின் மாதிரியை உருவாக்கினார்கள். ஆனால், எதையோ தவறவிட்டதுபோல, அது முழுமையாக இருக்கவில்லை. கண்டெடுக்கப்படாத பாகங்களைச் சரியாக ஈடுசெய்ய முடியவில்லை. ஆனால் 2004ஆம் ஆண்டு, உலக ரீதியாகப் பல நிபுணர்கள் ஒன்றுசேர்ந்த குழுவொன்று உருவாக்கப்பட்டது. அதில் பலதுறை வல்லுனர்களும் இருந்தார்கள். படத் தயாரிப்பாளரும், கணிதவியலாளருமான 'டோனி ஃபிரீத்' *(Tony Freeth)* என்பவரின் மேற்பார்வையில் அந்தக்குழு அமைக்கப்பட்டது. மில்லியன் டாலர்களுக்கும் அதிகமான பணம் ஆராய்ச்சிக்காக ஒதுக்கப்பட்டது. இங்கிலாந்திலிருந்து எட்டு டன் எடைகொண்ட *CT* ஸ்கேன் இயந்திரம், ஏதென்ஸ் நகரத்திற்குக் கொண்டுவரப்பட்டுப் பாகங்கள் ஆராயப்பட்டன. அதன்மூலம் கிடைத்த முடிவுகள் யாருமே நம்பமுடியாத ஆச்சரியம்.

உலகப் பிரசித்திபெற்ற 'ஹூவ்லெட் பக்கார்ட்' *(Hewlett Packard)* நிறுவனமும் அந்தக் குழுவினருடன் இணைந்தது. பத்தாண்டுகளுக்கு மேலாக அன்டிகிதேராவை அக்கக்காக ஆராய்ச்சி செய்தனர். இறுதியாக 2016ஆம் ஆண்டு தங்கள் முழுமையான அறிக்கையை வெளியிட்டார்கள். *CT* ஸ்கேன்மூலம், அதை ஆராய்ந்தபோது, நவீனக் கைக்கடிகாரத்தின் பற்சக்கரங்களும், அவை இயங்கும் பொறிமுறையயும்

கணித்துச் சொல்லுமா அன்டிகிதேரா?

ஒத்ததாக அன்டிகிதேரா உருவாக்கப்பட்டது தெரியவந்தது. 15க்கும் மேற்பட்ட பற்சக்கரங்கள் வளையங்கள் அதில் பொருத்தப்பட்டிருந்தன. அவை அனைத்தும் ஒன்றுடன் ஒன்று சேர்ந்து சுற்றக்கூடியவாறு காணப்பட்டன. பித்தளை உலோகத்தால் அச்சக்கரங்கள் உருவாகியிருந்தன. பெரிய சக்கரத்தில் 223 பற்கள் இருந்தன. அதுபோல, வெவ்வேறு அளவுகொண்ட சக்கரங்களும், பற்களும் காணப்பட்டன. ஒரு சதுரமான பெட்டிபோன்ற அமைப்பில், முன்பக்கமும், பின்பக்கமும் முடிவுகளைக் காட்டும் முட்கள் சுற்றும் விதத்தில் அண்டிகிதேரா இருந்தது. உள்ளிருந்து இயங்கும் பொறிமுறைமூலம், சதுரப் பெட்டியின் இரண்டு பக்கங்களிலும் பலவிதமான முடிவுகளை ஒரே சமயத்தில் கணிக்கக் கூடியவாறு இருந்தது. சந்திரகிரகணம், சூரியகிரகணம், அவற்றின் சுழற்சி, சனி, வியாழன், செவ்வாய், புதன், வெள்ளி ஆகிய கோள்களின் நிலைகள், திசைகள், பகல், இரவு மற்றும் ஒலிம்பிக் போட்டிக்கான நாட்காட்டி ஆகிய அனைத்தையும் ஒரே சமயத்தில் கணிக்கக்கூடியவாறு இருந்தது. அந்தப் பாகங்களில் மொத்தமாக 3500 எழுத்துகள் காணப்பட்டன. கிடைக்காத பாகங்களில் மொத்தமாக

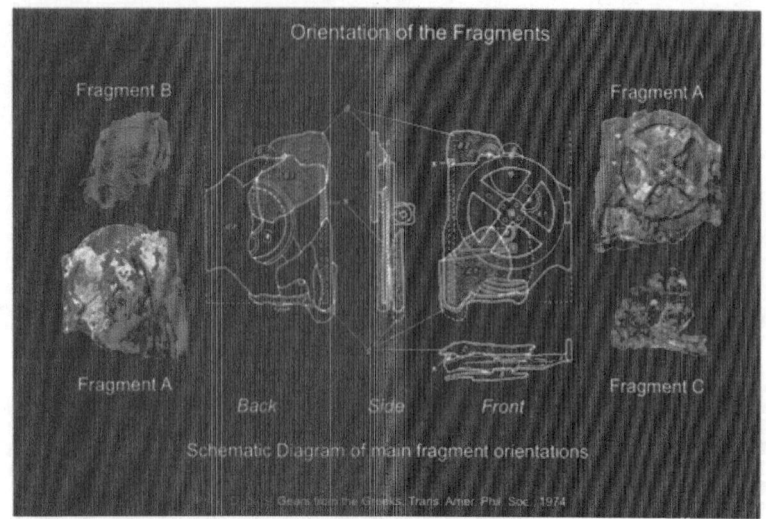

20000 எழுத்துகள் இருந்திருக்க வேண்டும். இன்றைய நவீன ஆராய்ச்சியாளர்கள் ஒன்றுசேர்ந்து பத்தாண்டுகளுக்கு மேல் உழைத்தும் அண்டிகிதேராவின் முழுமையான பொறிமுறையைக் கண்டுபிடிக்க முடியவில்லை. ஆனால், 2100 ஆண்டுகளுக்கு முன்னர், சிக்கலான பொறிமுறையுடன் அதை ஒருவர் உருவாக்கியிருப்பது நம்பமுடியாததாகும். ஐந்நூறு ஆண்டுகளுக்கு முன்னர்தான் கைக்கடிகாரங்களே வடிவமைக்கப்பட்டன. ஆனால், அதுபோன்ற அமைப்புடன், பல முடிவுகளை ஒன்றாகக் காட்டக்கூடிய சிக்கலான கருவி உருவாக்கப்பட்டிருப்பது ஆச்சரியத்திலும் ஆச்சரியம்.

அன்டிகிதேரா பொறிமுறையைப் புராதனக் கணினியென்றே பலர் சொல்கிறார்கள். அதிகபட்சக் கணித அறிவுள்ள ஒருவரால் மட்டுமே அப்படியொரு கருவியின் செயற்பாட்டைக் கணிக்க முடியும். அப்படிக் கணித்திருந்தாலும், 2100 ஆண்டுகளுக்கு முன்னர், நுணுக்கமான பற்சக்கரங்களை வெட்டியெடுத்துப் பொருத்துவதென்பது சாத்தியமேயில்லாதது. அப்படிப் பார்க்கும்போது, அதை உருவாக்கிய காலப்பகுதியில் வாழ்ந்த மேதைகளைக் கணக்கில் கொண்டால், கிமு 190களில் வாழ்ந்த ‘ஹிப்பார்கோஸ்’ (Hipparchos) என்னும்

கணித்துச் சொல்லுமா அன்டிகிதேரா?

வானிலை ஆராய்ச்சியாளரையும், கிமு 250களில் வாழ்ந்த ஆர்கிமெடெஸையும்தான் சொல்லலாம். இவர்களில் ஒருவரே அன்டிகிதேரா கருவியை உருவாக்கியிருக்க முடியும். சமீப முடிவுகளின்படி, ஆர்கிமெடெஸ் உருவாக்கியதாகத்தான் கருதுகிறார்கள்.

'அதெப்படி 2100 ஆண்டுகளுக்கு முன்னர் கடிகாரப் பொறிமுறைகொண்ட கணிப்பொறியை உருவாக்கினார்கள்?' என்று நாம் அதிசயித்துக் கொண்டிருக்க, கை மணிக்கட்டுகளில் கடிகாரம் போன்றவற்றை அணிந்தபடி, 4000 ஆண்டுச் சுமேரியக் கடவுள்களின் சிலைகள் நம்மைப்பார்த்துச் சிரித்துக் கொண்டிருக்கின்றன. அவர்கள்பற்றிச் சொல்ல ஆரம்பித்தால், இந்த ஜென்மத்துக்கும் மர்மங்களாய் அடுக்கிக்கொண்டே போகலாம்.

அத்தியாயம் 44

வெறுமையா, முழுமையா?

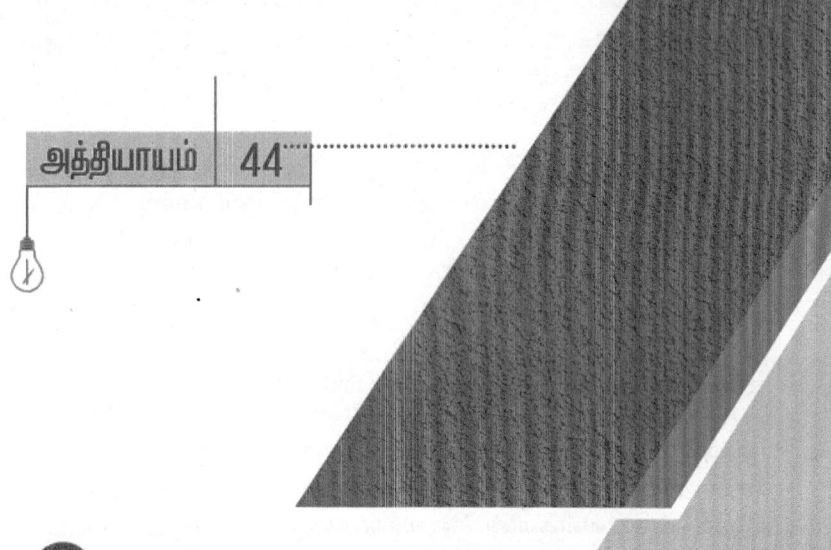

பூமியிலிருக்கும் பெரும்பான்மையான பொருட்களுக்கு அடிப்படையானவை அணுக்கள் (Atoms). ஒவ்வொரு பொருளும் அணுக்களினாலேயே கட்டமைக்கப்படுகின்றன. வெவ்வேறு அணுக்கள் ஒன்று சேர்ந்து மூலக்கூறுகளை (Molecules) உருவாக்க, அவை பொருட்களாக உருமாறுகின்றன. பொருட்களுக்கு அடிப்படையாக இருக்கும் அணுவொன்றை இப்போது நாம் எடுத்துக் கொள்ளலாம். அது, அணுக்கரு (Nucleus), எலெக்ட்ரான் என்னும் இரு பகுதிகளைக் கொண்டிருக்கும். அணுக்கருவுக்குள் புரோட்டானும், நியூட்ரானும் இருப்பது தனிக்கதை. அங்கு நாம் இப்போது போகவேண்டியதில்லை. ஒரு அணுவை, சென்னை மாநகரமளவுக்குப் பெரியதாகக் கற்பனை செய்துகொள்ளுங்கள். அண்ணாநகரில் நிறுத்தப்பட்டிருக்கும் காரின் அளவாகவே அணுக்கரு இருக்கும். அவ்வளவு சிறியது அணுக்கரு. மிகுதியாக இருக்கும் எஞ்சிய இடமெல்லாம் வெறுமையாகவே காணப்படும். ஒட்டு மொத்தச் சென்னையை, எலெக்ட்ரான்கள் என்னும் சிறிய பட்டாம்பூச்சிகள் சிறகடித்துச் சுற்றிக் கொண்டிருக்கும்.

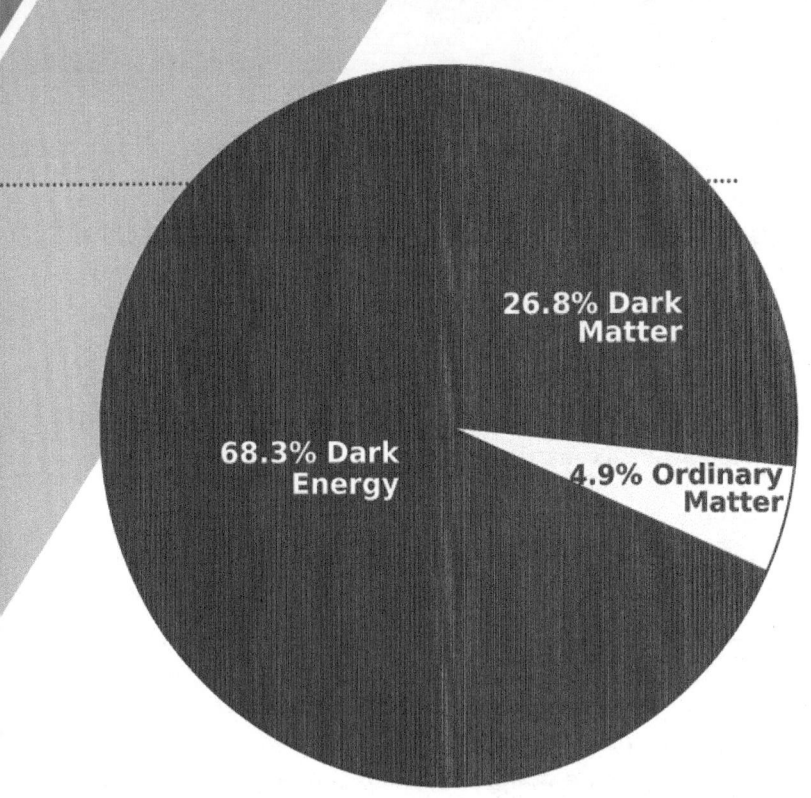

அணுவில் 99.999999999% பகுதி வெறுமையானதே! எதுவுமே இல்லாத வெறுமை. இதன்படி, கோடிக்கணக்கான அணுக்கள் ஒன்று சேர்ந்து உருவாக்கும் பொருட்களும் 99.999999999% வெறுமையானவையாகவே இருக்கும். இதைப் படிக்கும் நீங்களும், நீங்கள் அமர்ந்திருக்கும் கதிரை, உங்கள் நாய்க் குட்டி அனைத்தும் வெறுமையாக இருப்பவைதான். சாதாரண வெறுமை கிடையாது. முழுமையான வெறுமை. ஆனால், நீங்கள் வெறுமையாக இருப்பதாகச் சொன்னால், உங்களால் நம்ப முடியுமா? கொரோனா காலத்தில், 'நாளொரு மேனியும் பொழுதொரு கிலோவுமாக' அதிகரித்துக் கொண்டிருக்க, உங்களை வெறுமையானவர் என்று சொன்னால், அடிக்க வருவீர்களல்லவா? ஆனால், நிஜம் அதுதான். இயற்பியலைப் பொறுத்தவரை, ஐந்தடி ஆறங்குலமும், 75 கிலோவும் இருக்கும் நீங்கள், ஒரு குண்டூசி முனையளவு சிறியவர்தான். முள்ளம் பன்றியானது தன் முட்களை நீட்டித் தன்னைப் பெரிதாக்கிக் காட்டுவதுபோல, உங்களைப் பெரிதாக உணர்கிறீர்கள். அது எப்படி? ஆச்சரியமாக இருக்கிறதல்லவா? பூமியிலிருக்கும்

என்ன ஒளிந்திருக்கிறது அங்கே?

ஒவ்வொரு மனிதனும், பொருட்களும் ஒன்றுமேயில்லாத வெறுமையானவர்களே. வெறுமையை முழுமையாக உணர்வதாகச் சொல்லலாம். இதனுள் மிகப்பெரிய அறிவியல் ஆச்சரியம் அடங்கியிருக்கிறது. அதை மிகச்சரியாகப் புரிந்து கொண்டால், மிரண்டு போவீர்கள். அப்படிப்பட்ட அறிவியல் ஆச்சரியங்களை ஒவ்வொன்றாக நாம் பார்க்கப் போகிறோம். இப்போது இன்னுமொரு உதாரணத்தையும் பார்த்துவிட்டு நாம் மேலே செல்லலாம்.

'இருக்கின்றன என்று நாம் நம்புபவை அனைத்தும் உண்மையாகவே இருக்கின்றனவா?' இந்தக் கேள்வியை, ஏதோ வார்த்தை விளையாட்டாக நான் கேட்பதாக உங்களுக்குத் தோன்றும். அல்லது தத்துவார்த்தமான கேள்வியாகவும் இருக்கும். நம்பிக்கை சார்ந்தோ, கடவுளின் இருப்பைக் கேள்வியாக்குவதற்கோ இந்தக் கேள்வியை நான் கேட்கவில்லை, இதன் அர்த்தம் மிகவும் சாதாரணமானது. பார்த்தல், கேட்டல், நுகர்தல், சுவைத்தல், உணர்தல் போன்ற புலன்வழி அறிவினால், ஒரு பொருளின் இருப்பை நாம் அறிந்து கொள்கிறோம். பலசமயங்களில் பகுந்தறிந்தும் புரிந்து கொள்கிறோம். புலன்களின் அடிப்படையைக்கொண்டு, 'இருக்கின்றன' என்று நாம் நம்பிக் கொண்டிருக்கும் பொருட்கள் அனைத்தும் உண்மையிலேயே இருக்கின்றனவா என்பதே என் கேள்வி. ஒரு உதாரணத்துடன் இதை நீங்கள் புரிந்துகொள்ளலாம். பொருட்களில் ஒளிபடும்போது நிழல் உருவாகிறது. அந்த 'நிழல்', இருக்கிறது என்பதில் உங்களுக்கு எந்தவிதச் சந்தேகமும் இருந்ததில்லை. காரணம், அதைக் கண்ணால் கண்டிருக்கிறீர்கள். தினம் தினம் அனுபவிக்கிறீர்கள். ஆனால், அந்த நிழல், நிஜமாகவே இருக்கிறதா? இப்போது எனது கேள்வியைக் கொஞ்சமாவது நீங்கள் புரிந்திருப்பீர்கள். உங்கள் கண்ணுக்கு அப்பட்டமாகத் தெரியும் நிழலை, இல்லையென்று உங்களால் சொல்ல முடியாதல்லவா? அப்படியென்றால், நிழல் இருக்கிறது என்றுதானே அர்த்தம்? ஒருவேளை நிழலென்ற ஒன்று இருந்தால், அது எதனால் உருவாக்கப்பட்டது? உண்மையைச் சொல்வதென்றால், நிழல் எதனாலும் உருவாக்கப்படவில்லை.

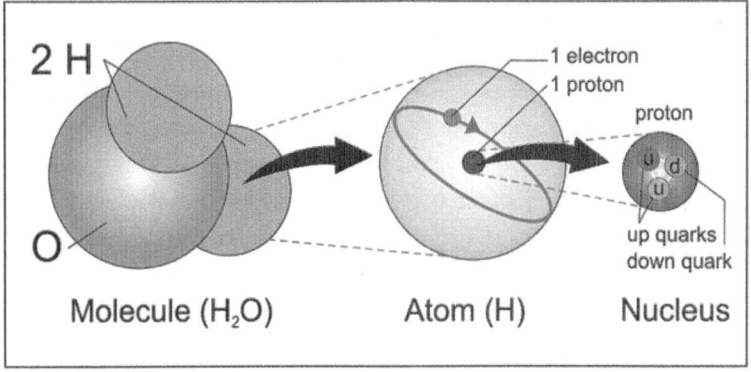

எதனாலும் உருவாக்கப்படாத ஒன்றை, இருக்கிறதென்று எப்படிச் சொல்லமுடியும்? ஒளியால் ஊடுருவ முடியாத பொருளின் பகுதியையே நிழல் என்கிறோம். ஆனால், அந்தப் பொருளோ, அதில் படும் ஒளியோ, அதைப் பார்க்கும் நீங்களோ, துகள்களால் உருவாக்கப்பட்டவர்கள். நிஜமாக இருக்கும் ஏதோவொரு அடிப்படைத் துகள்களின் கட்டமைப்பால் உருவானவர்கள். ஒளியை எடுத்துக்கொண்டால், அது ஃபோட்டான் (Photon) துகள்களாலானது. ஃபோட்டான் துகள்கள் எடையே இல்லாத நுண்ணிய துகள்களாகும். ஆனால் நிழல் அப்படியானது இல்லை? ஃபோட்டான்களின் இல்லாமையிலிருந்து உருவாகியிருக்கிறது. நம் கண்ணுக்குத் தெளிவாகத் தெரிவதால் நிழல் இருக்கிறது என்பதை நாம் நம்புகிறோம். ஆனால், அப்படியொன்று உண்மையிலேயே இல்லை. இப்படியான இல்லாமையையும், இருப்பவையும் பற்றியே நாம் பார்க்கப் போகிறோம். இல்லாமையில் இருப்பவையாக ஒளிந்திருக்கும் இதுபோன்ற உண்மைகளைக் காணலாம் வாருங்கள்.

இரவு வானில் நட்சத்திரங்கள் ஆங்காங்கே மின்னிக்கொண்டிருப்பதைப் பார்த்திருக்கிறீர்கள். சிறு புள்ளியாகத் தெரியும் ஒவ்வொரு நட்சத்திரமும், சூரியனைவிடப் பலமடங்கு பெரியவை. விண்வெளியில் தெரியும் இரண்டு நட்சத்திரங்களுக்கு இடையேயான இடைவெளிகளைக்

என்ன ஒளிந்திருக்கிறது அங்கே?

கவனித்திருக்கிறீர்களா? மிகப்பெரிய இருண்ட பரப்பாகக் காணப்படும். சரியாகக் கவனித்தால், அண்டவெளியே இருளாகத் தெரியும். நட்சத்திரங்கள், நெபுலாக்கள், காலக்ஸிகள் அனைத்தையும் ஒன்று சேர்த்தால், அண்டவெளியின் 5% அளவுதான். மீதி எல்லாமே இருள். பொருட்களற்ற வெறுமையுடன் இருண்டு பரந்திருக்கிறது. எஞ்சிய 95% ஆக இருக்கும் இருட்டுப் பகுதி நிஜத்தில் வெறுமையானவையல்ல. அதன் 27% கரும்பொருளும் (Dark matter), 68% கரும்சக்தியும் (Dark energy) இருப்பதாகச் சொல்கிறார்கள். ஆனால், அறிவியல் இந்த இரண்டையும் என்னவென்று இன்றுவரை கண்டுபிடிக்கவில்லை. அவை இருக்கின்றன என்பது தெரியும். அவற்றினால் உருவாகும் விளைவுகளும் தெரியும். ஆனால், அவை என்ன மாதிரியானவை என்பது மட்டும் தெரியவில்லை. நிழல் இருக்கிறது. வெயிலுக்கு இளைப்பாற இடமும் கொடுக்கிறது. ஆனால், அந்த நிழல் என்னவென்று நமக்குத் தெரியாததுபோல, கரும்பொருள், கரும்சக்தி இரண்டும் இருக்கின்றன என்று தெரிந்தாலும், அவற்றைப் புரிந்துகொள்ள முடியவில்லை. 13.8 பில்லியன் ஆண்டுகளுக்கு முன்னர், பிக்பாங் வெடிப்பால் விரிந்த பேரண்டம், இந்த நொடிவரை விரிந்துகொண்டேயிருக்கிறது. குறிப்பிட்ட வேகத்தில் அது விரியவில்லை. வேகமுடுக்கத்துடன் (Acceleration) விரிகிறது. வேகத்துக்கும், வேகமுடுக்கத்துக்குமான வித்தியாசம் உங்களுக்குத் தெரியுமென்று நம்புகிறேன். ஒரு வாகனம், மணிக்கு 10கிமீ வேகத்துடன் சென்றால், ஒரு மணி கழிந்தபின்னரும் அதன் வேகம் மாறாமல் 10கிமீ ஆகத்தான் இருக்கும். ஆனால், ஒரு வாகனம் மணிக்கு 10கிமீ/ம வேகமுடுக்கத்தில் சென்றால், ஒவ்வொரு மணிக்கும் அதன் வேகம் பத்துப் பத்தாக அதிகரித்துக்கொண்டு செல்லும். பேரண்டத்தின் வேகமும் ஒவ்வொரு நொடிக்கும் மடங்குகளாக அதிகரித்துக்கொண்டு செல்கிறது. இன்றைய நிலையில், ஒளியின் வேகத்தையும் தாண்டி நம்பவே முடியாத வேகத்துடன் தனது எல்லையை விரித்தபடி ஓடிக்கொண்டிருக்கிறது பேரண்டம். ஒரு வாகனம் வேகம்பெற வேண்டுமென்றால், அதற்குரிய சக்தியைக் கொடுப்பதற்கு எரிபொருள் தேவை. அதுபோல

பேரண்டம் விரிவடைவதற்கும் ஒரு சக்தி உதவவேண்டும். பேரண்ட விரிவிற்கான சக்தியைக் கொடுப்பதே கரும்சக்தி *(Dark energy)*. பேரண்டம் அதிக வேகத்தில் விரிந்துகொண்டிருப்பதால், அதிலுள்ள காலக்ஸிகள் ஒவ்வொன்றும், ஒன்றையொன்று பிரிந்து விலகிச் செல்கின்றன. இந்தச் செயற்பாடுகள் அனைத்துக்கும் கரும்சக்திதான் மூலகாரணமாக இருக்கிறது. ஆனால், கரும்சக்தி எப்படித் தொழில்படுகிறது, என்ன வடிவத்தில் இருக்கிறது, எப்படி உருவானது என்பதற்கான எந்த விளக்கமும் நம்மிடம் இல்லை. சிறிதாக இருந்து படிப்படியாக விரிவடைவதால் அண்டத்தில் உருவாகும் புதிய அண்டவெளியை, எப்படிக் கரும்சக்தி நிரப்புகிறது என்பதும் இன்றுவரை மர்மமே! சரும்சக்தி, ஒரு பொருளா (துகளா), இல்லை வேறொன்றா என்பதும் தெரியவில்லை. பொருளாக இல்லாவிட்டால், வெறுமையாக இருக்கிறது என்றுதானே எடுக்கவேண்டும்?

கரும்சக்தியைப் போல, அண்டவெளியின் 27% அளவில் இருக்கும் கரும்பொருள்களையும் *(Dark matter)* அறிவியலால் இனம் காணமுடியவில்லை. கரும்சக்தி, காலக்ஸிகளை ஒன்றுடன் ஒன்று தள்ளுகிறதென்றால், காலக்ஸிகளுக்குள் இருக்கும் நட்சத்திரங்களைப் பிரியவிடாமல் ஒன்றுடன் ஒன்று இழுத்துவைத்திருப்பது கரும்பொருளே *(Dark matter)*. ஈர்ப்புவிசைக்கு இந்தக் கரும்பொருளே காரணமென்றும் நம்புகிறார்கள். இவற்றையும் அறிவியலால் கண்டுபிடிக்க முடியவில்லை. ஒரு பொருள் கண்ணுக்குத் தெரிய வேண்டுமென்றால், அதன்மீது ஒளிபட்டுத் தெறிக்கவேண்டும். ஆனால், கரும்பொருட்களில் ஒளிபட்டுத் தெறிக்க முடியவில்லை. அந்தளவு சிறியவையாக இருப்பதே காரணம். ஃபோட்டான் துகள்கள் மிகச்சிறிய நுண்துகள்கள். அந்த ஃபோட்டான் துகள்களும் தொடமுடியாத அளக்கு இவை மிகச்சிறியவையாக இருக்கின்றன. அதனால், அவை இருக்குமிடம் கருப்பாகக் காணப்படுகிறது. அவை கருப்பாக இருப்பதால், ஆராய்ந்து கண்டுபிடிக்க முடியாமல் இயற்பியலாளர்கள் தவித்துக் கொண்டிருக்கிறார்கள். கரும்பொருட்கள் உண்மையாகவே துகள்களா என்பதுகூடத் தெரியவில்லை. ஆனால்,

என்ன ஒளிந்திருக்கிறது அங்கே?

அவை இருக்கின்றன என்பதை ஆராய்ச்சிகளின் மூலம் கண்டுபிடித்திருக்கிறார்கள். அறிவியலின் மிகமுக்கியமான மர்மமாகச் சொல்லப்படுபவை, கரும்சக்தி மற்றும் கரும்பொருள் என்னவென்பதுதான். பேரண்டத்தின் மாபெரும் மர்மங்கள் இவை.

கரும்சக்தியும், கரும்பொருளும் பேரண்டத்தை நிறைத்து இருந்தாலும், மனிதனின் அறிவுக்குள் அகப்படாததால் இல்லாதவையாகவே புரிந்து கொள்ளப்படுகின்றன. அதனாலேயே, பேரண்டம் 95% வெறுமையானது என்றும் சொல்பவர்களும் உண்டு. எது எப்படியானாலும், அவற்றைக் கண்டுபிடிக்கும் அறிவை மனிதன் வளர்த்துக் கொள்ளும்வரை அவை புரியாத புதிராகவே இருக்கப் போகின்றன. ஆனால், குவாண்டம் இயங்கியல் (Quantum Mechanics) இவையனைத்தையும் வேறு பாதையில் திருப்பி விடுகின்றது. நாம் புரிந்து கொண்டிருக்கும் அனைத்தையும் தலைகீழாக மாற்றிச் சொல்ல முயல்கிறது. அறிவியல் என்றாலே, புதிய கண்டுபிடிப்புகளைத் தொடர்ந்து கண்டுபிடித்துக் கொண்டிருப்பதுதான் அல்லவா? ஆச்சரியங்களை இனித்தான் பார்க்கப் போகிறோம். இப்போது சொன்னவை அனைத்தும் அவற்றின் முன்னோட்டங்கள்தான்.

அத்தியாயம் 45

போட்டான்களுக்குக் காலம் உண்டா?

'ஒளி'யின் ஆச்சரியங்கள்பற்றிக் கொஞ்சம் தெரிந்து கொள்வோமா? 'என்ன, ஒளியில் ஆச்சரியமா?' அப்படித்தானே நினைக்கிறீர்கள்? உலக மக்களுக்கு மிகச்சாதாரணமாகக் கிடைக்கும் ஒளியும், நீரும் பல விந்தைகளை உள்ளடக்கியவை. நீங்கள் அறிந்தேயிராத ஆச்சரியங்கள் அவை. என்றாவது ஒருநாள், ஒளியைப் பற்றி நீங்கள் தனித்துவமாகச் சிந்தித்திருக்கிறீர்களா? அதன் தன்மைகளைப் புரிந்திருக்கிறீர்களா? 'ஒளியால் வெளிச்சம் கிடைக்கிறது. சூரியனிலிருந்தும், விளக்குகளிலிருந்தும் அதைப் பெற்றுக் கொள்கிறோம்.' முடிந்தது. இந்த அளவுக்கான அடிப்படையில்தான் பலர் ஒளி சார்ந்து அறிந்திருக்கிறார்கள். ஆனால், ஒளியின் பயன்பாடு அபரிமிதமானது. ஒளியைப் பயன்படுத்தி உணவைப் பெறும், கோடிக்கணக்கான உயிரினங்கள் பூமியில் வாழ்ந்துகொண்டிருப்பதை மறந்துவிடுகிறோம். அசையாது ஒரேயிடத்தில் இருந்தபடியே, ஒளியை உள்வாங்கி, ஒளித்தொகுப்பு முறையால் (photosynthesis) தமக்கான உணவை மரங்கள் தயாரித்துக் கொள்கின்றன. ஆனால், பரிணாமத்தில்,

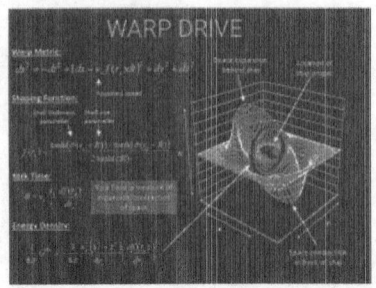

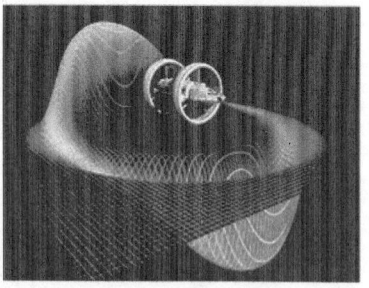

மரங்களின் பின்னால் உருவான மனிதனுக்கு அந்த ஆற்றல் வாய்க்கவில்லை. ஒளிமூலம் அவனால் உணவைத் தொகுத்தெடுக்கத் தெரியவில்லை. உணவின்றிப் பட்டினியால் தினம்தினம் ஆயிரக்கணக்கான மக்கள் பூமியில் இறந்து கொண்டிருக்கிறார்கள். மரங்கள்போல, சூரிய ஒளியினால் உணவைத் தயாரிக்க மனிதனாலும் முடிந்திருக்குமெனில், எத்தனை உயிர்கள் காப்பாற்றப்பட்டிருக்கும் சொல்லுங்கள்? சரி, இவையெல்லாம் நீங்கள் அறிந்தவைதான். இவற்றைப் பேசவும் நான் வரவில்லை. நவீன இயற்பியல், ஒளி சார்ந்து கூறும் சிறப்புகள் ஆச்சரியத்தின் உச்சம். ஒளியும் தன்னுள்ளே பல மர்மங்களையும் ஒளித்து வைத்திருக்கிறது. அவற்றையே நாம் இப்போது தெரிந்துகொள்ளப் போகிறோம்.

பரந்து விரிந்திருக்கும் பேரண்டத்தினுள், அதிக வேகத்துடன் பயணிப்பது ஒளி. வெற்றிடத்தில், வினாடிக்கு 300,000கிமீ வேகத்தில் அது பயணம் செய்கிறது. கண்ணாடி, நீர் ஆகிய ஊடகங்களினூடாகச் செல்லும்போது அதன் வேகம் குறைவடைகிறது. வைரக் கற்களில் மிகக்குறைந்த வேகத்தில் செல்கிறது. அதில் வினாடிக்கு 121,000 கிமீ என்னும் குறைந்த வேகம்தான். அதனாலேயே, பட்டை தீட்டப்பட்ட வைரத்தில் ஒளிபடும்போது, பலகோணங்களில் தெறித்து மெதுவாக வெளிவருகிறது. வைரம் மின்னுவதுபோலக் காட்சியும் தருகின்றது. சூரியனிலிருந்தோ, டார்ச் லைட்டிலிருந்தோ செறிவான கற்றைகளாக வெளிவரும் ஒளியின், ஆகச்சிறிய துகள்தான், 'போட்டான்' *(Photon)* எனப்படுகிறது. செறிவாக இருக்கும் போட்டான்களே ஒளியாகிறது என்றும் சொல்லலாம்.

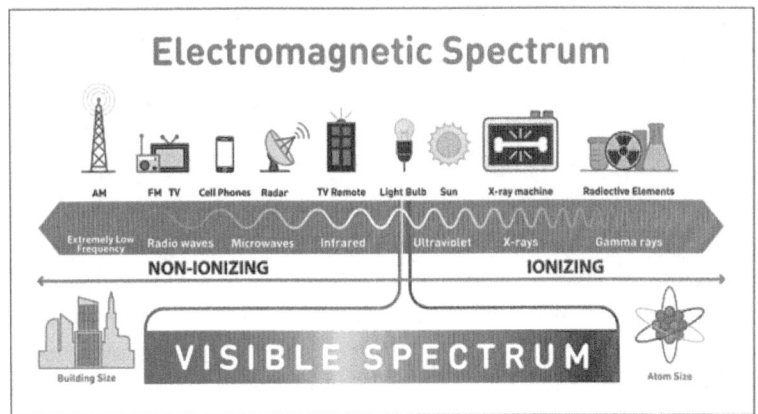

போட்டான் எடையற்ற, மிகச்சிறிய அடிப்படைத் துகளாகும் (Elementary particle). அவை, 'சூரியன்' எனப்படும் மாபெரும் அணுவுலையின் மையக் கோளத்தில் உருவாக்கப்படுகின்றன. சூரியனின் மேற்பரப்பிலிருந்து புறப்படும் போட்டான்கள், 8 நிமிடம் 20 நொடியில் பூமியை வந்தடைகின்றன. சூரியனுக்கும், பூமிக்கும் இடையிலான 149,600,000 கிமீ தூரத்தைக் கடப்பதற்கே அவ்வளவு நேரமெடுக்கிறது. ஆனால், அதன் இன்னுமொரு செயல் உங்களுக்கு ஆச்சரியத்தைத் தரும். சூரியனின் மையத்திலிருக்கும் கோளத்திற்கும் (Core), அதன் மேற்பரப்பிற்கும் இடையேயுள்ள தூரம், கிட்டத்தட்ட 7 இலட்சம் கிலோமீட்டர். சாதாரணமாக, மையத்தில் உருவாகும் போட்டான்கள், 2.5 வினாடிகளில் மேற்பரப்பை அடையவேண்டும். ஆனால் ஆச்சரியமாக, மேற்பரப்பை போட்டான்கள் வந்தடைவதற்கு, ஒரு இலட்சத்துக்கும் அதிகமான ஆண்டுகள் எடுக்கின்றன. சற்று சிந்தித்துப் பாருங்கள். 2.5 நொடிகள் எங்கே, ஒரு இலட்சம் ஆண்டுகள் எங்கே. பேரண்டத்தில் அதிவேகமாகப் பயணம் செய்யும் பொருளொன்று, இத்தனை ஆண்டு காலத்தையெடுப்பது ஆச்சரியமல்லவா? சூரியனின் மையக்கோளம் அதிக வெப்பமுடையது. அங்கு பிளாஸ்மா கூழ் செறிந்து காணப்படுகிறது. அங்கே உருவாகும் போட்டான்கள், பிளாஸ்மா கூழின் ஒவ்வொரு துகளிலும் அடுத்தடுத்து மோதி திசைகள் மாற்றப்பட்டு, டாஸ்மாக்கிலிருந்து வீடு

செல்லும் குடியானவன்போலத் தடுமாறியபடி, மெல்ல மெல்ல மேற்பரப்பிற்கு வந்து சேர்கின்றன. அப்படி வந்து சேரவே ஒரு இலட்சம் ஆண்டுகள் எடுத்துக் கொள்கின்றன. மேற்பரப்பை அடைந்த அடுத்த நொடியில், வேகமெடுத்துப் பூமியை நோக்கிப் பாய்ந்து செல்கின்றன. எட்டாவது நிமிடத்தில் உங்கள் விழித்திரையில் சங்கமிக்கின்றன. உங்கள் விழித்திரையில் படும் ஒவ்வொரு போட்டானும், ஒரு இலட்சம் ஆண்டுகளுக்கு முன்னர், சூரியனில் உருவாகியது என்பதை மறந்து விடாதீர்கள். இரவு வானில் நீங்கள் பார்க்கும் நட்சத்திரங்களின் ஒளியும் போட்டான்களே. பல ஒளியாண்டுகள் தூரத்திலிருக்கும் நடசத்திரங்களிலிருந்தும் போட்டான்கள் உங்களை நோக்கி வந்துகொண்டிருக்கின்றன. அவற்றில் பில்லியன் ஒளியாண்டுகள் தொலைவிலுள்ள நட்சத்திரக்கூட்டங்களும் *(Galaxies)* அடங்கும். பில்லியன் ஆண்டுகளுக்கு முன்னர், அங்கிருந்து புறப்பட்ட போட்டான்களில் சில, உங்களுக்கென மட்டுமே உருவானவை. நீங்கள் பார்க்கும்போது தெரியும் அந்த நட்சத்திரத்தின் ஒளி உங்களுக்கு மட்டுமேயானது. வேறு யாருக்கும் சொந்தமானதல்ல. என்ன ஆச்சரியமாக இருக்கிறதா? சொல்கிறேன்.

சூரியனிலிருந்து அல்லது பிரகாசமான விளக்குகளிலிருுது உமிழப்படும் ஒளி, நாலா திசையிலும் போட்டான்களாகப் பயணம் செய்கிறது. அந்தப் போட்டான்களில் வெகுசில, நம் கண்களை நோக்கி வருகின்றன. அந்த ஒளியை நாம் பார்க்கிறோமென்றால், அதிலிருந்து வந்த போட்டான்கள் நம் கண்களை அடைந்துவிட்டன என்று அர்த்தம். கண்களின் விழித்திரையில் அவை பட்டதும், அவற்றின் பயணம் முடிவடைகின்றது. சூரியனில் உருவாகி நம் கண்களை அடைவதே அந்தச் சில போட்டான்களுக்கான கடமை. நம்மைத் தாண்டிச் செல்லும் போட்டான்கள், வெவ்வேறு வகைகளில் தங்கள் இலக்கை அடைந்துகொள்கின்றன. ஆனால், எந்தெந்தப் போட்டன்கள் நம் கண்ணை வந்தடைகின்றனவோ, அவை யாவும் நமக்காகவே சூரியனில் உருவாக்கப்பட்டவை. அதற்கென இலட்சம் ஆண்டுகள் பயணித்து நம்மைச் சேர்கின்றன. ஒளி உருவாகும் அடிப்படைப் பொருளின் தன்மையைப் பொறுத்து,

போட்டான்களுக்குக் காலம் உள்ளதா?

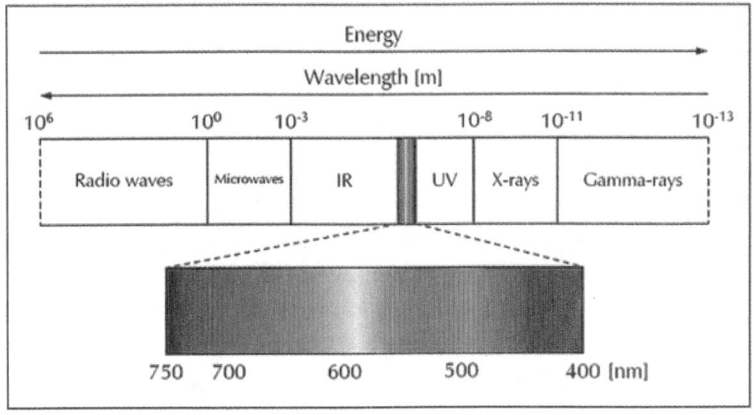

ஒளியின் செறிவும் காணப்படும். அதிலிருந்து புறப்படும் போட்டான்கள், தூரங்களைக் கடக்கும்போது, பரவலாகி ஐதாகின்றன. அதனால், ஒளியும் மங்கலாக மாறுகின்றது. தெருவிளக்கொன்றின் ஒளியை, ஒரு கிலோமீட்டர் தூரத்திற்கு நம்மால் பார்க்க முடியாமல் போவதற்கு அதுவே காரணம். ஆனால் சூரியனோ, நட்சத்திரங்களோ அப்படியானவை இல்லை. அவற்றிலிருந்து பிரமாண்டமான ஒளி வெளிவருகின்றது. அதனால், நெடுந்தூரங்களுக்குச் செல்கின்றன. பில்லியன் ஒளியாண்டு தூரத்திலிருக்கும் நட்சத்திரக் கூட்டத்தின் ஒளி, அண்டவெளியெங்கும் பரவிப் பயணிப்பதால் சின்னஞ்சிறு புள்ளியாக நமக்குத் தெரிகின்றது. அந்தச் சொற்பமான போட்டான்கள் நம் கண்களை வந்தடைவதால், அவற்றை நாம் பார்க்கிறோம். பில்லியன் ஆண்டுகள் பயணம். அத்துடன் அவற்றின் பயணம் முடிந்து போகின்றது. நாம் பார்க்காத பட்சத்தில் அந்த போட்டான்கள் பூமியைத் தாண்டி வேறெங்கோ சென்றுவிடலாம். ஆனால், நாம் காணும் நட்சத்திர ஒளியின் போட்டான்கள், நமக்காகவே உருவாகித் தஞ்சமடைகின்றன. இந்த இடத்தில் ஐன்ஸ்டைன் கூறிய கோட்பாட்டைப் பொருத்திப் பார்க்கும்போது, நம்பவே முடியாத விந்தை நிகழ்வொன்றைப் புரிந்து கொள்ளலாம். உங்களால் கற்பனையே செய்துகொள்ள முடியாத நிகழ்வது.

"ஒரு பொருள் வேகமாகப் பயணம் செய்ய ஆரம்பித்து, அதன்

வேகம் அதிகரிக்க அதிகரிக்க, அந்தப் பொருளுக்கான நேரம் (காலம்) குறைந்துகொண்டே செல்லும்" என்னும் விந்தையான கருந்தை ஐன்ஸ்டைன் முன்வைத்தார். அதாவது, நீங்கள் ஒரு விண்கலத்தில் அமர்ந்து, விரைவாகப் பயணம்செய்ய ஆரம்பிக்கிறீர்கள். விண்கலத்தின் வேகத்தைப் படிப்படியாக உயர்த்திக்கொண்டே செல்கிறீர்கள். அப்போது, உங்கள் கையில் கட்டப்பட்டிருக்கும் கடிகாரம் மிகமெதுவாக ஓடத்தொடங்கும். உங்களுக்கான காலம் மெதுவாக நகரும். இந்தக் கோட்பாட்டை, இரட்டைச் சகோதரர்களை வைத்து ஐன்ஸ்டைன் புரியவைத்தார். உங்களுக்கு இரட்டைச் *(Twin)* சகோதரர் இருக்கிறாரென்று வைத்துக்கொள்ளுங்கள். இருவரின் வயது பதினைந்து. நீங்கள் அதிசயமான விண்கலமொன்றைத் தயார் செய்கிறீர்கள். அது கிட்டத்தட்ட ஒளிவேகத்தில் பயணம் செய்யக்கூடியது. அந்த விண்கலத்தில் நீங்கள் ஒளிவேகத்தில் பயணம் செய்கிறீர்கள். உங்கள் கையில் கட்டப்பட்டிருக்கும் கடிகாரத்தின்படி, ஒரு ஆண்டின் பின்னர் பூமிக்குத் திரும்புகிறீர்கள். அப்போது உங்கள் வயது 16. ஆனால், பூமியிலிருந்த இரட்டைச் சகோதரனுக்கு, 65 வயதாகியிருக்கும். பூமியின் 50 ஆண்டுகள், உங்களுக்கு ஒரு ஆண்டாகக் குறைந்திருக்கும். ஐன்ஸ்டைனின் இந்தக் கருத்து, இயற்பியலில் பெரும் புரட்சியை ஏற்படுத்தியது. பின்னாட்களில் உண்மையென நிரூபிக்கப்பட்டது. வேகம் அதிகரிக்கும்போது, நேரம் சுருங்க ஆரம்பிக்கிறது. ஒளியின் வேகத்தை அடைகையில் நேரம் பூச்சியமாகிவிடும். அப்போது, ஒளியின் வேகத்தில் பயணிப்பவரின் காலம் உறைந்து *(freeze)* போய்விடும். ஆனால், அப்போது உருவாகும் சில பக்க விளைவுகளினால், அது சாத்தியப்படாது என்பதையும் ஐன்ஸ்டைன் புரியவைத்தார்.

ஒளியின் வேகத்தில் பயணிக்கும் ஒருவரின் காலம் பூச்சியமாகும் அதே சமயத்தில், அவரது எடையும் அதிகரிக்கத் தொடங்கும். ஒளியின் வேகத்தில் எடை முடிவிலியாக மாறிவிடும். அவரின் உருவமும் சிறிதாகிவிடும். அதனால், எடைகொண்ட ஒருவரால், ஒளிவேகத்தில் பயணம் செய்யமுடியாதென்று ஐன்ஸ்டைன் கருதினார். ஆனாலும், இன்றைய மனிதன் அதைச் சாத்தியமாக்கவே விரும்புகிறான். மனிதனின் எடை அதிகரிக்காமலும், உருவம்

போட்டான்களுக்குக் காலம் உள்ளதா?

சிறிதாகாமலும் இருப்பதற்கென, விண்கலமொன்றைத் தயாரிக்கும் முயற்சியில் ஈடுபட்டுக்கொண்டிருக்கிறான். 'வார்ப் ட்ரைவ்' (Warp Drive) என்னும் நவீனத் தொழில்நுட்பத்தில் இயங்கக்கூடிய விண்கலத்தைத் தயாரிக்க விரும்புகிறான். அது எந்த அளவுக்குச் சாத்தியமென்பது தெரியவில்லை. வழமைபோல, அப்படியானதொரு விண்கலத்தை நாஸா தயாரித்துப் பரிசோதனை செய்துகொண்டிருக்கிறது என்னும் வதந்தியும் இருக்கிறது. ஆனாலும், நான் சொல்லவந்தது வேறு. பில்லியன் ஒளியாண்டுகள் தூரத்திலிருக்கும் போட்டோன்கள், நம் கண்களை வந்தடையும்போது விந்தை நிகழ்வொன்று நடைபெறுகின்றதென்று சொன்னேனல்லவா? அதைப் புரிய வைக்கவே இவற்றைச் சொல்ல வேண்டியிருந்தது.

எடையுள்ள ஒரு பொருளால் ஒளியின் வேகத்தில் நகர முடியாதென்று நாம் பார்த்தோம். ஆனால், போட்டான்களுக்கு எடையென்பதேயில்லை. உருவத்திலும் அவை நுண்ணிய அளவுகொண்டவை. போட்டான்கள், ஒளியின் வேகத்திலேயே பயணமும் செய்கின்றன. அப்படியெனில், பில்லியன் ஒளியாண்டு தூரத்திலுள்ள நட்சத்திரமொன்றில் உருவாகும் போட்டான்கள் நம்மை நோக்கி வர ஆரம்பிக்கும்போதே, அதன் காலம் உறைந்து பூச்சியமாகிவிடுகிறது. அந்தப் போட்டான்களைப் பொறுத்தவரை எப்போது பயணத்தை ஆரம்பித்தனவோ, அப்போதே நம் கண்களை அடைந்துவிடுகின்றன. அதற்கு எடுத்த காலம் பூச்சியமாகும். ஆனால், பூமியில் இருக்கும் நமக்கு, அவை பில்லியன் ஆண்டுகள் பயணம் செய்திருப்பதாகத் தோன்றும். நான் கூறியது உங்களுக்குப் புரிகிறதா? ஒருவேளை, நாளைய மனிதன் ஒளிவேகத்தில் செல்லக்கூடிய விண்கலமொன்றைத் தயார்செய்தால், அவன் எத்தனை மில்லியன் கிலோமீட்டர் தொலைவுக்கும், புறப்பட்ட அதே கணத்தில் அடைந்திருப்பான். படித்தது புரியவில்லையெனில், மீண்டுமொரு தடவை நிதானமாகப் படியுங்கள். நிச்சயம் புரியும்.

மேலே நான் கூறிய சம்பவம் உங்களுக்கு விந்தையாக இருக்கவில்லையா? இதுபோன்று பல ஆச்சரியங்கள் இருக்கின்றன. தொடர்ந்து செல்வோம்.

அத்தியாயம் 46

டாக்கியான் துப்பாக்கியால் சுடட்டுமா?

ஒரு பொருளின் வேகம் அதிகரிக்க அதிகரிக்க, அதற்கான நேரம் சுருங்கிக்கொண்டே வருமென்று ஐன்ஸ்டைன் சொன்னதாகக் கடந்த பகுதியில் சொல்லியிருந்தேன். அப்படி வேகம் அதிகரித்து, ஒளியின் வேகத்தை அடையும்போது, நேரம் உறைந்து போவதாகவும் பார்த்தோம். கடந்த பகுதியில் நான் சொன்னவை அனைத்தும் நிச்சயம் உங்களுக்குப் புரிந்திருக்கும் என்ற நம்பிக்கையுடன் தொடர்கிறேன். இன்றுவரையுள்ள அறிவியலின்படி, ஒளியின் வேகத்தில் மனிதனால் பயணம் செய்யவே முடியாது. அதற்குத் தடையாக இருப்பது எடை. எடையுள்ள எந்தப் பொருளுக்கும் ஒளிவேகம் சாத்தியமேயில்லை. அதனால், ஒளியின் வேகத்தில் எடையில்லாத துகள்களால் மட்டுமே இயங்க முடியும். அதற்கு உதாரணமாக, போட்டான் *(Photon)*, கிராவிட்டான் *(Graviton)*, குளுவான் *(Gluon)* போன்ற எடையில்லாத் துகள்களைச் சொல்லலாம். முழுமையான

ஒளியின் வேகம் இல்லாமல், கிட்டத்தட்ட ஒளியின் வேகத்துக்கு அண்மையில், மியூவான் *(Muon)*, நியூட்ரீனோ *(Neutrino)* போன்ற துகள்கள் நகர்கின்றன. பிரான்ஸ், சுவிஸ் நாடுகளின் எல்லையில், துகள்களை மோதவைத்துப் பரிசோதனை செய்யும், 'ஹாட்ரான் பெருந்துகள் மோதி' *(Large Hadron collider)* பற்றி உங்களுக்குத் தெரிந்திருக்கும். நிலத்தின் கீழ் 170மீட்டர் ஆழத்தில், 27 கிலோமீட்டர் வட்டப் பாதையில் குழாய்கள் அமைக்கப்பட்டு, இரு திசையிலிருந்தும், ஹாட்ரான் துகள்கள் அனுப்பப்பட்டு மோதவிடுவார்கள். அவை மோதும்போது, பெருவெடிப்பு உருவாகிப் பல புதிய துகள்கள் சிதறடிக்கப்படும். அப்படியான புதிய துகள்களைக் கண்டுபிடிப்பதே, *'LHC' (Large Hadron collider)* இன் நோக்கமாகும். அது நூறு நாடுகள் ஒன்றுசேர்ந்து அமைத்திருக்கும் *'CERN' (European Organization for Nuclear Research)* என்னும் அமைப்பின்மூலம் உருவாக்கப்பட்டது. இந்தப் பெருந்துகள் மோதி யூடாக இருபக்கமும் அனுப்பப்படும் ஹாட்ரான் துகள்கள், *99.999999%* ஒளியின் வேகத்தில் அந்த வட்டப் பாதையில் சுழலவிடப்பட்டு மோதுகின்றன. ஹாட்ரான் துகள்களை ஒளியின் வேகத்துக்கு அண்மையில் கொண்டுவருவதற்கு அதிகளவிலான சக்தி தேவைப்படுகின்றது. பிரமாண்டமான ஆற்றல்வாய்ந்த காந்தங்கள் அதற்கான

என்ன ஒளிந்திருக்கிறது அங்கே?

சக்தியைப் பெற்றுக்கொள்வதற்காகப் பயன்படுத்தப்படுகின்றன. அதிகமாகப் பேசிட்டேனோ? சரி விடுங்கள். இங்கு நான் சொல்லவந்தது, மனிதனால் ஒளியின் 99.999999 மடங்கு வேகத்தில் துகள்களை இயங்கை வைக்கமுடியும் என்பதைத்தான். ஆனால், அதுகூட 100% ஒளியின் முழுமையான வேகம் கிடையாது. அப்படியென்றால், 'ஒளியின் வேகத்தை மிஞ்சி, அதிக வேகத்தில் எதுவுமே இயங்குவதில்லையா?' என்று கேட்டால், ஆச்சரியமான பதில் கிடைக்கிறது.

ஒளியைவிட அதிக வேகத்தில் பேரண்டம் விரிவடைந்து கொண்டிருக்கிறது என்பதாகக் கணித்திருக்கிறார்கள். அது எப்படி? பேரண்டத்தின் உள்ளே இருக்கும் எந்தப் பொருளாலும் ஒளியைவிட வேகமாக இயங்கவே முடியாதெனக் கடந்த பதிவிலும் சொல்லியிருந்தேனே. அப்படியென்றால், பேரண்டம் எப்படி அந்த வேகத்தில் விரிவடைகிறது? இந்த இடத்தில் உங்களுக்குச் சிறிய தடுமாற்றம் ஏற்படும். நான் முன்னர் கூறியதை மீண்டும் படித்துப் பாருங்கள். பேரண்டத்தின் உள்ளே எந்தப் பொருளாலும் ஒளிவேகத்திற்கு அதிகமாக நகரமுடியாது. ஆனால், பேரண்டத்திற்கு வெளியே அந்த விதி செல்லாது. பேரண்டம் தனது எல்லையிலும், தனக்கு வெளியேயும்தான் தன்னை விரிவடையச் செய்கிறது. தன்னைத்தானே ஒளியைவிட அதிக வேகத்தில் விரியவைத்துக் கொண்டிருக்கிறது. ஆனால், தனக்குள்ளே இருக்கும் எதையும் அந்த வேகத்தை அடைய அனுமதிப்பதில்லை. என்ன புரியவில்லையா? சரி, இந்த உதாரணத்தைப் பாருங்கள். இது மிகச்சரியான ஒப்பீடாக இல்லாவிட்டாலும்கூட, உங்களுக்கு ஒரு புரிதலைக் கொடுக்கும். நீங்கள் தொடருந்து வண்டியொன்றில் சென்று கொண்டிருக்கிறீர்கள். அது 100கிலோமீட்டர் வேகத்தில் செல்கிறது. வண்டியினுள்ளே பயணிகள் நடக்குமிடத்தில் சிறு குழந்தையொன்று முன்னும் பின்னுமாக ஓடிக்கொண்டிருக்கிறது. இந்த நிகழ்வைச் சரியாகப் பாருங்கள். அந்தக் குழந்தை, தனக்குரிய வேகத்தில் முன்பின் ஓடிக்கொண்டிருக்கலாம். ஆனால், வெளியே தொடருந்து தனக்குரிய வேகத்தில் போய்க்கொண்டிருக்கும். தொடருந்தின்

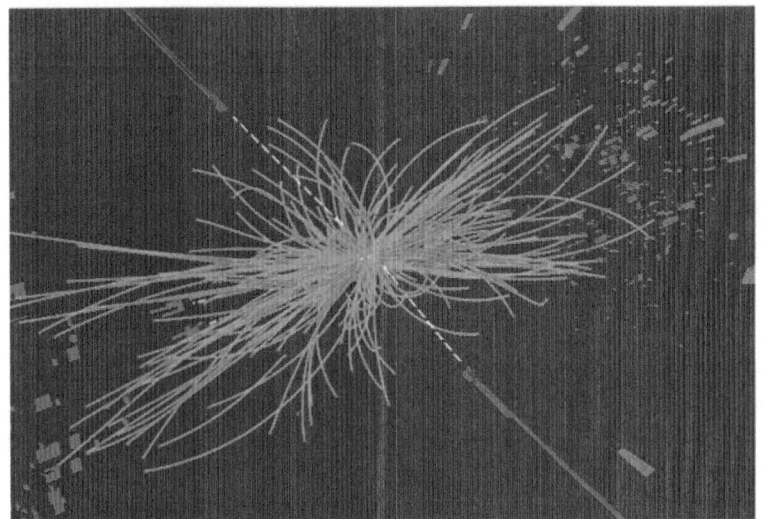

வேகத்தைக் குழந்தையால் நெருங்கவே முடியாது. தொடருந்துக்கு வெளியே இருக்கும் வேகத்தை, அதனுள் இருக்கும் எவராலும் அடைய முடியாது. இதுபோலத்தான் பேரண்டத்தின் வேகமும். அது தன்னை வெளிப்புறமாக ஒளியின் வேகத்தில் விரித்துக்கொண்டே செல்கிறது. இப்போது உங்களுக்கு, 'பேரண்டம் ஒளியைவிட அதிகவேகத்தில் விரிந்தால், நமக்கு அருகேயுள்ள நட்சத்திரங்களும், நட்சத்திரக் கூட்டங்களும் நம்மவிட்டு விலகிச்செல்ல வேண்டுமல்லவா? ஆனால், வானத்திலுள்ள நட்சத்திரங்கள் எப்போதும் அங்கேதான் இருக்கின்றனவே?' என்னும் கேள்வி தோன்றியிருந்தால், நீங்கள் ஒரு சிறந்த அவதானி. இதற்கான பதிலை பின்னர் சொல்கிறேன். அதற்குமுன் இன்னுமொரு சந்தேகத்தைப் பார்த்துவிடலாம். 'ஒருவேளை, ஒளியைவிட அதிகவேகத்தில் பொருளொன்றால் இயங்க முடிந்தால், அது எப்படி நடந்துகொள்ளும்?' இதுவொரு அற்புதமான கேள்வி. அறிவியல் இதன் சாத்தியம்பற்றி நிறையவே சிந்தித்தது. அதன்மூலம் நடக்கக்கூடியவற்றையும் கூறியது. அவை அனைத்தும் நம்ப முடியாத விந்தைகள். ஒளியின் வேகத்துக்கு இத்தனை ஆற்றலாவெனத் திகைப்பீர்கள்.

'கெரால்ட் ஃபைன்பேர்க்' (Gerald Feinberg) என்னும் ஜெர்மனிய

என்ன ஒளிந்திருக்கிறது அங்கே?

இயற்பியலாளரால், 1967ஆம் ஆண்டு ஒரு ஆராய்ச்சி முடிவு வெளியிடப்பட்டது. அதன்படி 'டாக்கியான்' (Tachyonic particles) என்னும் துகள்கள் இருக்கலாமெனவும், அவை எப்போதும் ஒளியின் வேகத்துக்கு அதிக வேகத்திலேயே இயங்கிக் கொண்டிருப்பவையெனவும் சொல்லப்பட்டது. டாக்கியான்கள் ஒளியின் வேகத்துக்குக் குறைந்த வேகத்துக்கு வரவேமாட்டாதவை. இந்தப் புரட்சிகரமான ஆராய்ச்சியிலிருந்து, டாக்கியான்கள் என்னும் கற்பனைத் துகள்கள் இருக்கலாம் என்னும் முடிவுக்குச் சிலர் வந்தனர். ஐன்ஸ்டைன், ஒளிவேகத்துக்கும் அதிகமாக எதுவும் இயங்க முடியாதென்று சொல்லியிருந்த நிலையில், இப்படியான துகள் இருக்க முடியாதெனவும் சிலர் கருதுகிறார்கள். ஐன்ஸ்டைனின் கூற்றில் டாக்கியானுக்குச் சாதகமான ஓட்டையொன்றும் இருந்தது. எந்தப் பொருளும் தனது வேகத்தை ஒளியின் வேகத்துக்குக் கொண்டுசெல்ல முடியாது என்றுதான் ஐன்ஸ்டைன் சொல்லியிருந்தார். அதாவது, ஒளிவேகம் என்னும் எல்லைக் கோட்டை எந்தப் பொருளாலும் தாண்டமுடியாது என்றார். ஆனால், பேரண்டம் தோன்றிய ஆரம்பக் கணங்களிலே, அப்படியான வேகத்தில் இயங்கக்கூடிய குவாண்டம் துகள்கள் உருவாகியிருக்கலாம். அந்தத் துகள்கள் ஒளிவேகம் என்னும் எல்லைக் கோட்டைத் தாண்டவேண்டிய அவசியமே இல்லாதவை. காரணம், அவை ஏற்கனவே தாண்டிய நிலையிலேயே உருவாகியிருந்தன. அந்தத் துகள்களையே டாக்கியான்கள் என்கிறோம் என டாக்கியான்களுக்கு விளக்கம் கொடுக்கிறார்கள். இன்றுவரை டாக்கியான் துகள் கண்டுபிடிக்கப்படவில்லை. ஹிக் போஸான்கள்கூட (Higg Bosons) இருக்கலாமெனச் சொல்லப்பட்டுப் பல தசாப்தங்களின் பின்னரே கண்டுபிடிக்கப்பட்டன. அதுபோல, டாக்கியான்களும் இருப்பதாக சொல்லப்பட்டிருக்கின்றன. ஒருவேளை எதிர்காலங்களில் அவை கண்டுபிடிக்கப்படலாம். அறிவியல் செல்லும் விந்தை நிலையில் எல்லாமே சாத்தியம்தான். ஒருவேளை டாக்கியான் துகள்கள் இருந்தால், என்ன நடக்கும் என்று சொல்கிறேன் கேளுங்கள்.

எதிர்கால மனிதன் டாக்கியான் துகள்களைக் கண்டுபிடிக்கிறான்

டாக்கியான் துப்பாக்கியால் சுட்டுமா?

என்று வைத்துக் கொள்ளுங்கள். அந்தத் துகள்களைக்கொண்டு அவனால் பல பொருட்களை உருவாக்க முடியும். அவை எப்படி இயங்கும் தெரியுமா? ஒரு பேச்சுக்கு, டாக்கியான் துகள்களாலான துப்பாக்கியொன்றை நீங்கள் உருவாக்குகிறீர்கள். அதை எடுத்துக்கொண்டு, இந்த மாதிரியான கட்டுரைகளை எழுதும் என்மேல் மன்னிக்கவே முடியாத கோபத்தில், சுட்டுக்கொல்ல வருகிறீர்கள். பலபேர் இருக்குமிடத்தில், மகாத்மா காந்தியைக் கோட்சே சுட்டதுபோல, கைகளைக் கூப்பியபடி சுடத் தீர்மானிக்கிறீர்கள். ஆனால், அந்தத் துப்பாக்கி டாக்கியான்களால் உருவாக்கப்பட்டதால், நீங்கள் என்னைச் சுடுவதற்கு ஆயத்தப்படுத்துவதற்கு முன்னரே, நான் குண்டடிபட்டுச் செத்துவிழுவேன். காரணம், டாக்கியான்கள் ஒளியைவிட அதிக வேகத்தில் இயங்குவதால், அந்தச் செயல் நடந்ததாக அருகிலிருப்பவர்களுக்குத் தெரிவதற்கு முன்னரே, செயல் நடந்து முடிந்திருக்கும். நீங்கள் சுடுவதற்கு முன்னரே நான் செத்துவிழுவேன். அருகிலிருந்தவர்கள் என்ன நடந்ததென்றே தெரியாமல் என்னைச் சூழ்ந்துகொள்ளும்போது, நீங்கள் உங்கள் கூப்பிய கையில் துப்பாக்கியை அழுத்துவீர்கள். அதைக் கவனிக்க யாரும் இருக்கப் போவதில்லை. சுடுவதென்னும் உங்கள் செயலுக்கு முன்னரே, குண்டுபட்ட விளைவு நடந்திருக்கும். இதையெல்லாம் ஏற்கனவே நீங்கள் அறிந்து வைத்திருந்ததால், அப்படியே துப்பாக்கியைப் பாக்கெட்டில் போட்டுக்கொண்டு வீடு திரும்புகிறீர்கள். என்னா ஒரு வில்லத்தனம். நான் கூறியவை உங்களுக்குப் புரிகிறதா? இல்லையென்றால் இன்னுமொரு உதாரணம் சொல்கிறேன்.

டாக்கியான்களால் உருவாக்கப்பட்ட தொலைபேசியொன்று என்னிடம் இருகிறது. அதன்மூலம் நடப்பதைச் சொல்லும் ஞானியாக என்னைப் பிரபலப்படுத்திக் கொள்கிறேன். உலகமே என்போன்ற முக்காலமும் அறிந்தவன் இல்லையென்று கொண்டாடுகிறது. நான் எப்படிப் பிரபலமானேன். டாக்கியான் தொலைபேசி இருந்தால், அது மிகச்சுலபமானது. உங்கள் எதிர்காலத்தை அறிவதற்காக, மாலை ஐந்து மணிக்கு என்னைச் சந்திப்பதற்கு வருகிறீர்கள். ஊரிலுள்ள முதல்தரக்

கோடீஸ்வரர் நீங்கள். நானும், எனது நண்பனும் வீட்டின் ஹாலில் உட்கார்ந்திருக்கிறோம். நீங்கள் ஐந்து மணிக்கு வருகிறீர்கள். முன்னால் உங்களை அமரச் சொல்லிவிட்டு, உங்களைப்பற்றிய அனைத்து விபரங்களையும் விலாவாரியாகச் சொல்கிறேன். யாருக்குமே தெரியாத, உங்களுக்கு மட்டுமே தெரிந்த இரகசியத்தையும் சொல்கிறேன். கழுகார் உங்களை இரகசியமாகப் பேட்டியெடுத்ததையும் சொல்கிறேன். நீங்கள் ஆடிபோய்விடுகிறீர்கள். 'தெய்வமே!' என்று காலில் விழுகிறீர்கள். அப்புறமென்ன, பண மழைதான். ஆனால், நடந்தது இதுதான். நீங்கள் ஐந்து மணிக்கு வந்து என் முன்னால் அமர்கிறீர்கள். நான் எதுவும் பேசாமல், உங்கள் விபரம் அனைத்தையும் ஒன்றுவிடாமல் கூறும்படி சைகையால் கைகாட்டுகிறேன். உங்களைப்பற்றிய அனைத்து விபரங்களையும், உங்கள் அந்தரங்க விஷயங்களையும் சொல்கிறீர்கள். அதைக் கேட்டுக்கொண்டிருந்த என் நண்பன் அடுத்த அறைக்குச் சென்று, டாக்கியான் தொலைபேசியினால் எனக்கு ஒரு வாய்ஸ் மெசேஜ் அனுப்புகிறான். நடந்தவை அனைத்தையும் சொல்கிறான். ஆனால், அது டாக்கியான் தொலைபேசி என்பதாலும், அது ஒளியைவிட அதிக வேகத்தில் இயங்குவதாலும், அவன் அனுப்பிய வாய்ஸ் மெசேஜ் எனக்கு 4:45 மணிக்கே வந்து கிடைத்துவிடுகிறது. அதாவது, நீங்கள் என்னிடம் வருவதற்குக் கால்மணி நேரத்துக்கு முன்னரே உங்களைப்பற்றிய அனைத்தையும் நான் அறிந்துவிடுகிறேன். எல்லாம் நீங்கள் உங்கள் வாயால் சொன்னவைதான். பின்னர், நீங்கள் ஐந்து மணிக்கு வந்ததும், பேசுவதற்கு முன்னரே உங்களைப்பற்றிய அனைத்தையும் சொல்கிறேன். நீங்கள் அதிர்ச்சியடைகிறீர்கள். அவை சரிதானா என்று கேட்பதுபோல, உங்களைப் பேசும்படி சைகயால் சொல்கிறேன். நான் சொன்னவை அனைத்தும் சரியானவையே என்பதை நிரூபிக்க மீண்டும் எனக்கு வரிசையாகச் சொல்கிறீர்கள். அப்போது நண்பன் எழுந்து அடுத்த அறைக்குள் செல்கிறான். டாக்கியான் துகள்கள்பற்றி நான் சொன்னவை இப்போதாவது உங்களுக்குப் புரிந்ததா? புரியாவிட்டால் மீண்டும் நிதானமாகப் படியுங்கள். யாருக்குத்

தெரியும், எதிர்காலத்தைச் சொல்பவர்களிடம் நிஜமாகவே டாக்கியான் தொலைபேசிகள் இருக்கலாம்.

பார்த்தீர்களா! அருமையானதொரு அறிவியல் கோட்பாட்டைச் சுட்டுக் கொல்வதற்கும், பொய்கூறிப் பிழைப்பதற்குமான கருவியாகப் பயன்படுத்துவதாகச் சொல்லியிருக்கிறேன். இது ரொம்பத் தப்புதான். இதற்காகவே என்னைச் சுடலாம். ஆனாலும், நகைச்சுவையாக எடுத்துக் கொள்ளுங்கள். ஒளிவேகத்தின் ஆச்சரியங்கள் இத்துடன் முடிந்து போகவில்லை. ஆச்சரியங்கள் நிறையவே காத்திருக்கின்றன. அவற்றை அடுத்த பகுதியில் சொல்கிறேன்.

அத்தியாயம் 47

குவாண்டம் பின்னலை அவிழ்ப்போமா?

ஒளியின் வேகத்தைவிட அதிக வேகத்தில் பேரண்டத்தினுள் எந்தப் பொருளாலும் இயங்க முடியாதென்று கடந்த பகுதிகளில் விரிவாகப் பார்த்தோம். அப்படி இயங்கக்கூடிய ஒன்றைக் கற்பனையால் உருவகப்படுத்தி, அதற்கு 'டாக்கியான்' (Tachyon) என்று பெயரிட்டு, அதனால் உருவாகக்கூடிய விளைவுகளையும் பார்த்தோம். ஆனால், ஒளிவேகத்தைப் பொருட்களினால்தான் தாண்ட முடியவில்லையேயொழிய, நிகழ்வொன்று ஒளிவேகத்திலும் அதிக வேகத்தில் நடைபெறுகிறது என்று நவீன அறிவியலில் கண்டுபிடித்திருக்கிறார்கள். அப்படியான ஆச்சரிய நிகழ்வுபற்றியே இம்முறை நாம் பார்க்கப் போகிறோம். அந்த நிகழ்வை, ஐன்ஸ்டைனால்கூட ஏற்றுக்கொள்ள முடியவில்லை. அதை, 'தொலைவில் நடக்கும் பயமுறுத்தும் செயல்' (Spooky action at a distance) என்று ஐன்ஸ்டைன் குறிப்பிட்டார். அவரைப் பொறுத்தவரை, எதனாலும் ஒளியின் வேகத்தை அடையவே முடியாது. 'குவாண்டம் இயங்கியல்' (Quantum

குவாண்டம் பின்னலை அவிழ்ப்போமா?

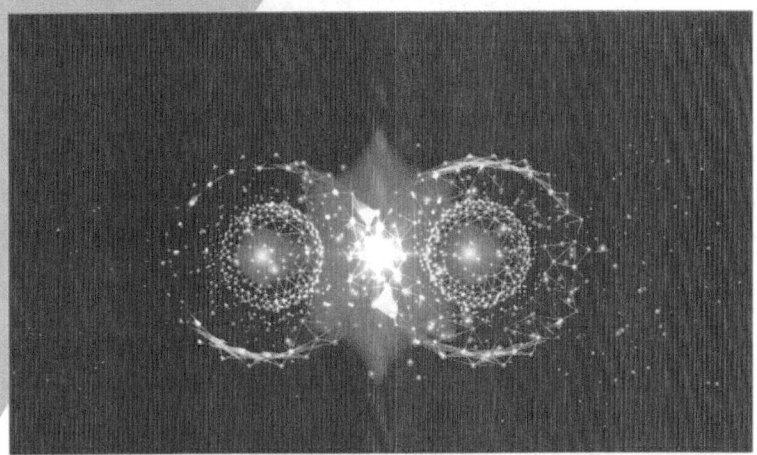

mechanics) மூலமாக உறுதிப்படுத்தப்பட்ட அந்த நிகழ்வு, அவரை நிம்மதியாக இருக்க விடவில்லை. ஐன்ஸ்டைனுக்கே அல்வா கொடுத்த அந்த முக்கியம் வாய்ந்த நிகழ்வினுள் என்ன ஒளிந்திருக்கிறது என்பதைப் பார்க்கலாம் வாருங்கள்.

நுண்ணிய அளவுகொண்ட குவாண்டம் துகள்களில் நடைபெறும், 'குவாண்டம் பின்னல்' (Quantum Entanglement) என்னும் செயற்பாடு, இயற்பியலால் இன்றுவரை பதில் சொல்ல முடியாத மர்மமாகும். அது ஒளியைவிட 10,000 மடங்குகள் அதிகமான வேகத்தில்கூட நடைபெறுகிறது என்று சொல்கிறார்கள். இனி நான் சொல்லப் போவது, புரிந்துகொள்ளச் சற்றுச் சிக்கலானது. ஆனாலும், நீங்கள் சுலபமாகக் கடந்து செல்லப் போகிறீர்கள். நிச்சயம் நீங்கள் புரிந்துகொள்வீர்களென்ற நம்பிக்கை எனக்கு இருக்கிறது. ஒருதடவை மூச்சை நன்றாக உள்ளெடுத்து வெளியேவிட்டு, நிதானமாக படிக்க ஆரம்பியுங்கள். 'ஒன்றுடன் ஒன்று ஜோடியாக பிணைந்திருக்கும் இரண்டு குவாண்டம் துகள்களை எடுத்துக் கொள்ளுங்கள். அதில் ஒன்றை உங்கள் கண்முன்னே வைத்துக்கொண்டு, இன்னொரு துகளை வெகுதூரத்தில் வைத்துவிடுங்கள். அந்தத் தூரம் ஆயிரம் கிலோமீட்டராகவோ, பத்தாயிரம் கிலோமீட்டராகவோ, இல்லை சந்திரனிலோ, செவ்வாயிலோ இருக்கலாம். சரி,

377

என்ன ஒளிந்திருக்கிறது அங்கே?

நம் சொந்த காலக்சியான மில்கிவேக்கு அடுத்து இருக்கும் 'அண்ட்ரமேடா காலக்சியில்' (Andromeda) கூட அந்தத் துகளை வைத்துவிடுங்கள். இரட்டையாக இருந்த இரண்டு துகள்களையும் பிரித்து தொலைவில் வைத்துவிட்டீர்களா? சரி, இப்போது உங்கள் கண்ணுக்கு முன்னால் இருக்கும் துகளை, இடப்புறமாக ஒருதடவை சுழல வையுங்கள். என்ன ஆச்சரியம்? அந்தக் கணத்திலேயே, அதாவது எந்தவொரு நேர இடைவெளியும் இல்லாத அதே நொடியில், தொலைவில் வைத்த இரண்டாம் துகள், வலப்புறமாக ஒருதடவை சுழலுகிறது. சரியாகக் கவனியுங்கள். இந்தத் துகளுக்கும், அந்தத் துகளுக்கும் எந்தவிதத்திலும் தொடர்பில்லை. இரண்டும் ஒன்றாக இருந்தவை என்பதைத் தவிர, அவற்றை இணைக்கும் எந்த ஊடகமும் இடையில் இல்லை. ஆனால், ஒன்று சுழல்கிறது என்னும் செய்தி, அதே கணத்தில் இரண்டாவதற்குக் கிடைத்துவிடுகிறது. அதுவும் ஒளியின் வேகத்தின் பலமடங்குகள் அதிக வேகத்தில். இது எப்படிச் சாத்தியம்? நான் சொல்லும் இந்தச் செயல், நடந்திருக்கலாமோ, இல்லையோ என்று சந்தேகப்படும் ஒரு மர்மச் சம்பவமல்ல. இயற்பியலில் பரிசோதனைசெய்து நிரூபிக்கப்பட்ட ஒன்று. அறிவியல் ஒத்துக்கொண்ட விந்தை. குவாண்டம் துகள்கள் என்று சொல்வது உங்களுக்குப் புரியாமல் போகலாம். அதனால், உங்களுக்குப் புரியக்கூடிய உதாரணத்துடன் சொல்கிறேன்.

உங்களையும், உங்கள் காதலியையும் எடுத்துக் கொள்ளுங்கள். வேண்டாம், உங்களைப் பிரித்த பாவம் எனக்கு வேண்டாம். உங்கள் முன்வீட்டுப் பையனையும், அவன் காதலியையும் உதாரணமாக எடுத்துக் கொள்ளுங்கள். அவன் காதலியை வீட்டில் வைத்துக்கொண்டு, பையனைச் சந்திரனுக்கு விண்கலத்தில் அனுப்பி வையுங்கள். இப்போது காதலியின் வலக்கையை உயர்த்தும்படி சொல்லுங்கள். அவள் கையை உயர்த்திய அதே நேரத்தில், சந்திரனில் இருக்கும் முன்வீட்டுப் பையன், இடக்கையை உயர்த்துவான். என்ன புரிகிறதா? இது எப்படி நடக்கிறது? ஒருவருக்கு நடப்பது, அடுத்தவருக்கு எப்படித் தெரிகிறது? இத்தனை அதிக வேகத்துடன் எவ்வாறு

குவாண்டம் பின்னலை அவிழ்ப்போமா?

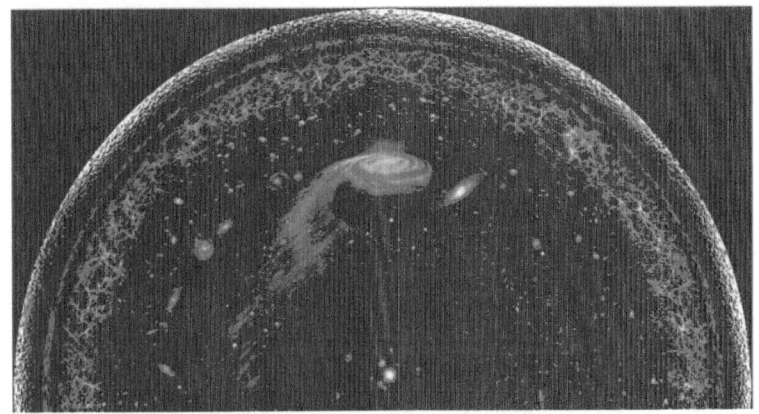

செய்தி கடத்தப்படுகிறது? இந்தக் கேள்விகள் எதற்கும் பதில் இல்லை. ஆனால், இந்தமாதிரியான நிகழ்வு நடப்பது மட்டும் உண்மை. அதனாலேயே, ஐன்ஸ்டைன் *spooky action* என்று குறிப்பிட்டார். ஒளியைவிட அதிக வேகத்தில் தகவல்கள்கூடச் செல்ல முடியாதே! அவரால் நிம்மதியாக இருக்க முடியவில்லை. இறுதியில் அந்தச் செயலுக்கான காரணம் இதுவாகத்தான் இருக்க வேண்டுமென்று கருத்தொன்றை முன்வைத்தார். ஜோடியாக இருக்கும் இரண்டு கையுறைகளை எடுத்துக் கொள்ளுங்கள். அதில் ஒன்று வலது கையுறையாகவும், மற்றது இடது கையுறையாகவும் இருக்கும். இரண்டு பெட்டிகளை எடுத்து, இருட்டறையில் வைத்து யாருக்கும் தெரியாமல், வலது கையுறையை ஒரு பெட்டியிலும், இடது கையுறையை அடுத்த பெட்டியிலும் வைத்துவிடுங்கள். எந்தப் பெட்டியில் எது இருக்கிறதென்று யாருக்கும் தெரியாது. இப்போது, ஒரு பெட்டியை உங்கள் முன்னால் வைத்துக்கொண்டு, மறு பெட்டியை எந்தத் தொலைவிலாவது வைக்கச் செய்யுங்கள். ஐன்ஸ்டைனின் மூளை எப்படி வேலை செய்தது என்பதைப் பாருங்கள். உங்கள் முன்னால் இருக்கும் பெட்டியை நீங்கள் இப்போது திறக்கலாம். அதைத் திறந்து பார்க்கும்போது, அங்கே வலது கையுறை இருந்தால், அந்தக் கணத்திலேயே தொலைவிலிருப்பது இடது கையுறை என்னும் தகவல் உங்களுக்குத் தெரிந்துவிடும். அதற்கு எந்த நேர இடைவெளியும்

தேவையில்லை. உங்கள் முன்னாலிருக்கும் பெட்டியில் இடது கையுறை இருந்தால், தொலைவில் இருப்பது வலது கையுறை. வெரி சிம்பிள். பிரச்சனை சால்வ்ட். இப்படித்தான் ஐன்ஸ்டைன் இந்த நிகழ்வைப் புரியவைக்க முயன்றார். கையுறைகளுக்குப் பதிலாக சிவப்பு, பச்சைப் பந்துகளையும் நீங்கள் எடுத்துக் கொள்ளலாம். 'இந்த நிகழ்வில் எந்தத் தகவலும் ஒளிவேகத்துக்கு அதிகமாகக் கடத்தப்படவில்லை. ஒன்று இடதாகவும், அடுத்தது வலதாகவும் தகவல்கள் ஏற்கனவே இருந்தவைதான். அவை உடனடியாக நமக்குத் தெரிந்து விடுகிறது' என்று ஐன்ஸ்டைன் கூறினார். ஆனால், ஐன்ஸ்டைனின் உதாரணம் தவறென்று, 1964ஆம் ஆண்டு, அயர்லாந்து இயற்பியலாளரான 'ஜான் பெல்' (John Stewart Bell) என்பவர் பரிசோதனைகள்மூலம் நிரூபித்தார். குவாண்டம் என்டாங்கிள்மென்ட் நடைபெறுவது உண்மைதான். அதில் ஒளியைவிட அதிக வேகத்தில் தகவல்கள் பரிமாறப்படுவதும் உண்மைதான் என்று கூறியதோடு, *Superdeterminism* என்னும் கோட்பாட்டை அதற்கான காரணமாகக் கொடுத்தார். *Superdeterminism* என்பதை நான் புரியவைக்க முயன்றால், தலையைப் பிய்த்துக்கொண்டு நீங்கள் ஓடிவிடும் அபாயம் உள்ளதால், அதைச் சொல்வதைத் தவிர்த்துவிடுகிறேன். அதற்கான தமிழ்ச் சொல்லையும் முதலில் நான் கண்டுபிடிக்க வேண்டும்.

இந்த இடத்தில் மிகமுக்கியமான விஷயமொன்றை நான் சொல்லவேண்டும். எண்ணங்கள் (சிந்தனை), ஒளிவேகத்தைவிட அதிகமானவை என்ற நம்பிக்கை நம்மில் பலரிடம் இருக்கிறது. வாயுவேகம், மனோவேகம் என்றெல்லாம் அதைக் குறிப்பிடுகிறோம். எண்ணங்களின் வேகத்துக்கு ஈடு இணையே இல்லையென நினைத்துக் கொள்கிறோம். நீங்கள் அமெரிக்காவிற்கோ, ஆப்பிரிக்காவிற்கோ எப்போதாவது சென்றிருக்கலாம். ஆனால், இந்தக் கணத்தில் உங்களால் அமெரிக்காவிற்கு நினைவுகள்மூலம் பயணம்செய்ய முடிகிறதல்லவா? எங்கோ இருக்கும் உங்கள் நண்பனை நினைத்த அடுத்த கணத்திலேயே அவன் முகமும், அவன் சார்ந்த சம்பவங்களும் நினவுக்கு வருகிறதல்லவா? அதனால்,

குவாண்டம் பின்னலை அவிழ்ப்போமா?

எண்ணங்கள், ஒளியைவிட அதிக வேகத்தில் பயணம் செய்பவையென்று நினைத்துக் கொள்கிறோம். ஆனால், அது தவறானதொரு கணிப்பீடு. நீங்கள் கண்ட, சேகரித்த நினைவுகளெல்லாம், உங்கள் மூளையில்தான் பதிவு செய்யப்பட்டிருக்கின்றன. நீங்கள் என்றோ சென்றுவந்த அமெரிக்கா, படங்களாக மூளயில்தான் பதிவாகியிருக்கின்றது. அமெரிக்காவை நினைக்கும்போது, உங்கள் எண்ணம் அமெரிக்காவிற்குப் போவதில்லை. மூளையின் ஒரு பகுதியிலிருந்து அது மீட்டெடுக்கப்படுகிறது. அவ்வளவுதான். நியூரான்களின் வேகத்தை கிட்டத்தட்ட ஒளியின் வேகத்துக்குச் சொல்லலாமேயொழிய, எண்ணம் ஒளியைவிட அதிக வேகத்தில் செல்வதில்லை. அதனால், உங்கள் எண்ணப் பறவை சிறகடித்து, விண்ணில் பறப்பதில்லை என்பதைத் தெரிந்துகொள்ளுங்கள். உங்கள் மூளையில் பாயும் மின்னல் அது.

குவாண்டம் என்டாங்கிள்மென்ட் நிகழ்வானது நிஜத்திலேயே ஒளிவேகத்தில் நடைபெறுகிறது. அதுபற்றிய தெளிவான விளக்கங்கள் மட்டும் நம்மிடம் இல்லை. பேரண்டம், தன்னை ஒளியின் வேகத்தைவிட அதிக வேகத்தில் விரிவடையச் செய்துகொண்டே போகிறது என்று கடந்த பகுதியில் சொல்லியிருந்தேன். அப்படி விரிவடையும் பட்சத்தில், நமக்கு அருகேயிருக்கும் நட்சத்திரங்களெல்லாம் ஏன் நம்மைவிட்டுப் பிரியவில்லை என்பதற்கான விளக்கத்தைப் பின்னர் கொடுக்கிறேனென்றும் சொல்லியிருந்தேன். அதை நீங்கள் மறந்திருக்க மாட்டீர்கள். பேரண்டத்தின் அந்த விந்தைச் செயலை இப்போது நாம் பார்க்கப் போகிறோம்.

ஆங்கிலத்தில் 'யூனிவர்ஸ்' (Universe) என்றே பேரண்டம் குறிக்கப்படுகிறது. யூனிவேர்ஸை தமிழில் அண்டம் என்று குறிப்பிடாமல், பேரண்டம் என்றே நான் குறிப்பிடுகிறேன். இங்கு பெரிய என்னும் சொல்லை எதற்காக இணைக்க வேண்டும்? எனக்குத் தெரிந்து, தமிழில் அறிவியல் எழுதுபவர்கள் 'பேரண்டம்' என்று குறிப்பிடுவதில்லை. அண்டத்தை, பேரண்டம் என்றும், அண்டம் என்றும் இரண்டு வகையாக பிரித்தே

என்ன ஒளிந்திருக்கிறது அங்கே?

நான் எழுதுகிறேன். அதற்கு ஒரு தகுந்த காரணம் உண்டு. பேரண்டத்தை, காணக்கூடிய அண்டம் *(Observable universe)*, முழுமையான அண்டம் என்று இரண்டாக வானியற்பியல் பிரித்துச் சொல்கிறது. எத்தனை அதிநவீனத் தொலைநோக்கிக் கருவிகளைக்கொண்டு அண்டத்தைப் பார்த்தாலும், நம்மால் ஒரு குறிப்பிட்ட எல்லைவரை மட்டுமே பார்க்க முடியும். அந்த எல்லைதாண்டி, ஒருபோதும் பார்க்க முடியாது. அதாவது, 46.5 பில்லியன் ஒளியாண்டுகள் ஆரமுடைய வட்டப் பிரதேசத்தை மட்டுமே நம்மால் பார்க்க முடிகிறது. 93 பில்லியன் ஒளியாண்டுகள் விட்டமுடைய வட்டம் அது. அண்டத்தின் இந்தப் பகுதியைக் 'காணக்கூடிய அண்டம்' *(Observable universe)* என்று சொல்கிறார்கள். ஆனால், முழுமையான அண்டம், முடிவிலிப் பருமனுடையது. அதன் உருவம் முடிவேயில்லாதது. அண்டத்தில் இப்படி இரண்டுவகை இருப்பதால், காணக்கூடிய அண்டத்தை, 'அண்டம்' என்னும் ஒற்றைச் சொல்லாலும், முழுமையான அண்டத்தைப் 'பேரண்டம்' என்றும் பிரித்துச் சொல்கிறேன். இனிவரும் பகுதிகளில், அண்டம், பேரண்டம் என்று நான் குறிப்பிடுபவையின் வித்தியாசங்களை நீங்கள் உணரலாம்.

எதையோ விளக்குகிறேனென்று கூறிவிட்டுக் காணக்கூடிய அண்டம், முழுமையான அண்டம் என்று மேலும் ஒருபடி குழப்பி விட்டிருக்கிறேனென்று இப்போது நீங்கள் நினைப்பீர்கள். ஆனால், இவை அனைத்துக்குமான விளக்கத்தை அடுத்த பகுதியில் தெளிவாகச் சொல்கிறேன்.

அத்தியாயம் 48

ஐன்ஸ்டைன் தவறு செய்தாரா?

ஒவ்வொரு இரவும் வானத்தைப் பார்க்கும்போது, அங்கு குறிப்பிட்ட நட்சத்திரங்களை எப்போதும் நீங்கள் காணக்கூடியதாக இருக்கும். சூரியனை வலம்வரும் பூமி, நீள்வட்டப் பாதையில் நகர்ந்துகொண்டே இருப்பதால், அந்த நட்சத்திரங்களின் அமைவு, நாளுக்குநாள் சற்று மாறித் தெரிவதை நீங்கள் அவதானித்திருப்பீர்கள். அறிவியல் வளராத, தொலைநோக்கிகள் கண்டுபிடிக்காத காலங்களில், நிலையான விண்வெளியில் நட்சத்திரங்கள் இருப்பதாகத்தான் நம்பினோம். 1609ஆம் ஆண்டளவில் 'கலிலியோ' (Galileo Galelei) உருவாக்கிய தொலைநோக்கிக் கருவியில் ஆரம்பித்துப் படிப்படியாக அதன் வடிவம் முன்னேற்றமடைந்து வந்தது. வெற்றுக்கண்ணால் பார்க்கும் நட்சத்திரங்களைவிட, மிக அதிகமான நட்சத்திரங்கள் விண்வெளியில் இருப்பதை மனிதன் தெரிந்துகொண்டான். அதையே அண்டம் என்றும் முடிவுசெய்தான். அப்போதும், அண்டம் நிலையானதென்ற

என்ன ஒளிந்திருக்கிறது அங்கே?

(Static universe) முடிவே இருந்தது. 1925ஆம் ஆண்டுவரை நிலையான அண்டம் என்னும் கருதுகோள் தொடர்ந்தது. ஆனால், 1925ஆம் ஆண்டு, 'எட்வின் ஹபிள்' (Edwin Hubble) என்னும் வானியல் ஆராய்ச்சியாளரின் கண்டுபிடிப்பு, அந்தக் கருத்தைச் சுக்குநூறாக உடைத்தெறிந்தது. அப்போதிருந்த உயர்தர வானியல் தொலைநோக்கிமூலம், ஹபிள் அவர்கள் விண்வெளியை அவதானித்தபோது, ஒரு அதிசயத்தைக் கண்டுகொண்டார். அன்று அவர் கண்டுகொண்டது, வானியற்பியலையே தலைகீழாகப் புரட்டிப்போட்டது. அதை விந்தையென்பதா, மர்மம் என்பதா, விதிகளுக்குட்படாத புதிரென்பதா, இவை எல்லாமேயா? சொல்ல முடியவில்லை. இன்றளவும் பேரண்டத்தின் விடையில்லாத முதல்தரப் புதிர் அது. அதில் என்ன ஒளிந்திருக்கிறது என்பதைப் பார்க்கலாம் வாருங்கள்.

தொலைநோக்கிக் கருவிமூலம் அதிகத் தொலைவிலிருக்கும் நட்சத்திரங்களையும், நெபுலாக்களையும் அவதானித்துக் கொண்டிருந்தார் ஹபிள். அன்றைய காலகட்டத்தில் காலக்சிகளை, நெபுலாக்கள் (Nebula) என்றே ஹபிள் நினைத்திருந்தார். நெபுலாக்கள் என்பவை, தூசுக்களும், வாயுக்களும் ஈர்ப்புவிசையினால் பிணைக்கப்பட்டு முகில்களைப்போலச் செறிவுடன் அண்டவெளிகளில் காணப்படுபவை. பிரமாண்டமான பருமன்கொண்டவை. நட்சத்திரங்களின் பிறப்பு நெபுலாக்களிலேயே பெரும்பாலும் நடக்கின்றன. ஹபிள் அவர்கள், தொலைநோக்கியால் பார்க்கும்போது தெரிந்த காலக்சிகளைப் பால்வெளி மண்டலத்திலிருக்கும் நெபுலாக்களென்றுதான் நினைத்தார். வெகுதொலைவில் தெரிந்த காலக்சிகள், சிவப்புநிற ஒளியுடன் நகர்ந்து கொண்டிருந்தன. ஹபிளின் ஆச்சரியத்துக்கு அளவேயில்லை. நிலையாக இருக்கும் அண்டத்தில், காலக்சிகள் எப்படி நகரமுடியும்? அத்தோடு, சிவப்புநிற ஒளியுடன் எப்படி நகரமுடியும்? நகரும் பொருட்களின் சிவப்பு ஒளிக்கான காரணம், நம்மைவிட்டு அவை விலகிய திசையில் நகர்கின்றன என்பதாகும். இயற்பியலில், 'சிவப்பு விலகல்' (red

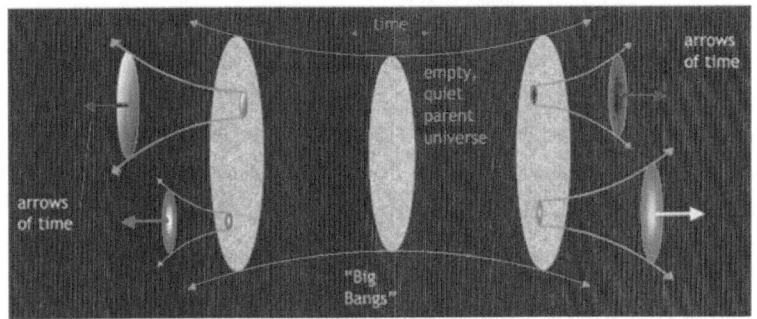

shift) என்பார்கள். தொலைதூரத்திலிருக்கும் ஒளிகொண்ட பொருளொன்று, நம்மை நோக்கி நகர்ந்துவந்தால், அதன் ஒளி நீலமாகவும், நம்மைவிட்டு விலகிச்சென்றால், சிவப்பாகவும் இருக்கும். அதைக்கொண்டு, 'அண்டத்தின் எல்லையிலிருக்கும் நட்சத்திரங்களும், காலக்சிகளும் நம்மைவிட்டு விலகிய திசையில் பிரிந்து செல்கின்றன' என்ற முடிவுக்கு ஹபிள் வந்தார். அப்படியென்றால், நாம் வசிக்கும் அண்டம் நிலையானது அல்ல. அது விரிவடைந்து கொண்டிருக்கிறது. தனது ஆராய்ச்சியை சில ஆண்டுகள் தொடர்ச்சியாகச் செய்து, அண்டவெளிபற்றிய முடிவுகளுக்கு வந்தார். அப்போதுதான், பிரமிக்கும்படியான மேலுமொரு முடிவும் கிடைத்தது. எல்லையில் இருக்கும் காலக்சிகளில், அதிக தூரத்தில் இருப்பவற்றின் வேகம், வேகமுடுக்கத்துடன் (acceleration) அதிகரித்துச் செல்வதைக் கண்டுகொண்டார். முதலில் அண்டம் நிலையானதல்ல, விரிவடைகின்றதென்றும், பின்னர் அண்டம் வேகமுடுக்கத்துடன் விரைகிறது என்றும் கண்டுபிடித்தார். ஒருபொருள் வேகமுடுக்கத்துடன் இயங்க வேண்டுமென்றால், அதற்கான மேலதிக ஆற்றலை இன்னுமொன்று கொடுக்கவேண்டும். எப்படி விரிகிறது அண்டம்? யார் அதை வேகமுடுக்கத்துடன் விரியவைப்பது? கேள்விகளுக்குப் பதில்தேடும் இந்த இடத்தில், மிக முக்கியமான கணிதவியலாளர் உள்நுழைகிறார். அவர் வேறு யாருமல்ல, ஐன்ஸ்டைன் என்னும் மாபெரும் மேதை.

1915ஆம் ஆண்டு, ஐன்ஸ்டைன் அவர்கள் 'பொதுச்சார்புக் கோட்பாடு (General theory od relativity) என்னும் அற்புதமான

என்ன ஒளிந்திருக்கிறது அங்கே?

கோட்பாட்டை வெளியிட்டார். வளைந்திருக்கும் 'வெளிக்காலம்' (Spacetime) ஊடாக நகரும் பொருளின் ஆற்றலையும், ஈர்ப்பையும் இணைத்துப் 'புலச் சமன்பாடு' (Einstein Field Equations) என்பதை ஐன்ஸ்டைன் உருவாக்கியிருந்தார். அந்தக் கணிதச்சமன்பாடு அவருக்குத் திருப்தியளிக்கவில்லை. அந்தச் சமன்பாட்டின்படி, அண்டம் நிலையானதாக இல்லாமல், விரிவடைவதாக இருந்தது. ஐன்ஸ்டைனைப் பொறுத்தவரை, அண்டம் எப்போதும் நிலையானது (Static) என்று நம்பினார். சரியாகக் கவனியுங்கள், இன்றுள்ள சிறுவனிடம் கேட்டாலும், அண்டம் விரிவடைவதாகவே சொல்வான். ஆனால், ஐன்ஸ்டைன் என்னும் மாமேதையே அண்டம் நிலையானது என்றே நம்பியிருந்தார். தான் உருவாக்கிய சமன்பாடு, 'அண்டம் நிலையற்றது' என்றும், 'மாறிக்கொண்டிருப்பது' என்றும் குறிப்பதைப் புரிந்துகொண்டார். அது அவருக்கு மகிழ்ச்சியைக் கொடுக்கவில்லை. கணிதச் சமன்பாட்டில் ஏதோ குறையிருப்பதாக எண்ணினார். அதனால், சமன்பாட்டில் மாறிலியொன்றை (Constand) இணைக்கவேண்டும் என்று விரும்பினார். 'அண்டவியல் மாறிலி' (Cosmological constand) என்பதை சமன்பாட்டில் சேர்த்துக்கொண்டார். அதன்மூலம், வெளிப்புறமாக நகரும் அண்டத்தின் விசைக்குச் சமமாக, உள்நோக்கி இழுக்கும் விசையாக மாறிலி சேர்க்கப்பட்டது. இப்போது, அந்தக் கணிதச் சமன்பாடு, அண்டம் நிலையானது என்று தெரிவித்தது. ஐன்ஸ்டைனும் மகிழ்ச்சியடைந்தார். தனது பொதுச்சார்புக் கோட்பாட்டைத் திருப்தியுடன் வெளியிட்டார். ஆனால் பின்னாட்களில், ஹபிள் அவர்களால் அண்டம் நிலையானதல்லவென்று நிறுவப்பட்டது. அதனால், ஐன்ஸ்டைன் மாபெரும் தவறு (big blunder) செய்துவிட்டாரென்று பெரிதாக விமர்சிக்கப்பட்டது. ஐன்ஸ்டைனும் கொஞ்சம் ஆடித்தான் போனார். ஆனால், ஐன்ஸ்டைன் எப்போதும் ஐன்ஸ்டைன் அல்லவா? இன்றுள்ள நவீன இயற்பியலாளர்கள் அவரின் தவறிற்காகவே அவரைக் கொண்டாடத் தொடங்கியிருக்கிறார்கள். ஐன்ஸ்டைனின் கணிதச்சமன்பாட்டில், பேரண்டம் விரிந்துகொண்டே

செல்கிறது என்ற முடிவுதான் முதலில் கிடைத்திருக்கிறது. அவரின் கணிதம் அவரை ஏமாற்றவில்லை. அண்டம் விரிவடைவதாக, ஹபிள் கண்டுபிடிப்பதற்குப் பல ஆண்டுகளுக்கு முன்னரே, அவரது கணிதச்சமன்பாடு, அண்டம் விரிகிறது என்னும் உண்மையை அறிவித்திருக்கிறது. ஏனோ, அண்டம் நிலையானது என்னும் நம்பிக்கையில், மாறிலியொன்றை அவர் இணைத்துவிட்டார். அதுவே, அவரின் பெரும்தவறாகவும் ஆகியது. ஆனால், அவர் இணைத்த அந்த மாறிலிதான், நவீன இயற்பியலாளர்களின் சிக்கலையும் தீர்த்து வைத்திருக்கிறது. அண்டத்தை வேகமுடுக்கத்துடன், எந்தச் சக்தி விரிவடையச் செய்துகொண்டிருக்கிறது என்று மேலே கேட்டிருந்தேனல்லவா? அந்தக் கேள்விக்கான பதில்தான் அந்த மாறிலி. பேரண்டம் விரிவடைவதற்கு 'கரும்சக்திதான்' *(dark matter)* உதவுகிறது. அதன் ஆற்றல், ஐன்ஸ்டைன் இணைத்திருந்த மாறிலிக்கு இணையாக இருக்கிறது. அதன்படி, ஐன்ஸ்டைன் கொடுத்த அண்டவியல் மாறிலிக்கும் அர்த்தம் கிடைக்கிறது. ஐன்ஸ்டைனின் தவறு ஒன்றே, சரியான வழியையும் காட்டியிருக்கிறது. இன்றைய இயற்பியலாளர்கள் அவரைக் கொண்டாடுவதும் அதனால்தான். ஐன்ஸ்டைன் என்றும் ஐன்ஸ்டைன்தான் என்பது மீண்டும் நிரூபணமாகியிருக்கிறது.

சுமார் 13.8 பில்லியன் ஆண்டுகளுக்கு முன்னர், சிறுபுள்ளியொன்று குறித்த ஒரு கணத்தில் பெருவெடிப்பாக *(Bigbang)* விரிந்தது. திடீர் விரிவினால் வெளிப்பட்ட ஆற்றலும், வெப்பமும், பேரண்டமாக அதை உருவாக்கியது. பேரண்டம் மேலும் மேலும் விரிவடைந்து கொண்டிருந்தது. இந்தக் கணம்வரை விரிந்தபடியே இருக்கிறது. இயற்பியல் விதிப்படி நடக்க வேண்டிய விரிவு, நம்பமுடியாத விந்தையாக மாறியது. ஒரு கிரிக்கெட் பந்தை, நீங்கள் மேல்நோக்கி எறிந்தால், சாதாரணமாக அதற்கு என்ன நடக்கும்? எறிதலினால் நீங்கள் கொடுத்த விசைமூலம், பந்து வேகமெடுத்து மேல்நோக்கிச் செல்லும். பின்னர் பந்தின் வேகம் படிப்படியாகக் குறையும். ஒருநிலையில் பூச்சியமாகும். பந்து, தன் உச்ச உயரத்தை அடைந்து கீழே விழ ஆரம்பிக்கும். இதுவே இயற்பியல் விதியாகும். பேரண்டத்தின் விரிவுக்கும்

என்ன ஒளிந்திருக்கிறது அங்கே?

இதுதான் நடந்திருக்க வேண்டும். பிக்பாங் கொடுத்த விசையால் விரிய ஆரம்பித்த பேரண்டம், ஒரு கட்டத்தின் பின்னர் அதன் வேகத்தைக் குறைக்கவேண்டும். ஆனால், தனது வேகத்தைக் குறைப்பதற்குப் பதிலாக, அதிகரித்தபடி செல்கிறது. ஒவ்வொரு 3.3 ஒளியாண்டு தூரத்திற்கும், 73 கிமீசெக்கன் வேகமுடுக்கத்தில் பேரண்டம் விரிவடைகின்றது. அதாவது, பூமியிலிருந்து 3.3 ஒளியாண்டு தூரத்தில் உள்ள ஒருபொருள், நொடிக்கு 73கிமீ வேகத்திலும், 6.6 ஒளியாண்டு தூரத்திலிருப்பது, நொடிக்கு 146கிமீ வேகத்திலும், 9.9 ஒளியாண்டு தூரத்தில் இருப்பது, நொடிக்கு 219கிமீ வேகமாகவும், மடங்குகளாக அதிகரித்துச் செல்கிறது. பூமியிலிருந்து மிகச்சரியாக 46.5 பில்லியன் ஒளியாண்டுகள் தூரத்திலிருப்பது, ஒளியின் வேகத்தை அடைகிறது. அதற்கு அப்பாலிருப்பவை ஒளியின் வேகத்தைவிட அதிக வேகத்தில் நம்மைவிட்டு நகர்கின்றன. நாம் தொலைநோக்கிகள்மூலம் பார்க்கும்போது, ஒளியைவிட அதிக வேகத்தில் நகரும் காலக்சிகளைக் காணவே முடியாது. காரணம், அவற்றிலிருந்து வரும் ஒளி, நம்மை வந்தடையவே முடியாது. காரணம், நம் கண்களை நோக்கி வரும் ஒளியின் வேகத்தைவிட, அவை நகர்ந்து செல்லும் வேகம் அதிகமென்பதால், நம்மால் அவற்றைப் பார்க்கவே முடியாது. அதனாலேயே நம்மால் பார்க்கக்கூடிய அண்டமானது 46.5 பில்லியன் ஒளியாண்டுகள் ஆரமுடைய வட்டமாக இருக்கிறது. அதையே 'காணக்கூடிய அண்டம்' (Observable universe) என்கிறோம். ஆனால், காணக்கூடிய அண்டத்தையும் தாண்டி, முடிவிலியாகப் பேரண்டம் விரிந்திருக்கிறது. அதன் பருமன் எதுவென்று யாராலும் கணிக்க முடியாது. அதன் எல்லையில், பல மடங்குகள் ஒளியின் வேகத்தில் பேரண்டம் தன்னை விரித்துக்கொண்டு செல்கிறது. காணக்கூடிய அண்டத்திலிருக்கும் காலக்சிகளைவிட எண்ணிக்கையில்லா கோடிக்கணக்கிலான காலக்சிகள், பேரண்டத்தில் இருக்கின்றன. அவற்றில் நம்மைப்போல உயிருள்ள ஜீவராசிகள் இருப்பதற்கு அதிகளவில் சாத்தியமிருக்கிறது. அவர்களை நாம் என்றும் காணமுடியாது.

பேரண்டத்தை விரிவடைய வைத்துக்கொண்டிருப்பது

ஐன்ஸ்டைன் தவறு செய்தாரா?

கரும்சக்தி. அதுபோல, காலக்சி ஒவ்வொன்றிற்குள்ளிருக்கும் நட்சத்திரங்களையும், ஏனையவற்றையும், 'கரும்பொருள்' (Dark matter) இழுத்து வைத்துக் கொண்டிருக்கிறது. கரும்சக்தியின் விசையையும் மீறி, ஒன்றையொன்று ஈர்ப்புவிசையால் பிணைத்திருக்கிறது. பால்வெளி மண்டலத்திலிருக்கும் நட்சத்திரங்கள் அனைத்தும், ஒன்றிலிருந்து ஒன்று விலகாமல் அதனதன் இடத்தில் அப்படியே இருப்பதற்கு கரும்பொருளின் ஈர்ப்பே காரணம். பால்வெளி மண்டலத்தை வெற்றுக்கண்ணால் பார்க்கும்போது, நிலையான அண்டம்போலக் காட்சி தருவதற்குக் காரணமும் அதுவே. கரும்சக்தியும், கரும்பொருளும் எப்படி இயங்குகின்றன, எதனால் உருவாக்கப்பட்டன என்பது இதுவரை யாரும் அறியாத மர்மம். பலர் பலவிதங்களில் அவற்றிற்கான விளக்கங்களைக் கொடுத்தாலும், நிஜமான விளக்கம் யாருக்கும் தெரியாது. ஈர்ப்பு என்பது விசையல்ல, அது அண்டவெளியில் ஒரு பொருளின் எடை ஏற்படுத்தும் வளைவுதான் என்று ஐன்ஸ்டைன் கூறியிருந்தாலும், கரும்பொருளின் தாக்கம் ஈர்ப்பில் இருப்பது விஞ்ஞானிகளைக் குழப்பியபடிதான் இருக்கிறது.

எப்போது மனிதன் கரும்சக்தியையும், கரும்பொருளையும் கண்டுபிடிக்கிறானோ, அப்போது பிரபஞ்ச இரகசியத்தை அவன் அறிந்தவனாகிவிடுவான்.

அத்தியாயம் 49

கடவுளையும் உருவாக்குமா காலம்?

இன்டர்ஸ்டெல்லர் *(Interstellar)* திரைப்படத்தை நீங்கள் பார்த்திருக்கலாம். காலப்பயணத்தை *(Time travel)* மையமாகவைத்து எடுக்கப்பட்ட படம். கருந்துளை *(Black hole)*, புழுத்துளை *(Wormhole)*, பரிமாணங்கள் *(Dimensions)* போன்ற சிக்கலான அறிவியல் கோட்பாடுகளைக் கலந்து அப்படம் உருவாக்கப்பட்டிருக்கிறது. பலருக்கு அப்படம் சொன்ன அறிவியல் ஆச்சரியங்களைப் புரிந்துகொள்வது கடினமாக இருந்தது. 'அறிவியலில் ஆச்சரியங்களா?' என்று நீங்கள் கேட்கலாம். ஆம்! இன்றைய நவீன அறிவியல், பல விந்தைகளையும், மர்மங்களையும் உள்ளடக்கியது. அறிய அறிய வியப்பின் உச்சத்துக்கே கொண்டு செல்வது. அப்படிப்பட்ட அறிவியல் விந்தை நிகழ்வொன்றுடன்தான் இப்போது நம் பயணம் ஆரம்பிக்கப் போகிறது. அதை இண்டர்ஸ்டெல்லார் படத்தின் காட்சியொன்றிலிருந்து ஆரம்பிக்கலாம். உலக அழிவிலிருந்து மக்களைக் காப்பாற்றுவதற்கான வழியைத் தேடி

கடவுளையும் உருவாக்குமா காலம்?

விண்வெளிப் பயணமொன்றை மேற்கொள்ள இருக்கிறான் படத்தின் நாயகனான கூப்பர். ஆனால், சிறுமியாக இருக்கும் அவரது மகள் மேர்ஃபி அதை விரும்பவில்லை. தந்தை தங்களை விட்டுவிட்டுத் தொலைதூரம் விண்வெளிப்பயணம் செய்வதை அவள் விரும்பவில்லை. மேர்ஃபியைச் சமாதானம் செய்வதற்காகக் கூப்பர் முயல்வார். கூப்பருக்கு முப்பத்தைந்து வயதும், மேர்ஃபிக்கு பன்னிரண்டு வயதுமிருக்கலாம். மகளிடம் தகப்பன், "நான் நிச்சயம் திரும்பி வருவேன். உன்னைச் சந்திப்பேன். ஒருவேளை அந்தச் சமயத்தில், எனக்கும் உனக்கும் சம வயதாகக்கூட இருக்கலாம்" என்பார். அது எப்படித் தகப்பனுக்கும், மகளுக்கும் ஒரே வயது இருக்க முடியும்? காலப்பயணத்தினால் உருவாகும் ஆச்சரிய விளைவுகளில் ஒன்று இது. ஐன்ஸ்டைனால் சொல்லப்பட்ட இயற்பியலின் விந்தைக் கோட்பாடு. காலப்பயணங்களில், இதுபோன்று பல ஆச்சரியங்கள் நடைபெறும் என்கிறது அறிவியல். அது என்ன காலப்பயணம்?

காலப்பயணம் என்றால் என்னவென்று இப்போது என்னால் முழுமையாக விளக்க முடியாது. தொடரின் மூன்று பகுதிகளுக்கு மேல் இழுத்துவிடும். அதனால், எதைச் சொல்ல வேண்டுமோ, அதைச் சுருக்கமாகச் சொல்லிவிட்டு, நான்

என்ன ஒளிந்திருக்கிறது அங்கே?

சொல்லவந்த விந்தை நிகழ்வு நோக்கித் தாவிக்கொள்கிறேன். நான் சொல்லவந்தது வேறு. தொடர்ந்து படியுங்கள் புரியும். வாகனம் ஒன்றின்மூலம், உங்களால் தூரங்களைக் கடந்து பிரயாணம் செய்ய முடியுமல்லவா? அதுபோல, காலங்களைக் கடந்தும் பயணம் செய்யலாம் என்கிறது அறிவியல். அதாவது, இப்போதே இறந்தகாலத்துக்கோ, எதிர்காலத்துக்கோ உங்களால் போகமுடியும். அதற்கு தேவை சில ஏற்பாடுகள் மட்டுமே. "அது எப்படிக் காலத்தினூடாகப் பயணம் செய்யமுடியும்? அதெல்லாம் சும்மா. எந்த ஆதாரமுமில்லாத கோட்பாடுகள் அவை" என்று சொல்பவர்கள் இருக்கிறார்கள். ஆனால், காலப்பயணம் சாத்தியமே! அறிவியல் அதை வெவ்வேறு பரிசோதனைகள் மூலம் நிரூபித்திருக்கிறது. இன்றைய மனிதனால் காலப்பயணம் செய்ய முடியுமா, என்பது மட்டும்தான் கேள்விக்குறி. இன்றில்லாவிட்டாலும், நாளைய மனிதனால் அது நிச்சயம் சாத்தியப்படும் என்று அறிவியல் அடித்துச் சொல்கிறது. நிஜத்தில், நம்மில் ஒவ்வொருவரும் காலப்பயணிகளே! கடந்து செல்லும் ஒவ்வொரு நொடியாகக் காலப்பயணம் செய்தபடிதான் இருக்கிறோம். இறந்தகாலத்திலிருந்து நிகழ்காலத்துக்கும், நிகழ்காலத்திலிருந்து எதிர்காலத்துக்கும், ஒவ்வொரு நொடிநொடியாய் நமது காலப்பயணம் நடக்கிறது. இப்போது, உங்கள் வயது முப்பது என்று வைத்துக்கொண்டால், தாயின் வயிற்றில் உருவாகி, இன்றுவரை முப்பது ஆண்டும், பத்துமாதங்களுமாகக் காலத்தினூடாகப் பயணம் செய்துதான் இன்றைய தேதிக்கு நுழைந்திருக்கிறீர்கள். ஆனால், அதை நாம் புரிந்து கொள்வதில்லை. காரணம், இந்தக் காலப்பயணம் நம் விருப்பப்படி நடைபெறுவதில்லை. விரும்பினாலோ, விரும்பாவிட்டாலோ அது நடந்துகொண்டே இருக்கும். எந்த மாற்றத்தையும் செய்யமுடியாது. எந்தச் செல்வாக்கையும் செலுத்த முடியாது. இந்தக் காலப்பயணம், எதிர்காலம் என்னும் ஒரு திசையை நோக்கியே நடைபெறுவது. இறந்தகாலம் என்னும் எதிர்த்திசையில் செல்லவே முடியாது. ஆனால், அறிவியல் சொல்லும் காலப்பயணம் அப்படியானதல்ல. இந்த நொடியிலேயே எதிர்காலம், இறந்தகாலம் இரண்டுக்கும் பயணம்

கடவுளையும் உருவாக்குமா காலம்?

செய்வதைச் சொல்கிறது. தூரத்தைக் கடப்பதற்கு உங்களுக்கு வாகனமொன்று தேவைப்பட்டதல்லவா? அதுபோலக் காலத்தைக் கடப்பதற்கும் வாகனமொன்று தேவை. அதுவே, 'கால எந்திரம்' (Time machine) எனப்படுகிறது.

காலப்பயணம் மூன்று விதங்களில் சாத்தியமாகிறது. ஒளியின் வேகத்தைவிட, அதிவேகத்தில் பிரயாணம் செய்வது. 'வார்ம்ஹோல் வழியாகப் பயணிப்பது. கருந்துளைகளின் அதியீர்ப்பில் சங்கமித்து மீள்வது. இதற்கு மேலும் உங்களை நான் குழப்பப் போவதில்லை. காலப்பயணம் சாத்தியமானது என்பதை மட்டும் மனதில் எடுத்துக் கொள்ளுங்கள். இதைப் பல திரைப்படங்கள் சொல்லியிருக்கின்றன. '24', 'இன்று நேற்று நாளை' ஆகிய தமிழ்த் திரைப்படங்களும் வந்திருக்கின்றன. காலப்பயணத்தினால் நடைபெறக்கூடிய விந்தைச் சிக்கலைப் புனைவாக்கி உங்களுக்கு நடக்கும் நிகழ்வுபோலச் சொல்கிறேன். அங்கு என்ன ஒளிந்திருக்கிறது என்பதை நீங்களே கண்டுபிடித்துக் கொள்ளுங்கள்.

இனிவரும் சம்பவம் உங்களுக்கானது...

நீங்கள் ஒரு அறிவியல் மேதை. இயற்பியலிலும், கணிதத்திலும் கரைகண்டவர். கிட்டத்தட்ட ஐன்ஸ்டைனுக்கு நிகரானவர்.

இரகசியமாக ஆராய்ச்சிகளைச் செய்து வருபவர். முடிவில் கால எந்திரமொன்றைத் தயாரிக்க ஆரம்பிக்கிறீர்கள். உங்களால் அது முடியும். அவ்வளவு புத்திஜீவி. மெல்லமெல்ல யாருக்கும் தெரியாமல் கால எந்திரம் உருப்பெறுகிறது. இறுதியில் முழுமையாக முடிவடைந்தும் விட்டது. உங்கள் மகிழ்ச்சிக்கு அளவேயில்லை. ஒருநாள் யாருக்கும் தெரியாமல், கால எந்திரத்தை இயக்க முயல்கிறீர்கள். எந்திரம், சற்றுச் சிணுங்கிவிட்டு, ஒரு முனகலுடன் நின்றுவிடுகிறது. எவ்வளவு முயன்றும் அசையவேயில்லை. அப்போது, எந்திரத்தின் முதல் இயக்கத்திற்கு உந்துசக்தியொன்று தேவையென்பதைப் புரிந்து கொள்கிறீர்கள். இயற்கையில் மிகவும் அபூர்வமாகக் கிடைக்கக்கூடிய கனிமக் கல்லொன்றை *(mineral stone)* மேலோட்டமாக வைத்தாலே போதும், எந்திரம் இயங்க ஆரம்பிக்கும். அந்த விசேஷமான கனிமக் கல்லைத் தேடியெடுப்பது, நடக்கும் காரியமேயில்லை. அவ்வளவு அபூர்வமானது. மிகவும் உடைந்து போகிறீர்கள். இந்தச் சிக்கலை எப்படித் தீர்ப்பதென்றே தெரியவில்லை. அப்படியொரு கனிமக் கல்லைத் தேடுகிறீர்கள் என்று தெரிந்தால், சகலருக்கும் உங்கள்மேல் சந்தேகம் வந்துவிடும். இத்தனை கால முயற்சியும் வீணாகிவிட்டதென்று நொந்து போகிறீர்கள். அப்போதுதான் உங்கள் முப்பதாவது பிறந்தநாளும் வந்தது. அந்த அதிசயமும் நடந்தது.

உங்கள் முப்பதாவது பிறந்தநாளைச் சிறப்பாகக் கொண்டாட மனைவி விரும்புகிறார். கால எந்திரம் முழுமைபெறாத சோகத்தினால் உங்களுக்குப் பெரிய உடன்பாடு இருக்கவில்லை. ஆனாலும், மனைவியின் வற்புறுத்தலுக்கு ஒத்துப்போகிறீர்கள். உறவினர் நண்பர்கள் அனைவரும் அழைக்கப்படுகின்றனர். ஜெர்மனியிலிருந்து உங்கள் தாத்தாவும், பாட்டியும்கூட வருகிறார்கள். கொண்டாட்டம் சிறப்பாக நடக்கிறது. பரிசுகள் மலையாகக் குவிகின்றன. கொண்டாட்டம் முடிந்து விருந்தினர்கள் சென்றதும், தாத்தா உங்களருகே வருகிறார். அவருக்குப் பார்வை அவ்வளவு தெளிவில்லை. எல்லாமே நிழல்போலத் தெரியும். உங்களிடம் வந்தவர், ஒருசிறிய டப்பாவைப் பிறந்தநாள் பரிசாகக் கொடுக்கிறார். “இதை

கடவுளையும் உருவாக்குமா காலம்?

மிகவும் பாதுகாப்பாக வைத்து, உன் பேரனின் முப்பதாவது பிறந்தநாளன்று மறக்காமல் கொடுத்துவிடு என்று அவன் சொன்னான். இதோ உன்னிடம் தந்துவிட்டேன். அறுபது வருடங்களாகப் பாதுகாத்து வந்தேன். அன்று அவன் சொன்னபோது, எந்த மறுப்பும் இல்லாமல் நிறைவேற்ற வேண்டுமென்று என் உள்ளுணர்வு சொன்னது. இன்று நிறைவேற்றிவிட்டேன்" என்கிறார். அவரின் முகத்தில் நிம்மதி தெரிந்தது. அப்படி என்னதான் இருக்கிறது? யார் அவன்? என்று நினைத்தபடி டப்பாவைத் திறக்கிறீர்கள். அங்கே, எந்தக் கல்லைத் தேடினீர்களோ, அது அழகிய வடிவத்தில் பட்டைதீட்டி வெட்டப்பட்டு அங்கே இருந்தது. ஆடிப் போய்விடுகிறீர்கள். அவன் யாரென்ற விபரம் தாத்தாவுக்குத் தெரிந்திருக்கவில்லை.

நீங்கள் உருவாக்கிய கால எந்திரத்தில் அக்கல்லைப் பொருத்துகிறீர்கள். எந்தப் பிரச்சனையுமின்றி எந்திரம் இயங்க ஆரம்பிக்கிறது. அதன்மூலம் இறந்தகாலம், எதிர்காலமென, நீங்கள் விரும்பிய காலமெல்லாம் பயணம் செய்கிறீர்கள். அந்தப் பயணங்களினால் அடைந்தவை அனைத்துமே விரும்பத் தகாதவைதான். அதனால், பல சிக்கல்களும் உருவாக ஆரம்பித்தன. சமூகவிரோதிகளின் கையில் எந்திரம் கிடைத்தால், ஏற்படக்கூடிய விபரீதத்தையும் புரிந்துகொள்கிறீர்கள். கால எந்திரம் மகிழ்ச்சியைத் தருவதைவிடத் துன்பத்தையே கொடுக்கிறது என்னும் முடிவுக்கு வருகிறீர்கள். அதை எவரும் இயக்கக்கூடாது என்பதற்காக ஒரு முடிவெடுக்கிறீர்கள். உங்கள் தாத்தா சிறுவனாக இருந்த இறந்தகாலத்துக்கு கால எந்திரம் மூலம் பயணப்படுகிறீர்கள். தாத்தாவுக்குப் பத்து வயது. எந்திரம் இயங்கிக் கொண்டிருக்கும் நிலையிலேயே இருக்க, அந்தக் கனிமக் கல்லை எடுத்துத் தனிமையாக விளையாடிக் கொண்டிருக்கும் தாத்தாச் சிறுவனிடம் கொடுத்து, "இதை மிகவும் பாதுகாப்பாக வைத்து, உன் பேரனின் முப்பதாவது பிறந்தநாளன்று மறக்காமல் கொடுத்துவிடு" என்று சொல்லிவிட்டு, மீண்டும் நிகழ்காலத்திற்குத் திரும்பி விடுகிறீர்கள். இனி, நான் சொல்லப்போகும் விந்தையைக் கவனியுங்கள்.

என்ன ஒளிந்திருக்கிறது அங்கே?

அந்தக் கனிமக் கல் எப்படி உருவானது? பூமியில் அது தோன்றியது எப்படி? அதை யார் உருவாக்கினார்கள்? தாத்தாவா? பேரனான நீங்களா? இல்லையென்றால் வேறு எப்படி? காலப்பயணம் சாத்தியமானால், இப்படியான மர்மச் சம்பவங்கள் நடைபெறும் சாத்தியங்கள் உண்டென்று அறிவியல் சொல்கிறது. இதை 'பாதணிநூல் முரண்நிலை' (Bootstarp paradox) என்கிறார்கள். அந்தப் பொருளை யாரும் உருவாக்கவில்லை. இப்படியான நிகழ்வுகளின்போது, மர்மமான முறையில் தானாகவே தோன்றுபவை. இந்த மர்மத்தை விளக்க யாராலும் முடியாது. அந்தப்பொருள், மனிதன்மூலம் தானாகவே உருவானது. கடவுளைப்போல.

அத்தியாயம் 50

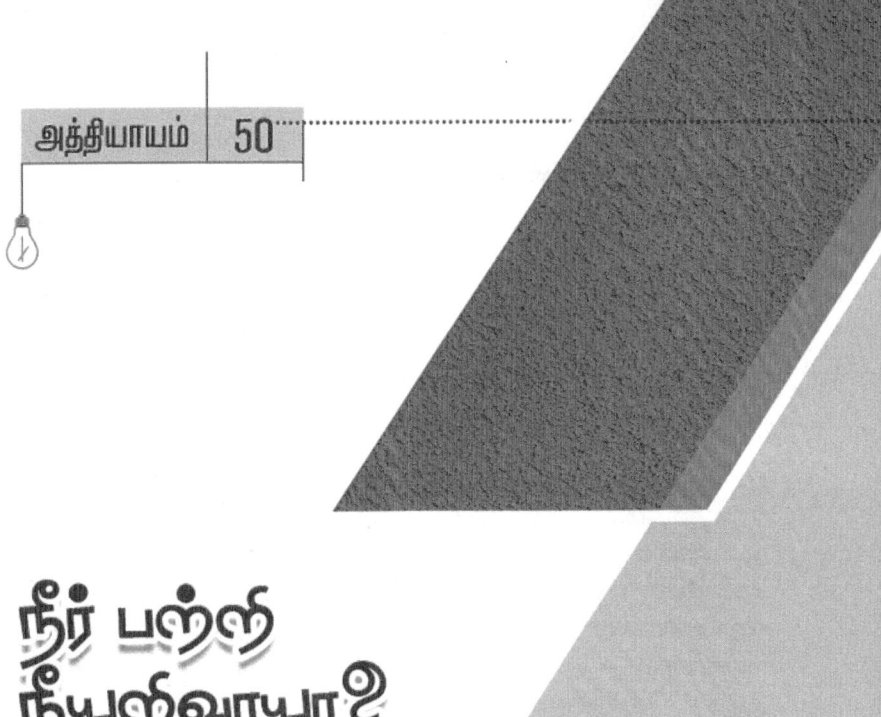

நீர் பற்றி நீயறிவாயா?

மனிதனுக்கு நீர் எவ்வளவு முக்கியமானது என்பது உங்களுக்குத் தெரியும். அது நிறைவுற கிடைக்கும்போது, அதன் அவசியம் புரிவதில்லை. தேவையின்றி வீணாக்குவோம். நீரே இல்லாது போனால்? அப்போதுதான் தெரியும் நமக்கு. நீரின்றி அமையாது உணவு. நீரின்றி அமையாது உயிர். நீரின்றி அமையாது உலகு. மனிதனுக்கு எந்தவகையில் நீர் தேவையானது, எவ்வளவு முக்கியமானது என்று நான் சொல்லப்போனால் படிப்பதற்கே உங்களுக்குப் போரடிக்கும். அவை அனைத்தையும் அறிந்தவர்தான் நீங்கள். தாகம் தீர்க்க, குளிக்க, சுத்தம்செய்ய என்று அன்றாட தேவைக்கெல்லாம் நீர் தேவைப்படுகிறது. நீரைத்தவிர தாகத்துக்கு வேறெதையும் நம்மால் குடிக்கக்கூட முடியாது. அப்படிக் குடித்தாலும் அதில் மறைமுகமாக நீர் இருக்கும். அமிலமும் இல்லாமல், காரமுமில்லாமல் நடுநிலையாக இருப்பதும் நீர்தான். இப்படிப்பட்ட நீருக்குரிய அற்புதத் தன்மையொன்றைப் பற்றியே இன்று நாம் பார்க்கப்

என்ன ஒளிந்திருக்கிறது அங்கே?

போகிறோம். உயிரினங்களைக் காப்பாற்றுவதற்கு, இயற்கையே உருவாக்கி கொடுத்திருக்கும் அதிசயம் அது. நீரில் அப்படி என்ன அதிசயம் இருக்கிறது என்பதைப் பார்ப்போமா?

இப்போது நம்கூடவே இருக்கும் நீரில் ஒளிந்திருக்கும் ஆச்சரியத்தைப் பார்க்கப் போகிறோம். நீரில் என்ன ஆச்சரியம் ஒளிந்திருக்க முடியும்? என்றுதானே நினைக்கிறீர்கள். நீரே ஒரு ஆச்சரியம்தான். கூட வாருங்கள், இறுதிப் பகுதியென்பதால், சும்மா ஜாலியாகப் பார்த்துவிட்டு வரலாம்.

பூமியின் 72 சதவீதம் இருப்பது நீர்தான். மனித உடலில் 60 சதவீதமாக இருப்பதும் அதுவே. மனித உறுப்புகளான மூளையில் 73%, இதயத்தில் 72%, சுவாசப்பையில் 83%, தோலில் 64%, தசைகளில் 79% என எல்லாமே நீர்தான். எலும்பில்கூட 31 சதவீதம் நீர் இருக்கிறது என்றால் உங்களால் நம்பமுடிகிறதா? நீங்கள் எவரைப் பார்த்தும் இந்தக் கேள்வியைக் கேட்டுப்பாருங்கள். "உன் உடம்பில் ஓடிக்கொண்டிருப்பது என்ன?". உடனே, "இரத்தம்" என்று பதில் வரும். மனிதனின் உடலில் ஓடிக்கொண்டிருப்பது, நிஜத்தைச் சொன்னால் நீர்தான். மனித இரத்தத்தில் 85% அளவில் நீர் இருக்கிறது. வெறும் 15% இரத்த அணுக்களைக் கொண்டிருப்பதால், 'இரத்தம்' என்கிறோம். எஞ்சியிருக்கும் 85% நீரைப்பற்றி யாருக்கும் கவலையில்லை. போகட்டும். நீங்கள் மது அருந்துபவரா? ஆமாவா? அப்படியென்றால், இதைத் தெரிந்துகொள்ள வேண்டியவர் நீங்கள்தான். இல்லையா? அப்படியிருந்தாலும் இதைத் தெரிந்துகொள்ளுங்கள். நீங்கள் வாங்கும் மது பாட்டிலொன்றைக் கையிலெடுத்து, அதில் எழுதியிருப்பதைப் படியுங்கள். அதில், ஆல்கஹாலின் சதவீதம் 35% இலிருந்து 40% அளவுவரை இருக்கும். அதன் அர்த்தம், ஆல்கஹால் போக எஞ்சியிருக்கும் 60% முதல் 65% வரை அந்த பாட்டிலில் இருப்பது நீர் மட்டும்தான். அந்த மதுவை, 1000 ரூபாய் கொடுத்து நீங்கள் வாங்கியிருந்தால், அதில் 650 ரூபாயை நீருக்காகவே கொடுத்திருக்கிறீர்கள் என்பது உங்களுக்குப் புரிகிறதா? அவ்வளவு விலையான தண்ணீர் நமக்கெதற்கு?

என்ன யோசிக்கிறீர்கள்? இதை நான் நகைச்சுவையாகச் சொன்னாலும், இன்று நீரைப் பணம் கொடுத்து வாங்கும் நிலைக்கு நாம் வந்துவிட்டோம். பூமியில் இந்தளவு ஜனத்தொகைப் பெருக்கத்திலும், அத்தனை மக்களுக்குத் தேவையான நன்னீரைப் பூமி வைத்துக் கொண்டிருக்கிறது. அதைச் சரியான விதத்தில் பகிர்ந்தெடுத்தால், யாரும் எப்போதும் நீருக்காகக் கஷ்டப்படவே வேண்டியதில்லை. அமெரிக்காவின் வடகிழக்குப் பகுதியில் அமைந்துள்ள கடல்நீரின் ஆழத்தில், பிரமாண்டமான அளவுகொண்ட நன்னீர்நிலை, கடலடியிலேயே இருப்பது சமீபத்தில் கண்டுபிடிக்கப்பட்டிருக்கிறது. சற்று சிந்தித்துப் பாருங்கள். கார்ப்பரேட் முதலாளிகளுக்குப் பணம்கொடுக்கும், இணையதள வசதியை மேம்படுத்த வேண்டுமென்பதால், கடலடியினூடாகப் பாரிய குழாய்கள் மூலம், விரைவாகச் செய்திகளைக் கடத்தும் வயர்களை (*Fiber obtic cables*) அமெரிக்காவிலிருந்து ஆசியாவரை உலகமெங்கும் அமைத்திருக்கிறார்கள். இதன்மூலம் 10 ட்ரில்லியன் டாலர் பணம், தினமும் வணிகப் பரிமாற்றமாக மாற்றப்படுகிறது. அதுமட்டுமில்லை, ஒரு நாட்டிலிருந்து தொலைதூரமுள்ள வேறு நாடுகளுக்கு ஆழ்கடல் குழாய்கள்மூலம் பெட்ரோலிய எரிபொருட்கள் கொண்டுசெல்லப்படுகின்றன. அதன்மூலமும்

கோடிகோடியாக டாலர்கள் பரிமாறப்படுகின்றன. ஆனால், மனிதனுக்கு அத்தியாவசியமாகத் தேவைப்படும் நீரை மட்டும் யாரும் இப்படிக் கொண்டுசென்று இலகுபடுத்துவதில்லை. மாறாக, ஒருபகுதி கார்ப்பரேட் கம்பெனிகள் (திட்டமிட்டே) தங்கள் கழிவுகளை நன்னீர்நிலைகளில் கலந்துவிட, இன்னுமொரு பகுதி கார்ப்பரேட்டுகள் குளிர்பானங்களுக்கு நிலத்தடிநீரைச் சுரண்டியெடுக்க, மற்றுமொரு பகுதி கார்ப்பரேட் கம்பெனிகள் நன்னீரைப் பாட்டில்களில் அடைத்து நமக்கே விற்பனை செய்கின்றன. எல்லாமே திட்டமிட்டபடி நடப்பதுபோல. சரி இவற்றையெல்லாம் நாம் பேசப்போனால், அரசியலாகிவிடும். அது நம் நோக்கமுமில்லை. நம் வழியில் நாம் நகர்ந்து விடலாம் வாருங்கள்.

பொருட்கள் *(Matter)* ஐந்து பிரதானமான நிலைகளைக் *(States)* கொண்டவை. அவற்றில் மூன்று நிலைகளை நாம் நன்கு அறிவோம். திண்மம், திரவம், வாயு என்பவையே அவை. அவைதாண்டி, மேலும் இரண்டு நிலைகளும் உண்டு. அந்த இரண்டைப் பற்றியும் இப்போது நாம் மறந்துவிடலாம். நமக்கு முக்கியமானவை, முதல் மூன்று நிலைகள் மட்டுமே. உலகிலுள்ள எந்தப் பொருளை நீங்கள் எடுத்துக் கொண்டாலும், அவை அணுக்களாலும், மூலக்கூறுகளாலும் உருவாக்கப்பட்டவையாகவே இருக்கும். ஒரு பொருளிலுள்ள மூலக்கூறுகள் அதிகமான இடைவெளியுடன், குறைந்த செறிவுடன் *(dense)* இருந்தால், அது வாயு நிலையில் இருக்கும். அதன் மூலக்கூறுகள் சற்று நெருக்கமாக அடுக்கப்படும்போது, திரவநிலைக்கு மாறும். மேலும் மூலக்கூறுகளுக்கிடையே இடைவெளி இல்லாமல், அதிகமான செறிவாகும்போது, அந்தப் பொருள் திண்மமாக மாறுகின்றது. இவையெல்லாம் நீங்கள் எட்டாம் வகுப்பிலேயே படித்தவைதான். அதனால்தான் திண்மம் அதிக எடையும், திரவம் அதைவிடச் சற்றுக் குறைந்த எடையும், வாயு லேசான எடையும் கொண்டவையாக இருக்கின்றன. மூலக்கூறுகளின் செறிவு அதிகரிக்க எடையும் அதிகரிக்கும். உதாரணத்திற்குத் தேங்காய் எண்ணெய்யை எடுத்துக் கொள்ளுங்கள். அதைக் குளிரூட்டியில் வைத்தால்,

நீர் பற்றி நீயறிவாயா?

திண்மமாக மாறத் தொடங்கும். அப்படித் திடமான தேங்காய் எண்ணெய்க் கட்டியை எடுத்துத் திரவமாக இருக்கும் தேங்காய் எண்ணெயில் இட்டீர்களாயின், திண்மக் கட்டி, அதனுள் அமிழ்ந்துவிடும். காரணம், தேங்காய் எண்ணெய், திரவமாக இருப்பதைவிடத் திண்மமாக இருக்கும்போது, அதிக எடை கொண்டதாக இருப்பதுதான். இதுபோலத்தான், பெரும்பாலான பதார்த்தங்களினால் உருவான திண்மம், அதன் திரவத்தினுள் அமிழ்ந்து போகும். ஆனால், இந்தப் பொதுவிதிக்கு நீர் மட்டும் விதிவிலக்காக இருக்கிறது. நீருக்கு இந்தத் தன்மை எதிர்மாறாக அமைந்திருக்கிறது. அப்படி அமைந்திருப்பதே, உலகிலுள்ள அனைத்து ஜீவராசிகளின் வாழ்வாதாரத்திற்கும் உதவியாகிறது.

நீரைக் குளிரவைத்து, அதன்மூலம் பெறப்படும் பனிக்கட்டிகளை (Ice cubes) நீரினில் இட்டீர்களென்றால், அவை அமிழ்ந்து போகவேண்டும். ஆனால் அதற்குப் பதிலாக, அவை மிதக்க ஆரம்பிக்கின்றன. திரவநிலையிலிருந்து இறுக்கமாகிய பனிக்கட்டிகள் மட்டும் எப்படி நீரில் மிதக்கின்றன? இங்குதான் நீருக்கென அற்புதத் தன்மையை இயற்கை கொடுத்திருக்கிறது. அதன்மூலம், பிற உயிர்களும் காப்பாற்றப்படுகின்றன. நீர், திரவமாக இருந்து திண்மமாக மாறும்போது, நீர் மூலக்கூறுகள் ($H2O$) நெருக்கமாகி, இறுக்கமாகி எடை அதிகரிக்க வேண்டும்? ஆனால், நீருக்கு மட்டும் அப்படி நடப்பதில்லை. நீர் மூலக்கூறுகளான $H2O$, நெருக்கமாக அடுக்கப்படும்போது, நீரில் இருப்பதைவிட மேலும் விலகியிருக்கும் நிலையிலேயே இறுக்கமடைகின்றன. அதனால், நீரிலிருக்கும் மூலக்கூறுகளைவிடப் பனிக்கட்டியில் இருக்கும் மூலக்கூறுகள் குறைவாகின்றன. ஒரு கனஅடி நீரில் இருக்கும் $H2O$ மூலக்கூறுகளைவிட, ஒரு கனஅடி பனிக்கட்டியிலிருக்கும் $H2O$ மூலக்கூறுகள் குறைவானவை. இது நீருக்கு இருக்கும் அதிசயமான சிறப்புத்தன்மையாகும். அதனால், பனிக்கட்டியின் எடை, நீரின் எடையைவிடக் குறைவாகின்றது. எனவே, பனிக்கட்டி நீரில் மிதக்கின்றது. "இதுவொரு விதிவிலக்கு. அவ்வளவுதானே! இதனால் உயிரினங்களுக்கு அப்படி என்ன நன்மை வந்துவிடப்போகிறது" என்றுதானே கேட்கிறீர்கள்.

என்ன ஒளிந்திருக்கிறது அங்கே?

ஏனைய பதார்த்தங்களைப் போல, நீரும் இருந்தால் என்ன நடந்திருக்கும் என்று ஒருகணம் சிந்தித்துப் பாருங்கள். குளிர்ப்பிரதேசங்களில் இருக்கும் நீர்நிலைகளின் நீரானது, கடுமையான குளிர்காலங்களில் பனிக்கட்டியாக மாறுகின்றது என்பது உங்களுக்குத் தெரிந்திருக்கலாம். அந்தச் சம்பவங்கள் குளிர்ப்பிரதேசங்களில் மட்டுமே நடப்பதால், அவைபற்றி அதிகம் தெரியாமலும் இருக்கலாம். ஜெர்மனியிலுள்ள மிகப்பெரிய ஏரிகளும், குளங்களும் குளிர்காலங்களில் உறைந்துவிடுகின்றன. கடல்கள்கூட அவ்வப்போது உறைகின்றன. அப்படியான சந்தர்ப்பங்களில், நீர்நிலைகளின் மேற்புறம் திடமான பனிக்கட்டியாகிவிடும். அதன்மேல் மனிதர்கள் நடந்து செல்வார்கள். சறுக்கி விளையாடுவார்கள். அந்தளவுக்குப் பனிக்கட்டி தடித்த படலமாக உறைந்து திடமாகக் காணப்படும். ஆனால், உறைந்த பனியின்கீழ், நீர் அப்படியே இருக்கும். பனிக்கட்டியில் துளையிட்டு, அதனூடாகத் தூண்டிலைச் செலுத்திக் கீழேயுள்ள மீன்களைப் பிடித்து உண்பது சாதாரணமாக நடக்கும் செயல். ஏரிகளின் மேற்பரப்பில் பனிக்கட்டி உறைந்திருக்கக் கீழ்ப்பகுதி நீரில் மீன்கள் வாழுகின்றன. ஒரு மிகப்பெரிய ஏரியில் விதவிதமான வகைகளில், கோடிக்கணக்கான மீன்கள் வாழ்ந்து கொண்டிருக்கும். ஒருவேளை, ஏனைய பதார்த்தங்கள்போல நீர், பனிக்கட்டியாகத் திண்மமானதும், நீரினுள் அமிழ்ந்துபோகுமானால், மேலே நீர் உறைந்து உறைந்து, அவை அடிமட்டம் நோக்கிச் செல்லும். மீண்டும் மேலேயுள்ள நீர் மேலும் உறையும். இப்படித் தொடர்ந்து நடைபெற்று வந்தால், ஏரி நீர் முழுவதும் பனிக்கட்டியாக உறைந்துவிடும். அதனால், அந்த ஏரியில் எந்த உயிரினமும் வாழமுடியாத நிலை ஏற்படும். குளிர்காலமொன்றில் நீர்நிலைகளிலுள்ள அனைத்து உயிரினங்களும் இறந்துபோனால், அதன்பின்னர் அங்கு எந்த உயிரினமும் இருக்காது. அதன் பாதிப்பு ஏனைய உயிரினங்களையும் தொடரும். பூமியின் சமநிலையும் குலைக்கப்பட்டு, மொத்த உயிரினங்களும் அழிந்துபோகும். இந்த ஒரே காரணத்தினால், நீருக்கு மட்டும் உறையும் நிலைக்கான

நீர் பற்றி நீயறிவாயா?

தன்மையை இயற்கை மாற்றியமைத்துக் கொடுத்திருக்கிறது. அதை இயற்கை என்று சொல்ல விருப்பமில்லையெனில், உங்கள் இறைவன் என்று நீங்கள் சொல்வதில் எனக்கு எந்தப் பிரச்சனையும் இல்லை. அப்போதும் மகிழ்ச்சியுடனேயே உங்களிடமிருந்து விடைபெறுவேன்.

மீண்டும் சந்திப்போம்.